独自站在
人生路口的
女人，你该何去何从

李志敏──── 编著

民主与建设出版社
·北京·

图书在版编目（CIP）数据

独自站在人生路口的女人，你该何去何从 / 李志敏编著. —北京：民主与建设出版社，2018.1

ISBN 978-7-5139-1885-5

Ⅰ.①独… Ⅱ.①李… Ⅲ.①女性 – 幸福 – 通俗读物 Ⅳ.①B82-49

中国版本图书馆CIP数据核字（2017）第324323号

独自站在人生路口的女人，你该何去何从
DUZI ZHANZAI RENSHENGLUKOU DE NVREN，NIGAI HEQUHECONG

出 版 人：	许久文
编 著：	李志敏
责任编辑：	刘 艳
出版发行：	民主与建设出版社有限责任公司
电 话：	（010）59419778 59417747
社 址：	北京市海淀区西三环中路10号望海楼E座7层
邮 编：	100142
印 刷：	三河市天润建兴印务有限公司
版 次：	2018年4月第1版
印 次：	2018年4月第1次印刷
开 本：	710mm×1000mm 1/16
印 张：	17
字 数：	130千字
书 号：	ISBN 978-7-5139-1885-5
定 价：	39.80元

注：如有印、装质量问题，请与出版社联系。

前　言
PREFACE

　　岁月摇曳，只是几步的光景，你已倏忽走过了少女的懵懂，跨过了青春的迷茫，来到了人生又一个驿站。站在人生新的路口，二十几岁的你，眉眼弯弯，妩媚靓丽，一身罗衣，娉娉袅袅，迎风而独立。你回首望望尚未走远的青春，将两情相悦满腹思量和玫瑰的梦想放进背囊。在人生这个重要的路口，你试探着迈出脚步，执着前行，一步一憧憬。未来在前，梦想在前，改变在前，就在这一程，你将不断变换角色，收获着属于你璀璨年华里的喜怨欢歌。

　　这一程，你将褪去少女的青涩，摒弃嗲声嗲气的任性和父母的娇宠，身穿板板正正的丽人套装，进入威严的职场。在这里，你将彻底卸下公主般的傲娇，怀揣丰满的梦想，以谦卑的姿态去触摸现实的骨感。工作、环境、人脉、圈子……初始的一切都不熟悉、不适应，你也许会哭，会怨，会害怕后退，但最后你只能选择微笑着坚强面对，倔强地努力。这是一段独自打拼的辛苦历程，也是一次重要的人生历练，孤独苦累、忙碌充实，百般滋味尽皆尝遍，你破茧成蝶，绽放出职场丽人的绰约风姿。

　　这一程，你将怀春的心事悄悄拾起，在众人的关切

前 言
PREFACE

和月老红绳的牵引下，审慎选择人生的伴侣。你将白马王子从梦想的完美虚幻中拽入现实人间，在心中勾勒了他的真实样子，想像了未来生活在一起的围城状态，而后，静静地等候那一刹那的机缘，或电光火石一见钟情，或真情所动水到渠成，与茫茫人海中那个在对的时间出现的对的人幸福牵手，成就一世良缘。从此，为人妻，为人母，体验俗世生活的百般生动。

这一程，你远离了少时的天真与冲动，尚不到中年的稳健与固定，总是因为变化而充满新奇，因为不确定而感到未知的刺激。在变与未变中，二十几岁的女子，或独立潇洒，或妩媚妖娆，展现着万种风情。工作中，你是不让须眉的巾帼英雄，认真执着努力，聪明智慧干练，将冷漠无情的职场演绎成衣袂飘飘的绚丽舞台。生活中，你是柔情似水的小女子，相夫教子，演奏着锅碗瓢盆的交响曲，熬煮一粥一菜的饭香，烹制平凡女子日常生活的幸福味道。

这一程，二十几岁的你，是上帝最特别的宠儿，是人世间最艳丽的花朵，有着最热烈的激情，最闪亮的风景，一颦一笑都引人关注，让人艳羡。这一程，你遇到的人和事太多，你角色变换得太快，你自我改变最大。

前 言
PREFACE

你会在渐渐适应中变得更加自信乐观，你会在体验职场激烈竞争后进一步明白优胜劣汰的生存真理，你会在经历感情婚姻后明晓难得糊涂的生活真谛。这一程，纵是理想和现实交错，你也要学会坚强独立，热爱生活，珍爱自己；纵是一时间梦想成空，幸福错过，你也要坚信远方，扬起笑脸，坚定前行。

　　站在人生的路口，你并不孤单，这本精心写给二十几岁的女性宝典是你最好的陪伴，不是指导，不是说教，只在细碎的叮嘱和深深的祝福中，点亮你的旅程，美丽你的心情……

目　录

CONTENTS

第一章

认真努力工作，慧眼寻得幸福

第二章

投资靠眼光，幸福靠能力

第三章

做一个经济独立的女人

第四章

兰心蕙质巧布置，厅堂厨房两相宜

第五章

提升自我，尽享美丽生活

第六章

激活个人资本，做幸福成功女人

第一章
认真努力工作，慧眼寻得幸福

　　现在的女人们经济独立，嫁人早已不再是为寻个"终身饭票"。对生活品质和情感质量有更高追求的她们来说，嫁得对不对更为重要。

　　不过面对芸芸众男，难免有雾里看花、水中望月的时候，一旦走眼，所嫁非人，纵然回头是岸，也难免浪费青春、空耗感情，落得血本无回。所以在挑选老公时就拿出鉴别珠宝的细心、责任心以及选择服装的耐心、挑剔心，来个沙里淘金！

　　女人们常常私下里议论选择老公的标准——"如果你不帅，那你就要有钱；如果你没有钱，那你就要长得高；如果你不高，那你就要幽默；如果你不幽默，那你就得温柔；如果你不温柔，那你就得酷……如果你什么都没有，那就只有随缘了。"但是真要摊上随缘的，那就要看自己的造化了，不如趁早选个如意郎君。

01 独立的女人，
更能彰显无限魅力

一个成功的男人背后，总有一个坚强的女人；而一个成功的女人背后，常是一个伤她心的男人。

一直以来，有两种女人很受世人的追捧和男人的追慕，天生丽质、曲线玲珑、婀娜多姿的美女便是其中之一。

在市场经济条件下，知识是有价的，美丽也是有价的，脸蛋、身材、一颦一笑乃至风韵气质都有价，只是这种价值不如知识和能力一样，会随着年龄和阅历的增加而增长会逐渐消失，甚至一文不值。

青春和姿色对女人来说确实是两件法宝，给女人的生活和事业带来了许多方便，但它们是短暂的，终有消逝的时候。女人要想获得成功和尊严，还是要靠自己的能力。

聪明的美女懂得将美丽转化为资本，在市场中升值，美女加智慧才是真正的强强组合。

因出任申奥形象大使而赢得满堂喝彩的香港阳光文化网络电视有限公司主席杨澜，再次让人们睁大了双眼，阳光文化以部分换股、部分现金的方式拥有了新浪16％的股权。杨澜在不动声色中坐上了新浪第一股东的交椅。这位外表柔弱美丽的女人再一次展示了她"全能女人"的风采。而在杨澜的成功神话中，最经典的就是她的"智慧"。

这仅仅是对于单身的美女来说的，相对于热恋或正在感受婚姻幸福的女人来说，独立的能力绝对是美女们增值的最大法宝。

拥有独立能力的美女们好比黑夜里的郁金香，默默地散发着属于自己的一缕芬芳。她们通常是男人们赏心悦目和被男人们所欣赏的那类女人。在所有的男人心目中，都渴望自己的女友或妻子能成为与自己同进退、心有灵犀的红颜知己，只可惜这样的女人少之又少，这不仅是男人的悲哀，也是女人的悲哀。

就像众多美女们向往成为诸如电影《2046》里的黑珍珠，《甜蜜蜜》里的展翅一样，她们皆希望同主人公一样因为独立而显得充满自信，令自己平添一种令人赞赏的迷人气质，让美女的价值加倍暴增。

那么，美女们如何才能拥有这种独立的能力呢？两个方面——精神与物质上的独立，它们缺一不可。

精神上的独立对于女人来说是最重要的，因为大多数男人是活在物质中的，而大多数的女人却是活在精神里的。女人的精神世界是在无比神秘和无比丰富的内心里，女人精神方面的独立是对自己的确认，当女人的精神世界被别人支配时，这个女人就十分悲哀。

千万不要担心因为你精神上的独立而遭到男友或者老公的鄙视，你要记住：独立的女人是男人的良师益友，亦是男人心头一颗永远的朱砂痣。他们反而会因为你的独立、不卑不亢、没有轻佻的奴颜媚骨、没有市井泼妇的尖酸泼辣而越发地欣赏你的与众不同，越发地珍惜你。

女人只要学会了在精神上的独立，完全按自己的感觉来操纵自己，学会遇事冷静，临危不乱，就能拥有独立、头脑与能力。

当然，在这个物质丰富的社会，物质上的独立能力也是不容忽视的，作为一位美女只是靠姿色或者青春换钱花的话，那么她必定是可悲与不齿的！

任何一个美女也不愿意接受再向男朋友或者老公要钱的时候，他们脸上所流露出的一丝一毫的不屑！所以，拥有独立能力的美女们都会拥有自己的收入，哪怕是仅够自己消费，那也是值得自豪的事情。

放下美貌与身段，投入到一份得心应手与热爱的职业上去，你不但能够收获物质上的独立，还能收获众多的人生乐趣，让你享受创造价值的愉悦以及感触社会的进步。当然物质上的独立个性还不止这些，对于一位要强的美女来说，积极进取才是物质独立与自身价值最完美的结合。具体做法，相信众多的美女们都尝试了，而且效果显著：

（1）积极承担责任与职务，让众人刮目相看。

（2）敢于踊跃发言，显示大方文雅的一面。

（3）懂得推销自己，展现自己的工作能力，颠覆自己徒有其表的"花瓶"形象。

（4）虚心而接受意见，自傲是自我价值的自贬。

相信吗？你的美丽人生将从你独立能力的提高开始，逐渐地让自己离开靠青春、靠脸蛋被动生活的局面，逐渐地让自己拥有更深刻的内在魅力与能力，让你的价值在青春美丽的基础上无限倍增。

02 快乐工作，
美丽生活

女人因工作而美丽，因自由而快乐，这种感觉即便是用再多的金钱也不能替代的。

在"傍大款"、做"全职太太"这两个概念满天飞的时代，工作仍是女人极具必要性的选项。

为什么呢？相信很多人还没有真正领悟到生活的真谛，尤其是那些姿色甚佳、年轻貌美的未婚女士。她们现阶段的目标可能只是肤浅地追求"金龟婿"，身上充斥着浓厚的拜金主义，不过她们可能还没有真正生活过，真正生活过的女人都知道，这些绝对不是她们最终的生活追求。

许多从年轻走过来的女人们都十分明白工作对于生活，对于幸福的意义。她们能深刻领悟到工作不但是维持生活，更是爱情和幸福最基本的保障。

可能许多已嫁入豪门的美女们不屑于这种说法，然而事实却正是如此。当那些飞上枝头的新贵"凤凰"们可能新鲜劲儿还没过，一旦过了有钱的新鲜劲儿，之后带来的可能就是无尽的寂寞与孤独的等待——没有工作的女人常常被人置于深闺，不许她上班，让她天天玩牌、遛狗、做SPA等一系列无聊的事情打发空虚的时间。

而无数"包二爷"的案例证明，有钱有闲的无聊女人精神空虚、情感压抑是导致这种结果的根源，也是不幸的开始。

为什么女人即便不缺钱也应去工作呢？因为工作是女人的一种生活方式，除了可以拿一份薪水，满足自己的成就感之外，还能在男友（老公）面前保留更多的自尊，更重要的意义就是还能交到一些可以一块逛街、闲聊八卦的"闺密"，而对于一向爱美的女人来说，称心的工作也能保养女人，它较之以多吃水果，多做保养，多喝水，多做健美操来保养的女人们有过之无不及，这些绝对是最有诱惑力的工作理由。

那么，为什么有的美女在工作中兴趣全无，感觉既乏味又困难，让她们备受工作之苦呢？当然这与心态有很大关系，她们首先对现在所从事的工作或职业感到不满，因为她们不喜欢现在所从事工作的类别或者强度，另外也可能她们就根本是被迫工作的，当然也不能排除那些为工作操劳过度，而找不到方法的。

当然对于被迫工作的那些美女们我们为之惋惜，同时也不得不让她们认真领悟到工作的必要性。只有这样，他们才能将工作变为一件愉快的事情，从而解除心中不满，轻松起来。

而对于那些不喜欢所从事工作的类别或者强度的美女们，我们也只能报以同情，因为对于工作而言，它本身就是一种互选的，如果你有能力去选择你所喜欢的工作，那么恭喜你，你肯定不会出现不愉快的工作情绪。而那些现在仍然对工作保有意见的美女们，首先应该接受现实，改变自己，让自己能够尽快地融入到工作之中去，找到正确的方法和心态，相信，你迟早会认为工作是一件再简单不过的事情。

对于那些操劳过度的美女们，我们只能是欣慰，你的卖力无疑能够证明你的能力，然而工作还是要适度，作为一个女人别太努力过头了，在工作的同时也应该给自己、给家庭一个很好的交代，不能太偏重于事业，否则工作方面的苦恼也会常常伴随你的。

当然，上面所提到的是些具体的处理办法，归根结底还是一个心态问题，对于如何能够愉快而简单地工作，我们首先需要弄明白一个问题：为何而做。

据心理学上的研究发现，EQ高手在回答"为何而做"这一问题时，先冒出来的答案总是"It's a lot of fun"，而不论其工作的内容是文书处理，业务交涉，还是创意开发。换句话说，她们深切地懂得"为乐趣而做，而非为钱而做"的道理，并拥有在工作中感受快乐的能力。那么，如何能够在看似单调枯燥的工作中，找到乐趣呢？这才是问题的关键所在。

那些懂得"找"乐趣的人会给快乐设下条件："等我完成工作就会快乐"；"等我赚够了钱就会开心"；或"等我换了上司就会高兴"，所以汲汲地追求目标，一心一意地想往快乐的道路大步迈进，而正是在这种快乐的状态下，工作自然而然地就会简单起来，你也会真正领悟工作中的愉快。

有一句话最能解决美女们现在所面临的问题："不要太把工作当回事，也不要太不把工作当回事"。只有真正领悟了这句话，你才能快乐而简单地工作。

03 用智慧平衡，
工作家庭两不误

就算只是为了口红、为了面子，美女们也要提起精神来认真工作！

"工作也许不如爱情来得让你心跳，但至少能保证你有饭吃，有房子住，而不确定的爱情给不了这些……"这是现在颇为流行的一句话，事实也是如此，尤其是现代女人，很少有人甘愿当个全职太太。但是很多女人并不能正确对待自己的工作，因为她们的心思并没有完全在工作上，也许在想着晚上吃什么，男朋友什么时候来接她下班等等，这样一来自然在工作中就感觉不到丝毫的乐趣，更别提在事业上能有所成绩了，那只不过是她打发无聊时间的场所而已。

也许你家庭富裕，也许你认为自己没有这个工作一样活得更好，因为你的老公能养着你，那你就错了。你的依赖只会让男人感到一时的怜惜，时间长了他就会觉得压力很大，而且你的父母也会因为你经济上的不独立而担心你的另一半会对你不好，你很难得到他的尊敬。

在这个社会上女人属于弱势群体，事业心强的女人更容易受到男人的尊敬，而且可以让女人少点对别人的依赖感，加强自己的独立性，拥有自己那片闪亮的天空。而二十几岁的单身美女们还有可能在自己喜欢的岗位上遇到白马王子呢！

小云大学刚毕业，被分到软件公司上班，每天很轻松，但她不像别的女孩那样拿着不菲的薪水购物、泡吧，而是一有时间就给自己充电，每天都要记工作日记。

公司的男主管，一个大家私下里经常议论的帅哥。一次，他的电脑程序出了问题，没有人明白，因为这是他们专业外的问题，小云只点了几个键就解决了这个问题。

从此这位帅哥就注意到她了，发现她对待自己的工作如此认真如此一丝不苟，经常一个人在那里研究，不由觉得她很可爱。久而久之，对她的感情由钦佩转为喜欢，小云不仅事业进步，爱情也获丰收。

理性的工作还可以让你的思维变得灵活，同时扩展你的社交圈，让你的生活不再仅仅是围绕着老公和孩子转了。但不是说你就要没日没夜地加班，完全不顾家里，那老公也会有意见的。因此平衡好家庭和工作的关系是最重要的。

这个世界并不只是男人的天下，其实女人天生心思细腻，有些工作比男人更适合。只要在上班的时候倾注自己全部的精力，把自己的本职工作做得比别人更完美、更迅速、更正确、更专注就可以了。

千万不能因为你年轻貌美，而忽略了工作本身的事情，没有业绩而无所事事的美女员工，即便是最仁慈的男老板也不会对你格外开恩的，当然除了他有"非分之想"除外。所以美女们应该自重，认真地对待自己的工作，将业绩与成绩拿出来，别人才能刮目相看，口红钱才挣得名正言顺。

对于那些已婚的二十几岁的女人来说，搞清楚家庭与工作的关系最重要，她们应该时刻谨记："永远不要把家事带到工作岗位上，永远不要把工作拿回家里去完成"。只有在工作中认真对待工作，在家庭上全心全意照顾家庭，才是一个最佳处理问题的办法，只有这样工作才会有效率，家庭才能和睦。

04 积极学习新技能，
与时俱进不让须眉

不懂电脑的女人感觉不到世界的流行风，更会被时代的脚步落到后面。

一些二十多岁的女性往往对科技怀有冷漠感，不愿意尝试新鲜事物，这确实是女性成功的一大阻碍。电脑、数据机、电子邮件及网络给我们的工作带来了很多便利，如果不能熟练运用这些新科技，那么你就无法与潮流接轨，你就会成为一个落伍的人。

根据美国佐治亚理工学院的一项调查显示，使用网络的美国女性为17%，欧洲女性的上网比例则为7%。美国电子商务联盟与尼尔森的数据显示，男性占了网络使用者的67%，实际上网时间的比例更高达77%，也就是男性上网的次数比女性高得多。而在中国，情况也是如此。

作为一个女人，如果你觉得自己不懂电脑，别难过，你并不孤单。有时你可能觉得科技让你一头雾水，如坐针毡，以为自己孤立无援。不是的。但你现在就得开始认识科技！否则你就要落伍了。

科技为工作者带来莫大效益，你可以选择在家工作，多花时间陪孩子，或更妥善地分配时间。对女性而言，科技更带来前所未有的自由。然而，倘若女性不能拥抱科技，就会被远远抛在后头，只能拣新一代的"女性"不要的工作做。这个假想，可能令某些人心惊胆战，但却是不争的事实。不过，请记住，我们都在学习冒险。我们正在寻求别人的支持与指点，以便迈向成功之路，所以我们要学习拥抱科技所需的技能与工具及组织各种研讨会进行专业授课。也许参与者在刚开始学电脑时，脸上充满惊恐。可是只要方法得当，她们就会沉迷于此，不想过早结束。她们愿意冒险来参加这项课程，让自己体会拥抱科技的感受。一旦克服恐惧，她们就会迫不及待，想学更多东西。

许多女性在建立起自信前，都不希望在初学科技的过程中有男性参加。有些女性在男女混合的环境下，觉得倍感压力或受到威胁。

安德恩·曼德尔在《男人如何思考》一书中说，男性如果看到一个按钮，就忍不住要按一下看看会怎么样；相反的，许多女性却会担心因为按错键而弄坏电脑。男性会勇于尝试，女性则希望有人指引。

在资讯科技发达的世界里，组织是平行的，而非叠床架屋的阶层制度。这意味着女性擅长的技能，如沟通、解决问题、维持良好关系，将变得非常有价值。女性可以向别人伸出双臂，在团队合作的环境下与人有效地合作。

毋庸讳言，在对待科技这个问题上，男性和女性是有着不少的先天差异的。一般来说，男性与女性使用科技的方式就有所差异。科技经常脱不掉男性观点。早期的个人电脑使用复杂、以数学程式为主的软件；然而，随着个人电脑的使用日趋简易，以及图像与滑鼠标的操作方式，使得用电脑的女性人数大增，网际网络也是一样。一位女性上网时，表明自己是女性，她讲话的时间如果超过20％，男性使用者就觉得她说话太多了。但如果她以"男性身份"上网，她则能更自在地发言。由于网络是一个匿名环境，有些女性选择使用男性身份，以便"大声说话"。这或许也是不必冒险，就能练习自信发言的好办法。经常上网的女性，也会较常问问题，她们更有自信，也不畏惧发言。

有时候，观察男女在科技方面的巨大差别，实在是饶有趣味。但是要再次强调的是，这些差别绝大部分是跟性别角色有关，而非实际性别。较倾向男性特质的男性或女性，往往都是科技迷。他们会读关于电脑或网际网络的杂志，逛电脑商场的也是他们，在电脑上玩游戏的人，更绝大多数都是男性。男性经常拿个人电脑当工具或玩游戏，而女性则喜欢用电脑上的电子邮件或网络来沟通与获取资讯。

英国电脑学会的研究发现，资讯科技业对女性最大的吸引力在于能有弹性安排工作、中断工作，以及有上训练与生涯发展管理课程的机会。然而，该学会会长亚伦·罗素补充说，英国女性只占了主修电脑人数的11％，远低于美国的45％与新加坡的56％。有趣的是，英国的11％是20世纪80年代中期的一半。这显示，我们应该多多鼓励年轻女性学习科技技能。而且随着事业的晋升，女性也必须不断提升自己的经验。

　　二十多岁的女性有着很强的学习能力，因此不要以没有时间为借口拒绝提升自己的职业技能，你应该怎么做呢？你可以请同事教你使用电脑，公司如果有电脑培训的名额你要尽力争取，没有这样的机会也不要紧，你可以自掏腰包去报补习班，这种投资绝对不会让你吃亏。

05 审慎思考，
做聪明女人

女人一思考，上帝也疯狂。

通常男人都认为女人是胸大无脑的动物。因为女人是一种美丽的动物，上帝创造了她们就是为了弥补这个世界的不足，弥补男人的粗犷和理智。然而事实上，社会上确实存在着这样一类做事会思考的女人——她们智商通常比较高，她们拒绝盲目，做每一件事都要从头到尾理出一个头绪来。她们不仅会考虑自己还会考虑别人，面面俱到，她们给这个世界上的女人们争足了失去的面子。

作为女人来说，你可以不写诗、不绘画、不学习、不看电视。但你不能不看书、不思考。看书思考可以使女人在一无所有的时候还有精神，可以在你生活乏味、缺少期望的时候充满激情。

其实女人都是感性的尤物，她们思考问题很少用逻辑判断，通常都凭感觉，然而你千万不要怀疑女人的感觉，她甚至比男人的证据判断更准确，这就是女人的思考特点。

从爱情方面说，不会思考的通常都是漂亮女人，她们会嫁给现在有钱的人，而会思考的女人都会想让自己富有起来或者嫁一个将来会有钱的男人。很多成功男人的老婆其实都不算漂亮，但是她们的思考弥补了她们的缺陷，成为男人的贤内助，让她的美丽不会因为年龄的流逝而消失，反而会升值。让男人不会因为容颜的衰老而冷落了她，因为她的智慧已经为她赢得了终身的爱情。

会思考的女人是一个成熟的女人，对待任何事物都能很理智。聪明的女人会让自己学会思考，她会在让自己受伤的爱情开始之前微笑着转身离去，聪明的女人善于思考，不会让自己爱上错误的男人。而感性的女人却不会思考，任凭自己陷入错误的爱情，承受那本不该有的痛苦，但这是必需的过程，伤过心、流过泪之后，她们就会慢慢学会思考、懂得理智地面对问题了。

那些心智不成熟的女人也不懂得思考的重要性，她们的思想仍停留在纯真的孩童阶段，但是你不能说她们就是不幸福的，有时候，傻女人更容易满足，更容易得到幸福。他们没有太多的负担去做事，完全随着自己的性子，勇于去冒险，她们可能受伤，也可能得到别人永远不可能得到的，无论什么样的结局对她们而言都是宝贵的经历。只有受过伤，她们才会变得坚强，才会学会思考，才会成熟和长大。

会思考的女人通常都是有过经历的女人，她们的眉宇间总会带着些许淡淡的忧虑，不要认为她们没有疯狂过，那不过是暴风雨后的平静；会思考的女人，内心总有一种不安分的因子，这种因子让男人既爱又怕，但却因此更欣赏她们。

思考，能为女人赢得机会；思考，能为女人赢得幸福；思考，更能为女人赢得成功。思考的女人永远不会陷入被动的泥潭中，她们无论对人对事，都会经过自己的分析，你的游说丝毫影响不了她们的决定，因此她们是快乐的。

聪明本来就是用来装傻的——思考该思考的，切莫庸人自扰。女人们不能不管大事小情都爱慎重的思考，那样便会陷入思考的深渊而变得很辛苦。其实有时候人尤其是女人，糊涂一点也未尝不是一件坏事，只要心里明白就可以了，有些事不必要太较真。

06 明晓所求，
才能收获所要

鱼和熊掌你不能都选吧！都选会吃不消的！

著名品牌"森马"服饰曾经打出的广告语是："穿什么（森马），就是什么（森马）！"避开谐音，我们不难提炼出这样一句话："穿什么，就是什么。"转换一下思维，我们更不难领悟到另外一种想法："知道自己要什么，才能做什么，才能得到什么！"

对于二十几岁女人们来说，这句话很重要。不管是已婚女人还是未婚美女，都应该知道自己要的是什么，只有这样，她们的人生才能得到想要收获的东西，人生才更幸福或者更能活出自我。

其实二十几岁的女人是比较复杂的，她们不像十来岁的女孩，追求的是学业、是浪漫；更不像上了年纪的女人，一心追求家庭的和谐。她们所追求的应该兼顾于二者之间，却又各有侧重点。

相信，二十几岁未婚的美女们大多数追求的是一种生活上的愉悦以及美丽方面的虚荣。她们的开销一般会很大，几乎是"月光族"最典型的代表，当然，她们的追求直接决定了她们的付出——会为了满足这一追求的开支大都不惜加班加点，到处去兼职。她们的这一愿望或者追求会逐一满足，不过所付出的代价也是昂贵的。然而，这些美女们却不在乎这些，最重要的是她们找到了快乐。

还有一部分的二十几岁的未婚美女们追求的是更远大的目标——婚姻。她们一旦确定了这一目标，便会很注意寻找自己的"白马王子"或者"钻石王老五"，她们很注意对自己的投资，不惜花费昂贵的价钱去买一件名牌吊带儿，更不惜以吃上半个月方便面的代价，去请热恋之中的男朋友吃上一顿法国大餐。当然，这些投资对于他们来说是很值得的，因为回报大多是可观的。

也有一些二十几岁的未婚美女看重事业与职位，她们会将大部分的时间和精力放到工作或者培训学习上，目的就是获得高职位与高薪水，从而成为女

强人。这类女人一般都是很要强的，她们大多数追求过程中的乐趣，而在生活享受方面这些美女们却差了很多，她们的内心世界往往都比较空虚，尤其是男女关系方面，这与她们的追求有很大关系，这也是众多的高级写字楼里的白领们出入夜总会寻求刺激的最主要的原因。

相对于二十几岁未婚的美女们来说，二十几岁的已婚女人就现实了许多。她们大都排除了前两种未婚女人的追求可能，转而注意对事业的追求，以及她们特有的对家庭未来幸福的向往，她们在家庭与事业之间多倾向于家庭。因此她们做出的牺牲也多些。

拥有这种选择的已婚女人，常常会为了家庭而暂时放弃事业，当然这是女人的必经阶段——生育后代。不过她们也会在家庭生活中付出很多，而收获也是颇丰的，其中最重要的就是老公的疼爱，家庭的和睦。

可以说，不同的选择会产生不同的结果，主要看你选择什么了。作为二十几岁的美女你又有怎样的想法呢？你能清楚地知道自己现在想要的是什么吗？如果清楚，那么恭喜你，你最终会得到想要的收获；如果你还在浑浑噩噩地混日子，那么你将只能得到岁月流逝的痕迹。

07 以长远眼光，
择潜力佳偶

男人爱看女人眼前怎样，女人爱得是男人今后如何。

二十几岁的美女们都向往着找到一位满意的男人为伴，能够让自己从此过上幸福、无忧的生活。

提到了这点，相信很多美女们在选择男人的问题上都存在一个误区，那就是没有钱的男人不选，选择那些至少应该是有车、有房的才算对得起自己，才算没有贻误终身。

这绝对是个很大的误区，不妨认真思考一下，那些有车有房工作又好的男人们，风光无限，想要嫁给他们的美女没有一个排，也有一个班，你本身若是没有一些出众之处，相信很难得到那些男人的青睐。

当然，那些男人在择偶的问题上以及对待未来妻子的态度问题上也会存在许多的缺点，他们拥有的自身条件相当好，故而相对来说，如果你并没有什么门当户对的家世，以及出众的能力，仅仅想依靠美貌一点来令他们死心塌地是不够的，这样的婚姻即便存在，幸福的可能性也不被大多数人所看好，相信许多嫁给过"钻石王老五"的已婚女士深有同感。

这就好比古代皇宫的众多嫔妃一样，她们真正能够得到皇帝宠幸的又有多少个呢？一个又宠幸多长时间呢？

所以现在二十几岁有头脑、明事理的美女们并不是都将眼光盯在那些有车有房或者大款富豪的身上，她们更明智的抉择就是将算盘打在那些有前途的男人身上。

这些男人，年轻有能力上升的可能性大，对于建立婚姻的基础相对来说是比较平等的，可以说，在其上升阶段相爱或者结婚的女人，将是他终身都不会忘记的伴侣，稍有良知的男人都会将这样的妻子放在人生最重要的位置，他们或许会认为你是他生命的贵人，有了你，他的事业才会平步青云、扶摇直上的。

　　这样的结果，你心动了吧！对，心动不如行动，那么怎样才能挖掘出这样有前途的男人呢？首先，要给自己树立正确的观念：选男人要选未来不是选现在。现在有钱没钱没关系，我选择的是他的将来，是他与我结婚以后他能拥有的潜力。

　　其次，就是要观察男人的能力。男人的能力是其将来发展情况最好的预测，拥有较强能力的男人，往往是将来能够升值潜力或者有大发展的男人。

　　再次，就是看他的人品。何谓人品呢？待人处世的风格；生活作风问题（尤其是男女关系方面）；社会道德的遵守……

　　最后，也是最密切相关的问题，他对婚姻及家庭的态度。要知道他的这方面态度将直接决定你婚姻的幸福指数。

　　你现在的观念发生了翻天覆地地变化了吧，对！就是这样，只有这样，你才能找到一个有升值可能而且对自己真正好的未来"钻石王老五"。

08 注重综合实力，
选择优秀伴侣

世上女人很多，男人说，值得爱的不止一个；世上男人很多，女人说，值得爱的男人只有一个。因为不止一个，男人找女人时很少精心思索；因为只有一个，女人找男人时常常苦心琢磨。

二十几岁的美女们在选择婚姻对象时，手中都握有一张网，网眼的大小常常与年龄成反比。随着年龄的增长，不少人会自觉调整自己的标准，使其更切合实际一些，于是她们走进了婚姻。而另外一些人则坚定地继续高举放大镜，把男人的毛病、缺点看了个一清二楚，然后叹息好男人的稀少，于是她们成了单身女郎。

难道，"优秀"的男人真的绝种了吗？其实不然，只是美女们的选择误区造就了这一特点。

有人曾在网上做了个小测验：如果让你在《西游记》的师徒四人中选一个做老公，你将选择谁？新女人们的投票结果令人大跌眼镜：荣登榜首且遥遥领先的是原来形象并不那么高大的猪八戒。因为他性情随和、为人宽厚、感情丰富又率真执著、会吃会玩懂得享受生活、吃苦耐劳、身体健康，还知道理财。细想想也真是这个道理。

在《西游记》中，唐僧师徒四位角色代表了四种不同的男人性格，孙悟空充分展现了男人的事业心、幽默感和英雄主义；唐僧充分展现了男人的善良、软弱和理想主义；八戒充分展现了男人的好吃懒做、贪财好色和机会主义，是人格中最世俗因而也就是最鲜活有趣的部分；沙僧充分展现了男人忙碌平庸的生活常态，即人们评价某人时常说的"在平凡岗位上勤勤恳恳几十年如一日"的那一类人。

其他几个人做老公会是什么样子呢？沙僧老实厚道、任劳任怨，可没一点主见和情趣，做了丈夫便是典型的"妻管严"，女人倒是省心省力却乏味无比；唐僧抛开一堆要不得的缺点不说，就算属信念执著的"事业型"男人，任你女人风情万种、千呼万唤他一律视而不见，有再大的成就也是"爱上一个不回家的人"；孙悟空倒是本领高强、神通广大，也是让人倾慕的对象，可这样的男人猴性太重，缺少细致耐心，不解风情时就是那种日日呼朋唤友不思归家的大男孩儿，懂得女人时又少不得朝三暮四、到处留情，让人始终无法踏实。

其实唐僧师徒四位角色代表了一个男人的不同侧面，把这师徒四人的种种人格特点合并起来，就是一个活生生的立体的男人。在男人这个人格整体中，悟空部分视女人为友；唐僧部分有点烦女人；八戒部分狂热追求女人；沙僧部分对女人不主动，但绝对负责。各个男人的不同，仅在于他们这四部分的轻重大小不同而已。

世界在变，人们心中的好男好女标准没变。好女人依旧要美丽温柔、聪明贤淑，好男人仍然是强壮、体贴、靠得住。以真诚之心待人，这就是一个"优秀"的男人、好老公，当然这事实从性格上分析，那么其他方面呢？

为了不让年轻美女们轻易走进男人的温柔陷阱，教你几招识别"优秀"男人的办法吧。

（1）一个优秀的男人最重要的应该是坚强。那些失败了就怨天尤人、萎靡不振、整日买醉、破罐子破摔还要靠你养活的男人坚绝不能要。男人要能给女人安全感，如果你找一个老公，不能够照顾你，还要经常在你面前哭诉自己的不幸，让你也承担他实际上是可以挽救的痛苦，是非常失败的。

（2）身体健康。没有哪个女人会喜欢一个整天病快快的男人。不是今天这疼就是明天那不舒服，什么也做不了，还要你一个弱不禁风的女子来照顾他。我们不要求那个男的有多么威猛高大，但一定要身体健康的才行。

（3）有一份稳定的收入。婚姻和爱情不同，是要建立在有面包的基础上。你的他不一定要有万贯家财，但是至少要有一份稳定的收入，基本的生活要有保障。所谓贫贱夫妻百事哀，如果一个男人连孩子的奶粉钱都拿不出来，这个月初就开始担心下个月的供房款，那么，你跟着他吃苦不算，甚至连一点安全感都没有。

（4）无不良嗜好。烟可以抽一点，酒可以喝一点，但都不能太过。哪个女人愿意天天回家面对一个醉醺醺的、嘴里还不时散发着一股浓浓的烟臭味的男人呢？至于嗜赌成性、整日风流快活，把自己打扮成小白脸的男人就更不能要了。

（5）社交能力强。不一定要活跃得见人就搭讪，见手就握的地步，也不需要他在社交方面有多么强硬的手腕，但一起出去应酬时，若像离群的动物一样一言不发，找不到任何话题与你的同事交谈，也融入不到任何群体中，凡事都需要你出来撑场面的男人，会让你脸面无光。

当然，除了看一个男人是不是优秀，还要看他是不是真心对你，当然这要靠你自己慢慢去体会。

09 放平心态不苛责，
培养自己的完美伴侣

择夫最低标准：

出生于本分家庭，家族绝无任何病史、风流史等不良记录；

资产丰厚，且绝非来路不正；

相貌英俊，但绝非绣花枕头；

真诚善良，但绝不傻气愚鲁；

浪漫多情，但绝不拈花惹草；

才华横溢，但绝不耀武扬威；

学识渊博，但绝不百无一用；

技能庞杂，但绝非头脑简单；

品味非凡，但绝不孤芳自赏。

在许多二十几岁的美女人眼里，一个好男人或者说一个好老公应该是将许多优点集中于一身的。

她们内心中都有个小算盘，如果要嫁人，当然要嫁一个完美的男人。相貌是天生的，很难改变，性格却可以选择。在女人眼里，完美老公应该是这样的：

他挺拔伟岸，顶天立地，走路生风。他有力量，能把女人轻松地举过头顶。只要愿意，他张开双臂，便可以乐呵呵地把整个女人拥在怀里。

他洒脱豪放，爽朗通达，豪气干云，光明磊落，要哭就哭，想笑就笑，敢爱敢恨，敢作敢为，知难而进，愈挫愈勇。如果他战斗，会战斗得轰轰烈烈，石破天惊。如果他失败，也败得壮而不悲，赢得对手的尊重。如果在人生中看不见脚下的路，他会把自己的肋骨拆下来，当作火把点燃，照亮自己也照亮别人，驱走精神的黑暗。他让人们相信，人生并不是一场游戏一场梦。

他清气满怀，淡而不疏，静而不寂，遇忙不乱，处变不惊，心阔如海，质纯如玉。就像春天的一抹绿，清凉沁人；雪中的一朵白莲，净心涤念。和他交往，"恰如灯下故人，万里归来对影，口不能言，心下快活自省"。在这股清气的吹拂下，久而久之，你也会变得心胸开阔。他灵气逼人，聪慧机智，思想的火花如天马行空，出人意料而又无迹可寻；谈吐风趣幽默，惊人妙语时常如连珠炮似的接二连三地发射。他走到哪里，哪里就会有笑声。他的灵气就像是香水，不但使自己芬芳，也令别人芬芳；他的灵气就像是魔匙，能启发你的智慧和灵感。

他生气勃勃，雄姿英发，气宇轩昂，横看成岭，侧看成峰；志得意满时像风中飘扬的一面旗帜，困顿失意时像默默砥砺的一柄长剑，在如潮人群中你还是能一眼认出他来。他绝对不是花花公子、膏粱子弟和市井小人。他学富五车，具有满腹经纶、百步穿杨的真才实学。

他对高官厚禄不那么看重，他推崇"潇洒走一回"，他不懂得谨小慎微，他讨厌清规戒律，他做不到四平八稳，他更不会因循守旧，然而他时常有一决雄雌，斩木揭竿的气势。

他个性鲜明，坦坦荡荡。他从来不会当面夸奖你，却在背后把你贬斥得有失分寸。他爱憎分明，从不掩饰自己内心的热爱和厌恶。他爱你就天翻地覆排山倒海，他厌恶你则不会多看你哪怕半眼。他是谁？他就是你心底的伟岸，孩子心田里的上帝。

只是，美女们似乎忘记了这些好男人必须要为他们的十全十美付出相应的代价，而你也将是这个代价的受害者：一个充满职业精神的男人，基本上也就是一个没有闲暇陪妻子逛街的男人。

一个自信、处事果断的男人，基本上也就是一个骄傲、刚愎自用的男人。

一个有相当社会名望的男人，基本上也就是一个把社会名望看作是比妻子更重要的男人。如果一定要他们在社会名望和妻子之间作一次选择的话，他们不会选择妻子，但是这完全不妨碍他们需要有一个女人作为妻子的存在。

一个富有魅力并且性感的男人，基本上也就是一个对于所有女人来说都富有魅力并且性感的男人。不必天真地想象，一颗情种仅仅限于在一个小花盆里发芽。

一个不与任何美丽、可爱的女人有任何交往的男人，基本上也就是一个对任何美丽、可爱的女人不屑一顾的男人。

一个把所有的家务都揽于一身的男人，基本上也就是一个在社会上无所事事、碌碌无为的男人。

一个在家里省吃俭用的男人，基本上也就是一个在社会上很吝啬的男人。

一个生活俭朴的男人，基本上也就是在任何场合都不修边幅的男人。

一个每天晚上都在家里陪着妻子的男人，基本上也就是一个没有朋友的男人。

一个不是艺术家却天天发烧于艺术的男人，基本上也就是一个不脚踏实地、没有正业的男人。拍照片、听音乐、看电影、读文学、喝咖啡、唱歌、跳舞、绘画、抚琴，确实很浪漫，但是一旦在家庭里天天发生，那可不是一个女人幸福的开始。

在社会生活里，绝对好男人的楷模，一个一个扑面而来。那些个著名学者、艺术家、社会名流，不约而同地都在扮演着好男人的角色。但是，因为距离他们很远的缘故，无法知道他们的底细，无法知道他们的弱点和尴尬。好男人的心灵深处，并不那么好。

就像人们曾经一直以为查尔斯王子和戴安娜的婚姻是天作之合一样。所以，不被那些由社会名流构成的好男人的外观形象所迷惑，将使男人们不至于做不成好老公而自责自卑，将使女人们不至于遭遇不到好老公而沮丧失望。

因此我们不必对异性的条件太苛求，也不要期盼自己的男朋友或者老公是十全十美的。俗话说："水至清则无鱼，人至察则无友"，你自己并非十全十美，却希望对方十全十美，这是一种心理不成熟的表现。十全十美的男人是没有的，但是比较好的男人却多的是，就看你能不能有慧眼去发现和培养了。

10 深入了解男友，
  谨慎步入婚姻

男人就像脚上的鞋，舒不舒服只有自己知道。这就是说，女人是穿鞋的人，男人只是她们的鞋！别人再怎么夸奖这鞋精致美观也没用，妻子说你是好老公才算数！

二十几岁的美女们对于婚姻的了解可谓不多，她们大多数在热恋的时候都幻想着自己的男朋友也就是未来的丈夫，对自己有多么的体贴、他们的婚姻是多么的美满……

其实呢，一切都是一厢情愿的幻想，建议那些二十几岁的美女们在结婚之前应该深入了解婚姻及男人的秘密，那样才不至于在婚姻的殿堂中摔跟头。

现实中，每位夫妇婚姻的实际情况与其可望达到的理想状况之间都存在差距。如果你能够有效地了解这些婚姻中潜在的幸福动力，你将不再为之后的婚姻是否幸福而烦恼了。

MPI又叫婚姻潜力调查，它是婚姻问题专家大卫和梅斯发明的。根据他们近50年的婚姻研究发现，90%的夫妻在家庭幸福方面都没有发挥出应有的潜力。这同时表明绝大多数破碎的婚姻都是由于缺乏更深层的相互了解才各奔东西。为此，大卫和梅斯精心设计了MPI，帮助测定未来婚姻的状况。

这项测验十分简单，只需热恋中的男女双方各自就婚姻中10个基本方面的状况根据自己的感觉做出估计，打出分数即可。

（1）共同的目标和价值观念。

（2）为增进婚姻关系所做的努力。

（3）交流思想的技巧。

（4）感情与理解。

（5）建设性地对待夫妻间的冲突。

（6）对男女各方职责的一致看法。

（7）同心协力，配合默契。

（8）性生活的充实（对于没有同居的男女朋友来说，这个问题可以避而不答，不过这项调查对于结婚后的婚姻幸福具有决定性的作用）。

（9）钱财的使用安排。

（10）教育子女（对没有孩子的夫妻来说，在于怎样对家中问题商讨、决议）。

在评估过程中有很多值得注意的地方，那就是要双方一起比较并讨论自己打分的理由，只有这样才能真正帮助你们相互了解，加以改进。千万不能根据武断或不切实际的理想化标准评估，更不要与他人婚姻对比。通过评估，不难推测出日后的婚姻状况，果断地作出调整或者改变。

当然，对婚姻的了解更在于对你未来老公的了解，因为这是最关键的问题，毕竟婚姻是两个人的事情。

有很多人都说男人像孔雀，是因为孔雀开屏是美丽的，但转过身去看到的就是排泄孔。说到底，每个男人都分AB两面。A面是外表，B面是本质。A面等同于雄性动物华丽的外观、强健的体魄和悦耳的鸣叫，B面相当于雄性动物凶猛的野性、躁动的欲望和孤注一掷的冒险。

女人嫁给一个男人大部分是因为他的A面，谁都喜欢选那种外表好的当丈夫。了解一个男人的A面很容易，有时候一幅俊俏的脸或者一张能说会道的嘴就能把故事讲得清清楚楚。细心的女人还会注意一些细节，比如西装是什么牌子的，文凭是哪个学校的，房子有多少平方米等等。

男人的B面是本质，所谓本质是指一个人的本色和他的素质。本色就是他内在的东西，藏在里面不容易看见。男人一般也不愿意暴露他的本色，特别是在女人面前。男人总是先要把体面的A面摆出来，把他的本色藏起来。而本色却是决定一个男人是善良、平和、公道、浪漫、温柔，还是凶恶、扭曲、自私、吝啬、暴力的。能辨别出橘和枳的人不多，能看出男人本色的女人也不是天天可以碰到的。

如果本色是内在的，那素质是通过一个人对其他人的行为所表现出来

的。他的言谈举止、处事为人都被素质所确定，包括做爱。如果女人真的爱上一个男人，那么她肯定是被他的B面打动了。但是大部分女人对男人的B面有一种恐惧感，她们对男人B面的暴露不感兴趣，而只是求A面体面就可以了。

男人的A面和B面往往不是一回事，即使A面体面，并不能说明他的本质是好的。如果B面没戏，A面也肯定好不到哪儿去。

当然对于婚姻的了解还不仅是这些，还有一些是执行的问题，需要在婚前深刻地了解甚至是解决，诸如：确立未来的户主、夫妻相处的原则、各自应承担的家庭责任、家庭财产的运用和分配……千万不要以为这些不重要，等到结婚过后自然就明确了。其实不然，婚前的决定往往能够影响婚姻的发展方向，因此一定不要再因为你美女的矜持以及对爱的幻想而忽略了这些。

恋爱和结婚千万不可盲目，在未看清楚对方是否是个好男人以及在对婚姻不了解的情况下，千万不要盲目地步入婚姻的殿堂，或许那就是你厄运的开始。

11 爱过痛过从此别过，
让不幸如云烟散去

相爱时，男人把女人比作星辰、飞鸟、天使等等与天空有关的事物，恩断情绝时，男人把天空据为己有，把爱过的女人放回到地面上去。

婚姻和健康的关系，一直备受注意。早在1970年，人口学家就发现很奇怪的现象：结婚的人比未婚、离婚、鳏寡的人要长寿。

不过，最近的几个研究更进一步证实婚姻和健康的确有密切关系，但是，却不全然是正面的，关键在于婚姻品质。

对于婚姻利于健康的一面许多的学者专家都曾经做出过分析——芝加哥大学教授、社会学家铃达蔚特接受《纽约时报》的采访时指出，"结婚对健康的意义，就和我们吃健康食物、运动和不抽烟一样。"

然而，人们却往往忽略了它的负面影响。研究证明，不幸婚姻对女人伤害更大。虽然一般来说已婚者比未婚的人健康，但是愈来愈多的研究也发现，不幸福的婚姻对健康的杀伤力，尤其是女人受到的影响更大，而且给女人的心理上的伤害及阴影是长时间都无法磨灭的。

据了解，不幸福的婚姻对健康的负面影响，有些甚至出乎意料。例如，婚姻品质不好的男人和女人，比婚姻幸福的人容易有牙龈问题和蛀牙。有两个研究则显示，夫妻的紧张关系和胃肠溃疡有关。所以，这又是一威胁女人健康的杀手，不得不引起女人们的重视。

女人是感情的动物，在从女孩蜕变到女人的过程中，在从稚嫩到成熟的演变里，许多女人经历了记忆中无法抹去的伤痛。爱过，恨过，拥有过，失去过，每一次感情都刻骨铭心，每一次经历都难以忘怀，甚至到她们结婚、生子，那个名字，那份情感依然在心中某个地方，轻轻地碰触就会撕心裂肺地疼痛。

人的一生，难免要经历一些痛苦，我们应该学着去承受，也要学着去忘记，不要让它在你以后的生活里划下不可磨灭的痕迹，过去了就是过去了，让我们无声无息地忘记。二十几岁的你长大了，成熟了，自己知道就好。其实大家看得见你的改变，别以为身边的人什么都不知道，也别自作聪明地向全世界宣告。生活给我们带来快乐，同时也会带来痛苦，时间让我们变成了最熟悉的陌生人。

小优是个可爱的女孩，追求她的人很多，今天恋爱了，她就马上向全世界的人宣布她的恋爱经历，满脸甜蜜地幸福小女人状，没几个月她又失恋了。什么原因呀，细节呀，她统统再度宣告一遍。

她的郁闷、她的哭泣和伤心大家看在眼里，疼在心上。可没几个月她又恋爱了，完全没有了原来的阴霾，重新又投入了新的港湾，周而复始，就像上演电视剧。

爱情是两个人的，有些东西不需要和别人分享。小优的确是很可爱的，然而难免会让人觉得她幼稚，对待感情如同儿戏。

事实上，她并没有真正地觉得痛过，要知道，真正的痛苦并不会想要和别人分享，一个人默默地、静静地坐着或者躺着，任思绪神游，只有时间能抹平我们的忧伤。不要总是像"祥林嫂"一样每隔一段时间就把你的痛苦拿出来给大家看看，那样你总是将自己的伤疤一次次地揭开它永远都不会好。久而久之，别人也会厌烦，可能你的故事别人已经背得卜来了，然而你仍然孜孜不倦地把它拿出来展示。

也许你想让别人知道你有多痛苦，也许你还不能忘记，但是永远不要说出你的痛苦，就当它不存在，你就会发现你再也记不起那些痛苦的点滴，你的脑海里将不会再出现每一句对话。

让痛苦的记忆随时间的流逝无声无息地消失，不要感慨、不要回眸！

12 过犹不及，
爱到刚刚好

爱得太深就会失去理智，不理智的女人是可怕的，也是可悲的！

二十几岁的女孩大都追求"飞蛾扑火"式的爱情，用自己的全部来爱一个人，不计任何后果，因此她们也常常会受伤。随着岁月的磨砺你的爱情观念会更加成熟，也自然会明白爱一个人不能爱得太深的道理。

喝酒的时候我们都有这样的体验：

喝到五六分醉的时候，身上的每一块肌肉都可以得到松弛，脑中的每一个细胞都可以变得很柔软，眼中看到的一切都是很可爱的，而耳朵听到的一切也都会是非常扣人心弦的，甚至，或许是因为喉咙开了的缘故，连歌也可以唱得特别的好。

但是，如果已经到了五六分醉还继续喝，或者以上情形还是可以持续保有，但是因为每个人的体质不同，或者酒的种类不同，就会有许多随之而来的后遗症，如：肠胃无法负荷的呕吐、酒精过量带来的晕眩感、隔天醒来头疼欲裂，全身不舒服的宿醉感觉……完全丧失了饮酒的乐趣。

吃饭的时候，七分饱的满足感总是最舒服的。吃到六七分饱的时候，齿颊味蕾还留着美味食物的香味，然后再加上餐后的甜点、水果、咖啡或茶等等，保持身材和身体健康绝对足够。

但是，如果已经到了六七分饱还继续吃，或者以上情形还是可以持续保有，但是因为每个人的体质不同，或者吃的东西不同，就会有许多随之而来的后遗症，如：肠胃不适而勤跑洗手间、过于饱胀而有了恶心感、无法享用餐后甜点、吃得太饱会想睡觉……完全丧失了吃饭的乐趣。

爱一个人的时候也是一样，爱到八分绝对刚刚好。

爱到七八分的时候，思念的酸楚只会有七八分，独占的自私只会有七八分，等待的煎熬只会有七八分，期待和希望也只会有七八分；剩下两三分则要用来爱自己。

但是，如果已经爱到了七八分还继续爱得更多，或者以上情形还是可以持续保有，但是因为每个人的体质不同，或者爱的方式不同，也会有许多随之而来的后遗症，如：爱到忘了自己、给对方造成沉重的压力、双方没有喘息的空间、过度期望后的失落……完全丧失了爱情的乐趣。

所以，饮酒不该醉超过六分，吃饭不该饱超过七分，爱一个人不该超过八分。

爱情应该保持怎样的温度和距离，双方才能如沐春风呢？像杜梅那样拿菜刀逼方言说我爱你，得到的只能是愤然反抗。还是李敖说得好，只爱一点点。如何掌握爱的尺度令人困扰，太冷了是冰山，太热了又是火山。以下10条仅供参考：

（1）永远不说多爱你。卡斯特罗有句真知灼见："女人永远不要让男人知道她爱他，他会因此而自大。"

（2）一天只打一次电话。在对方意犹未尽时先挂断，保持适度神秘感，没有男人喜欢喋喋不休的女人。

（3）一颗平常心。很少有人一生只爱一次，十有八九的恋爱以分手告终，要以平常心看待欢聚与别离。没有了谁，日子还得往下过。好聚好散，千万别一哭二闹三上吊，这只会使自己变得很可怜。

（4）迁就太多就成了懦弱。谁也不欠谁的，爱他是他的福气。在恋爱中两个人都是主角，要有自己的主见，懂得适当拒绝。

（5）尽量不要在经济上有纠葛。金钱是个敏感的话题，恋爱男女一涉及现实利益马上翻脸的例子不在少数。感情归感情，金钱归金钱，还是应该泾渭分明，免得赔了夫人又折兵。

（6）不要逼婚。太爱一个人就会想要天长地久，这时候就渴望起世俗婚姻了。一个劲地在男友面前提婚纱啊买房啊，把结婚的渴望明明白白地挂在脸上。如果对方想结婚不用你暗示也会去买戒指，反之你的渴望会吓跑他。

（7）不要为了爱他生小孩。单身妈妈现在有很多，她们都有一定的经济能力和心理承受能力。如果想用孩子来羁绊男人的话就太不明智了，你不能让对方对你负责，却要去负责一个生命，这不是自找麻烦吗？

（8）不要天天厮守。爱情的生命力是有限的，要让爱情寿命长一点就要保持一个适当的距离。如果有了肌肤之亲，千万别摆出一副非你莫嫁的样子，性是双方共同的感受，是感情的升华。

（9）对方永远只是一部分。三毛曾经说我的心有很多房间，荷西也只是进来坐一坐。要有自己的社交圈子，别一谈恋爱就原地蒸发，和所有的朋友都断了往来，这只会让你的生活越来越狭窄。

（10）少喝飞醋少流泪。去问问男人薛宝钗和林黛玉他们会选哪一个，男人哪有精力来向你一一交代这个女人那个女人都只是纯洁友谊？不要太计较对方的过去，干吗非要把他的陈年皇历都翻出来？过去不可能是一张白纸，同时自己也没必要把自己过去一五一十地交代清楚，特别是被人抛弃之类的事情提都不要提。

要拿捏好爱的分寸，过犹不及，至少要做到不为爱情迷失了自己，做到这一点，你才能拥有真正的爱情。

第二章
投资靠眼光，幸福靠能力

　　对的时间，遇见对的人，是一生幸福。对的时间，遇见错的人，是一场心伤。错的时间，遇见错的人，是一段荒唐。错的时间，遇见对的人，是一声叹息。

　　你在追求幸福吗？这或许是你能够掌控的，不过，需要你谨慎地思考，依靠着那颗执著而敏锐的心，寻找到自己想要的幸福！

01 幸福从心而来

爱一个人，是欣赏对方的优点，也包容对方的缺点，宁愿要求自己完整地接受，而不是要求对方完美地体现。对待你的爱人要加一分珍惜，添两分信任，加三分宽容，添四分情调，减一分啰嗦和两分争执，以及三分泼辣不讲理。

二十几岁的美女们大多都在追求金钱、地位、名望（当然这点在他们选择老公的时候更加明显），因为她们相信这会让她们生活得更幸福。其实，幸福的感觉往往是与物质无关的，只要你学会调整自己的心态，同样可以生活得轻松而幸福。

她是一个二十几岁的女孩，工作是售楼公司的助理，每月的工资并不高，和男朋友住在一个小小的出租屋里。她的男朋友报名参加了脱产的电脑培训班，时隔几日便去学习，平时在家里呆着，不过每到周末她们总是去逛街、去寻找属于他们的乐趣，尽管每次也并不买什么高档服装或是下馆子，然而她却说："我很幸福呀！"因为她追求的幸福并不是能够拥有多少钱或者多么宽敞的房子，她觉得两个人能够在一起够吃足花，就是她的幸福，况且他们还有美好的未来。

这位女孩拥有了幸福，她也再一次向我们证明了这种说法：幸福与物质享受无关，而是来自于一分轻松的心情和健康的生活态度。

如果你能试着从以下方面努力，你也会成为一个幸福的人：

1.不抱怨生活而是努力改变生活

幸福的人并不比其他人拥有更多的幸福，而是因为他们对待生活和困难的态度不同。他们从不问"为什么"，而是问"为的是什么"，他们不会在"生活为什么对我如此不公平"的问题上做过长时间的纠缠，而是努力去想解决问题的方法。

2.不贪图安逸而是追求更多

幸福的人总是离开让自己感到安逸的生活环境，幸福有时是离开了安逸生活才会积累出的感觉，从来不求改变的人自然缺乏丰富的生活经验，也就难感受到幸福。

3.重视友情

广交朋友并不一定带来幸福感。而一段深厚的友谊才能让你感到幸福，友谊所衍生的归属感和团结精神让人感到被信任和充实，幸福的人几乎都拥有团结人的天才。

4.持续地勤奋工作

专注于某一项活动能够刺激人体内特有的一种荷尔蒙的分泌，它能让人处于一种愉悦的状态。研究者发现，工作能发掘人的潜能，让人感到被需要和责任，这给予人充实感。

5.树立对生活的理想

幸福的人总是不断地为自己树立一些目标，通常我们会重视短期目标而轻视长期目标，而长期目标的实现能给我们带来幸福感受，你可以把你的目标写下来，让自己清楚地知道为什么而活。

6.从不同情况中获取动力

通常人们只有通过快乐和有趣的事情才能够拥有轻松的心情，但是幸福的人能从恐惧和愤怒中获得动力，他们不会因困难而感到沮丧。

7.过轻松有序的生活

幸福的人从不把生活弄得一团糟，至少在思想上是条理清晰的，这有助于保持轻松的生活态度，他们会将一切收拾得有条不紊，有序的生活让人感到自信，也更容易感到满足和快乐。

8.有效利用时间

幸福的人很少体会到被时间牵着鼻子走的感觉，另外，专注还能使身体提高预防疾病的能力，因为，每30分钟大脑会有意识地花90秒收集信息，感受外部环境，检查呼吸系统的状况以及身体各器官的活动。

9.对生活心怀感激

抱怨的人把精力全集中在对生活的不满之处，而幸福的人把注意力集中在能令他们开心的事情上，所以，他们更多地感受到生命中美好的一面，因为对生活的这份感激，所以他们才感到幸福。

幸福是一种抽象的感受，是一种来自心灵的快乐和满足，它并不难得到，如果你愿意，你也一样可以拥有。

02 小心爱，
不过火不受伤

他纵有千个优点，但他不爱你，这是一个你永远无法说服自己去接受的缺点。一个女人最大的缺点不是自私、多情、野蛮、任性，而是偏执地爱一个不爱自己的男人。

一位作家曾经说过："在爱情的世界里，爱得较深的一方，就是容易受伤的一方。"这是为什么呢？因为他们滥用了自己的感情，没能理智地判断对方是否为自己所爱。二十几岁的女孩，应该学会把握自己的感情，最好能做到收放自如，这样才能有效地保护自己。

1.爱上一个"木头人"

"那时实在太傻了！"26岁的赵女士对朋友说，"2002年，我去北京某报社实习，喜欢上了那个很有才气的记者。我到处跟着他采访，我被他的采访技巧、语言表达能力和选取素材的独特视角深深折服。"

"实习回来后，我一直忘不了他。毕业分配时，我没去成北京，留在了济南一家新闻单位。我经常请教他问题，我们电话来往很密切，当然大多是我主动给他打过去的。其实，我周围有老师和同行，但我为什么偏偏要舍近求远地求教他呢？我知道，自己已经爱上他了。

"我经常借口去北京看他。后来，干脆就把自己当成他的女朋友了。双休日我会买着各种零食去北京，直奔他的住处，帮他收拾房间。他总是木木地看着我做这一切，没什么表情，他对我从来就没表达过什么。要知道，我刚刚参加工作，经济上并不宽裕。假如经常去北京，再加上给他买礼物，这个月便会很紧张，我的工资几乎都花在这上面了。其实，我也感觉挺累的。我想再试验一次，如果不行我就撤退。于是，我打电话告诉他，我要去北京看他，问他需要什么。他没有拒绝，还开玩笑似的说，需要三星E348手机。

"我想，他没说不让我去，而且还提出要三星E348，这说明他对我还是有意的。于是，我使劲存钱买了手机和他爱吃的东西就急匆匆地去了北京。火车到了北京站，他没有来接我。我又赶到他家中，也没人，我又去了他单位。他看见我来了，居然没有什么表情。我问：'为什么不接我？''你不是已经到了吗。'他漫不经心地答道。我拿出食品给他，他却分给办公室的同事一起吃。我拿出手机，他有点吃惊地说：'你怎么真买了？'说到这，旁观者肯定都看明白了。当时，他之所以不直接对我说不爱我，那是怕伤了我的自尊。他总推说他忙这忙那的，这已经间接地告诉我，你省省吧，别再来打扰我了。我当初为他所做的一切，都是损己不利他的，他也不想我扰乱他，可我当时就是不明白。"

经验：爱是幸福的事，但爱应是对等和公平的。假若是一厢情愿的话，那将是一件非常痛苦的事情。要知道爱意泛滥是很可怕的，尤其是盲目地爱。当你不幸遭遇到这种恋情时，千万不要像赵女士这样"痴情"，一定要珍惜和收敛自己的爱意，学会保护自己。

2.爱是不能受制于人的

B女士（27岁会计）：我在上大学的时候，谈过几次恋爱，但都谈崩了。崩的原因是因为他们太想控制我。毕业时，那位男友让我跟他回广州工作。往下的话虽然他没说出口，但我已经看出来了，如果不跟他一起走，我们就完了。当时确定了这个信息后，第二天我先他一步提出分手。

参加工作后，我所就职公司的老板是位非常出色的男人，我们有种默契，有份心照不宣的好感。我一直期望他能够说出来，因为我非常欣赏他，也挺爱他的。可他很沉得住气，从来没有过分的亲昵话语和动作。但他对我的关心又是无处不在的，并且总能让我感觉到。弄得我总也拿不准他对我到底有没有那层意思。为了得到他，但又不能受制于他，就得想办法让他主动出击。于是我利用一切机会显示我的才华和才能，把自己优秀的一面，自然地毫无保留地展示给他。我还打听到他的喜好，然后我会在不经意间流露出我也有这方面的爱好和特长，让他备感意外和惊讶。一到这时，他就会说，没想到我们还有那么多相似之处。

那次，一个生意伙伴邀请我们几位高层人员到他家里参加家庭聚餐。我知道他最爱吃拔丝地瓜，于是就利用这个机会，下厨房做了个很正宗的拔丝地瓜，当我将色香味俱全的拔丝地瓜端上来的时候，他用有点奇怪的眼神看了我一眼，好像在说，你也喜欢吃这个。在众人的喝彩中，他第一个品尝。这天的聚会结束后，他开车把我送回家，在楼下他第一次吻了我，并向我求婚。心里早已乐颠了的我，却假装出一副略有所思的表情说道："能给我些时间考虑一下吗？""当然可以，不过别让我等得太久，不要太折磨我了。"一个星期后。他得到了满意的答案。当然，我也得到了我想要的爱人。

经验：恋爱同样是要讲策略的。记住，收敛爱意是度的把握，有效地传播爱意则是技巧的掌握。女友们，不管到了什么时候也别让爱冲昏了头脑。让我们开动脑筋，运用智慧，在爱的领域中立于不败之地。

3.属于你的爱会长出翅膀

C女士（28岁护士）：我非常相信缘分，是你的跑不了，不是你的追也追不来。只要真正是属于自己的，就是远隔千里万里，爱也会插上翅膀飞到你身旁的。所以，不要强求不属于自己的东西。同样，属于自己的东西，也不要轻易放过。

几年前，我曾经对一位很欣赏我的男人产生了不可遏制的爱意，也不知道当时我为什么那么迷恋他。我总觉得他对我的态度与别人不同，总觉得自己是他周围的女性中，比较出色的一个，所以他最欣赏我。他很沉稳，从不轻易夸谁，但他却总在众人面前夸奖我，而且这些都是我从别人口中得知的，每听到这些，我的心里就暖暖的。其实，他本人也是一位很有才华的成功男人。我对他的爱意与日俱增。尽管这时，我周围的追求者不少，可我只对他情有独钟。我总是找机会靠近他，关心他。虽然我没说什么，但我的意思对他来说已昭然若揭，可他就是没有什么反应和表示。有时，我为了试探他对我的态度，会把自己藏起来，不让他看到我，看看他想不想我。结果没几天，他会找借口打电话，或来看我，但仅限于此。于是，我就又来了劲头，依旧关心他，亲近他，当然都是精神上的。

就这样反复了几次之后，我得出了自己不愿承认的结果，那就是他并没有诚意。我决定马上收手，并且是很坚决的。任他后来又故伎重演，我都是不卑不亢、落落大方地与他交往，尽管心里有时还是动心，但我知道没有结果的事，是不值得我付出感情的。

经验：三十六计走为上。

（1）当你倾情付出，得不到任何回报的时候。

（2）他总是用所谓的忙，或别的什么借口，来敷衍和搪塞你的时候。

（3）当你为他不遗余力，深感力不从心，并觉得他不值得你这样做时，那你就要先停下来，好好梳理一下自己的感情和心绪。

（4）当你发现他在利用你的爱意，让你心甘情愿地为他无偿付出时。这种男人已经到了很可恶的地步，你要马上收回爱意，让他不能得逞。

（5）虽然他也喜欢你，但因为种种原因，他不能接受你的爱意，并努力掩饰对你的感情时，那你也要激流勇退，因为这同样是一场"无花果"之战。

经历了情海里的大风大浪后，二十大几的女孩们更应该学会保护自己，谨慎地追求自己需要的爱，用愉悦的心情来享受爱的甜蜜和幸福，用冷静的头脑来评估这份爱的价值和未来。

03 智慧沟通不抱怨，
   爱你所爱

男人把面子看得最重要，女人把名声看得最重要。

大家都知道，老虎常常要舔自己的皮毛为了要面子有光，而男人都爱面子，说是自尊心强，其实就是虚荣。不像女人只注意美貌、衣饰、浮华等物质方面；男人虚荣，倾心于知识、才华、勇气等精神方面，更渴望名声，炫耀权力。

战国时候有个名人叫晏子，身高不满5尺（折合现代的尺寸为1米5左右），而他的车夫却身高7尺。车夫执鞭为晏子赶车时洋洋自得，他老婆窥见后便说："人家晏子身不满五尺而为齐国宰相，你枉得堂堂七尺之躯，而为之御，不怕难为情吗？"车夫闻言羞愧难当，之后车夫便发奋努力，终于成为大官。如果车夫的老婆不激发他的虚荣，那车夫可能永远都是车夫。

"虚荣"也不坏，好的"虚荣"，它的"荣"应该是一种健康的向往。不过，很多已婚女士与身边的男人发脾气时，不是置之不理就是破口大骂，甚至不顾忌是不是在公众的场合，有的女士还尤其喜欢当着朋友的面给男人难堪。女士们以为使尽性子、耍尽脾气，就能变成耀武扬威的女王，她们从男人的道歉和满脸赔笑中获得胜利的喜悦，孰不知自己因此将失去更多。

当女人一点点损毁男人颜面的同时，也正一点点损毁他们之间的感情。而给男人一个台阶下，为男人保留一点颜面，就等于给自己多一些幸福的空间。

男人一般都是头可断、血可流，面子不能丢的"动物"，所以在外人面前一定要给足老公面子：你可以表现出小鸟依人的样子，有的时候男人需要喝点酒、抽几支烟，这时最好不要严加干涉。若是有朋友到家里来也最好能表现得勤快一些，让男友有足够的时间和自己的朋友去吹牛皮、侃大山。当然，不排除有的时候男友可能会很过分，那就在别人不注意的时候狠狠掐他一下或者在客人走后惩罚他。正所谓"秋后算账"看他下回还敢不敢犯！

小丽是那种很蛮横的女孩，和男朋友相处三年了，已经发展到谈婚论嫁的地步了，而两个人的经济大权早都交予小丽来掌管了。

可是小丽有个坏习惯，不管有人没人，当着什么人的面，她都会去翻男友的衣兜，检查一遍里面的钱，然后拿走最后一分硬币。老公很无奈但还是对着同事惊诧的眼光疼爱地说："我们家小丽就这样，呵呵！怕我学坏。"但心里已经有了埋怨，久而久之，怨恨越积越深。

最终，两个人也没能走入婚姻的殿堂，这让许多朋友都很惊讶。殊不知女人绑住自己的老公的办法并不是看死他。

爱情就像捧在手里的沙子，你攥得越紧，它流失得越快，展开双手轻轻地捧着，它反而不会流逝。

不要怕做小女人，要知道，老公会因此对你感恩戴德的；当然，他也会在你的朋友面前表现得更加宠你、疼你，把你捧得像一个公主。这没什么难的，而且这种令双方都开心的做法，为何不去尝试呢？

只有笨女人才会因为老公说了或做了使她不顺心的事而不分场合地给他脸色看，令他和他的朋友们都觉得尴尬、难以下台。聪明的女人会在适当的时候忍气吞声、强颜欢笑，给足老公面子，但是回到家关起房门来好好教训，让老公心甘情愿地做一个星期家务，并发誓再也不敢有下次了！

世界上的事情没有什么是永久不变的，不要以为婚姻是牢固的，除非你懂得经营，否则它真的会成为爱情的坟墓。

其实，有时男人要求的并不多，但他最在乎的就是面子，只要给足他面子，再适当地施展一下你的"小温柔"，难道还怕他不对你死心塌地？

每个女人都希望嫁一个好老公，希望自己的老公是最优秀的，所以她们总是在不停地攀比，同时给自己的老公施加压力。也许你老公的工作很卑微，也许你老公的薪水很微薄，也许他晋升的速度过于缓慢……然而，这不能成为你轻视及贬低他的理由！

当今社会对于男女两性的角色期待是不同的，在要求女人温柔贤惠、善于操持家务的同时，也对男人提出了坚强勇敢、事业有成的角色要求。然而，由于现代社会的激烈竞争，那些在职场上打拼冲杀的男人们也会面临失败，这种心理上的负荷往往使得他们在体力上和精神上不堪重负，甚至影响了他们的健康。

当男人的事业不能一帆风顺时，心情处于低落期，此时他的内心已是无比脆弱，任何不小心的言语都可能伤害到他，这时妻子的关怀和鼓励，最能安抚他的心，这也是你身为妻子应尽的责任，你怎么能忍心再用尖刻的言语去刺激他呢？

要知道，你嫁的这个男人是深爱你的，他的拼搏是为了你的幸福，无论他发展得好与不好，都不要抱怨，你可以自己选择过什么样的生活，如果他是个事业有成、整日忙碌的男人，那你的经济压力没有，但是却要承受每天看不到他、无法与他交流的痛苦；如果你的丈夫是个普通人，那你选择的就是一种普通的家庭生活，两个人一起买菜、做饭，有充足的时间在一起享受你们的二人世界。

上帝对每个人都是公平的，拥有的和失去的都是成正比的。爱你选择的人，不要去羡慕别人的跑车和洋房，他们的苦恼也许比你还多。

小梅的老公是工厂的技工，挣得不算多可也足够两个人花，没事还可以有充足的时间陪老婆看看电视，逛逛街，还可以和邻居的老朋友下下象棋，喝喝茶。可小梅一直不满足于现在的生活，一看到别的姐妹的老公买了车，买了大房子，就唠叨个不停："你怎么这么不求上进，你什么时候能有点出息，你看看人家小丽的老公，又带她去国外旅游了。"老公总是笑呵呵地说，现在不是很好吗。可久而久之，老公认为小梅是看不上自己了，两个人开始冷战，婚姻也出现了危机。

女人希望自己的老公在事业上有所成就没错，但是她们大都犯了同样一

个错误，那就是轻视老公的能力、贬低老公的工作和收入。

夫妻本是一体的，一切问题和困难都必须由两个人来共同承担。所以，不要嫌弃老公的工资少、地位低，更不要贬低他的职业不是令人羡慕的职业，不要把他说得毫无价值……

作为妻子，最有效的方法不是拿自己的丈夫和别人去比较，而是通过赞赏和包容的态度来为他减压，为他提供心理上的支持——当他陷于困境时，要表示理解和支持，并为他鼓足克服困难的勇气；当他取得成果时，与他同庆共享成功的喜悦。

为他营造一个轻松和谐的家庭环境，你的支持、认可和鼓舞就是老公最大的动力。

聪明的女人都会明白这些道理——扔掉你的埋怨，试着做老公忠实的粉丝，他将会努力百倍，为你们的将来更加上进！

04 追求爱，
但不迷失自我

如果男人赞美女人，女人会认为男人是有目的，但要是男人不赞美女人，女人会认为男人太没绅士风度了。

人们常说一个人要拿得起，放得下，而在付诸行动时，拿得起容易，放手却很难。所谓放手，是指心理状态，尤其是现在二十几岁的女性，在这方面的免疫能力很差。她们的思想意识，常常被男朋友或者老公的言语或行动所左右，体现出来的是一种情绪波动大、突发性强的状态。

造成这些问题的原因主要在于女性的心态，她们过于重视男朋友或老公的想法，或者是太过于看重感情的重要性。因此她们常常会因为一些不经意间的动作而人为地制造出一些心理阴影，或者是无法走出曾经的心理创伤而抑郁寡欢。

张欣因相爱的人娶了别人而一病不起，家人用尽各种办法都无济于事，眼看她一天天地消瘦下去，家人、朋友真是看在眼里，急在心里。后来，她的妈妈便带她去看了心理医生。心理医生很快便找到了病情的症结，于是耐心开导她说："其实喜欢一个人，并不一定要和他在一起，虽然有人常说'不在乎天长地久，只在乎曾经拥有'。但是并不是所有拥有的人都感觉到快乐。喜欢一个人，最重要的是让他快乐，如果你和他在一起他不快乐，那么就勇敢地放手吧！"

对于张欣这样的情况来说，她就是缺乏一种放弃精神，太过于执著于前男友给她造成的心理创伤，导致了她情绪上的失落，其实既然已经看到了结果就不应该再执迷，过于痴迷的爱造成的伤害远不止情绪上的。

《卧虎藏龙》里有一句很经典的话：当你紧握双手，里面什么也没有，当你打开双手，世界就在你手中。紧握双手，肯定是什么也没有，打开双手，至少还有希望。很多时候，我们都应该懂得放弃，放弃才会使自己身心愉快，才会使自己获得快乐！

相信，生活在今天的二十几岁的美女们为情所困的不少，然而也不乏潇洒理智的新时代女性，她们游走于感情的漩涡之中，从来不迷失自己；她们拥有自己的老公却从来对他们不唯命是从，有着自己的见解和主张，更有甚者可以左右着老公的情绪，这才是新时代女性应该拥有的聪明与才智。

看看当今的男女比例你就会重新衡量自己的价值，不会再为了男人的问题而烦恼了；看看那些大龄男人、离婚的男人，他们肯定是不幸福的，如果你的老公想要果断地去追求这种不幸福，那么你又何必为了阻止他而自寻烦恼呢？

其实男人这种动物千万不能惯着，越惯越坏，越惯脾气越大，越惯你就越没有地位，相应的，你也就会越受气。适当地做个果敢而坚强的女人，让男人们后悔、追在屁股后面求你去吧！

05 闭上嘴巴，
用心爱

男人最可爱的缺点是怕老婆，女人最讨厌的缺点是爱唠叨。

我们常常听到自己的妈妈或者别人家的阿姨每天不停地数落自己的孩子和老公，哪怕是一点小事，让你觉得可怕。可是当你步入婚姻后，就会逐渐发现自己也变得爱唠叨了，为什么呢？

结婚前，很少有女人爱唠叨，因为她们比较轻松，哪儿用得着担心家庭问题、孩子问题。可结婚之后，女人渐渐变得爱唠叨了，尤其是上了一些年岁的女人。

青春的流逝让她们倍感伤心与无奈。同时，在生活工作中力不从心的感觉也让她们焦躁。偏偏她们的苦恼又得不到别人的理解，比如挣扎在社会夹缝里的丈夫和正处于叛逆期的子女。在这种情况下，她们只有通过不断地重复自己的观点，来吸引人们的注意，直至这种方式成为一种习惯。

绝大多数女人通常都不承认自己的唠叨，而是认为自己在生活中扮演的是"提醒"的角色——提醒男人完成他们必须做的事情：做家务，吃药，修理坏了的家具、电器，把他们弄乱的地方收拾整齐……但是，男人可不这样看待女人的唠叨。

女人总是责怪男人不该把湿毛巾扔在床上，不该脱了袜子随手乱扔，不该总是忘了倒垃圾。女人也知道这样做很容易激怒对方，但她认为对付男人的办法就是反反复复地重复某条规则，直到有一天这条规则终于在男人的心里生了根为止。她觉得她所抱怨的事情都是有事实根据的，所以，尽管明明知道会惹恼对方，还是有充分的理由去抱怨。

看看男人的感受吧：在男人心里，唠叨就像漏水的龙头一样，把他的耐心慢慢地消耗殆尽，并且逐渐累积起一种憎恶。世界各地的男人都把唠叨列在最讨厌的事情之首。

在美国，每年有2000个"杀妻犯"承认之所以杀妻是因为妻子太爱唠叨；在香港，一位丈夫用锤子砸了妻子的脑袋，造成其大脑损伤。法官最终给这个丈夫判的刑期很短，因为他认为是妻子太唠叨，使得丈夫失去了理智。

心理研究人员发现，无论男人还是女人，哪怕是孩子，无休止地唠叨或指责对他们来讲，都是一种间接的、否定性的、侵略性的行为，会引起对方的极大反感——轻则使被唠叨者躲进"报纸""电视""电脑"等掩体里变得麻木不仁；重则腐蚀夫妻关系，点燃家庭战火。所以有人说，世界上最厉害的婚姻杀手，莫过于男人觉得妻子越来越像妈，而女人发现丈夫越来越像不成熟的、懒惰的、自私的小男孩。不仅如此，生长在爱唠叨家庭里的孩子，很容易成为软弱无能、缺乏个性的人。

所以，一个唠叨的女人，对整个家庭来说都是噩梦。试想当疲惫的丈夫回到家里，便陷入毫无头绪的抱怨和痛苦之中，而这时他最想做的，就是冲出家门。而年轻活泼的子女，更不能忍受你的唠叨，就算他们真得很爱你，但是大量的荷尔蒙会使他们做出更让你伤心的反应来。

那么，聪明的女人们，如果发现自己不知不觉中变得爱唠叨了，特别是家人开始对自己有不满情绪了，就要引起高度重视了，这表明你需要学习家庭沟通艺术了：

1.不要重复说同一句话

训练自己把话只讲一遍，然后就忘掉它。如果你必须很不耐烦地提醒你的丈夫六七次，说他曾经答应过要一起去做某件事。如果他现在已经在做了，你就不用再浪费唇舌多说几遍了。

2.说话时要找好时机

傍晚时分，一家人身心都很疲倦的情况下，唠叨会成为家庭矛盾的导火索。智慧的主妇会创造一个温煦的港湾来接纳家人，夫妻间的矛盾到了卧室再谈，就会缓和许多。

3.好好培养一下自己的幽默感，它会使你常常保持良好的心情

如果你对芝麻大小的事也会生气，早晚会精神崩溃的。所以要学会用宽容幽默的态度对待生活中不如意的事，而不是整天紧绷着脸。更别为了一些微不足道的芝麻小事，而将爱情变成了怨恨。

千万记住，你不可能用唠叨的话套牢一个男人，这样做的结果，只会是破坏他的心情和精神，毁灭你的幸福而已。

06 琴瑟和谐，
演绎伉俪情深

　　两个人如果有缘相识，又两情相悦，牵手一生应该是幸福的。平淡的婚姻生活不同于炽热的恋爱，身处围城之中，要做到相互欣赏、相互体谅，相互容忍，相互进步，如此，才能和睦融融。即便是有所变故，也要坚信爱情，爱生活，爱自己。

　　《圣经》有言："有的时候，人和人的缘分，一面就足够了。因为，他就是你前世的人。"茫茫人海中，多少人擦肩而过，多少人从此再也不见，但就是在对的时间遇到了对的人，这就是命中注定的缘分。

　　文坛巨擘钱钟书和杨绛的爱情恰恰验证了这句话。青春年华时刻，两人于清华大学古月堂门口，初次偶遇，一个清逸温婉，知书达理，一个儒雅智慧，谈吐不俗，立时怦然心动，相见如故，从此倾心牵手一生，在文坛谱写一段旷世情缘。

　　对文学共同的兴趣让两人有说不完的话，相互欣赏的两个人共同进步，成就文坛伉俪情深的一段佳话。很多人都赞誉两个人的结合是天造地设的绝配。胡河清曾这样赞叹道："钱锺书、杨绛伉俪，可说是当代文学中的一双名剑。钱锺书如英气流动之雄剑，常常出匣自鸣，语惊天下；杨绛则如青光含藏之雌剑，大智若愚，不显刀刃。"两人在俗世的生活中过着琴瑟和弦、鸾凤和鸣的生活，并甘心沉浸于只属于二人的围城世界中，自动远离尘世的喧嚣纷扰，闭门品茶读书，一间陋室只闻书香茶香。即便是在艰难动荡的岁月里，两人也是相濡以沫，相敬如宾。有了女儿阿圆，幸福随之翻倍。三人在平淡的日子中过着充满温情和趣味的生活，任时光静静流淌。后来随着女儿的和丈夫的先后离世，杨绛以一个老病相催的弱女子过人的坚强独自承担着这份悲伤，依然笔耕不辍，整理钱钟书文稿，写就满怀幸福的《我们仨》。即便是百岁大寿之日，她也是淡淡地拒绝了外界的相邀和相扰，只嘱咐亲戚们各自在家为她吃上一碗长寿面即可。

钱钟书曾用一句话这样概括他与杨绛的爱情："绝无仅有的结合了各不相容的三者：妻子、情人、朋友。"这对文坛伉俪，爱情里既有碧桃花下、新月如钩的浪漫，也有两人心有灵犀的默契与坚守。相互欣赏，深情相伴，两位先生的至深至真爱情为我们解读了伉俪情深的真正内涵。

相互欣赏，一起进步，终日厮守的两个人才不会有审美疲劳，日子也才会更加有趣生动。你读书我品茶，你写诗我绘画，你烹煮一锅饭香，我采来一束花香，想必这样的生活正是我们所求，也是经过努力或可拥有的模式。只是谨记懂得欣赏，不忘本真，不慕虚荣，不忘初心。

其实婚姻生活过久了，难免平淡，两个人朝夕相对久了，任何的毛病和缺点都会暴漏无遗，如何让爱情保鲜，让关系融洽，需要用智慧去呵护，用心去经营。在这一点上，著名的词作家乔羽为我们树立了榜样。在一次采访节目中，主持人向乔羽和他老伴儿这对耄耋模范夫妻探讨和睦相处的秘诀。出人意料的是，话不多言的乔羽老伴儿仅用一个字平和地作答："忍。"一语惊四座，台下爆发出一片掌声。乔老含笑不语，主持人接着再问乔老有何"秘籍"，乔老随口即答："一忍再忍！"台下掌声更加热烈。乔老用戏谑的语言解读了婚姻生活的秘籍，忍不是无奈和软弱，忍是一种难得糊涂的大智若愚，是夫妻间虚怀若谷的涵养修炼。生活中多是家务琐事，对一些无关原则的小事情睁只眼闭只眼，一忍而过，一笑视之，生活就像一湖水，溅落的一粒小石子只能荡起一点生动的涟漪，其后依然是平滑如镜的风景。

美满的爱情让女人变得美丽无比，但是世事无常，事事有时并非所愿，即使有所变故，也依然要坚信爱情，美丽自己。

秦怡是银幕上一个美丽的童话，年轻时的秀美，年老时的优雅，风华绝代用在她身上并不为过，周恩来总理就曾亲切地称她为中国最美丽的女性。但是，就是这样一个美丽的女子，也经历了两段并不完满的婚姻，照顾了先后生病的丈夫和儿子，曾经所爱的丈夫和深爱的儿子离世之后，这位饱经岁月沧桑的老人而今已年逾九旬，满头华发，高贵典雅。虽然她的婚姻不甚如意，但是她依然相信爱情，爱人爱自己，从不幸中坚强走过，从艺70多年的美丽女人，收获了另一种形式的风华绝代。

两个人如果有缘相识，又两情相悦，牵手一生应该是幸福的。平淡的婚姻生活不同于炽热的恋爱，身处围城之中，要做到相互欣赏、相互体谅，相互容忍，相互进步，如此，才能和睦融融。即便是有所变故，也要坚信爱情，爱生活，爱自己。

古人有言："有的时候，人和人的缘分，一面就足够了。因为，他就是你前世的人。"茫茫人海中，多少人擦肩而过，多少人从此再也不见，但就是在对的时间遇到了对的人，这就是命中注定的缘分。

07 爱要自由，
学会放手

　　女人不懂得经营婚姻，不懂婚姻的精髓在于沟通和协调，秉承中庸之道，男人一定无法回应，无法体谅，家里渐渐将被杂音弥漫；女人气势汹汹，男人一定萎靡不振，身体受到摧残，精神感到压力。

　　人们常说男人有很强的占有欲，其实女人又何尝不是呢？

　　"老公只有一个，那只能属于自己"许多女人都有这样的想法，因此总是很喜欢将老公控制在自己所能触及的范围之内，让他们事事都尽在掌握！

　　不过女人们往往想错了，男人们之所以怕老婆，不是为了逃避，而是一种理解与宽容，更是一种深情的爱。"管"老公是必要的，因为天下的男人们没几个能闯过"酒色"关的，部分男人之所以能马马虎虎地过"关"，其主要原因就是因为有老婆管着。

　　而老婆之所以"管"，多半是因为深爱自己的丈夫，因此很担心丈夫有外遇而不爱自己，正所谓"爱之愈深，责之愈切"，于是要求丈夫在各方面都要依着自己，百依百顺，才能放心。

　　不过，"管"也是有上限的。首先是丈夫有错且不听劝告，其次一定要针对丈夫的脾气与性格采取措施。一位哲人说过："在一个家庭中，最可怕的是妻子拥有丈夫的躯体，而他的心早已离去……"从社会和心理学的角度来分析，"妻管严"实为一种病态的反映，是家庭生活的一种腐蚀剂，也是背在两人感情上的一个大包袱。

婚姻专家指出，如果妻子在家庭中总是制造出一种"妻管严"的局面，大权独揽、说一不二，而做丈夫的只能唯命是从，谨小慎微。从表面上看妻子将丈夫控制得周密，但在其服服帖帖的背后却隐藏着极大的危机。它不仅会使丈夫成为毫无进取心的庸人，而且能引起丈夫的逆反心理及心理变态，甚至发生家庭关系破裂。

曾经有这样一位"妻管严"的丈夫，一次在朋友家跳舞回家晚了，妻子在家早已严阵以待，回家后即被盘问一直到凌晨两点。事后还深入群众、同事中做了调查；舞会是否关过灯？开的是几支日光灯？跳的是什么舞？最后丈夫火冒三丈，忍无可忍，提出离婚，理由很简单：我要活得轻松点、自由点。

因此，聪明的妻子"对付丈夫"一定要讲些策略。不管用微笑，还是用眼泪，不管用撒泼，还是用撒娇，一定要站在对方的角度考虑一下，否则长此以往，老公的心可就会从你身边溜走了。

当然，在这个诱惑满街的世界，不是所有的男人都有柳下惠的定力，但女人如果动不动就河东狮吼，一有风吹草动就动手动脚，不惜以死相威胁，把男人盯得死死的，只怕他难以忍受，为了"自由"，只会离你越来越远，因为女人并不是唯一的太阳，行星也会脱离轨道。

男人因为有了女人才有了家，家是世界上最温暖的地方。没有一个男人不恋家，只要你的家充满理解，充满温馨，让丈夫在这里得到充分栖息，没有哪个男人会放弃自己的家，如果真有那些不想回家的男人，你死死抓住，就能拥有吗？因此，作为女人无须患得患失，总害怕失去。给丈夫一个"放心"，好好充实自己，丈夫会更爱你。

08 信赖而不依赖，
   让爱变轻松

　　管了却像没管，管了却还让老公心存感激，这才是"管"的最高境界。

　　如何管理丈夫是一门学问更是一门艺术，懂得管理丈夫的女人，会像放风筝一样，给他广阔的飞翔空间，而她们就是那个手握风筝线的人，要时紧时松，收放自如：太用力了，线也许会断；太松弛了，风筝也许会搁浅。而维系在双方之间的那根线则是感情、家庭和责任。

　　大多数女人的本意是：想要管住一个男人就必须抓住两个方面——男人的钱包和手机。经济和行踪都管理好了，一个男人想花心也难。

　　俗话说"男人有钱就变坏"，这似乎已经得到了大量实践的验证。为此，有些女人干脆把老公的工资先统一收缴"国库"，再按月发饷。这样做，尽管从管理力度上来说非常彻底，但从技巧上来讲却不近人情，而且男人出门在外要靠钞票充门面。我们可以每个月"征收"老公工资的一部分，作为家里的公共基金，当然你也要上交，这样既不会让老公觉得受到不平等的压榨，又达到了给老公钱包缩水的效果。

　　哪怕你再想知道老公的行踪，也不要贴身追踪，隔两三个小时就打电话查岗，这样做的结果只会让老公厌烦，更伤害了男人的自尊。我们完全可以先进入老公的社交圈，与老公的同事朋友交朋友，如果可能的话，更要跟那些太太交朋友。一旦太太同盟形成，老公们的行踪便尽在掌握了。

事实上，并非所有管老公的妻子都担心老公在外面有外遇，而是因为太心疼对方，什么事情都想替他操心：他约了朋友吃饭到点了还在上网，你要管；他的表妹过生日，他买了个公仔作礼物，你还是要管；他哪怕是去银行取个钱，你都担心他把密码告诉别人……为什么你事事都想管着他呢？是因为你爱他。曾经有人说过："当你觉得这个男人像孩子一样，任何人都可能欺负他的时候，证明你已经爱上他了。"

可是，可爱的女人们你们可知道，他在认识你之前，还不是一样活得好好的，一样和上司朋友打交道，一样给表妹过生日，一样去银行取钱……说不定你这样管了，你的老公还不会领情呢——他会觉得你不信任他，在你眼里他

什么都不是，从而产生了逆反心理，以后做什么事情，去哪里见谁，再也不让你知道了。还要提醒你的一点是：千万不要把婚姻看作生活的全部，而对老公过于依赖，以免这个城堡不堪重负被压垮。除了婚姻还有很多其他社会活动需要你的参与，譬如工作、关心父母、朋友、自己，以及各种广泛的社会活动。如果把自己的一切都和他绑定了，那你也就成为了他的附属，这样于自己是一种枷锁，于别人是一种负担。

09 婆媳和，
家庭幸福多

婚前婆婆对儿媳妇好，丈母娘挑剔准女婿。婚后丈母娘对女婿好，婆婆挑剔儿媳妇。

婆媳之间由于教育程度和生活环境不同，所以做事的观点就不一样，有了歧见，就有是非，无论如何，你是媳妇，必须孝顺公婆，勤劳家务，和亲睦邻，节俭朴实，相夫尽礼，教子有方，尊重自己的人格。

生活中难免会有不如意，年轻人和老人的思想本身就不同，遇到问题及时沟通、解决，不能总拉长着一张脸——"猴子不吃人，样子难看"，这样会引起许多不必要的误会。以上各点如能切实做到，不但现在是个好媳妇，将来也是个好婆婆。

婆媳之间处好了就是母女的感情。彼此要相互尊重，有什么事全家协商着处理，如经济开支、如何教养第三代等要共同商量，养成民主家风；而属于个人的"私事"，则应互不干涉，个人享有"自主权"。作为媳妇，要多尊敬婆婆，因为婆婆年岁大，管家或教孩子的经验丰富；做婆婆的也不要总是在媳妇面前摆架子，要看到儿媳的长处，多尊重儿媳的意见，特别是教养孩子的问题。婆媳长年生活在一起，难免会发生一些不协调的事情，这时就更需要双方相互谅解。

我们的先辈在处理人际关系中所提倡的"设身处地""以己度人""己所不欲，勿施于人"等原则，都包含着谅解的思想，是处理人际关系的"金玉良言"，也完全适合于处理婆媳关系。

婆媳之间一旦发生摩擦，不管孰是孰非，做媳妇的一定要先忍让，万不可针锋相对。婆婆说什么，只管听着，等事后双方都心平气和了，再探讨矛盾的起因与解决方法。这样一来，婆婆面子十足，自己今后也会想法子弥补自己的过失，你在婆婆眼中更是一个识大体的好媳妇，也解了老公的后顾之忧。

此外，婆媳双方平口有了分歧，切忌向邻居、同事或朋友乱讲。我国民间有这样一句俗语："捎东西越捎越少，捎话越捎越多"，说的就是"传话"在人际关系中的不良影响。婆媳失和，向亲朋邻里诉说，传来传去，面目全非，只会加剧矛盾。

上了年纪的人，感情相对脆弱，怕孤独，爱唠叨。作为媳妇，如能与婆婆多聊家常、多做家务，多买点老人喜欢吃的东西，会极大地在老人心目中塑造对自己的好感。除了物质上孝敬之外，还应注意和婆婆搞好感情交流，消除心理上的隔阂。因此，做媳妇的平日里要经常向婆婆嘘寒问暖，每逢老人身体不适，更需悉心照顾。家里的事媳妇不管如何做，都应该和婆婆通报一声，让婆婆也有满足感。

古今婆媳处不好的很多，原因就是自私。有的说我从前当媳妇好苦啊！现在对你们这样宽厚，还不知足？像这种观念，不合时宜。好比说，她过去烧柴火煮饭，现在用电锅，不要媳妇上山砍柴，这是时代进步了，哪里是宽厚；有的怨恨心重，认为以前受了多少苦，熬了几十年，才当了婆婆，如果不好好的威风一下，太吃亏了；还有一种人，对自己的女儿好得很，有好吃的媳妇别想，有难做的女儿没分，这也是构成婆媳不和的原因之一。

假若婆婆能够这样想：我的媳妇是别人的女儿，我的女儿是人家的媳妇，人家虐待她，我心里会难过，我虐待媳妇，别人也会伤心。反过来又何尝不是呢？别人的妈也是妈，将心比心，你的真诚一定能换来婆婆的真心。所以说，不管家庭环境的好坏，给予婆婆的待遇一定与你的亲妈平等，这样彼此间的感情就融洽了。

10 明知明察，
做知心爱人

一旦跨进婚姻的大门，你已经没有理由推说自己不了解婚姻。如果你对婚姻的期待还只能停留在不休的抱怨之中，你必须及时重新反思婚姻。你不是儿童，这一切也不是儿戏，接受自己还是改造自己你需要给出一个肯定的答案。当然也包括是接受还是改造你的爱人。

社会普遍对男性的行为和思想有特定的期望。从孩子开始，男性在表达感情方面受到压抑，较少谈及情绪和直觉，使他们生活在一个思想框框里，影响与妻子的相处。如果你的老公有以下的想法和困难，不妨参考一下专家给他开列的有利精神健康的想法，这样他会发现，同一件事件，可以从不同角度处理，可以"化难为机"。下面来看看男人由哪些错误想法。

错误想法一：男人是一家之主，要为女人遮风挡雨。

男人造成的困局：从不给予自己喘息的机会，令身心过度耗损。

有利精神健康的想法：在经济低迷下，失业或工作不足是非常普遍的。丈夫切勿因此而觉得自卑或感到无用。一个家庭的经济不一定由一个人完全支持，由两个人分担总比一个人轻松得多。工作压力是影响男人身心健康的其中一个主要原因。有时候会将工作的负面情绪带回家里影响与家人相处。学习分享感受有助减低压力和建立关系，快乐时，应和妻子分享笑声；遇困难时，让妻子分担忧虑。家庭是两夫妇共同建造的，当中的苦与乐是大家一起去分担和分享的。请给妻子并肩作战的机会。

错误想法二：男主外，女主内，家务是女人的天职。

男人造成的困局：在家务分工上斤斤计较，两夫妻相处容易有摩擦。

有利精神健康的想法：当今社会，虽然表面上现代男女平等，但实际上古今中外很多地方是妻以夫贵。

如美国前总统里根的夫人。当里根下台后，她的第一夫人宝座就马上让给布什夫人了，她一下就降为平民。女人由于经济、社会地位等不能与男子相抗衡，便更容易有自卑心理。希望做丈夫的能理解，更多地尊重她，健全她的自尊心理。即使为丈夫倒杯茶，也希望能听到一声谢谢，或礼貌的笑容，别使她感到自己不是家庭主妇，而是家庭保姆。家庭是大家拥有的，所以家务应该彼此分担，互相协调。好丈夫是要"全面参与"，建立一个美好家庭的。如果确实没有时间做家务，也要在繁忙的工作中，抽时间培养夫妻间的感情，老公可以每天对妻子说一句欣赏的话，增加沟通的机会。

错误想法三：男人结婚就是被女人束缚，会失去自由。

男人造成的困局：终日追忆单身的逍遥生活，对现状感到诸多不满。

有利精神健康的想法：妻子是我的终身伴侣，陪伴我共同计划人生，面对将来。请给妻子"与你漫步人生路"的机会。

错误想法四：辛劳一天，放工回家，妻子应煮好汤等我。

男人造成的困局：只从个人喜好出发，没有理会实际的情况，反令自己堕入失望的深渊。

有利精神健康的想法：妻子要返工又要处理家务，其实大家都有自己的难处，相信她已尽了最大的努力去关心和照顾老公。请给自己"表现谅解"的机会。

错误想法五：男人应该时刻表现坚强，给予女人安全感。

男人造成的困局：报喜不报忧，自己承受所有痛苦。

有利精神健康的想法：男人也是人，有坚强亦有软弱的时候，应该勇于接纳，开放表达。请给妻子拥抱安慰的机会。

错误想法六：结了婚就应该抛弃浪漫，只要踏踏实实过日子就可以了。

男人造成的困局：使妻子对平凡的生活失去耐心，容易造成红杏出墙。

有利精神健康的想法：女人的浪漫从来不会因为年龄的增长而稍有消减，也不会因为婚姻的现实性而放弃，给女人一个远期的梦想并不需要男人付出什么，却能让她们感觉幸福，同时也能使她们更易于接受男人的过失和男人对婚姻供给的不足之处。对她的生日、俩人定情及结婚纪念日，恐怕男人很少记得了，可是她却记得很牢。有对德国老夫妇，每年某日必到一个咖啡店，身着盛装，坐在一个固定位置，共进点心后，便很亲密地挽着手走了。年年如此，店主奇怪，后来才知道他俩数十年前就在此处定情，所以年年重临旧地，以温旧情。希望你能记住这些可纪念的日子，清晨醒来，给她一个亲吻，如出差外地，也该写封信来，说明你没有忘记她。

错误想法七：已经给你钱了，要买东西自己去，别来烦我。

男人造成的困局：妻子认为你不关心她，造成感情破裂。

有利精神健康的想法：夫妻间希望有话要商量，这叫依托与沟通心理。如她购到一件称心的衣服，或辛辛苦苦买来样紧俏商品，征求你意见时，希望你予以肯定、同情、赞赏，或以行动言语表达你的满意，这样她就心里踏实了。

当然，对于你的老公可能错误想法还有很多，诸如："唠叨是女人绝对不可原谅的弊病""妻子为一点小事争吵是找碴""女人做啥啥不行"……

总之，为了自己幸福也好，为了你老公的思想健康也好，作为老婆的你都应该及时地让他知道你已经了解了他心中的这些想法，你能够给予它正确而积极地改正方法。只有这样，你的老公才能向优秀的行列靠近，而你所期望的幸福也会逐渐到来。

11 不攀不比不虚荣，
简单生活快乐多

"不比不知道，一比吓一跳"，还是不要让自己心惊肉跳、嫉妒心十足的好。

只要是女人扎堆儿的地方，其气氛就是复杂、紧张的，虽有"三个女人一台戏"的说法，可那是在彼此之间没有利害冲突、并且短时间相聚的女人间的事。长期工作在一起的女人们，绝没有那么洒脱和亲密，女人看到的往往是别人比自己好的地方，并因此心境难平。于是，她们就和对方不断攀比。

一辆新车、一套新衣、一双新鞋、房子大小、孩子成绩、老公地位……大事小事都会成为女人攀比的对象。她们在攀比之中，或是心满意足、趾高气扬；或是孤芳自赏；或是醋意大发、怨气横生；总之几家欢喜几家忧愁。如果有人知道女人的这个毛病，忍让一些，想要息事宁人，其结果往往是对方把别人的谦和有礼当成软弱、淡泊超脱当作无能，在争斗比试中活得有滋有味。实际上，这种纯人事而非工作的斥力，正是让我们活得苦、活得累、活得不舒心又难以改变的缘由。

刘斐就是一个爱攀比的女人，她的家庭不算富裕，但是她看见同事张会计买了辆新车，就觉得自己也应该买一辆。于是她便借钱买了一辆和张会计的车一模一样的，甚至连车身的颜色都一模一样的车。刘斐是觉得开车美极了，可以戴上墨镜四处飞奔，可以在人多的地方到处炫耀。但是令她没有想到的是买了车还不算完事，还得要买油，还得交纳保险养路费等等。这给本身就不是很富裕的家庭带来了很多经济负担。是啊！有着攀比心的人确实会很累，别人有什么自己就要有，借着外债过着紧巴巴的日子。

那么怎样才能做到不攀比呢？

1.树立正确的竞争心理

看到别人在某方面超过自己时，不要盯着别人的成绩怨恨，更不要把别人拉下马，而是要采取正当的策略和手段，在"干"字上狠下工夫。

2.树立正确的价值观

肯定别人的成绩，虚心向别人学习。

3.提高心理健康水平

心理健康的人总是胸怀宽阔，做人做事光明磊落，而心胸狭窄的人，才容易产生嫉妒。

4.摆正自己的虚荣心

（1）追求真善美。

（2）克服盲目攀比心理，一定要比就和自己的过去相比，看看各方面有没有进步。

（3）珍惜自己的人格，崇尚高尚的人格。实际上，上帝对每个人都是平等的。上帝给谁的都不会太多，也不会太少。偶尔给错了，多给了，他还会收回去，收的时候也会多收，连本带利。对女人而言，不要处处攀比。当在攀比的过程中遇到不幸的时候，不要埋怨上天的不公，也不要去渴求别人的怜悯。任何方式的同情都是廉价的，面对现实，积极乐观，努力找到生命的另一个窗口，去唤醒黎明，在痛苦中崛起，才会展现你最美的一面。

攀比没有什么好处，女人在无休止的攀比中煎熬着心灵，进行着最无用又最催人衰老的"战争"，在时间的推移中，既失去了外在的美丽，又失去了内在的美好。

第三章
做一个经济独立的女人

　　女人的独立自主要先从经济权独立做起，单身的女人财务问题固然要自己打点，已婚的女人，家庭经济权如果不是自己负责，就算是想省事不插手，也绝不能糊涂。

　　有了经济独立权，才有充裕的发言以及成长空间，才能在家庭说了算，也才能把生活纳入自己的轨道。

01 学会理财，
做魅力"财女"

有钱的男人叫大款，有钱的女人叫"富婆"。对于女人来说，"富婆"比大款要好做、易做！

"我想做个有钱人！"二十几岁的小美女们可能无一例外地都这样想过，然而对很多人来说，"有钱"只是个模糊的概念，大部分人都不知道怎样才算"有钱"，以及如何才能达到这个目标。

很多人认为，只要有大笔的钱进账就能变得富有，其实未必尽然。生活中我们可以看到很多年薪8万到10万甚至更多的高级白领，日子过得跟薪资水平仅及其1／3的人一样。银行里没有多少存款，消费上常常出现赤字，买房的计划也是遥遥无期。

一些人之所以能够舒服地退休，在于他们事先计划和透过一些隐形的资产来累积财富。一份高的薪水提供了人们累积财富的机会，但不会自动让人富有。如果你一年赚8万花10万，反而会破产。但如果你赚10万，投资1万元在银行存款、保险、证券上，持续几十年，则将会积累起巨额资产。这才是财富！才会给你一个稳定、积极的人生！

另外一个关于财富的错误观点是，认为它必须是对身份地位的炫耀。例如拥有一栋大房子，或每年做长达三个星期的旅游等。拥有一些"东西"并不全然代表这人是富有的，事实上，这些东西还会拖累资产的累积。如果你收入中的相当部分是用来支付一个高达四位数的住房贷款，或者是偿还先前累积的债务，那就不可能有什么钱省下来投资，资产的累积也会变得极其缓慢。

可能有人会说，靠小心翼翼积累财富达到富有的人没有什么乐趣。其实大部分人在这个理财的过程中都是不乏乐趣的。他们的乐趣来自于他们累积的资产，并且成为了他们的理财目标之一。因此，要做有钱人，必须有积极的投资态度，进行认真地规划。无论你有多忙，都不应成为你花时间去积极投资的借口，因为现代科技的发展已能做到让你随时随地投资，比如在线投资。

或者你会说自己根本不懂金融，不知道怎样理财，然而财商专家告诉我们：每个人都有潜在的理财能力，"不懂"理财的人只是没有把它开发出来。下面就是专家给出的几点建议，正确地运用它们，你也可以积累起大笔财富，做个真正的有钱人。

1.把梦想化为动力

你可以充分地设想你想要做的事，想自由自在地旅游，想以自己喜欢的方式生活，想自由支配自己的时间，想获得财务自由以不被金钱问题困扰……由此发掘出源自内心深处的精神动力。

2.做出正确的选择

即选择如何利用自己的时间、自己的金钱以及头脑所学到的东西去实现我们的目标，这就是选择的力量。

3.选择对的朋友

美国"财商"专家罗伯特·清崎坦言："我承认我确实会特别对待我那些有钱的朋友，我的目的不是他们拥有的钱财，而是他们致富的知识。"

4.掌握快速学习模式

学习一种新的模式。在今天这个快速发展的世界，并不要求你去学太多的东西，许多知识当你学到手往往已经过时了，问题在于你学得有多快。

5.评估自己的能力

致富并不是以牺牲舒适生活为代价去支付账单，这就是"财商"。假如一个人因为贷款买下一部名车，而每月必须支付令自己喘不过气来的金钱，这在财务上显然不明智。

6.给专业人员高酬劳

能够管理在某些技术领域比你更聪明的人并给他们以优厚的报酬，这就是高"财商"的表现。

7.刺激赚取金钱的欲望

用希望消费的欲望来激发并利用自己的财务天赋进行投资。你需要比金钱更精明，金钱才能按你的要求办事，而不是被它奴役。

8.获取别人的帮助

这个世界上有许多力量比我们所谓的能力更强，如果你有这些力量的帮助，你将更容易成功。所以对自己拥有的东西大度一些，也一定能得到慷慨的回报。

培养理财能力对每个人来说都是非常重要的，对于二十几岁的小美女们来说尤为重要。因为二十几岁正是储备资金开始赚取大笔财富的年龄，这时如果能成功地理财，那么对你的一生都会产生非常有益的影响，至少是会给你足够自己开销的小财富。

02 精心持家，
家旺财旺幸福旺

"女人当家房屋倒塌"——不知是谁说的骗人的鬼话！

婚后的财权交给谁？生不生孩子？何时还完房贷车贷？……当你跨进婚姻的殿堂以后，一连串的问题就会清晰地摆在了女人的面前。

虚荣的女人比较多，而且虚荣的程度也比较强烈。但是这样的虚荣值，虚荣得有理。女人对于金钱有着不可否认的支配头脑。她们有钱时想到没钱时。所以女人的钱，总是花得长远。因此在一个一日不可无主的家庭中，女人就占了很大的优势。

为什么呢？对于"当家"一词，按照《现代汉语词典》的解释是：主持家务。当然，这个"家务"并非我们日常语中狭义的"家务"，而是泛指家庭的一切事务，既管事，又管财，还管人，集CEO（管事）、CFO（管财）、CHO（管人）三大权力于一身。也就是说，主持家务的当家人，是家庭这个单位里的最高行政长官。

从传统的"男主外，女主内"模式上来看，当今女人当家的比例较高。尽管女人在生理上、体力上的先天弱势，然而在很多职业领域已经显得微不足道了。相反的，女人的细腻、敏感、执著、坚忍，则使我们在很多领域都取得令人瞩目的成就。因此她们凭借着心思缜密，精于安排家用，心灵手巧地打理家务，自然而然地成为了现代家庭中管理财政大权的"一把手"。

不过，也有很多男士不甘心这样的决定，他们往往会在这个问题上挣扎一番，试图做点什么挽回面子的事情，不过大多数聪明的女人都不会轻易放手财政大权的。

婚姻财富管理的话题对保持社会的和谐稳定其实是有着非常重大的意义，所以女人如何有意识地运用金融工具，时刻保证家庭总资产的一半属于自己，既是技术问题，更是意识问题。

1.婚前财产公证

婚前财产公证可以保证婚前财富累积已经到达一定水准的女人，在未来可能遭遇婚变的时候，先前的财产不会受到太大的损失。可是有人会觉得在即将步入婚姻殿堂、甜甜蜜蜜的时候，做这样的公证实在是有些说不出口，这也正是国外咨询服务业比国内发达的原因。不好说的话不必自己去说，你可以请律师、会计师、理财顾问作为自己的代言人，与自己未来的另一半做非常理性的沟通。如果资产数额较大且投资种类较多，婚姻财产公证需要有律师和会计师共同努力方可完成。

2.婚后共同生活收入的报关问题

婚后的共同收入的报关问题，是许多聪明女人在婚前就与丈夫达成的良好的协议，她们保证了丈夫必要的日常生活、应酬的花销开支的支出，但是丈夫必须无条件地将自己的工资如数上缴，不得私建"小金库"，这也使得他们的家庭在消费问题上不会出现不和谐的音符，而且这也是纠正丈夫"拈花惹草"的最佳手段。

3.生活上的重要支出以及投资理财，要有自己的参与和决策权，不给丈夫发挥大男子主义的机会

在生活的消费支出问题上，女人们常常没有主见，诸如购买家电、理财的投资。但是她们与生俱来的竞价观念以及风险直觉，能够让丈夫在做决定的时候发现事物的本质，从而避免做"冤大头"或者"赔精光"，相信，聪明的你不会放过这样的机会的！

劝导你的老公不要怕别人称自己为"妻管严"，你会给他留足足够的应酬资金，绝对不会让他面子无光的，不过你也别忘了提醒他，终有一天那些挖苦你的人会对他的聪明决定而"五体投地"的，因为他有一个善于持家的好老婆！

03 善于投资理财，
让钱包鼓起来

钱包鼓鼓的未必是有钱人，有可能里面仅是一卷卫生纸谁又可知呢？

现在越来越多的女人加入职场的拼争中，尤其是一些二十几岁的女人，她们赚起钱来毫不比男人逊色。但是不可否认的是，她们中很多人在财务独立的同时，仍然没有意识到自己真正的财务需求，也没有明确的理财观念。

生活中我们可以发现无论是事事以家庭为先的传统女性，还是"只要我喜欢有什么不可以"的现代女性，在理财上给人的印象，不是斤斤计较攒小钱，就是盲目冲动的"月光族"，这都是很不恰当的。

造成这种情况，大概是因为女性在投资理财方面有这么几个误区：

1.缺乏明确的理财观念

一项街头调查显示，美国有55％的已婚女性供应一半或以上的家庭收入，显示女性也越来越有经济能力来为自己规划财务。只是，女性还缺乏财务规划的主动性与习惯，53％的女性没有定出财务目标并且预先储蓄。有超过6成的女性没有准备退休金，其中有不少女性朋友认为"钱不够"规划退休金的。在中国，这种情况也相当普遍，很多女性觉得"我的目标就是养活自己，其他问题应该是另一半操心的事"。

2.只求安全，不求发展

有不少女性不相信自己的能力，态度保守，甚至对理财心存恐惧。有调查显示，一般女性最常使用的投资工具是储蓄存款，其他还有保险。这样的投资习性可看出女性寻求资金的"安全感"，但是却可能忽略了"通货膨胀"这个无形杀手，可能将定存的利息吃掉，长期下来可能连定存本金都保不住。

3.喜欢盲从亲友

大多数女性不了解自己的财务需求，常常跟随亲朋好友进行相同的投资或理财活动，也就是说，往往只要答案，不问理由，明显地不同于男性追根究底的特性，采取了不适当的理财模式，反而造成财务危机。

4.轻易交出经济自主权

二十大几的女性大多已经成婚，很多女性常在交出自己情感的同时，也在不自觉地将自己的经济自主权交到男性的手中。一旦情海生变，很可能伤了心不说，还落得一无所有。

其实女性在理财方面因为细心和耐心，比男性有先天的优势，关键是要摆脱以上那些错误的认识，以下几个原则或许能给你一些帮助：

1.明白自己的需要，拟定理财计划

先静下心来评估一下自己承受风险的能力，了解自己的投资个性，明确写下自己在短中长期的阶段性理财目标。

2.学习理财知识，避免盲从盲信

许多周围的女性朋友总是觉得投资理财是一件很困难的事，需要专业知识，自己根本无法建立，因此懒得投入心力。其实要取得投资理财方面的成功并不需要太专业的深奥的经济学知识。现在你投入心力累积的理财知识与经验都将伴随你一辈子，能帮助你建立稳健的财务结构，累积你需要的财富，这是你最应重视的投资。

3.专注工作，投资自我

虽然善于操盘投资理财不失为女性致富的途径，但终归让你获得最多财富，并获得成就感的还应该是你的工作。毕竟，以工作表现得到高报酬，自我不断学习成长是一条最忠实稳健的投资理财之路。

理财能力对女人来说是非常重要的，会理财的女人才是真正独立的女人，你不能等到30多岁才懂得持家，就从现在开始，从管理好自己的钱包开始。

04 合理规划支出，
做经济独立大女人

吃不穷喝不穷，算计不到就受穷。

物质生活进一步的丰富，导致了二十几岁美女们经济上的困窘，为什么这么说呢，谁都不得不承认——女人的购买欲望是疯狂的。然而随着物质种类的增多，以及物价的进一步疯涨，相对而来的是工资的缓慢爬行，使得购买欲望膨胀的美女们不得不常常为了囊中羞涩而放弃了许多购物乐趣，当然对于有家的女人来说，家庭开销的日益增加也是她们烦恼的方面。

不过，随着理财时代的到来，大多数女人们都已明白了理财对于个人及其家庭生活质量能否"蒸蒸日上"的重要性。于是，众多聪明的女人们开始踏上不断学习更新理财知识的"征途"，或者积极"投身"参与到理财"实战"中去，为的就是让自己不再为了没钱花而犯愁。

"君子爱财，取之有道"，从这句话的深层含义来看，它告诫人们要通过正确的途径获得金钱，当然，现在泛指那些不违法犯罪的途径。其实，对于理财来说，正确的途径无非就是正确而谨慎的理财，才能获得更多的财富，不至于出现"越理财越少"的现象。

换句话说，投资理财必须要头脑冷静，踏实稳当，尤其是理性思维较差的女性，更为需要重视这些。对于女性而言，投资理财就得讲究严谨的思维与操作，不可只想追加资金发笔横财，继而忽略市场走势，做出错误的交易决定，最后难免功亏一篑。要知道：白日梦做得，但是不要在现实中去做，要脚踏实地。

关于谨慎思维与操作这点，建议女人们或者大多数的理财者多向温州人学习学习。据报：温州商人几乎都不炒股。在近几年多次的股市热潮中，温州商人集体缺席，作壁上观，让更多的业内专家叹为观止。

为什么一向头脑灵活的温州商人竟然放过了暴富的机会呢？当然不是温州商人不懂的赚钱，也不是他们胆小。要知道，温州商人敢闯而不乱闯，才造就了他们的成功。对于动荡不稳，缺乏安全感的股市来说，他们非常有耐心，宁可稳稳当当地从小钱赚起，而不去试图一夜暴富，这种冷静的思维与沉着的理财赚钱观，值得所有投资理财的人学习。

有人认为，理财就是管好账，节省开支，理财的目标应该是省钱，但不完全是这样。

安萨里最近成为世界上首位女太空游客，尽管短短几天就花了2000万美元，她却说"绝对值得"。

为什么值得呢？这与个人的理财观有关，安萨里通过个人的理财投资，赚到了自己想要的钱，从而可以任意自如地挥霍，因为她不再为了钱而发愁，有能力通过自己的资金完成自己想要做的事情，所以说，理财的目的并非是为了省钱，而是为了能通过理财获得更多的财富，从而让自己的生活过得更加如愿，更加快乐。

有很多女性，总抱怨理财很困难，常常找不到方向，几次投资都血本无归，现在对于理财是恨多爱少。其实，理财并不难，迈向成功的步伐也不沉重，很多人栽跟头的主要原因在于投资的心理——人类的本能似乎不断地将人类拉向错误的一方。如果人们能够克服这些问题，就能在理财道路上一路畅通了：

1.切勿贪婪

想要成功理财至少要有一点点自我控制，尤其是在节制欲望，更要懂得适可而止的道理，俗话说"物极必反"适当收手才能赚到钱。比如你认准3500点，就在3400点就收手也无妨，能赢能赚就好，你赢了赚了收手了，落袋为安了，别在乎别人比你多赢还是多赚。

2.切勿轻率

在投资方面缺乏深入透彻的了解，总是听身边的人或者某些文章中的只言片语就头脑一热，大笔资金随之甩了出去。这种轻率的表现形式是要不得的。

3.切勿自负

许多人总是自负地认为自己能赚到大钱，在这种心理的指导下，投资者会一意孤行很难听进去别人的意见，这样很显然会增加自己的投资理财风险。

"大行不顾细谨，大礼不辞小让"。要知道世上没有十全十美的事。留个余地，留个空挡，留个空间更安稳更放心，凡事不可十分，凡满的事，都不是好事。

4.切勿浮躁

每个人在快节奏的生活和巨大的压力之下，总是希望能够一口吃成胖子，不能俯下身子踏踏实实地往前走。

人们常说"性格决定命运"，其实"心态也决定财富"。在你的投资理财之道的理念中，任何技术因素都是其次的，最重要的就是要有良好的心态。特别是当你投资股票的时候，这一点尤为重要。

总之，投资既是人人想做的事，又是一门学问。现代的女性，尤其是掌握家庭财政大权的女性更应该从实际出发，脚踏实地地投资理财才能得到较好的回报，否则将会置家庭于危难之中、生活于火热之中。

一位西方哲人说过："一个人劳动的最高赏酬不在于因为劳动有所获得，而在于通过劳动造就自己。"而有效的理财就是通过劳动造就自己的一大方式。我们只有合理地规划自己的财富，才可以有一个无忧的未来生活。

财务独立才是真正的独立。

手中有钱，心中不慌！

在这个现实的社会中，女人们到底应该占据怎样的社会及家庭的位置呢？恐怕一百个女人会有一百种说法，其实最重要还是女人自己的感觉。

在许多家庭中，女人们为了家庭牺牲了很多，她们有的完全退居二线做起了全职太太，有许多在职的女人也往往对工作失去了应有的激情而导致了无法加薪与晋升。

她们大多数都期盼自己的老公能够赚取更多的财富来支撑家庭的重担，企图靠男人来实现其自身价值，靠着丈夫的光辉来照亮自己。然而，这种想法确实是大错特错的，要知道，失去了自我的女人，真能靠着丈夫实现自己的价值、找到自己的地位吗？

因此，生活中总有一些女人口口声声说自己不幸，与此同时，她们只是站在原地等待奇迹，而不去争取属于自己的新生活。女人无论做了妻子也好，做了母亲也罢，都必须活出自己的价值。

许多女人都把男人视为自己生命的全部，这是一种极端的生活态度，男人只是女人生命中的一部分，生命中必定也必须还有别的寄托，孩子、事业、朋友、爱好……这样，即使生活中的一部分受挫，也不会影响到其他的部分，这就是我们大多数人所说的，独立女人的幸福所在。

说到女人的独立，人们就会想到一个高举红旗、坚决与男人进行抗争的女人形象。实际上女人独立并不在于与男人的抗争，而在于找准自己的位置，不依赖于男人、独立是一种很高的境界，它需要高素质的心态和全新的价值观。

在经济上独立的女人有一种优越感，她们能够挺直腰板与丈夫争论权力与地位，而不是他们的怜悯与同情。这也是不少女人在经济上依赖男人，导致她们内心苦恼的重要原因。

经济上的独立感使得女人有尊严。而男人呢？在有尊严的女人面前才会有在乎。

男女生理的差异是上帝最伟大最科学的设计，尊重这种差异是人性中最美的良知。有些荒谬的理论家鼓吹女人像男人一样去拼搏，这其实是一个美丽的陷阱。要知道，女人超负荷运转去追求所谓的独立和价值不但会影响家庭的幸福，还会引发老公极大的不满与别人的偏见。

总而言之，男人与女人之间的和睦相处是以经济上的相对独立为基础的，如果在一个家庭里，女人没有任何经济来源，那么，这个家庭势必会有一些不和谐的因素在滋生。

一个完全要老公养活的女人很难说是一个独立的女人，所以我们不主张女人做全职太太。女人不应该因为婚姻而失去工作。只有工作才能让一个女人成为真正财务独立的女人，进而成为人格独立的女人。

现代女人一定要有自己的经济来源，不要总想着依赖别人，这样只会让自己丢掉尊严。要有自己的朋友和社交，有自己的工作，做个独立的个体，而不是一个只会依赖男人的青藤。

05 精当投资，
享受理财收益

将钱放到正确的位置上，才能生出钱儿子钱孙子……

二十几岁成家之后的女人们大多会有一些积蓄，那么她们应该怎样理财呢？一些专家认为头脑灵活的女人们应该懂得"节流"不如"开源"，也就是说可以适当做些投资。

在投资之前，你必须对它有个清醒认识，投资绝不是一个钱生钱的简单过程，而是一个极具冒险色彩的复杂游戏，投资的方式是多种多样的，但每种投资都暗藏着大大小小的陷阱，你必须学会避开它们。投资学专家给出了一些投资时必须注意的要点，了解它们对正准备投资的你是非常有益的：

（1）投资不是多人的事情，而是一个人的事情。你必须自己做出判断。想投资，那就自己好好地研究你将要进行的交易。

（2）不要期望太高的回报。当然，期望你的投资每1小时能翻一倍，作为梦想是无可厚非的。但你要清醒地认识到，这是一个非常不现实的梦想。记住，如果年平均回报率能达到10%，就非常幸运了。

（3）不要被股票所迷惑。记住，公司的股票同公司是有区别的，有时候股票只是一家公司不真实的影子而已。所以应该多向经纪人询问股票的安全性。

（4）对风险要有足够重视。"风险"不仅仅是两个字而已，它值得每一个投资者加以足够的重视。所以，一个重要的原则就是，在购买股票之前，不要先问"我能赚多少"，而要先问"我最多能亏多少"。这条小心翼翼的戒律在最近几年好像已经不流行了，但坚信这条戒律的投资者们至少还是保住了自己的钱。

（5）弄清情况再出手。在不知道该买哪一支股票或者为什么要买这支股票的时候，坚绝不要买。这一点尤其重要，先把事情搞懂再说。这印证了投资大师彼德·林奇的一句名言："一个公司如果你不能用一句话把它描述出来的话，它的股票就不要去买。"

（6）发展才是硬道理。当你把目光投向一些现在正在衰败的公司的时候，这点尤其重要。

（7）不要轻信债务大于公司资金的公司。一些公司通过发行股票或借贷来支付股东红利，但是他们总有一天会陷入困境。所以在投资之前，先弄清对方财务状况。

（8）不要把鸡蛋放在一个篮子里。除非你有亏不完的钱，否则就应该注意：不要把所有的投资都放在一家或两家公司上，也不要相信那种只关注一个行业的投资公司。虽然把宝压在一个地方可能会带来巨大的收入，但同样也会带来巨大的亏损。

（9）不要忘记，除了盈利以外，没有任何一个其他标准可以用来衡量一个公司的好坏。无论分析家和公司怎样吹嘘，记住这条规则，盈利是唯一的标准。

（10）如果对一支股票产生了怀疑，不要再犹豫，及早放弃吧。如果它已经跌了5%，那么就不要再指望它回升，而要大胆地抛出止损。

另外，针对女性投资者还有额外的几点建议：

1.买房

如果你卖了原来的住房，最好在你卖房子的同时再买一幢房子，对于一名女性来说拥有自己的资产能使你感到安全、稳定。同时买房子也是一种投资，房地产过一段时间总是会涨一点儿的。买个好地点，事前做好市场调查是必要的，然而价钱不要超过自己所能负担的范围。如果你把自己的需求拿给几家中介公司，你就可以找到合意而又付得起的房子。这也许是你第一次一个人处理自己资产买卖的事，你大可从中学习。下面就是一位女性通过房地产买卖致富的经历：

佳·桑玛士，一个年薪原来不到3万美元的教师，发现投资房地产并非高所得者的专利。她既非会计师，对房地产也一无所知，但目前，她在房地产上的资产总值已超过百万。当然，你也可以办到。

根据佳的做法，中收入者可以利用出租房地产的投资，在10年内赚进百万。关键在于将房地产投资视为长期投资，也可视为顺应潮流的退休金制度。

步骤包括利用有效率的贷款、二次贷款等等方式，来创造一种长期的投资。只要你拥有自己的家，就可以运用这种贷款方式创造财富。

即使你的家只是小小一个单位，你也可以利用它来购买另一个出租用的房地产。相信这是很好的投资，不管已婚或未婚妇女，都可使用这种方法创造未来。所以你必须立刻行动，不是两年内或10年内，而是现在。

2.抵押

设定抵押应该多比较，选择能迅速偿还贷款的项目。如果你能自由偿还本金，则可省下很多利息。多找几家银行比较他们的抵押方式与利率。

3.开创自己事业

如果你手边有一笔钱，那么你可以开创自己的事业作为后盾，而且也能创造周转金。当你决定做什么之后，就要做计划，并拿给财务顾问与银行经理过目。投入资金之前务必先做市场调查，且必须确认你的点子是可行的。

要尽量与银行经理发展生意关系，与他分享你的财务状况及对未来的展望，因为这些过程务必有他的配合才行。尽可能别用自己的住家做担保。待你的生意上轨道之后，仍须与银行经理保持密切联系，别忘了把你每个月的最新情况提供给他。

4.存钱

不论你的收入有多少，永远保留一些钱为急用经费。最好是存下10%的利润，先把该存的存起来，然后才付账单。储蓄以定存为宜，利息收入再投入储蓄本金。你可以利用一点一滴累积的储蓄，作为紧急之用或用于特殊场合。

而作为女性，你还可以在省钱上多下工夫：

（1）一星期上一次超市，不要太频繁。日常用品列表记录，遇缺才补。

（2）闲暇时不带太多钱逛街。

（3）谨守日常用品存货表，勿胡乱添购。

（4）设法在同一时间、地点购买新鲜水果、蔬菜、肉与杂货。

（5）购买一些你喜欢的折扣品，当礼物备用。

（6）今日的市场为顾客至上，注意比价，寻找最合理的价格。

二十几岁的职场女性越来越多，但她们中的很多人一想到把剩余的钱拿去做投资就不知道如何是好。其实投资并不是很复杂的事，只要你对投资项目多做了解，配合可靠的会计师与财务专家做好投资计划，那么你就可以尽情享受投资带来的好处与利益。

06 未雨绸缪，
做好应急准备

蚂蚁能够平安度过严冬靠的就是往日的储备，而人也不能例外。

人有生老病死，天有不测风云，在现代的家庭生活中需要面临的应急事件很多，诸如意外的疾病；家电的意外损坏——更换零件或者修理甚至是购买新的；亲戚朋友结婚的随礼；孩子的额外娱乐要求……这些都是家庭意外支出的地方，作为家庭中掌管财务的妻子，甚至是单身独处的美女们都应该对于钱财有个规划，尤其是要留出一些"过冬的粮食"，这样在有意外事情出现的时候，才不至于为了钱的事情而发愁了。

对于二十几岁的美女们来说，大都是刚刚步入生活，对于生活中的风险预测或者感知毫无经验，因此她们的工资往往都是月月光，或者那些聪明的美女们将大多数的资金投注到了长期的股票、基金当中，导致了手头可用资金的贫乏，对于风险和意外的应急能力相当的差。

王小姐是某手机品牌区域经理，月收入7000元。收入虽高，可支出更高。一年前买了一套小户型房屋，首付5万元，贷款20万元，月供1400元。其经常光顾高档购物中心，一次性购买几千元钱的衣服是"家常便饭"，此外她还是酒吧的常客，每周至少泡吧两次。前不久，王小姐办了三张信用卡，两个月间就已刷掉了三万元。为了能够按时还款，王小姐费尽心思。

可想而知，对于王小姐这种情况——外债尚多，一旦出现多余的意外，那后果将是不敢想象的。而造成王小姐目前困境的主要原因是消费过度，没有形成良好的理财习惯。摆脱困境的重点是控制支出，减少冲动型消费，养成理性消费的习惯。这就需要建立一个稳健的应急理财计划，以确保家庭生活的安全与稳定。

那么怎么才能留足"过冬的粮食以备不时之需"呢？

首先，要养成强制储蓄的习惯。每月将收入的一部分强制储蓄下来，当然存钱也是有学问的：在开始储蓄的时候，我们可以进行短期预存，诸如以三个月为周期的存款，这种存款方式比较适用于那些单身的、手头资金不多的上班族女性的。

为什么呢？对于她们来说，倘若将钱存到银行卡上相信是不会存不下钱的，以三个月为周期，不但可以抑制花钱，而且还能待小钱积累到一定的程度换成长期大额存取，这样既能存到钱，也不会因为应急事件出现花钱而无钱可花的局面。

其次，对透支信用卡说"不"。开源的首要任务就是"节流"，只有手中有钱才能"开源"。如果你能确实节流，减少这类吃喝玩乐的开销，每月省下一笔不菲的资金也就不算什么难事了。财富的累积速度本来就需要时间帮忙，如果你总是怨叹自己是"月光族"，却又羡慕那些开名车、有千万存款的精英女人，那么，首先就是要对信用卡说"不"！

现代女性要有预算观念。千万不要有"手中一卡走遍天下都不愁"的观念。要知道，信用卡不但能让你感受到花钱的豪爽，同时还能让你感受到还债的艰辛。

再次，制定开支预算，记收支流水账。建议年轻的美女们每月根据支出内容，为各类支出制定预算，在预算额度内进行消费，尽量不超支；记录支出明细，定时进行分析，减少不必要的开支。

聪明的女人会时时刻刻盯紧自己的收支状况，身边会有一个小账本，把每天的消费支出都记下来，然后每个月进行比较总结，看看哪些钱该花，哪些钱不该花。然后在下个月消费时就会注意，从而节省开支。

而收集发票也是一种简单的记账方法，因为收入多半是由公司直接存入户头，支出较为复杂。将发票按日期收纳好，不但可以兑奖，还可以从中分析

出自己在衣食住行上的花费，更可以让自己成为小富婆。

相信做足了以上的功夫，美女们的手中都能留下一些可以用于"过冬的粮食"，而你的家庭生活也会因为拥有充足的"过冬的粮食"而越发的幸福，同时，你也大可不必再为了意外的发生而怨天尤人、追悔当初了！

07 会花会赚，
掌控金钱

花多少赚多少甚至更多，这才叫本事！

现在流行"钱商"一个概念，什么是钱商呢？简单地说，钱商就是一个人认识、把握金钱的智慧与能力，主要包括两方面的内容：一是正确认识金钱；二是正确使用金钱。

一个人怎样使用钱（包括投资赚钱和消费花钱）是检测其钱商高低的唯一方法。犹太人亨利·泰勒在他写的《生活备忘录》一书中就指出："从一个人在储蓄、花销、送礼、收礼、借进、借出和遗赠等方面的做法，就知道一个人能不能赚钱。"

"会花钱就等于赚钱"。乍一听，总觉得有悖于中国的传统常理。在中国人的传统理念里，能赚会花总是和吃喝玩乐联系在一起。所以有不少中国人在挣了一些钱之后，总喜欢深藏不露。更有甚者终其一生，花费甚少，身后却留下巨款一笔，让人大吃一惊。现代女性会花钱的比比皆是，同样的钱放在女人手中总是比男人们精花，而且她们也会花，当然这并不是泛指所有女性，社会中自然也有不少东北人常说的"败家老娘们儿"，她们的工资月月光，而她们的所购之物性价比太低，钱也大多数都属于冤枉钱。

会花钱就等于赚钱看来还是有前提的，不是花10元钱，换来了10元的货这样简单，而是花了10元钱，得到了12元，甚至更高价值的商品，这才是真正意义上的赚。会花钱就等于赚钱的前提是花费之前多思量，凭一时冲动或心血来潮花钱，其结果常常是换来了一时的快感或满足，并没有得到更多的事后利益。当然，这种经大脑思考过后的决定，可不是婆婆妈妈讨价还价或优柔寡断地无从选择，而是在消费之前将自己定位成一个合格的市场调研员。

会花钱等于赚钱的最高境界应该是在和朋友们一起分享那份物超所值带来的喜悦。社会发展至今，周围的人似乎都是高智商，兜里的钱很容易被别人赚去好像是好久以前的事情。

花钱是一门学问，有的人花了1元却挣了100元，有的人花掉100元却一文不赚，更有甚者，全部赔光亦有之。

曾在一本时尚类杂志上刊登了一篇对某知名演员的采访文章。文中提到了她的消费观，她说她与另外两个好友是三种消费观不同的人，如果有10元钱，她会花5元，另外一个则会花10元，而第三个则只花3元。

看完后不禁一笑，原来自己也是她们中的一个啊。而现在花多少已不是关键，新观念就是花了10元后能赚多少。

并不是每个人都"会花钱"。"会花钱"是花了100元钱，得到了150元甚至更高价值的商品；更有些深谙花钱学问的聪明人，花了1元却挣了10元。在不放弃生活的享受，不降低生活的品质的前提下，"花最少的钱，获得更多的享受"，这正是"会花钱"者的过人之处。

生活中的每一处细节，"会花钱"的人都会利用得恰到好处，把每一分钱都花在刀刃上。"我有钱，但不意味着可以奢侈"是他们的心态；"只买对的，不买贵的"是他们的原则。

俗话说，"吃不穷，穿不穷，算计不到要受穷"，但如今社会不断进步，生活水平日益提高，勤俭持家、使劲攒钱的老观念已经落伍了。"能挣会花"日渐成为最流行的理财新观念。

女人能赚钱，并不能说明她有品味、会生活，懂得人生的乐趣。评价女人的生活能力要看她怎么花钱，或者说怎么对待钱。女人应该知道怎么把钱花出去，应该知道如何经营好自己的家庭、经营好自己。赚钱是技术，花钱是艺术。赚钱决定着你的物质生活，而花钱则往往决定着你的精神生活。同时，会花钱的女人还能从花钱中感受到生活的乐趣，从而使赚钱成为一项有意义的、快乐的事情。

08 细心谋划巧投资，
做聪明赚钱女

聪明的女人懂得"靠钱赚钱"的道理，而愚蠢的女人只懂得"以人赚钱"！

在世俗人的眼中，成功与有钱是等同的，然而先进的社会就是世俗的社会，往往通过金钱的多寡来衡量一个人的成功与否。如果你才高八斗，拥有一个博士的头衔，身家却不到百万，你也不能算成功。但是，如果你只是中学毕业，却拥有千万的身家，没有人敢说你不成功。

薪酬的高低与财富的多寡是没有关系的。一个人的教育水平高，他的薪酬就会高，也就是说他赚钱的本领高，这就是所谓的"人赚钱"本领。但是财富的多寡是取决以"钱赚钱"的本领，跟"人赚钱"的本领是没有关系的。人要发达是靠钱赚钱，不是靠人赚钱，女人更是如此。

很多女人都抱有这样错误的观点：我就有这么点儿钱，怎样用钱来赚钱呢？

那就让我们来举个例子来结束这个问题：

如果今天你的家底是一百万，你要多久才能成为千万富翁？

如果你的答案是十年，恭喜你，你已经懂得钱赚钱的本领，因为你不可能是用人赚钱的本领在十年内赚到九百万。

如果你的答案是，你这一辈子无法赚到九百万而成为千万富翁，那么你就是一个只懂得依靠"人赚钱"的平凡人。

如果你懂得钱赚钱的本领，能在十年内把百万变成千万，那么同样的你也能把十万变成百万，或将一万变成十万。

以此类推，从一万变成千万，也只需要短短的三十年。所以说，你不需要太多的钱，只要你懂得钱赚钱的本领就行。

每个人都说要成为百万富翁很难，但是假如你问一个白手起家的千万富翁，如果要他们从零开始，要他们去赚第一个百万，他们会觉得不难，其理由很简单，因为他们已经有了钱赚钱的本领，只要他们先用人赚钱的方法去赚几千元作为本钱就完全可以了。

那么，我们该怎样去用"钱赚钱"呢？

第一、设定个人财务目标。计算你自己每月可存下多少钱、要选择投资回报率是多少的投资工具和预计多少时间可以达到目标；

第二、树立正确理财意识。当你拥有了"第一桶金"后，排除恶性负债，控制良性负债。财务独立的第一步就是买一份适合自己的保险；

第三、培养记账的习惯。记账的好处在于你在财务有需要节流时，知道从何处下手；

第四、多看理财类专刊。多看理财类报刊文章，逐步建立起理财意识与观念，或者认识一些专业的理财人士。

而对于一个女人来说，在很多家庭中都承担着理财的重任，作为一个尽责的老婆是能让钱生钱的。

1.理财不是发财，头脑不要太热

新婚不久的王女士，很顺其自然地任家庭中的"CFO"，每个月给老公发零花钱。

婚前已在股市上尝到甜头的王小姐，当然不会放过婚后的共同财产了，她准备把家里所有的钱都拿出来投进股市。不过她老公的一句话把她问住了，万一赔了，是你不要我了，还是我不要你了呢？

我们建议你千万不要像王小姐那样，把所有的钱都投入股市，因为股市太不靠谱。

当然了，别说现在股市不太好，就是股市好的时候，也不能这么做。想要通过炒股、投资来迅速致富的想法大错特错。女人理财最忌讳的就是头脑发热，过度追求迅速致富。

2.初学理财，试试长期投资

严女士26岁了，为了生孩子前两年离职在家，现如今女孩子生完了，又回到了工作岗位，工作相对轻松的她，除了照顾孩子同时也掌管了家中的经济大权。有了孩子的严女士，不禁提前为孩子的将来打算起来了，掐算着小学花多少钱，初中花多少钱……甚至留学需要多少钱她都算计着。这么一算计不禁觉得心头紧张，这个数目是巨大的。最近，受别人的"怂恿"，严女士的心思开始活泛起来，但该怎样理财，她心里也没谱。

许多家庭主妇都把银行存款作为首要理财方式，一方面是没有投资理财经验，不知从何下手，当然更多的是缺乏投资理财观念。

像严女士这样的情况，就更需要仔细筹划，谨慎理财了，首先她应该多了解学习关于理财的知识，毕竟年纪还轻、孩子还小，理财尚不算晚。相信，既然严女士已经开始谋划着如何理财了，那么她的"靠钱赚钱"的路也便不难在日后找到了。

细心谨慎是多数女人的特质，却也成为女人投资理财概念、无法掌握瞬息万变的局势，更是女人不敢放手一搏的借口。踏出投资理财第一步，学会"靠钱赚钱"才能做个轻松的女人，才能将家庭生活打理得红红火火！

第四章
兰心蕙质巧布置，
厅堂厨房两相宜

　　新时代到来对于新时代的女性也有了相应的规定，这个时代不光男人压力大了，女人的压力同样大了，至少应该满足"上得厅堂、下得厨房"这两条才能称得上持家好妻子，现代好女性！

　　那么何谓"上得厅堂、下得厨房"呢？如下解释："上得厅堂等于体健貌端，学业优秀，工作体面，薪水不菲，让老公在人前倍有面子；下得厨房等于操持家务，相夫教子，任劳任怨，还能时不时菜谱翻新。"这自然难倒了不少小家碧玉，然而却难不倒现代的时尚女性们。

01 变换角色巧经营，
拥有自己的幸福

男人都不愿意做"家庭妇男"，更不愿意做成功女人背后的男人！

男人骨子里天生就有一股孩子气，心理学上称其为"恋母情结"。恋母情结是男孩成长为男人的必经阶段，心理成熟的人会成功地从恋母情结中分离出来，过渡到其他女人身上，这个人就是妻子。

大多数男人在女人那里至少有两种身份，那就是丈夫和儿子的身份，而这两种身份总是在不断地转换。往往这些男人总是会要求女人像母亲那样照顾他，对他包容，当这点无法满足的时候，夫妻关系就会发生问题。

当两个人走入婚姻殿堂的时候，男人被称作新郎，称女人为新娘，这是有一些说法的。其实，"郎"在古语里是小孩子、儿子的意思，"娘"就是母亲。女人在成为一个男人的新娘的同时，也就意味着她将成为这个男人的第二个母亲。

在现代人的感情世界里，男人更需要一个像母亲一样的女人，生活压力大，社交压力大，人际关系复杂，让许多男人根本没有时间也没有心情去哄那些小女生开心，他们更需要的是一个可以体贴自己、走入自己心灵的女人，这就需要女人们将家庭看作是生活的重心，从而去努力呵护它的每一处，尤其是自己老公的心灵。

当男人工作了一天回到家里，一定希望听到你温柔的话语，一桌温馨的饭菜，妻子关心的问候，而不是小女生的抱怨，诸如，"你今天去哪了，怎么这么晚才回来？""我真倒霉，怎么嫁给你了，每天伺候你连出去逛街的时间都没有。"记住，千万不要说类似于这样的话，不要以为你的唠叨会让他内疚。你却不知道，此时的他根本什么都听不进去，久而久之他还会对你厌烦，觉得你根本不够关心他，也不懂得理解他的处境，那你很可能会把他推向别人的怀抱，到时候丈夫彻夜不归去知己那里找关爱，后悔也就为时已晚了。

所以，一个真正懂得爱情的女人，当她做妻子的时候，会在不同的时候扮演着情人、母亲、姐姐、妹妹、女儿等多个角色。当丈夫需要妻子像母亲一样关心他时，她就扮演母亲；当丈夫需要妻子像姐姐一样和他说说心里话时，她就扮演姐姐；当丈夫需要妻子像一个小妹妹一样依赖他，以显示他男子汉的魅力时，她就扮演一个乖巧的小妹妹；当丈夫需要浪漫的时候，她就是一个风情万种的情人。

这种女人自然是聪明的，她们能够很好地照顾好家庭以及丈夫的情绪，

使得家庭生活美美满满。其实很多男人都并不太在意女人们能够挣多少钱来养家糊口，甚至大男子主义的他们希望老婆们能够在心理上给予他最大的支持，而不是整天不着家的女强人或者是无所事事的怨妇。

因为这些男人往往受不了女人比自己强而自己看起来却像个"家庭妇男"的形象，更受不了整天唠叨不能给自己带来好心情的怨妇，相信倘若是这样的婚姻，一定是"离多聚少"悲剧占据了婚姻的大部或者全部。

聪明的女性往往能够把握好这个度，既不会让自己失去工作，又不会让老公太难堪，更会将家庭放到人生的第一位，让整个家庭充满了醉人的温馨。

02 巧手布置家，
巧心营造爱

温馨的家需要用心去打造，而用心打造出来的家才够温馨！

女人最重要的家务之一，就是为自己的丈夫和孩子营造一个舒适的居家环境，一个温馨、舒适的让人留恋的家。

合理的居室布置必须遵守三项原则：

第一、实用与美感相结合。

在居室的布置上，实用功能始终是主要的，家具的选择与配置，色彩的搭配，都要符合主人使用的要求，使人在居室空间生活感到舒适方便。在实用的基础上适当满足主人的审美情趣，居室布置要能体现出一种意境之美，显示出主人独特的品位，如果居室缺乏应有的艺术点缀，就会使人感到呆板生硬。

第二、环境与联想相统一。

居室布置是对室内环境的再创造，从这个角度来讲，布置就不仅仅只是一种简单的装饰了，它能够引起人们的心理联想，创造出更高的意境和气氛，如大海的画面，可以使人感到心胸开阔；松竹的装饰，使人联想到品格高雅；以浅色为主调的装饰，则使居室显得淡雅。通过居室布置，给人以生活情趣的联想，使无生命的东西变成有生命的感觉，就能使居室呈现出一种特有的气氛来，使人感到惬意。

第三、个性与潮流相统一。

女性在布置居室时，自然会体现出自己独特的个性、喜好和文化层次。如果只是简单的布置，与办公楼里的工作环境区别不大，就会使人增加单调感和庸俗感，不利于人调节精神、消除疲劳。所以，追求简约时应适当地考虑情趣性。在布置居室时还不应忽视时代的潮流，如适当地增添一些反映现代化气息的家具，增加居室的舒适感。好了，下面就让我们看一下具体的布置方法吧！

首先是卧室。卧室是最能体现女人温情的地方。幽谧温馨的灯光，柔滑宽松的睡衣，玫瑰色的床单，软绵绵的床垫，波浪式翻动的拖地窗帘，淡黄色木质装修的地板，通透玲珑的天顶设计，以及空气清新调节器，每一处都透着时尚的气息，却又能让人获得心灵的享受。

然后是客厅。为了迎接客人的到来，也为了让客人满意而归，在客厅里设个酒柜，是女人最聪明的选择。另外再放一些咖啡器皿，牙买加蓝山咖啡，玫瑰绣球大红袍，马嗲利XO和一些糖果、罐装啤酒、红酒、葡萄酒等。一应俱全的准备，让女主人享有"鱼和熊掌兼得"的赞美之外，也会让客人依依不舍、流连忘返。接下来是书房。对现代家庭来说，书房几乎是必不可少的了，无论丈夫还是妻子都会用到它。写字台、书架、书柜及座椅或沙发是书房里的主要家具。对于书架的放置并没有一定的准则。非固定式的书架只要是拿书方便的位置都可以放置；入墙式或吊柜式书架，对于空间的利用较好，也可以和音响装置、唱片架等组合运用；半身的书架，靠墙放置时，空出的上半部分墙壁可以配合壁画等饰品；落地式的大书架摆满书后的隔音性，并不亚于一般砖墙，摆放一些大型的工具书，看起来比较壮观。书桌一般都是选择有整面墙的空间放置，不过也有窗户小或空间特殊的书房，书桌可沿窗或背窗设立，也可与组合书架成垂直式布置。

书房要注意采光。书房主要用来看书，所以对于亮度要求高。书房布置时应注意采光问题，使光线能够照到写字台桌面上。光线应足够，并且尽量均匀。书桌的摆放一般宜选择靠窗的位置，这样白天可运用自然光写作，遇有太阳光直射也能以遮光帘或白纱帘调节光源，避免眼睛受到刺激。舒适而又合理布局的书房能够使人的心灵摆脱白天工作的烦躁，心绪归于平静。

最后别忘了布置一下厨房哦！

俗话说："民以食为天"，一般来说，厨房是女人最显能力的空间，曾有句名言说，"看厨房，才知道主人的生活品位"。如今时代发展迅猛，微波炉、咖啡壶、榨汁机等快捷实用的厨房用具是常备用具，也真正体现了女人的细微之处。在厨房和餐厅的布置中，要注意"小处着眼"。在餐厅和厨房中，有不少各式各样的小装饰物以及各种刀具、餐具等用品。如果利用好这些东西，房间的装饰效果就可"事半功倍"。

女人在布置家居环境时，其实是在经营一份爱，一份对家庭、对生活、对爱人的爱，因此聪明的女人绝对会不断更新家居布置，让家变得更美丽安适。

03 用心研习，
成就优雅的自己

每个女人都有两个版本，精装本和平装本，前者是在职场、社交场合给别人看的，浓妆艳抹，光彩照人；后者是在家里给最爱的人看的，换上家常服、睡衣、睡裤。婚姻中的丈夫往往只能看到妻子的平装本和别的女人的精装本，这是婚外恋的动机之一。

最近的一项调查表明，当被问及什么样的女人才是最富魅力的？"优雅"竟以绝对优势击败了"妩媚""性感""风情"……

魅力的形成是后天可以装饰出来的，而内容需要积累，那是一种神韵与情致的结合。女人的魅力就是女人智慧的体现。对自身的定位，对自己生存状态的洞察力和分析力，对人生的领悟。对于女人来说，优雅的气质远比长相重要得多。

有人曾把中国女人与巴黎女人做了个比较。

在中国，比如说在公车站等车的女人们，外表形象一看就知道是疏于装扮自己，只是简单地洗了把脸，很少精心修饰。而走在巴黎的大街上，好像每一个法国女人都是那么风情和惊艳。那时，你会奇怪地发现，她们的脸并不是最吸引你的，你甚至不会太多地注意她的脸，吸引你的是她们的身型，发型，服饰，还有优雅的步态，迷人的举止，还有飘然而过淡香的气味。

每一位女人都希望自己有优雅的风度，因为优雅的风度能给人留下美好的印象，优雅的风度折射出的光辉最富于理性，最富于感染性。反过来说，一位具有优雅风度的女人，必然富于迷人的持久的魅力。现代女人不是不要镜子，而是能够从镜子里走出来，不为世俗偏见所束缚，不盲目描摹他人所谓的风度之美。

女人的风度神韵之美是充实的内心世界、质朴的心灵的真挚表现，产生无形的强烈感染力。风度美要求有潇洒的身形和质朴的心灵作载体。质朴，是一种自我认识、自我评价的客观态度，质朴的女人，总是善于恰如其分地选择表达自身风情韵致的外化形态，使人产生可信的感受，她们就是她们自己，她们不试图借助他人的影子来炫耀自己、美化自己。所以，她们的风度之美，往往是一种质朴之美。

真挚，是一种诚实、真实、踏实的生活态度。她们对人对事不虚伪，不狡诈，又肯于给人以诚信。真挚的女人，对自己的风度之美既不掩饰也不虚饰，对他人美的风度既不嫉妒也不贬斥，而是泰然处之，使人感受到一种真正的潇洒之美。

因此，你要保持和发展自己的风度之美，就得纯化你的语言和洁化你的举止，否则，也会使风度之美从你身边悄悄溜走。风度美是高层次的美。它使人精神振奋，动人心魄；它令人敬慕，终生难忘，它唤醒美的意识，认识人的尊严，它是生活的灵秀，心神的凝聚。

优雅的风度是内在的素质形之于外表的动人举止。这里所说的举止是指工作和生活中的言谈、行为、姿态、作风和表情。

但优雅的风度源自何处？它固然与姿态、言行有着直接的关系，但这些只是表面的东西，是风度的流而不是源。仅仅在风度的外在形式上下工夫，盲目效仿别人的谈吐、举止及表情的话，只能给人留下浅薄的印象。

实际上，优雅的风度来源于一定的知识和才干。良好的风度需要一个强有力的后盾支撑着它，这个强有力的后盾就是丰富的知识和才干，风趣的语言、宽和的为人、得体的装扮、洒脱的举止等，这些无不体现一个人内在的良好素质。然而，要真正能熟练运用语言，还有赖于智能的提高。当你的智力在敏捷性、灵活性、深刻性、独创性和批判性等方面得到了发展，你在知觉、表象、记忆、思维等各方面的能力就能得到提高，加之你拥有丰厚的涵养，那么，优雅的风度就自然而然地为你所拥有了。

要知道，优雅女人一定具有如下的共性：

（1）自信。自信的女人是最美丽、最优秀的。做什么不一定要说出来，因为别人看得见，大肆宣扬反而让人觉得你不谦虚。聪明的人一直都是在夸别人，同时借别人之口宣传自己。还没有成功的事情不要总给别人希望，凡事要放在心里，自信可以表现在脸上，但是话还是要埋在心里。

（2）微笑是最好的名片。微笑会让你留给人很深刻的第一印象，不要呆若木鸡，也不要笑得花枝乱颤。做不到笑不露齿，就轻轻上扬一下你的嘴角。

最重要的是你的眼睛，听别人说话或者跟别人说话时一定要正视着人家的眼睛，不要左顾右盼，因为女人的眼睛最能泄露她的内心。

（3）仪态大方。站一定要抬头挺胸收腹，不管在哪里，在哪种场合，只要是站就要保持这种形态，长此以往就会形成一种习惯。如果你还不习惯，那就回家练习一下，脚跟、臀部、两肩、后脑勺贴着墙，两手垂直下放，两腿并笼，作立正姿势站上个半小时，天天如此，不相信你站不出那个效果来。

坐姿一定要雅。上身端正，臀部只坐椅子的三分之一，双腿并拢向左或向右侧放，也可以一条腿搭在另一条腿上，两腿自然下垂。但切忌不能两腿叉开，更不宜跷二郎腿，因为，这样做的话很不"淑女"。

走路的时候抬头挺胸收腹，别总是低头想要捡钱。目不斜视，走出自己的气势，不要急步流星，也不要生怕踩了路上的蚂蚁，不快不慢，稳稳当当。臀部细微的扭动更显你的妩媚腰姿，但不要上身全跟着动，两手自然垂直，轻轻前后摇摆，但不是走正步，自然即可。

（4）智慧的头脑。不要被别人称作花瓶，否则只能一次性批发给婚姻或者零售做大款的"小蜜"，那真是女人的堕落。

女人要充分利用自己的头脑，多看书，培养自己的优雅气质，即使你没有很高的文化水平，也要学习一门手艺，让自己在工作中得到乐趣，否则就只能做男人的附属品。生活中，能够被称之为优雅的女人应该是女人一生中的最高境界。那由内而外散发出的优雅气质足以迷住身边的每一个人，她的气质吸引的不仅是男人，也同样吸引女人。一个女人可以有华服装扮的魅力，可以有姿容美丽的魅力，也可以有仪态万方的魅力，但却不一定有优雅的风度。一位具有优雅风度的女人，必然富于迷人的持久的魅力。

04 注重言行举止，
打造第一眼的魅力

"见你第一眼的时候，就爱上你了"，这虽然是情人间的甜言蜜语，但却也是第一面重要性的真实写照——好印象、坏感觉，全在这面子活儿上呢！

通过大量的分析，专家表明：要给别人留下好的第一印象，你只需要7秒钟。

这7秒钟对于女性来说尤为重要。如何在7秒钟内将自己成功地推销出去呢？音容、外貌、言谈举止一个都不能少。

每个女人都很在意自己给别人留下的第一印象如何，这与你的性格特质有很大的关系。然而并不是全部，成功的外包装和一些细节都能透露你的内心。该从哪方面充分显示你的优势呢，下面就教你几个要点。

第一印象的形成有一半以上内容与外表有关。

不仅是一张漂亮的脸蛋就够了，还包括体态、气质、神情和衣着的细微差异。

第一印象有大约40%的内容与声音有关，其中，语言的恰到好处更能给人留下最佳的第一印象。

例如赞美对方："您今天穿的这件衣服，比前天穿的那件衣服好看多了"，或是"去年您拍的那张照片，看上去您多年轻呀！"都是用"词"不当的典型例子。前者有可能被理解为指责对方"前天穿的那件衣服"太差劲，不会穿衣服；后者则有可能被理解为是在向对方暗示：您老得真快！你现在看上去可一点儿也不年轻了。您说，讲这种废话是不是还不如免开尊口呢？

记住：男士喜欢别人称道他幽默风趣，很有风度，女士渴望别人注意自己年轻、漂亮。老年人乐于别人欣赏自己知识丰富，身体保养好。孩子们爱别人表扬自己聪明，懂事。适当地道出他人内心之中渴望获得的赞赏，适得其所，善莫大焉。这种"理解"，最受欢迎。

比如，当着一位先生、夫人的面，突然对后者来上一句："您很有教养"，会让人摸不清头脑；可要是明明知道这位先生的领带是其夫人"钦定"的，再夸上一句："先生，您这条领带真棒！"那就会产生截然不同的"收益"。

当然，温文尔雅的礼仪，也是女性必不可少的门面功夫。握手同样能传递重要信息。研究发现，那些握手时目光和你直接接触、手掌干燥、坚定有力、自然摆动而不是无力、潮湿、试探性的人，不仅能让你对他感觉良好，还将取得你的信任。

05 保持风度仪态，
做社交佳人

展示你美丽的部分未必是你那漂亮的脸蛋，有时严谨的举止更能获得别人的赞扬。

女人是最亮丽的一道风景线，她们美丽、优雅、可亲，然而一些女人到了社交场合就变成了"霉女"，她们的种种举动让人叹为观止继而敬而远之。这实在是一件令人惋惜的事，因此二十几岁的美女们都应该注意自己的风度与仪态，不要在社交场合上给人留下不好的印象。

让我们看看，哪些是各式社交场合上优雅女性不应有的举动：

1.不要与同伴耳语

在众目睽睽下与同伴耳语是很不礼貌的事。耳语可被视为不信任在场人士所采取的防范措施，要是你在社交场合总是耳语，不但会招惹别人的注视，而且会令人对你的教养表示怀疑。

2.不要放声大笑

另一种令人觉得你没有教养的行为就是失声大笑。即使你听到什么闻所未闻的趣事，在社交活动中，也得保持仪态，顶多报以一个灿烂笑容即止。

3.不要口若悬河

在宴会中若有男士向你攀谈，你必须保持落落大方的态度，简单回答几句即可。切忌慌乱不迭地向人"报告"自己的身世，或向对方详加打探"祖宗十八代"，要不然就要把人家吓跑，又或被视作长舌妇人了。

4.不要跟人说长道短

饶舌的女人肯定不是有风度教养的社交人物。就算你穿得珠光宝气，一身雍容华贵，若在社交场合说长道短、揭人私隐，必定会惹人反感。再者，这种场合的"听众"虽是陌生者居多，但所谓"坏事传千里"，只怕你不礼貌不道德的形象从此传扬开去，别人自然对你"敬而远之"。此时装出笑容可掬的亲切态度，去周旋当时的环境、人物，并不是虚伪的表现。

5.不要严肃木讷

在社交场合中滔滔不绝、谈个不休固然不好，但面对陌生人就俨如哑巴也不可取。其实，面对初次相识的陌生人，你也可以由交谈几句无关紧要的话开始，待引起对方及自己谈话的兴趣时，便可自然地谈笑风生。若老坐着三缄其口，一脸肃穆的表情，跟欢愉的宴会气氛便格格不入了。

6.不要在众人面前化妆

在大庭广众下涂施脂粉、涂口红都是很不礼貌的事。要是你需要修补脸上的化妆，必须到洗手间或附近的化妆间去。

7.不要忸怩羞怯

在社交场合中，假如发觉有人经常注视你——特别是男士，你也要表现得从容镇静。如果对方是从前跟你有过一面之缘的人，你可以自然地跟他打个招呼，但不可过分热情，又或过分冷淡，免得有失风度。若对方跟你素未谋面，你也不要太过忸怩忐忑，又或怒视对方，有技巧地离开他的视线范围是最明智的做法。

8.保持笑脸

不单在旅游业提倡礼貌、微笑服务，各行各业的工作人员都应对客户、业务伙伴或生活伴侣礼貌周全，保持可掬的笑容。的确，不论是微笑，还是快乐的笑、傻笑、哈哈大笑……笑总是给别人舒适的感觉的。而"笑"也正好是女孩子获取别人喜欢的重要法宝。纵然你不是那类天生喜欢笑的女人，在社会上活动总不能过分吝惜笑容。尽管工作令你很疲劳，又或连续加班，忙得地暗天昏，见到别人也还是要展现可爱的笑容。

9.教养与礼貌是你的"武器"

如何使陌生人也觉得你可爱？礼貌是不可或缺的要素。在这个生活紧张的社会里，日常看到女子失态的真实例子极多。如乘搭地铁、火车或巴士时，争先恐后地挤入车厢，还要跟别人争座位，更不堪的是，坐下后还要露出沾沾自喜的神色！又如在酒楼餐厅、公共电话亭，老是拿着电话听筒不肯放下，任有多少人在排队等候，她也视若无睹！这是一种令人难以接受的失态，须知这类没有教养的行为，会叫别人在心里暗骂你的自私无理。

二十几岁的女人们是美丽优雅，气质上令人愉悦，令人乐于接近的，因此请注意你在各种社交场合的表现，别做出与自身不相称的行为，毁了自己的形象。

06 擅长烹饪的女人，
   别样的温婉

不做饭的女人尽管未必不会成为黄脸婆，然而她们却一定会成为怨妇！

现在社会都在讲男女平等，男人能干的事情女人也能干，女人干的事情男人也要干。女人也有工作也很辛苦，所以新新女性相当多的就放弃了做饭，觉得做饭又辛苦又累，有时还不讨好。有时我们换个角度看，做饭对女人是至关重要的，是女人常用的一件法宝。

1.做饭是女人争取家庭地位最有力的保障

现在提倡男女平等，但真要做到平等却不像一句口号这么简单，女人在家做饭是在用实际行动告诉丈夫："你在外面奔波很苦，我在家里操持也累啊！"可以假想这样一个镜头：

一个在公司里因为被老板整整骂了两个小时而晚回家的丈夫刚走进家门，这时，如果妻子腰系围裙，手拿锅铲指着他的鼻子骂道："死鬼，你上哪儿去了，等你回家吃饭呢！"或许他会说："对不起，老婆，我……"而如果你穿着睡衣、拿着遥控板指着他的鼻子骂道："死鬼，你上哪儿去了，等你回家做饭呢！"那么，如果他为了维护自己的男人尊严，肯定会对你说："去死吧，你这臭婆娘！"这时他也顾不上能不能上床睡觉了。

2.做饭是女人兑现爱情承诺最直接的表现

通常一对男女在山盟海誓时，男人都会对女人说："我会努力让你幸福！"而女人通常会对男人说："我会照顾你一辈子！"于是男人便开始忙碌起来，因为要让一个女人真正幸福起来可是需要很多钱的哟！但是女人该怎么办呢，最直接、最现实的，就是为男人做一顿可口的饭菜，如果一个女人连饭都不会做，又该如何准备照顾男人一辈子呢？这岂不是女人为爱情开了一张空头支票吗？所以，女人一定要学会做饭。

3.做饭是女人作为母亲最神圣的职责

一个女人当上了母亲后，通常会有极大的改变，最大的改变莫过于有了为孩子甘于牺牲一切的精神。家人的健康通常会成为母亲的头等大事，所以，为了让孩子拥有健壮的体格，做妈妈的往往是亲力亲为，遍寻食谱、营养谱。但如果一个不会做饭的女人不幸成了母亲，直到孩子长大成人，从来没有吃过妈妈做过的一顿饭，这是一种怎样才能形容的悲哀啊！

4.做饭是女人拴住男人心最简单的办法

假如一个女人的白马王子被妖艳的蝴蝶紧紧包围时，女人可千万不要傻乎乎地跟在男人屁股后面追，当务之急是赶快把电视从言情剧场转到《天天饮食》。

5.做饭是女人抵抗第三者最有力的武器

会做饭，而且能做出一桌可口饭菜的女人，通常都不是一个一般的女人，她可能会非常性感，对男人的驾驭能力往往也很强；她可能是一个看起来弱不禁风的女子，但如果她不幸遭遇了第三者的激烈挑战，那么她的柔情与智慧，往往会同那桌可口的饭菜一起，为她的家庭筑起一道密不透风的防护墙，捍卫她的领地……

6.做饭是女人美丽工程最为基础的工作

做饭是可以美容的，一个饭都不会做的女人，营养一定不好。如果是一个营养不好的女人，估计脸上即使抹上胭脂也得掉下来。这是外在美，内在美也一样，做饭体现了一个女人的内在素质和干练，甚至从另外一个角度说："不会做饭的女人不是一个完整的女人！"现在的女人，尤其是一些年轻女孩，生怕进了厨房会被油烟熏成黄脸婆。这是一个完全错误的看法。要想成为男人心目中永远漂亮的女人，就应该做一个会做饭的女人。

那么，女人如何才能拥有一手好厨艺呢？

女人最好最早的老师就是她的母亲。下厨可以表现出女性的体贴、头脑、机智等，甚至可看出她成长的家庭。无论是哪个女人，在学习做菜之初都不会是进正规的烹饪学校学的，最初都是看母亲做菜，看着看着就学起来了。所以，会做菜的女人，非常注意与母亲的交流学习，经常回忆母亲的言传技巧。一家杂志上的烹饪栏曾经对一位姓黄的太太特别推崇。

黄太太并非以研究烹饪为业，她也是出生于纯粹的工薪阶层家庭。因此，杂志上所教授的烹调方法，非常实用，也非常富有创意，是任何人都可以现学现做的餐点。黄太太也承认自己是从孩提时期就看着母亲做菜一边记一边学的。尽管她的家庭也是工薪阶层，但是却有些独特，她的父亲有许多朋友和徒弟，她的家很早时就是一个聚会的场所，甚至有陌生人常常光顾，络绎不绝。而黄太太的母亲身为女主人，对大批的访客招呼得真是细致周到。当来客很多，母亲一人忙不过来时，女儿自是不能袖手旁观，帮忙削马铃薯皮、洗菜等，不知不觉在问的过程中也变成熟手了。

长大之后，来到大城市，见识多了，做菜的层面就更广了。嫁人后，比较空闲，看一些杂志食谱，根据丈夫的口味有意识地注意一些做法。如果丈夫突然带客人回来，她也不会手足无措。在做菜前，她首先会打开冰箱，确定一下有什么东西，她绝不会因为没有多少菜料而发愁，而是想着只有这些菜，能不能做出什么好吃的东西来。如果菜量不足，她宁可不做整套的餐食。而只利用那有限的菜料尽量做一些好吃的菜肴出来。做菜是相当费事的，所以针对几个常来客人的嗜好她都做了备忘录。有不喜欢吃葱的客人时，在放葱之前，她就把一份从锅里盛出来。做备忘录的习惯，也是从母亲那儿学来的。实际上，她所介绍的菜肴，都没有一个像样的名字。但在巧思中也别有一番风味。

可见，拥有这种太太的丈夫可算是天下最幸福的人，能安心地将部属带到家里，在公司同事及朋友间也得到相当高的评价。当然这种太太也会经常得到丈夫的夸奖。

另外，所谓会做菜的妻子，固然是能做出美味可口的菜肴，但也要具备做菜的巧思，也要灵活应对。

举例来说，突然来了个客人，不管三七二十一，只要赶快送出一样下酒的小菜即可，这对客人来说就很满意了。其实，很多男人也许都会有类似的经验，喝完了酒正要回家，又被邀请直接上友人家，那友人的妻子草草打了招呼就一头钻进厨房，经过二三十分钟都没出来，这气氛就弄得客人很不好意思。不管是现成的菜肴或罐头，只要是能和酒一起立刻端出来，那么气氛就比较缓和。

那种灵巧的妻子就会不需太费事就能拿出可口小菜，所以来客也不至于神经紧张。因此，做女人就应该像这位太太学习，不断地努力，经常给自己的男人换口味，一定能成为男人眼中的好妻子。

07 锅碗瓢盆一粥一饭，
炖煮幸福的味道

男人都是馋嘴的，只有满足他的胃口他才不会去偷食。

都说男人心目中理想的女人是"上得厅堂下得厨房"，这个要求受到很多现代女人的抵制，她们坚决拒绝沦落为"煮饭婆"，反感呛人的油烟味，怨恨油腻的灶台……但是，聪明的现代女人更明白，厨房是家庭幸福必不可少的源泉之一，因为良好的膳食不但可以强身健体，而且也是表达爱意的最好方式。

要知道，男人和女人真正的幸福生活是从厨房开始的。据说在古代，所有刚嫁到夫家的女子在第二天早晨起床后，必定要取下身上那些环佩丁当，亲自到厨房里为夫君烧一碗汤，表示他们已经从爱情的绚丽转为生活的平静了，也就是诗中所说的：三日入厨下，洗手做羹汤。

同时，莎士比亚也说过，"要留住男人的心，得抓住男人的胃"。女人容易在茫茫人海之中将他俘虏到手，怎么能不好好地守住这片江山。饭菜的香味会让家的味道更温馨，在民以食为天的前提下，聪明女人应该有一点儿小手艺，宠爱自己也留住了他的心。

当然，男人有时候也愿意去外面吃各式各样的美食，外面的美食五花八门可是准都不愿意天天都在外边解决，既浪费又不是很卫生。因为不是吃到自己嘴里的东西，人家一定不会比你自己弄得用心。再说经常在外面大吃大喝，久而久之油腻多了一些，健康少了一些，自然就会很怀念家中的清粥小菜。

找个时间在某个早晨为自己心爱的人煮一次枸杞粥，煎一个漂亮的荷包蛋，烙张葱花饼，简简单单却又无限温存。也许对男人而言，这是意外的嘉奖，让他惊喜之余更加迷恋家人。

女人重视厨房，并不等于说从此她就得天天有义务围着厨房转，而是要注意在繁忙的工作之余，收拾一份好心情，为自己为家人营造一种温情。

其实，聪明的女人都很清楚，男人们并不是想要一个手艺精湛的女厨师，而是想要一个能给他带来家的感觉的烟火女人。

虽然现在的房子越来越大，房间的功能越来越细分，但最能体现出家的意味的永远都是厨房。特别是对于一个男人来说，当他在外面辛苦了一天，推开那扇熟悉的家门，一个冷锅冷灶和一个饭菜飘香的厨房，给他的感觉绝对是不一样的，只有厨房里飘出来的烟火气息才会给人带来实实在在的家的感觉。

一个喜欢厨房的女人，自然是一个喜欢家的女人，同时也能给人带来家的感觉，这和什么大男子主义、女权主义都没有关系，只是女人的本性使然。

年轻的时候，每个人都可以四处流浪，但终有一天会厌倦漂泊，渴望能有一个温暖的家供自己憩息。聪明的女人并不仅仅是成为男人的工作助手，而是要成为他的贴心伴侣，给他一份安心，一份眷恋；如果他累了，可以回到家里来休整；如果他受伤了，可以回到女人身边来治疗；如果他成功了，马上会回家与家人分享，而一个连厨房都不想进去的女人，很少能给男人这种感觉。尽管她可以打扮得光鲜靓丽，尽管家里有钱到足以天天上饭馆，但这些都不是真正的幸福。聪明的女人，下班回家换上家居服，系着围裙在厨房里忙活一通，然后端上三盘两碗，重要的不是味道，而是那种温馨的感觉。饭店再好，也无法营造出这种家的感觉。

一个完整的家庭，不能没有女人，而每一个家都会有一个厨房，即便是最简单最简陋的家，也必定会有一个小小的灶台或是电饭煲。

厨房是女人的另一个舞台，不管她爱或是不爱，那里都有着她无法摆脱的人生使命。真正懂得爱、懂得生活的女人，会在工作之后走进厨房，她的心里不会觉得有太多委屈，为心爱的家人做一道菜，除了油盐之外，里面放得最多的调料是爱。诱人的饭菜香味，浓浓的幸福滋味，会让女人制造出家的温馨！

可以说，聪明的女人会让一天的幸福生活从厨房开始，聪明的女人，一年四季都会变幻不同的花样，科学合理的搭配，注重营养与口味的结合，在厨房里创造出来的不仅是美味的食物。还有无限的富足和幸福感……让心爱的人每天都生活在独一无二的幸福感觉中。

08 聪明女人巧安排，
事业家庭两不误

家是温柔港湾，事业是学习的课堂，所以家和事业对女人来说都不可或缺。

许多女人都在为同一个问题而困惑："家庭和事业，选择哪一个？"有的女人会自信地说："两个我都要！"

古时常把女孩子称为"女儿家"，可见家对于女人来说是不能缺少的，而没有女人的照料，家就不像家。

但是，一个爱家的女人并不意味着就要当家庭主妇，而是能把家作为重心，同时也绝不放弃在事业上的追求。

男人喜欢"上得了厅堂，下得了厨房"的女人，如果有这样一个能干又漂亮的老婆，男人总爱往家里领朋友，创造炫耀的机会。别人的赞美给予他们心理上的满足，家庭的温暖又带来实实在在的幸福，可以说是既有面子又有里子。

提到女人的保养，很多人就会想到多喝水、多补充维生素、上美容院、幸福家庭的呵护……聪明的女人则会让工作也成为"保养秘方"，既保养自己的身心健康，又能保养幸福的家庭。

过去老人常说："嫁汉嫁汉，穿衣吃饭。"这话现在看来已经不时髦了，在男女平等的浪潮里，现代女人接受和男人一样的教育，靠自己就可以实现经济独立，不需要靠男人养才能活。

而且现代社会里生活压力加大，一个家庭光靠男人支撑还不太现实，女人出去工作可以分担一部分经济上的压力。即便男人可以负担起家庭，聪明女人也不会放弃自己的事业，要想人格独立，首先就要在经济上独立，不需要依附任何人都能够生存。现代婚姻不可靠、承诺不可靠，没有人是永远的依靠，女人有一个属于自己的事业，可以保证在失去依靠后还能够独立地生活下去。

女人可以不需要赚很多钱，但是一定不能失去赚钱的能力，不能选择寄生虫的生活。《圣经》里认为，生命都是神圣不可侵犯的，但我们活着，就要侵犯其他生命。牛羊鸡鸭都是我们的美味，因为我们与它们之间达成了一项协议，那就是我们饲养它们，给它们提供它们生命所需要的一切，然后换取它们一点点肉。所以，聪明的女人不会让别人"饲养"，她不会让自己落到等着被吃的境地里。

工作会让女人心情愉快。女人对工作的态度与男人不同，她们更看重环境和关系，她的生活中固然需要家人、丈夫或是朋友，但是工作上的同事也是必不可少的。在家庭之外，有人与自己一起为了达到某个目标而喜悦或是焦虑，这种团队气氛是在家庭中体会不到的。

女人大多是"群居动物"，她们害怕孤单，喜欢有人倾听、理解自己，也喜欢付出关怀和母爱，良好的工作环境正好能够满足女人对于"小群体"的情感需求。

工作还让女人生活充实。聪明女人把工作当作一种生活寄托，反而那些回归家庭的"全职太太"们，常因无所事事而感到空虚寂寞，闲在家里时间长了，就会让自己和社会脱节，最后也会变得毫无魅力。很多女人工作的时候整天忙忙碌碌，经常要出席重要场合，比较注意自己的形象，结婚后天天在家待着，整天睡衣睡裤，老公回来看到的就是一成不变的人。而且在家里不思考不学习不体验新鲜事物，和朋友联络都少了，完全把自己封闭着，最后会失去与人交流的能力，影响家庭生活。

而一份称心如意的工作，却能够平衡事业与家庭的关系，因为称心的工作本身就能够协调女人的情绪，保持女人的身心健康，从而促进家庭的和谐幸福。

女人有一份工作可忙，既可填补生活的空白，又能在工作中不断充实自己，提高自己。工作让女人感受到自己的价值，而且能跟上时代的潮流，更具有知性魅力，因为外面的环境与事物会让聪明的女人更聪明！

人活着就需要劳动，有一份事业让女人操心能够让生活更充实一些。天生我才必有用，女人的价值并不全部在家庭中，细心寻找，总能找到展现自己的舞台。走出一味的柴米油盐酱醋茶，让新鲜事物充实生活，因为游走在职场当中才能体会到工作的艰辛和压力，才能更理解事业中男人的烦恼，也许还能为他排忧解难，成为他的支柱，他才会更加爱你，离不开你！

一个聪明的女人，认认真真地对待工作，在工作中体现自身价值，但她也不会放弃另一项更重要的"事业"——家庭。和所从事的工作相比，家庭是更重要的战场，是女人一生最重要的长期投资项目。

可以说，工作是事业，家庭也是事业，而且对女人来说，家庭是一生中最重要的事业。只不过，同样作为一种事业，工作和家庭的难易程度是不一样的：工作是一种生活技能，通过培训和教育，每个人都能够掌握技巧，顺利完成工作要求，聪明的人甚至可以完成得很出色。而家庭需要一种生活智慧，需要用心血栽培，很多人都身处其中，但是真正做得好的人却很少。

在工作中，需要智慧谋略，靠的是犀利的眼光和敏锐的判断，理智是成功的保证；在家庭中，也需要智慧谋略，靠的是爱心、耐心、温情、责任，情感是必胜的法宝；在工作中，做出一点儿成就很快就能看到成果，短期投资率高；而在家庭中，也许付出很多短期内却见不到任何收获，必须要等上很长一段时间，长期回报率绝对超值。

一个人可以不需要工作，但是不能没有家庭；同样，一个真正成功的人，不仅拥有工作上的成就，还必须拥有幸福的家庭生活。工作总会有退休的那一天，家庭却是一个人从出生到死亡都要生活在其中的环境。

工作做得好不好，关系着个人价值体现的大小、为社会贡献财富的多少、物质生活状况的高低，而家庭生活是否幸福，则关系到两个人的生活质量、孩子的未来，更贴近每个人的现实生活状态。

一个能把复杂的家庭生活经营得顺顺当当的人，在工作中也必定能够得心应手。如何获得幸福的生活，聪明的女人既不会放弃属于自己的小事业，也不会忽视家庭这个一生的大事业。

09 家里变回小女人，
编织幸福小情结

在老公面前，你永远只是老婆，而不是经理或者董事！

"大女人"是精明能干的女强人，驰骋商场，呼风唤雨，在工作上出类拔萃，即使感情受到挫折，也以最自信的姿态展现在众人的面前；"小女人"能力有限，每天正点上下班，接孩子，给老公做饭，休息时间操持家务。

可能由于女权运动，也许是由于受资本主义自由发展的影响。现在出现了越来越多的"大女人"——她们和男人一样在事业上打拼，独立、精明、大气而且能干，无论手段还是气势丝毫不输给男人。不仅位居高职，拿着不菲的薪水，而且颇受领导赏识。我们称这些女人为女强人。她们完全打破了传统的男主外女主内的传统观念，仿佛要和男人争那另半边天，尽管在事业上许多男人不得不佩服她们的机智和作风，但是很少有男人愿意找一个这样的女人做伴侣，他们无法忍受一个比自己还强的女人，那会让他们感觉到自己不被需要。

但是综合现在的社会情况，居家的女人毕竟还是少了，但是一个女人你在单位可以是横眉冷目的主管，但是在家里你是妻子，是母亲，没有必要用"将军命令士兵"般的口气和你的丈夫说话吧。我们其实还是建议现代的女人有自己的事业，有自己的社交圈子，有自己的天空，但是如何让自己的地位转换得到平衡，是对男人的尊重，也是你作为妻子应该尽到的责任。

维多利亚女王在一次和她的丈夫发生矛盾之后，丈夫生气闭门不出。

女王来敲门，丈夫问："你是谁？"女王理直气壮地回答："英国女王。"屋里没有声音。

女王又敲门，声音平和了一些："我是维多利亚。"里面仍是悄然无声。

最后女王柔情地说："亲爱的，开门，我是你的妻子。"

当你下班在家里的时候，何必还要摆出高姿态让自己那么累呢？依偎在你丈夫的身边，做个小女人又有谁会笑话你呢？也让你的丈夫感受一下可以被依靠，可以保护你的大男人的心理，不是很好吗？

其实做个小女人是很幸福的事情，你可以有很多幻想，可以活得轻松浪漫，可以给自己的偷懒找出N个理由，可以聪明地装糊涂，也可以体贴入微地照顾别人，感受一下关爱别人的快乐，也可以撒娇地让别人来照顾你。这个时候你是妻子，是你爱人的宝贝，不是严厉的经理，也不再面对你的下属。

小女人对待朋友真诚而傻气，和从前的同事、朋友从不断了联系。没事就来个聚会和大家倾诉自己的心事，讨论未来和怀念以前的种种。小女人的真诚经常让朋友感动。

小女人会对被开除的同事说："如果不被开除，你还是个默默无闻的职员，还在耽误前程呢！如今做了部门经理，你的才能发挥得淋漓尽致，有空请主任吃顿饭吧？他不开除你，你哪有今天。你可要记住报恩啊。"朋友听得心花怒放，非常豪爽地说："只有你将我当成好朋友，你什么时候有空？我请你吃饭。"小女人大方地回答："你什么时候心情好就什么时候请我吧？"小女人的一番话暖透了朋友的心。

小女人处世的哲学并没什么值得借鉴之处，她只是站在别人的角度为别人着想，多考虑别人的难处，即使有时吃亏也不介意。在她的眼中，名利地位并不比朋友和爱人来的重要。

其实许多"大女人"也并不是真的就想做个"大女人"，每个女人骨子里都有"小女人"的情怀，只是她们的生活环境和方式以及现在的地位不允许她有丝毫的松懈，只能上紧发条不停地做。

做个"大女人"事实上是痛苦的，不要看她们看似风光的外表，这个社会终究还是男人的社会，女人的社会地位再高，也没办法赢得整片天空。而且女人天生心思细腻、敏感，即使作风强悍仍然不能改变柔弱的承受能力。女人天生是需要被保护的动物，无论从心理还是生理上来说，她们都不适合过于繁重的劳动。

要知道，这个世界是由男人和女人组成的，上帝已经分配好了他们各司其职。那些体力劳动和辛苦的工作就交给男人去做吧！女人看守好你自己的这片后方净土，同时做一些你喜欢做的事情，如果因为生活的原因你不得不和男人一样辛苦，请自我调节，让自己不要那么强悍，也许你成功的机会更大，如果你已经成功了，维护好你的爱情和家庭，别让自己太累，别让你的丈夫感觉到家里缺少了应有的"女人味"或者"母爱"，不要把家当成你的办公室，那样你一定会事业、爱情双丰收的！

10 珍爱自己，
善待他人

自爱才能他爱，不自爱无人爱！

在一个女人的一生当中，最基本的心理素质应该包括三个方面——"自信、自爱、自尊"。其中，自信是"我信赖我有能力拿到自己所需要的价值"。一个人拥有能力才会有足够的自信；自信的基础是能力，能力催生个人的自信；而自爱则是一个懂得爱护自己的人，自爱的人才会培养出足够的自尊，尊重自己存在的价值。

这三个方面能够让一个女人在成长的过程中足够得到自己想要的尊重与理解，以及达到完美的人生追求。

所谓"自尊自爱"就是根据你的意愿将自己作为一个有价值的人而予以接受。接受则意味着毫无抱怨。思想健全的人从来不抱怨，而缺乏自我意识的人常常在抱怨、牢骚中求以生存。

向别人倾诉说你不喜欢的地方，只能使你继续对自己不满意。因为别人是对此无能为力的。至多只能加以否认，可你又不会相信他们的话。要结束这一无益和讨厌的行为，只消问自己一个简单的问题："我为什么要讲这些？""他能帮我解决这个问题吗？"假如这样做的后果是：既没有解救自己，又影响了别人的情绪，那么抱怨显然是荒唐可笑的，与其浪费时间抱怨，还不如把本来用于抱怨的时间用来进行"自爱"活动，比如默声自我赞扬，比如帮助别人实现愿望等等。

抱怨和倾诉是不同的。当别人可以通过某种方式帮助你时，你向他们倾诉自己的不快，可以获得解决问题的途径。但抱怨是对别人施行的一种人格压迫，你明知道这样做的后果，却依然要用牢骚折磨人的神经。这样的后果只能使别人对你越来越讨厌。

抱怨自己是一种无益的行为，这样做会妨碍你真正地生活，促使你产生自我怜悯的情绪，阻碍你努力给他人以爱并接受他人的爱。抱怨还使你难以改进你与他人的感情关系，不利于你扩大社会交往。尽管抱怨行为有时会引起别人的注意，但它的影响往往都是负面的，只会明显地给你的幸福罩上一层阴影。

如果你想不加抱怨地接受自己，就必须懂得"自爱"和"抱怨"是绝对排斥的。你想成为一个自尊自爱的人，那你就不要毫无理由地向那些无力帮助你的人发出"抱怨"。

世界上最难了解的不是别人，恰恰就是我们自己。我们内心有保护自己的倾向，总是为我们的所作所为找出理由，要让不合理的也看作合理。很多人根本就不想认识自己，他们喜欢谈论别人和别人的问题，却躲避他们自己，不愿意面对自己。而事实上，一个人成长过程中最重要的一个阶段，就要不再试着躲避自己，而要认识真正的自我。

除了广义的自爱以外，狭义的自爱就是尊重自己的感情，认真对待性的问题。千万不能做一个对感情不负责任的"性"情中人，更不能为了金钱而出卖自己的肉体，这样不但不自爱而甚至是自卑的，不但得不到人们的同情，反而会是无尽的奚落与鄙视！

当然，爱他人也是自爱的一种，只有关心和爱护他人，你才能得到别人的关心与爱戴。那么怎样才能将这样博大的爱表现出来呢，不妨试试下面的一些方法：

（1）不要对别人有偏见。当发现自己的想法跟别人不一样时，一定要换一下位置思考。

（2）增强自信心，增加良好的自我感觉。只要自己真诚、热情，就会增加自己的吸引力。所以对自己要有信心。同时要多参加各种群体活动，在群体中学习人际交往的知识。

（3）加强沟通。尊重性的询问会有利于问题的解决。

（4）心胸要宽广。遇事应该乐观一些，大度一些，不要对人和事情都过于敏感。朋友之间最重要的是宽容，不能斤斤计较，处处表现出比较在意别人的态度，如果时间过长，会让人产生与你交往不舒服的感受。有些时候不要太要面子，有些时候放低些自尊，反倒会赢来别人的尊重和友谊。

11 果敢决绝，
做一个有主见的女人

逃避选择或不愿承担责任，是大多数人的共通性；如果我们不主动把握选择的权利，那么幸福绝不会主动来敲门。

现代女人的独立性决定了女人不能没有主见，没有主见就无法独立。我们要独立自主，而自主主要指的就是自我主见的能力。

有些女人，遇事无主见、犹豫不决。比如每买一件东西，简直要跑遍城中所有出售那种货物的店铺，要从这个柜台跑到那个柜台，从这个店铺跑到那个店铺，要把买的东西放在柜台上，反复审视、比较，但仍然不知道到底要买哪一件。她自己不能决定究竟哪一件货物才能中意。如果要买一顶帽子，就要把店铺中所有的帽子都试戴一遍，并且要把售货小姐问烦为止，结果还是像下山的猴子，两手空空。

世间最可怜的，就是像这些挑选货物的女人这样遇事举棋不定、犹豫不决，遇事彷徨、不知所措、没有主见、不能抉择、唯人言是的人。这种主意不定、自信不坚的人，很难具备独立性。有些女人甚至不敢决定任何事情，她们不能决定结果究竟是好是坏、是吉是凶。她们害怕，今天这样决定，或许明天就会发现因为这个决定的错误而后悔莫及。对于自己完全没有自信，尤其在比较重要的事件面前，她们更加不敢决断。有些人本领很强，人格很好，但是因为有些毛病，她们终究没有独立，只能作为别人的附属。

敢于决断的人，即使有错误也不害怕。她们在事业上的行进总要比那些不敢冒险的人敏捷得多。站在河的此岸犹豫不决的人，永远不会到达彼岸。

如果自己有优柔寡断的倾向，应该立刻奋起改掉这种习惯，因为它足以破坏自己许多机会。每一件事应当在今天决定的，不要留待明天，应该常常练习着去下果断而坚毅的决定，事情无论大小，都不应该犹豫。

个性不坚定，对于一个人的品格是致命的打击。这种人不会是有毅力的人。这种弱点，可以破坏一个人的自信，可以破坏判断能力。做每一件事，都应该成竹在胸，这样就会做事果断，别人的批评意见及种种外界的侵袭就不会轻易改变自己的决定。

敏捷、坚毅、果断代表了处理事情的能力，如果自己一生没有这种能力，那一生将如一叶海中漂浮的孤舟，生命之舟将永远漂泊，永远不能靠岸，并且时时刻刻都在暴风猛浪的袭击中。

有主见，就是有自信。有自信，肯定有主见。只有这样，才能使自己不断独立自主，才能使自己不断自力更生。

现代女人要有主见，才不会迷失自己，如果任何事情都要男人做选择，没有自己的观点，只会让他离你更远。女人要有头脑，有思想，有自己的人生规划，不要把你的权利交付给别人。

12 大度更能从容，
豁达更添风情

不斤斤计较的女人，总是能够让人眼前一亮！

一个现代女人，应该懂得如何表现自己，她们的成熟、优秀、文雅、娴静，各种气质与品位都可以在举手投足间得到最好的体现。现代女人，可以没有惊艳的容貌，但不能没有清新淡雅的妆容；可以没有模特的形体，但不能没有匀称的身材；甚至可以没有优越家境的熏陶，但绝对不能没有与世无争、不争名逐利、闲适恬淡的处世态度，不能没有忍耐、理解和宽容的良好品质。

现代女人不管何时何地，懂得以宽容的心去包容。善解人意、宽容大度、胸襟开阔是好女人所具备的品质，更是现代女人所不可或缺的品位。

"别为打翻的牛奶哭泣"是英国一句古代的谚语，与中文的覆水难收有几分神似。事情既已不可挽回，那就别再为它伤脑筋好了。错误在人生中随处可遇，有些错误可以改正、可以挽救，而有些失误就不可挽回了。面对人生中改变不了的事实，聪明的女人自会淡然处之。

很多时候，痛苦常常就是为"打翻了的牛奶"哭泣，常留心结，挥之不去。本来从容、豁达，行之不难，不是什么大智慧，现在却成了社会的稀有之物，成了大智慧，真让人三思。

牛奶已经打翻了，哭又有何用呢？大不了重新开始嘛！有那么难吗？女人需要爱更需要快乐。

人生之中，不如意的已经太多，何不让美好的、真诚的、善意的留在心底，常怀感恩之心看待身边的人和事，笑着面对生活呢？

现代女人做事不斤斤计较，总是有能力把复杂的事简单化，简单的事单一化，用一颗平常的心热爱生活，无欲无求，宠辱不惊，这何尝不是一种快乐，不是一种满足，又何尝不是一种超然？

或许你会说"站着说话不腰疼"，但是，在人生中，有那么多的无能为力的事——倒向你的墙、离你而去的人、流逝的时间、没有选择的出身、莫名其妙的孤独、无可奈何的遗忘、永远的过去、别人的嘲笑、不可避免的死亡、不可救药的喜欢……与其悲啼烦恼，何不一笑而过？

记住该记住的，忘记该忘记的。改变能改变的，接受不能改变的。能冲刷一切的除了眼泪，就是时间，以时间来推移感情，时间越长，冲突越淡，仿佛不断稀释的茶。

如果敌人让你生气，那说明你还没有胜他的把握；如果朋友让你生气，那说明你仍然在意他的友情。令狐冲说："有些事情本身我们无法控制，只好控制自己。"我不知道我现在做的哪些是对的，哪些是错的，而当我终于老死的时候我才知道这些。所以我现在所能做的就是尽力做好待着老死。也许有些人很可恶，有些人很卑鄙。而当我设身处地为他着想的时候，我才知道：他比我还可怜。所以请原谅所有你见过的人，好人或者坏人。

快乐要有悲伤作陪，雨过应该就有天晴。如果雨后还是雨，如果忧伤之后还是忧伤，请让我们从容面对这离别之后的离别。微笑地去寻找一个不可能出现的你！

死亡教会人一切，如同考试之后公布的结果——虽然恍然大悟，但为时晚矣。

你出生的时候，你哭着，周围的人笑着；你逝去的时候，你笑着，而周围的人在哭！一切都是轮回！

人生短短几十年，不要给自己留下什么遗憾，想笑就笑，想哭就哭，该爱的时候就去爱，无谓压抑自己。

当幻想和现实面对时，总是很痛苦的。要么你被痛苦击倒，要么你把痛苦踩在脚下。

生命中，不断有人离开或进入。于是，看见的，看不见的；记住的，遗忘了。生命中，不断地有得到和失落。于是，看不见的，看见了；遗忘的，记住了。然而，看不见的，是不是就等于不存在？记住的，是不是永远不会消失？

说来奇怪，女人的心胸具有极大的伸缩性，这大概也算是世界之最了吧。女人的心可以宽阔似大海，也可以狭小如针鼻儿。生活中，相当一部分女人心胸比较狭小。但是，具有深刻的社会历史原因：一是长久以来的社会分工。母系氏族社会崩溃后，由于生理方面的原因，女人的活动范围被限定在了较小的空间内。二是漫长的封建社会对妇女的歧视。几千年的封建社会给女人制定了许许多多苛刻的行为规范，女人必须足不出户，女人必须笑不露齿，女人必须循规蹈矩，女人不能够上学受教育，女人必须在家从父、出嫁从夫，夫死从子。说不清从什么朝代开始，女人还必须包裹成小脚。女人的思维和行动范围被严格规范在了庭院以内。女人视野的狭窄决定了其目光的短浅和心胸的狭小。

心胸狭小是很多女人的致命弱点。从小处来说，心胸狭小不利于建立和谐温情的家庭关系，不利于形成良好融洽的人际关系；不利于身体和心理的健康。从大处来说，心胸狭小不利于女人家庭地位、社会地位的提高，不利于女人的彻底解放，不利于女人在事业方面的进步和发展。

现代女人知道如何去做一个心胸开阔的女人。她们会站得更高一些，扩大自己的视野。当我们近距离盯住一块石头看的时候，它很大；当我们站在远处看这块石头时，它很小。当我们立在高山之巅再来看这块石头，已经找不到它的踪迹了。有了更宽广的视野，就会忽略生活当中的很多细节和小事。

现代女人会努力学习，做生活和事业的强者。嫉妒总是和弱者形影相随的，羸弱而不如人，便会生出嫉妒他人之心，女人应当自尊自强，用自己的努力和能力去证实和展示自己。女人为什么不能像男人那样也成为一棵大树呢。

现代女人学习正确的思维方式，学会宽容别人。和丈夫发生不愉快时，多想想丈夫对自己的恩爱；和朋友发生不愉快时，多想想朋友平素对自己的帮助；和同事相处不愉快时，多想想自己有什么不对。看别人不顺眼时，多想想别人的长处。

现代女人会设身处地的替别人考虑，遇事情多为别人着想，多去关心和帮助他人。现代女人会加强个人修养，主动向身边优秀的人学习，善于取他人之长补自己之短，培养独立和健全的人格。另外，多参加健康有益的社会活动和文娱活动。

心胸开阔、性格开朗、潇洒大方、温文尔雅的女人，会给人以阳光灿然之美；雍容大度、通情达理、内心安然，淡泊名利的女人，会给人以成熟大气之美；明理豁达、宽宏大量、先人后己、乐于助人的女人，会给人以祥和善良之美。聪明的女人，知道如何去做一个心胸开阔的女人。

人一生要遇到很多不顺的事，女人同样如此。如果你遇事斤斤计较不能坦然面对，或抱怨或生气，最终受伤害的只有你自己。林黛玉最后"多愁多病"含恨离开人世，薛宝钗得到了想要的男人。要知道，容易满足的女人，才会更加幸福。

13 宽人律己，
做新好美娇妻

你想被别人爱，你首先必须使自己值得爱，不是一天，一个星期，而是永远。

二十大几的女人们大多已为人妻，然而你真的知道怎样做一个好妻子吗？旧时代要求女人遵守三从四德，现在你当然不用去理这些陈腐的东西，不过有一些基本的戒律你还是要遵从的，否则你的婚姻就会出问题。

1.搬是弄非

人家说长舌是妇人的专利品，但你可不要领教这份专利。在男士面前说别人长短、揭发人家隐私，都会破坏男士对你的印象，觉得你是小家子气的无聊人。

2.缺乏爱心

女性天生喜欢男人迁就、爱宠，不开心的时候要求丈夫千依百顺，你可就要"悠着"点儿了，因为男人有些时候更需要爱护。不过，有些妻子，忧愁郁闷时，还坚持要丈夫跟她看戏逛街，或做她自己喜欢做的事情，如果丈夫表示心情不佳，不想赴约，她就立刻冷嘲热讽，说男人大丈夫不当如此软弱、闹情绪，十足妇孺一般等等伤他自尊的话。这种只可以共欢乐，不可以同分忧的女人，有哪个男人愿意与之相伴终生！

3.控制欲过强

今天许多做妻子的，不但没有发挥对丈夫体贴入微的天性，而且刁蛮成性，喜欢在丈夫头上满足高涨的权力欲。不但家中的事务要由自己做主，就连丈夫平时穿什么衣服、梳什么发型，也要向她这位"权威"请示。要是对方有什么不合自己的脾胃，就会雷霆大发。最初，丈夫还会千依百顺，但时间长了，性格再好的男士恐怕也要说声"请另聘高明"了！到底，世上没有多少个男人喜欢这种领导型的妻子。

4.不体贴

对丈夫的起居完全没有心思去照顾。丈夫下班后，只听到妻子唠叨不休地诉说自己的烦恼。这种妻子可说毫无建设性，既不了解丈夫的需要，也难以做到"持家有方"。

5.自顾玩乐

这种妻子讨厌家务，一有空便溜之大吉，你可以在社区中心、慈善机构、银行的外币存款部或麻将桌上发现她们的影子，却很难看到她们安于家室。本来多参与外界活动，能开阔胸襟，有益身心，但若为此而疏忽家庭，则是本末倒置了。

6.虚荣

虚荣的妻子，一旦把握家庭经济大权，便会花很多钱去打扮自己，买漂亮的衣服，频频置换家具。要应付这种妻子，丈夫必须努力工作，甚至以不法手段去赚取更多的金钱以供"家用"。

7.过分整洁

女人的天性较男人爱整洁，有些妻子把家打理得一尘不染，井井有条。对子女的起居饮食也一丝不苟，有规有矩。报纸不能乱放，甚至任何摆设也不能乱动。于是全家人都在她指挥下生活，不能稍越雷池。这种生活往往会使家人紧张得透不过气来；这样的家庭也只宜展览，不宜居住；其实过分的整洁是不必要的，生活的艺术是活得多姿多彩，而不是反受环境支配。像行军一般的生活实在没有趣味。

8.缺乏自信

这类妻子疑心极重，常常怀疑丈夫对自己的爱是否掺了水分，对丈夫的一切都要探知，而且占有欲极强，希望把丈夫和其他人（尤其女人）隔离。她们对自己完全没有信心，因此恐惧失去丈夫的爱。其实既然当初他肯娶你，你必定是有吸引人之处，不必整天担心丈夫变心，弄得自己神经兮兮的。要保持大方、磊落，对丈夫要信任，这才是婚姻之道。

9.过分含蓄

这类妻子永远不把真情流露，当丈夫热切地问："你爱我吗？"她说："爱，不过请先让我睡觉！"说完，就呼呼大睡了。请用行动表示你对丈夫的爱，例如记住他的生日、致送礼物、分担他的烦恼等。最重要的是向他明确表示你的爱意，因为人人都喜欢听"我爱你"这三个字。

10.红杏出墙

夫妻间的爱，绝对容不下第三者，若你因为感情过分脆弱，受不住诱惑而有红杏出墙的行为，请仔细想一想，是否你和丈夫的情感出了问题，到底你爱的是谁？假若丈夫仍是你的最爱，你便应该下定决心与第三者分手，切莫拖泥带水，令事情更趋复杂。

11.不做"男人婆"

很少有女人会喜欢"娘娘腔"的男人，同样也很少有男人会爱上像"男人婆"的女人，因此，具有女性化特质的东西会更容易打动男性。在婚姻生活中，注意从外在的柔美、娇俏及内在的温柔婉转等方面来凸显女人味，会更容易令老公动情。

12.保留羞涩的魅力

恋爱中少女的娇羞娇涩，往往最容易拨动少男心中的那根弦。但等到结婚及至生子之后，夫妻双方已熟悉得不能再熟悉，而许多女人会认为在老公面前还有什么可遮挡的，于是往往在他面前毫无掩饰、赤裸相见，失去了自己在老公眼中的神秘感。其实，给爱留出一些回旋的余地，不要把羞涩的面纱破坏殆尽，借助羞涩的魅力来激发老公的爱恋之情，可以更多地丰富夫妻生活的情趣，使夫妻之情常爱常新。

13.不要借丈夫炫耀自己

已婚女人在一起，话题总是离不开老公和孩子，这本无可厚非，但有些女人却会因为老公商场得意或宦海高升而变得趾高气扬，盛气凌人，总不忘在人前显摆显摆，这实在是一种浅薄之举。

14.不要"大女人主义"

女性地位日益提高，虽仍是弱势群体，但也已经有模有样地撑起了"半边天"，这自然是令女人扬眉吐气的事。但有些过于"女权"的女人有时会把大女子主义发挥得过了头，在家里也要一手遮天，要老公对自己言听计从。其实这大可不必，"训练"出一个唯唯诺诺的男人真的有必要吗？男人都是爱面子的，因此，作为妻子，不防把一家之主的虚衔让给老公，一来表示对他的尊重，二来大女人主义也不是这样表示的。你应该对他进行"柔性攻势"，以柔克刚，才是女人本色。这样他对你的话听得心悦诚服，你对他的爱也表现得淋漓尽致。

一对夫妻要共同生活数十年，作为妻子，你一定要调整自己的心态、行为，不要做伤害丈夫的事，不要犯不可原谅的错误，做一个新世纪的好妻子。

14 做好贤妻与良母，
夫妻同心相扶助

一生中女人所扮演的角色很多，不过只要能够扮演好贤妻与良母这两个角色，她就是成功的！

二十大几的女人最重要的角色是什么呢？答案是贤妻良母。不管你愿不愿意承认，但这就是事实。你就是家庭的轴心，称职地扮演好了你的角色，家庭生活就会越来越幸福。

在精神上，一个女人由于生下了孩子，每天都要抚育自己的孩子，所以应该能体会到做一个母亲的幸福。

之所以用"应该"这个词来表示推测及不确定性，因为在这个时期的妻子担负着人妻与人母的双重角色，如果任何一个角色不称职则会出现家庭矛盾。

从一个女孩到一个妻子，再从一个妻子到一个母亲的角色变化过程就只发生在这么短短的几年之间。姑娘就好像是花蕾，妻子就像是在开花，而作为母亲就好像是在结果实，这一个过程十分迅速，甚至迅速得让人很难适应。

　　而且，从女孩到妻子再到母亲这一过程就好像一段旅途，其间有时会让人感到疲乏。女人天生就具有女孩的性格，在自己生育孩子时又自然有了身为母亲应有的母性。但是，妻子这一角色则是以恋爱、结婚为基础而在后天形成的，所以妻子这一角色与女孩、母亲的角色不一样，它不是天生就有的，它是在后天条件成熟时才会成为这一角色的。

　　现在的家庭大多以妻子作为一个家庭的中心，丈夫对家庭一般都不会特别关心。对于男子来说，家无非只是一个休息、睡觉的地方，孩子完全由母亲一个人负责教育。也许你觉得这种说法有点夸张，但事实就是如此。

　　二十大几的妻子的主要任务便是抚育孩子，恐怕这一时期也是妻子一生中最繁忙的时期，有时甚至根本连自己也顾不上。现在男人的平均结婚年龄是27岁，女人为25岁，平均在一年半后生育第一个孩子。

　　孩子3岁左右正是育儿时期。在这段育儿期，应该要完成一大半对孩子的教育。在教养孩子时，丈夫的帮助是十分重要的。

　　现在的都市家庭，大都由夫妻二人和孩子组成，所以，在这些由年轻夫妇组成的家庭中，至少买过两本以上关于育儿的书籍。他们可以通过书本知识来教育孩子。但是，书本上的东西都是典型的例子，具有一般性，却不具有特殊性，有的知识并不一定完全适合自己的孩子。但那些没有经验的母亲仍然只能套用书上的教条。

　　有一个年轻的女人在没有母亲协助的情况下照料孩子，毫无经验的她按照书上讲的方法去喂孩子喝奶，但孩子却经常哭闹，吃不下牛奶。这时，她认为是孩子身体不适。但经验丰富的小儿科医生一看，就叫她把奶瓶送过去，然后用针把奶嘴孔扎大一点，再给孩子喂牛奶，这时孩子再也不哭闹了。虽然母亲给孩子喂了牛奶，但由于奶嘴孔太小，孩子无法吸出牛奶。孩子越吸越累，吃不到足量的牛奶，所以心情烦躁便开始哭闹起来。

　　在育儿这一时期，妻子有时忙得连自己也顾不上，所以也忽略了自己在教养方面的修养。这样下去，到了四五十岁，夫妻双方在教养方面的差距便会扩大，很难找到共同语言，从而出现裂痕。究其原因，原来是他们二十几岁时便隐藏了这种危机。

本来，身为丈夫，没有几个人为了养育小孩而愿意花时间去阅读育儿书籍，但对体育报纸等情报信息，他们却有一股执著的力量，甚至在乘公车时也要抓紧时间阅读。他们阅读的大多是有关政治、经济、社会、国际问题等消息。而女性更关心的则是有关流行物品、房间摆设等身边的事情。

而身为丈夫应该协助妻子育儿，以便使妻子有更多的时间来提高自身的教养。丈夫不应把妻子看成自己的附属品，应把她当作一个独立的人加以对待，这对30岁以后的生活有很大的影响。

二十几岁这一段时期正是确立、稳固夫妻关系的时期。如果夫妻关系十分融洽，那么对于孩子来说，他们也会效仿父母的做法，与别人建立融洽的关系。如果夫妻之间的关系形同路人，那么孩子也不大可能与别人建立融洽的关系，甚至还可能离家出走。

虽然说二十大几的男女应该仍有一定的新婚气氛，但在早上起床时夫妇却很少互相问候"早"。因此，父母必须以身作则，互相要很有礼貌地问好，让孩子有良好的学习环境，而实际上父母却并不是这样做的。

西方国家的人们认为家是一个充满亲情的地方，他们在早上起床时，夫妇之间要互相问候，自然的，孩子见到这样情况也会效仿父母的做法，在早上起床后，见到谁都要向对方问好。通过这种言语身教而学习到东西是永远也不会忘记的，所以他们就自然地养成了互相问好的好习惯。

而中国的母亲总是喋喋不休地教导孩子："要向别人问好""邻居的阿姨给你吃糖后要说声谢谢，这样下一次她就会再给糖吃。"这些东西我们虽然经常挂在嘴边，但因为不是言传身教，所以孩子很容易忘记。

但人们往往容易忘记这样的真理："孩子不愿意听父母所说的，但却很容易模仿父母所做的。"所以只有以身作则，才能教育好孩子。我们都上过小学六年级的数学课。但今天的小学六年级的数学题已今非昔比，我们恐怕是解不出答案的。对于现在的各种与数学、理科相关的问题，如果自己没有一定的数学底子，是难胜任的。可见，实际环境对一个人的教育是至关重要的。

二十大几的女人应该在妻子与母亲这两个角色中找到一种平衡，哪一个都不可以偏废，做到了这一点，你才算得上一个成功的女人。

第五章
提升自我，尽享美丽生活

　　我们知道再名贵的菜，它本身是没有味道的。譬如："石斑"和"桂鱼"算是名贵了吧，但在烹调的时候必须佐以姜葱才出味哩！所以，女人也是这样，妆要淡妆，话要少说，笑要可掬，爱要执著。无论在什么样的场合，都要好好地"烹饪"自己，使自己秀色可餐，暗香浮动。

01 管理好自己的情绪，
做温婉贤女子

冲动是魔鬼、冲动是炸弹里的火药、冲动是一副手铐一副脚镣，冲动是一颗吃不完的后悔药。

女人在男人面前展示自己漂亮的一面，可以张扬个性，可以显现时尚，可以尽情打扮。然而人无完人，琐事太多，要做个有吸引力的女人就千万不能做"火药桶"。

现实生活中，大多数的女人常常会出现这样的情况。本来只是一些鸡毛蒜皮的小事，在别人看来不以为然，而她却犯颜动怒，火冒三丈。为此，经常损害朋友之间、夫妻之间的感情，同时又把一些本来能办好的事情给搞糟，甚至对个人的身心健康、事业成败都造成影响。

客观上讲愤怒对女人是没有任何好处的。从生理角度说，愤怒易导致高血压、心脏病、溃疡、失眠等疾病；从心理角度而言，愤怒会破坏人际关系，阻碍情感交流，使人内疚、情绪低沉。美国科学家最近公布的一项最新研究成果显示，脾气暴怒的女人不仅容易发生中风，而且还容易发生猝死。据研究显示，脾气暴怒的女性与那些脾气平和的女性相比较更容易产生心室纤维性颤动，引发中风。而且脾气暴怒的女性发生猝死的危险比一般性情平和的女性要高出20%。另外，一个女人有爱发脾气的毛病，确实是令男人苦恼和遗憾的一件事情。英国生物学家达尔文说过："女人要发脾气就等于在人类进步的阶梯上倒退了一步。"这话未免有点过头，但发脾气的女人的确容易使人失去理智，有时甚至会使亲朋成为冤家对头。

很多女人虽然懂得这个道理，但是在实际生活中却难以自控。一遇不顺心的事就急躁易怒，容易冲动。主要是由以下因素造成的：

（1）女人好冲动，爱发脾气，与自身的气质类型有一定关系。一般说来，属于胆汁质的人，比其他气质类型的人更容易急躁，更爱发脾气。

（2）与女人所处的生活环境及所受的教育有关，它是一个个性心理中不良性格特征的表现。既然性情暴躁属于个性心理中的不良品质，所以女性朋友们就应该重视起来，认真对待。

（3）有些女人爱发脾气与缺乏涵养，与虚荣心过重也有密切联系。比较年轻的女性由于涉世不深，生活的知识、经验不足，看不到"一个篱笆三个桩""一个好汉三个帮"这一浅显的道理，只知爱惜自己的"脸面"，有时明知是自己不对，为了维护"脸面"以满足虚荣心，仍不惜伤害别人的感情，故意宣泄不满，起劲指责对方，表现出一副唯我独尊的样子，而事后又常为得罪朋友和失去友情而后悔。所以说，人际间出现意见分歧，发生点小摩擦是常有的事，女人不宜将对对方的不满情绪和烦恼长期积压在心里，可以心平气和地与对方交换意见，自己有错误主动承认，对方有不足之处可以耐心指出，以求相互谅解，这不是什么"栽脸面"的事。而随意发脾气，任意发泄自己不满的女人，表现了这个女人缺乏涵养；易暴躁，则恰恰是一种自我贬低的愚蠢举动，才真正是丢了自己的"脸面"。

因此，女人应少发脾气为好。有一部分女人认为，心里有气就必须得发出来，否则会"憋闷坏了"。而近年来身心医学的研究证明，不良情绪会导致许多女性的身心疾病。例如，现在致人死亡前几位的疾病：心脑血管疾病、癌症等都与长期的消极情绪的影响有关。因为发脾气无助于任何问题的解决，还常常把人际关系弄得越来越糟，所以说女人还是少发脾气为好，"制怒"对人的身心健康才是有益的。另外，值得注意的是，在我国对青少年的违法犯罪的调查中有这样的统计，经常因一时情绪冲动而犯罪者在全部青少年犯罪中占60%以上。脾气大者，骂人打人只图一时痛快，不顾后果；也许她们心里确有不平，借题发挥，也许她们想表现自己的强大，以使人不要小瞧自己，可结果往往是使自己身心健康受到了损害。

女人应该改变自己爱发脾气、性情暴躁这个坏毛病，使自己不再是男人眼中的"火药桶"。

1.要加深对这个不良个性特征会给自己和他人带来的危害的认识。一般说来，爱发脾气的女人，火气上来时只知怪罪别人，根本不考虑自己的责任。其实，在很多情况下，促使其生气、发脾气的原因并不在对方，这在日常生活中是屡见不鲜的。一个女人发起怒来，往往自己控制不了自己，其认识活动的范围也缩小了，不能正确地评价自己，甚至不顾后果，以至于伤人害己。您应该这样想，退一步说，即使责任在对方，他也可能是无意的，友谊和谅解比什么都重要，这样脾气也就发不起来了。

2.认识到在日常生活中谁都可能遇到这样或那样与自身愿望相矛盾的事，设身处地从对方的角度，用别人的眼光去看待眼前发生的问题，那您即便是胆汁质气质的女人，也不会发脾气了。

3.女人学会控制自己发脾气，有以下窍门：

（1）回避。如果在工作中或生活上遇到会使人发怒的事，可以暂时避开，眼不见为净，耳不听为宁，脾气就发不起来了。

（2）退让。退一步海阔天空，遇到使自己发脾气的事，如果不是原则大事，就采取让步退却的办法，既使自己解脱，也宽容了别人；大事化小，小事化了。

（3）控制。一旦遇到确实使自己气愤的事，静坐一会儿，用理智战胜情感，让怒气自然消失。正如一位哲人所说的："拖延时间是压抑愤怒的最好方式。"

（4）转移。遇到让自己发脾气的事，自己一时难以排遣，可以向亲友诉说一通，或者是参加一项体育活动，干一些体力活，也可以使怒气得以缓解。

02 涵养自己，
　　闭口不谈他人是非

静坐常思己过，闲谈莫论人非。如果别人硬要和你说什么，告诉她你很忙。

喜欢闲聊是女人的天性，诸如衣服、品牌、化妆品、男人……谁谈恋爱了，谁和男朋友分手了，谁和老板的关系可能不正常了，谁考试没过关了，谁给上司送礼了……不要以为你说了不会有人知道，不要以为身边的人都是朋友，可能你上午说完，下午别人就知道了，而你就在毫不知情中却把人得罪了。

词典里对于"三八"的解释是长舌女人，在背后论人是非的女人一定要管好自己的嘴，闲谈莫论人非。你可以做个好的倾听者，但是如果你知道自己管不住自己的嘴，那么最好不要加入到任何的闲谈中，以免殃及自身。

曾经有位哲人说过这样一句话："坏人不讲义，蛮人不讲理，小人什么都不讲，只讲闲话。"闲话也有很多种，一种是依事据理、与人为善的说法；一种是无中生有、搅乱是非的说法。

职场的人际关系复杂，女人朋友们为了保住自己的地位和名誉，什么都不要尝试，因为你不敢保证自己哪句毫无恶意的话会被别人捕风捉影地到处传播出来，那样即使你有一百张嘴恐怕也说不清了——得罪了人不说，还有可能从此受到排挤。试想一下，你身边的人天天给你穿小鞋，有几个人能承受得住？

Linda在上班路上遇到部门公认的美女主管阿美，看到她从一辆豪华轿车上下来，两人寒暄了几句。回到办公室，女孩子们正在聊天，"Linda，以后少和那个阿美接触，听人说她在外面被人包养了。""难怪，我看到她从一辆豪华轿车上下来。"办公室里一下炸锅了，一传十，十传百，下午开会阿美看她的眼神都不对了。以后处处都找Linda的麻烦，原来全公司都在传阿美被人包养，而且还有人亲眼见到了，而那个人自然是无意之中多嘴的Linda了。此时的Linda有嘴也说不清了，只得找了个借口递了辞呈。

言多必失，古人的遗训想来是有道理的。尤其是喜欢在背后议论别人的女人，总有一天你说的话会传到被谈论者的耳朵里——如果你们是朋友，那你将失去这个朋友；如果你们是同事，那你将多一个职场敌人。

03 尽力而为，
不苛求完美

完美只是人们内心深处一直追逐的东西，而它的实现环境却是在梦中！

生活中有很多完美主义者，他们希望自己所拥有的一切都是完美无缺的，但是世界上哪有十全十美的事情，于是他们只能在不完美里哀叹，成为不快乐的人。

追求完美几乎是现代女性的通病，然而不幸的是，有些人以为自己是在追求完美，其实他们才是最可怜的人，因为他们是在追求不完美中的完美，而这种完美，根本不存在。

一位女激励大师曾做了一次演讲，她说到有个洁癖的女孩："因为怕有细菌，竟自备酒精消毒桌面，用棉花细细地擦拭，唯恐有遗漏。"

这位有洁癖的女孩，难道不知道人体表面就布满细菌，比如她自己的手，可能就比桌面脏吗？"我真想建议她：干脆把桌子烧了最干净！"

在一家餐厅里，也有对母子因为怕椅子脏，而不敢把手袋放在椅子上，但人却坐在椅子上，要上菜时，因为怕手袋占太多桌面，而菜没位置放，服务员想将手袋放在椅子上，马上被阻止："别忙了，我们有洁癖，怕椅子不干净。"

上完菜后，一旁的客人实在忍不住，问："有洁癖还来餐厅吃饭？自己煮不是比较安心？"

"吃的东西还不要紧，用的东西我们就比较小心了。"

天哪！这是什么回答！吃的东西不是反而该小心的吗？手袋的细菌会让人致命？还是吃下去的细菌会死人？

一个孩子犯了一个错，母亲不断地指责，因为她要为孩子培养完美的品格。孩子拿出一张白纸，并且在白纸上画了一个黑点，问："妈，你在这张纸上看到什么？"

"我看到这张纸脏了，它有一个黑点。"母亲说。

"可是它大部分还是白的啊！妈妈，你真是个不完美的人，因为你只会注意不完美的部分。"孩子天真地说。

有位吴女士，是个极正义的人，对于世界上竟有这么多不义的人很痛恨，她一直很想杀光世界上的坏蛋，好让世界完美。

有一天她突然接到一封上帝的来信，上帝说，这位吴女士也是个坏蛋，因为她的心中从来就没有爱。

要求完美是件好事，但如果过头了，反而比不要求完美更糟。世界上有太多的完美主义者了，他们似乎不把事情做到完美就不善罢甘休似的。而这种人到了最后，大多会变成灰心失望的人。因为人所做的事，本来就不可能有完美的。所以说，完美主义者根本一开始就在做一个不可能实践的美梦。

他们因为自己的梦想老是不能实现而产生挫折感，就这样形成一个恶性循环，最后让这个完美主义者意志消沉，变成一个消极的人。

如果你花了许多心血，结果还是泡了汤的话，不妨把这件事暂时丢下不管。如此一来，你就有时间来重整你的思绪，接下来就知道下一步该怎么走了。"既然开始了就要把事情做好"这种想法固然没错，可是如果过于拘泥，那么不管你做些什么都将不会顺利的。因为太过于追求完美，反而会使事情的进行发生困难。

武田信玄是日本战国时代最懂得作战的人，连织田信长也相当怕他，所以在信玄有生之年当中，他们几乎不曾交过战。而信玄对于胜败的看法实在相当有趣，他的看法是："作战的胜利，胜之五分是为上，胜之七分是为中，胜之十分是为下。"这和完美主义者的想法是完全相反的。他的家臣问他为什么，他说："胜之五分可以激励自己再接再厉，胜之七分将会懈怠，而胜之十分就会生出骄气。"连信玄终身的死敌上杉彬也赞同他这个说法。据说上杉彬曾说过这么一句话："我之所以不及信玄，就在这一点之上。"

实际上，信玄一直贯彻着胜敌六七分的方针。所以他从16岁开始，打了38年的仗，从来就没有打败过一次。而自己所攻下的领地与城池，也从未被夺回去过。将信玄的这个想法奉为圭臬的是德川家康。如果没有信玄这个非完美主义者的话，德川家族300年的历史也不一定存在。要记得，不能忍受不完美的心理，只会给你的人生带来痛苦而已。

有些人很勉强自己，不愿做弱者，只愿逞强，努力做许多别人期待自己却不愿做的事，这种人，才是真正的弱者。人一对你抱期望，就怕辜负了人，硬是勉强也要实现承诺，到头来才发现，原来是自己太软弱。

从根本上必须承认的，是自己的心。只有承认软弱，才可能坚强；只有面对人生的不完美，才能创造完美的人生。

荣获奥斯卡最佳纪录片的《跛脚王》，便是叙述脑性麻痹患者丹恩的奋斗故事。丹恩主修艺术，因为无法取得雕刻必修学分，差点不能毕业。在他求学时，有两位教授当着他的面告诉他，他一辈子都当不了艺术家。他喜爱绘画，却因此沮丧得不愿意再画任何人的脸孔。

即便如此，他仍不怨天尤人，努力地与环境共存，乐观地面对人生。他终于大学毕业，而且还是家族里的第一张大学文凭。

"我脑性麻痹，但是我的人不麻痹！"同是脑性麻痹患者，也是联合国千禧亲善大使的小朋友包锦蓉说过的话。

丹恩说，许多人认为残障代表无用，但对他而言，残障代表的是：奋斗的灵魂。

过于追求完美，你就会陷入无尽的烦恼中；而放弃对完美的苛求，你却可以过上一种富有意义的生活，怎样做对你更好呢？聪明的你一定会做出正确的抉择。

04 顺应本心，
敢于说"不"

如果你不愿意，没有人可以强迫你。

女人，爱自己是最重要的。对你不情愿做的事情大声说"不"。比如酒席上，轮到你喝酒，而你不善，大可以茶代酒，而不要含恨饮醉。

女人凡事都要有自己的思想和主见，这一点职业女人要做得稍微好一点，但是因为工作的关系，她们难免会碰到一些自己不情愿而又不得不去做的事情，譬如：陪客户喝酒、唱歌，甚至还要忍受那些不规矩的手，因为复杂的人际关系，很多女人选择了忍耐，然而如果你真的不喜欢这样，大可以拒绝、维护女人的尊严。要知道，正派的客户谈生意是不需要你这样牺牲的，你出卖的是能力而不是色相。

小艾是刚分配到公司的员工，属于广告创意部。刚上班一个星期，老板就让她出去陪一个客户唱歌，并声明陪同的还有几个人，都是正常的生意关系。小艾很不情愿，但还是去了，因为她不想失去这份高薪的工作。

三个四十岁左右的男人在包房里叫了几个年轻漂亮的女孩一起唱歌、跳舞、喝酒，小艾看着这些和自己父亲年龄相仿的男人，心里一阵反感，但又不得不赔笑应付。还好那天客户只顾着高兴，没对她有什么过分的举动，否则她真不知道该如何应付才是。

企划案是通过了，可是小艾怎么也高兴不起来，而且她发现同事看自己的眼光也不一样了，鄙视中夹杂着些许的嫉妒。而且有了第一次，就很难拒绝老板的第二次任务，小艾实在是进退两难。

女人，不喜欢的事情就不要去做，毕竟委屈的是自己。

在平常生活中也是一样，同事约你逛街、吃饭，如果你很累不想去，一定要告诉她，不要以为平时关系很好怕她不理解。要知道，越是真正的朋友越应该关心你、体谅你。大声说"不"，在你不愿意的时候，千万不要做自己不喜欢的事情。记着：女人在什么时候都不要勉强自己。

　　当然，这不仅局限在工作中，对于恋爱期间的女人更有意义：千万不要为了满足男友的要求而献出某些最宝贵的东西。要知道，真正爱你的男人是不会勉强你的，更不会以此作为你不爱他的理由，保持自己的尊严，那样他才会更珍惜你。爱情不仅仅是用性才能表达，语言和思想依然能表达你们的感情。而且还会让你们的感情更深。聪明的女人懂得如何拒绝，包括拒绝各种各样的诱惑。不懂得拒绝的女孩做事情很少有自己的底线和要求，当你的默认成为一种习惯，就很难再从不情愿地接受中脱身。顺应本心，坚持己见，勇敢地说出"不要"。

05 远离虚荣，过本真生活

莫把虚荣当光荣，争名逐利终觉悔！

女人生来是具有虚荣心的，这一点得到很多人的认同。从心理学的角度出发，虚荣心理是指一个人借用外在的、表面的或他人的荣光来弥补自己内在的、实质的不足，以赢得别人和社会的注意与尊重。它是一种很复杂的心理现象。法国哲学家柏格森曾经这样说过："虚荣心很难说是一种恶行，然而一切恶行都围绕虚荣心而生，都不过是满足虚荣心的手段。"

课本上学过莫泊桑的短篇小说《项链》，回想起来，总都有一个疑问挥之不去：玛蒂尔德为了能在舞会上引起注意而向女友借来项链，最后在舞会取得了成功，但却乐极生悲，丢失了借来的项链，由此引起负债破产，辛苦了十年才还清这一个项链带来的债务。值得吗？

玛蒂尔德真是悲哀，为了一条项链，付出了沉重的代价，最后还被告知借来的项链是假的，真是巨大的讽刺啊！造成这一悲剧的主观原因却是她自己——因为爱慕虚荣。

大师莫泊桑深刻描写了玛蒂尔德因羡慕虚荣而产生的内心痛苦："她觉得她生来就是为着过高雅和奢华的生活，因此她不断地感到痛苦。住宅的寒碜，墙壁的黯淡，家具的破旧，衣料的粗陋，都使她苦恼……她却因此痛苦，因此伤心……心里就引起悲哀的感慨和狂乱的梦想。她梦想那些幽静的厅堂……她梦想那些宽敞的客厅……她梦想那些华美的香气扑鼻的小客室。""她没有漂亮服装，没有珠宝，什么也没有。然而她偏偏只喜爱这些，她觉得自己生在世上就是为了这些。"这就是女人的虚荣心。

处于特定社会文化环境中易产生虚荣心理。在人际交往中的女人们特别注意"脸"和"面子"，因此，现代女人不会向玛蒂尔德那么虚荣地去借项链戴，然而她们却有着现代女性满足虚荣心的方法！

前不久在某论坛看过一篇贴："浮华背后：上海女人的虚荣心"，说的是月收入不过2000~3000元的一些上海女人，却会攒下半年的工资去专卖店买一个路易·威登的包，然后拎着这个包去挤公共汽车，走路上下班。看完这篇帖，我有点为上海女人抱不平，这样的例子对女人来说再平常不过了，难道其他地方的女人就没有虚荣心吗？

虚荣心理，其危害是显而易见的。其一是妨碍道德品质的优化，不自觉地会有自私、虚伪、欺骗等不良行为表现。其二是盲目自满、故步自封，缺乏自知之明，阻碍进步成长。其三是导致情感的畸变。

由于虚荣给人的沉重的心理负担，需求多且高，自身条件和现实生活都不可能使虚荣心得到满足，因此，怨天尤人，愤懑压抑等负性情感逐渐滋生、积累，最终导致情感的畸变和人格的变态。严重的虚荣心不仅会影响学习、进步和人际关系，而且对人的心理、生理的正常发育，都会造成极大的危害。所以女人要努力克服虚荣心理。

克服虚荣心理要做到以下几点：

（1）端正自己的人生观与价值观。自我价值的实现不能脱离社会现实的需要，必须把对自身价值的认识建立在社会责任感上，正确理解权力、地位、荣誉的内涵和人格自尊的真实意义。

（2）改变认知，认识到虚荣心带来的危害。如果虚荣心强，在思想上会不自觉地渗入自私、虚伪、欺诈等因素，这与谦虚谨慎、光明磊落、不图虚名等美德是格格不入的。虚荣的人外强中干，不敢袒露自己的心扉，给自己带来沉重的心理负担。虚荣在现实中只能满足一时，长期的虚荣会导致非健康情感因素的滋生。

（3）调整心理需要。需要是生理的和社会的要求在人脑中的反映，是人活动的基本动力。人有对饮食、休息、睡眠、性等维持有机体和延续种族相关的生理需要，有对交往、劳动、道德、美、认识等的社会需要，有对空气、水、服装、书籍等的物质需要，有对认识、创造、交际的精神需要。人的一生就是在不断满足需要中度过的。在某种时期或某种条件下，有些需要是合理的，有些需要是不合理的。要学会知足常乐，多思所得，以实现自我的心理平衡。

（4）摆脱从众的心理困境。从众行为既有积极的一面，也有消极的一面。对社会上的一种良好时尚，就要大力宣传，使人们感到有一种无形的推动力，从而发生从众行为。如果社会上的一些歪风邪气、不正之风任其泛滥，也会造成一种推动力，使一些意志薄弱者随波逐流。虚荣心理可以说正是从众行为的消极作用所带来的恶化和扩展。例如，社会上流行吃喝讲排场。住房讲宽敞，玩乐讲高档。在生活方式上落伍的人为免遭他人讥讽，便不顾自己客观实际，盲目跟风设计，打肿脸充胖子，弄得劳民伤财，负债累累，这完全是一种自欺欺人的做法。所以女人要有清醒的头脑，面对现实，实事求是，从自己的实际出发去处理问题，摆脱从众心理的负面效应。

一个聪明而对生活有所追求的女人都会有虚荣心。的确，适度的虚荣心是可以催人奋进的。所以说，女人们要正确对待虚荣心，让虚荣心成为一种前进的动力，不要让虚荣心盲目膨胀因此导致惨重代价。

06 让忙碌填补空虚，
让充实代替寂寞

满园春色关不住，一枝红杏出墙来。

空虚，是指百无聊赖、闲散寂寞的消极心态，是心理不充实的表现。

空虚心理实际是一种社会病，尤其是那些赋闲在家除了忙家务带孩子便无所事事的女人们，她们内心存在着极大的空虚，而这种空虚却是最危险的那种。

产生这种空虚的原因有很多，其中很大的原因就是没有事情可做，而又没有人陪伴，当然，这个陪伴的人正是那些为了家庭而奔波的丈夫们，既然没有事情可做，自然会胡思乱想，上网聊天，与网上那些有钱而无聊的或者无聊而无钱又无上进心的男人们打情骂俏寻找乐趣，当她们在网络上找到了别的男人的好处（当然是她们自己认为的，这点好处就是能够陪她们聊天、贫嘴），她们的情感世界就会发生一些细微的变化，她们渴望"红杏出墙"的感觉、渴望心理上的满足。这最后考验的就是女人们的道德与欲望的问题了。

因此，有人说空虚是家庭幸福的杀手，也是婚外情最大的导火索。

一个人的躯体好比一辆汽车，你自己便是这辆汽车的驾驶员。如果你整天无所事事，空虚无聊，没有理想，没有追求，那么，你就会根本不知道驾驶的方向，就不知道这辆车要驶向何方。这辆车也就必定会出故障，会熄火的。这将是一件可悲的事情。

通过这个比方，我们不难发现，女人们由于空虚而红杏出墙其实是没有任何可以原谅的借口的，为什么要这样说呢?

因为解决空虚的方法很多，何必非要"红杏出墙"呢。那么，什么是最好的解决空虚的方法呢——忙碌，忙碌的人内心是充实的。对于一般的女人来说如何让自己忙碌从而得以克服内心的空虚呢? 下面有些很实用的方法希望能够为这些可怜的女人找到一些出路:

1.转移目标

当某一种目标难以实现，受到阻碍时，不妨转移目标，如除了学习或工作以外培养自己的业余爱好（绘画、书法、打球等），使困扰的心平静下来。当有了新乐趣后，就会产生新的追求，有了新的追求就会逐渐完成生活内容的调整，并从空虚状态中解脱出来，去迎接丰富多彩的生活。

2.及时调整生活目标

空虚心态往往是在两种情况下出现的。一是胸无大志。二是目标不切实际，使自己因难以实现目标而失去动力。因此，摆脱空虚必须根据自己的实际情况，及时调整生活目标，从而调动自己的潜力，充实生活内容。

3.忘我地工作

劳动是摆脱空虚极好的措施。当一个人集中精力、全身心投入工作时，就会忘却空虚带来的痛苦与烦恼，并从工作中看到自身的社会价值，使人生充满希望。

4.求得朋友支持

当一个人失意或徘徊之时，特别需要有人给以力量和支持，予以同情和理解。只有在获得很多人支持时，你才不会感到空虚和寂寞。

5.读几本好书

读书是填补空虚的良方。读书能使人找到解决问题的钥匙，使人从寂寞与空虚中解脱出来。读书越多，知识越丰富，生活也就越充实。

不要再为心灵的空虚寻找更空虚的解决办法了，忙碌起来，不管与自己还是于家庭幸福都是有好处的，不要因为空虚而做出愚蠢的事情而毁了整个家庭的幸福。

07 读懂男人心，
赢得真爱人

做个他离不开你的女人，做个让男人晕头转向的女人。

女人好像咖啡，一种集众多的味道的极品生活的饮料，在生活深深的压力下却压榨出独特的品味，尝起来浓浓的苦，想起来淡淡的香；男人是一种茶，是一种混杂着多种浓情和淡意的饮料，它不仅是为女人所准备，更是为了男人自己。

男人喜欢女人温柔体贴、性感美丽、勤劳能持家……女人总以为男人这样男人那样，为什么不听听他们怎么想？

男人对他们所爱的女人有什么期待？身材、外貌、能力、家世、个性也许都可能，但一段真诚的亲密关系始于当男方感受到女方"真正爱他"。

当爱情只建立在单方面的需要和感受上时，便好像一个易碎的玻璃球，一经碰撞随即粉碎。然而，当女人能够承认一切感情上的难关，其实是源于彼此试图了解及更喜欢对方时，男人就不再成为两性关系中唯一不体贴，及不愿付出爱情的一方。

去"真正爱一个男人"的意思是：避免批评他爱你的动机；避免把他放

进性别分类内——譬如挑剔男人总是这样，男人总是那样；去了解他的能力，避免要求他付出超过他所能付出的；以及避免在关系出现问题时，总是不公平地把责任全推卸到他身上。

在与数百名男士畅谈他们理想的亲密关系后，搜集了以下的"男人宣言"，男人希望及需要：

"当我提出她使我感到压力时，她能够欣然接受，而不指责我吹毛求疵或不爱她。我希望她能够依我们讨论的方法将彼此关系拉近。"

"她能承认自己也有自私的一面，我不是唯一以自我为中心的人，她自己对于爱情的付出也有限，甚至有时她只是利用我去满足她的要求；此外，我也不希望她潜意识里隐藏着一些对男人的刻板印象及负面感觉。"

"她知道沟通应该是双向的。当我们争执后能平静地讨论原因，我希望她知道我的激烈反应有部分受她影响所致。我不希望自己被指为是'有问题的一方'或'不懂如何爱人'。"

"她爱的是真正的我，而不是她幻想中完美的我。我不希望自己只是去满足她的浪漫幻想，因为我知道现实并非如此，结果可能会令她更失望。"

"她不会因我或我们的关系而牺牲她身边的其他事物；因为她这样做，

会使我感到被迫付出多于我愿意付出的。换句话说，我希望我所爱的女人能够了解：当我付出比她期望的少，不一定是我的错。"

"她能够容许我有自己的意见，不会认为我的意见不当，而强迫改变我。当碰到问题时，她能够与我并肩作战；当我们发生争执时，她能够视它为一种拉近彼此距离的沟通方法，而不会认为我提出问题是在找麻烦。"

"她不会过分要求我超越自己的能力去令她快乐。我也不希望她改变自己来迎合我，并希望我为她的牺牲负责，她不要只告诉我对我们的关系有任何不满，而是要提出一些如何改善的方法。我不希望老是去猜测她的想法，现在她是否不高兴？当问题出现时，被告知它的存在是不够的；我更希望她与我一同解决问题。"

"我也许是比较自我的人，但我不希望我的动机被误会；更不希望当我有什么做得不恰当时，就被认为是不重视这份感情。"

"她能够给予我所希望得到的；而不是她希望我得到的东西。"

"她不会过分高估或低估我，我只是一个普通人——有优点亦有缺点，我跟她一样也有脆弱的一面。"

相信当女人了解男人在两性关系上所面临的挣扎，及传统两性关系日渐改变后，爱情也将更令双方感到满足。事实上，美满的两性关系，不单能令双方都得到健康的生活，而且能够摆脱长久以两性之间"因了解而分离"的悲剧。

同时，聪明的女人们从这份"男人宣言"中，也能发现男人们的需要，能够让自己逐渐变成善解人意的男人生命中那个最满意的"她"，只有你真正领悟了这些，并做了一些生活上或者习惯上的改变，你的男人就追在你的屁股后面说："我这辈子都离不开你了"！

08 勇敢应对家暴，
不做沉默羔羊

你要不发威，你的老公真会把你当"病猫"，而越发地不重视！

一个男人在他的老婆面前就是一座山，一根顶梁柱，他有责任有义务去保护、爱护他的女人，这是一个最基本的要求。如果连这一点都做不到，甚至动手伤害自己的女人，那他就不配做一个男人。无论出于什么原因，在女人身上施加暴力的男人是最没出息的垃圾。

所以，如果女人的生活中有这样的男人，千万不要保持沉默，抱有任何幻想，应尽早地脱离苦海。

但遗憾的是，在现实生活中，太多的女人出于种种原因，受了伤害却把泪悄悄地咽在肚子里。

据一项调查显示，面对家庭暴力，大多数人还是选择自我消化为佳，"谁愿意把家丑扬到外面去"？

在某小区，中年女子素珍（化名）就是"家丑不可外扬"的典型。其所住小区居委会主任称，素珍常被丈夫打得伤痕累累。可面对媒体的关注她却采取了掩饰回避的态度，"家丑不可外扬，我没有被打，你们不许乱说！"

据居委会主任介绍，素珍长期受丈夫打骂，居委会多次出面调解都没有用。"我们也是接到邻居举报才知道的。我当初去找素珍时，她不承认自己被丈夫打。后来有一天，我经过她们家楼下，隐隐约约听见女人的哭喊声，敲开门看见素珍趴在地上，其夫满嘴酒气，这样的事情发生了很多次。"

真是让人难以理解，那些深陷苦海的女人怎么就不明白，保持沉默能解决什么问题？

当家庭暴力发生时，首先你可以拨打110报警。

公安机关在接到家庭暴力报警后，会迅速出警，及时制止、调解，防止矛盾激化，并做好第一现场笔录和调查取证；对有暴力倾向的家庭成员，会进行及时疏导，予以劝阻；对实施家庭暴力行为人，根据情节予以批评教育或者交有关部门依法处理。如果伤情严重，受害方可以到公安机关指定的卫生部门进行伤情鉴定，受害方可以到法院起诉实施家庭暴力行为人。

再不济，你还可以求助于媒体。

由于不幸的家庭各有各的不幸，我们不能一概而论，给你开什么灵丹妙药，在此，仅给你支出以下几招，你可以选择适合自己的解决方式来应对家庭暴力。

（1）重视婚后第一次暴力事件，绝不示弱，让对方知道你不可以忍受暴力。

（2）说出自己的经历。诉说和心理支持很重要，你周围有许多人与你有相同的遭遇，你们要互相支持，讨论对付暴力的好办法。

（3）如果你的配偶施暴是由于心理变态，应寻找心理医生和亲友帮助，设法强迫他接受治疗。

（4）在紧急情况下，拨打"110"报警。

（5）向社区妇女维权预警机构报告。这个机构由预测、预报、预防三方面组成。各街道、居委会将通过法律援助站或法律援助点，帮助妇女提高预防能力，避免遭遇侵权。

（6）受到严重伤害和虐待时，要注意收集证据，如：医院的诊断证明；向熟人展示伤处，请他们作证；收集物证，如伤害工具等；以伤害或虐待提起诉讼。

（7）如果经过努力，对方仍不改暴力恶习，离婚不失为一种理智的选择。这也是目前摆脱家庭暴力的一种方法。

不管怎样，面对家庭暴力，女人千万不要做沉默的羔羊，你的妥协只会更加助长男人的兽性，使问题日趋严重。

在两性平等的爱情中间，谁也不应该惧怕或奴役对方。千万不要相信他的悔恨、道歉和眼泪，如果他真心爱你，保护你还来不及，为什么要如此摧残心爱的人呢？更何况这种施虐者的治愈率奇低，而且不思改过。如果你不当断则断，就会永远徘徊在被他毁灭和他的允诺之间，永无宁日。

09 提升素养，
做优秀的女子

男人在大事上很少情绪化，所以做了决定不会后悔，女人不管大小事都可以带着愤怒或情绪去处理，事后后悔连连。

女人一定要有涵养，就像男人一定要有宽广的胸怀一样。在这一点上，职场女人由于受到了工作和人际关系所限，通常都做得很好。

有涵养的女人由内而外都散发着一种高贵、优雅的气质，不论在什么场合都不会由着自己的性子来，好的涵养可以让她们克制自己的不满，冷静下来理智地解决问题，而不是摔门而去，冲动之下，失去本该拥有的机会。涵养是所有女人美丽的底色，居家女人也不例外。

通常喜欢读书的女人都很有涵养。

小雅是公司的财务总监，聪明漂亮，老公自己经营着一家公司，两人是大学同学，十分恩爱，绝对的事业爱情双丰收。

一次，她和同事逛商场时，发现自己的老公搂着一个和自己女儿差不多的小女孩谈笑风生，小雅当时很没面子，真想冲上去给老公和那个不要脸的女孩两个耳光。

老公看到她也愣了。然而小雅却平静了一下，走到老公面前，说："嗨，逛街呢，继续！"说完优雅地走了过去。事后才知道原来那是老公同学的女儿，出国不在家托他照顾。小雅庆幸自己当时没有冲动，老公也开玩笑地说："小样儿，看不出来挺镇静呀，不过谢谢你！没有让人家见识到你这位'醋劲十足'的阿姨的厉害！"

作为女人，不要总指望自己的每次付出都能够得到回报。生活中充满着诸多的无奈，有些目标并非努力了就能达到。偶尔给自己找个借口，给自己一点宽容，学会用理智控制情绪。理智给女人带来的是智慧，智慧让女人把握住了自己。如果女人能够拥有深厚的涵养、非凡的气度，就能在今后的生活中得到更大的回报。

什么是涵养？涵养就是控制情绪的能力，而并非软弱。所谓软弱是指无条件的屈服，涵养是指有原则的谦让，指身心方面的修养功夫。相信很多女人会经常陪着你的他参加会议、聚会，在社交场合如果你能给他争来极大的面子，那么相信你的他会更加在乎你、更加欣赏你的。

在参与社交活动时，必须注意仪表的端庄整洁，适当的修饰与打扮是应该的。女人外表固然很重要，但女人真正的魅力要靠内涵透出的一种让人信服的内在气质来体现，这就是内涵。女人味是女人至尊无上的风韵——一个女人长得不漂亮不是自己的错，但没有内涵就是自己的问题了。

女人如何让自己在任何场合都保持着一种优雅的涵养呢？

（1）多读书。书，使女人的生活充满光彩，使女人有正确的思想；书，能净化女人的灵魂。因此读书的女人看起来都是很有修养的，那种内涵可持续她的一生。

（2）练就大的肚量。就算生气了也要扬扬嘴角，斤斤计较的话别说是涵养，就连教养都会丢掉。

（3）不要穿得花枝招展。在选择服装时，应该精心地挑选，慎重地对待，要根据自己的年龄、身材、职业特征去合理的搭配；这样才会给人以耳目

一新的感觉。有品位的服装也会时刻提醒你注意自己的身份和仪表，不管遇到什么突发状况，都能保持冷静。

　　女人，不能因为性别的优势就得寸进尺，那样反而会让你失去别人的尊敬，随时保持应有的涵养，才能让你周围的一切尽在掌握。

10 宽容别人，
善待自己

宽容不仅是原谅别人过失的气度，也是把握自己情绪行为的能力。

宽容对于每个人都很重要，而对于针鼻儿大小心眼的女人们更有特殊的意义。

有一个家里非常富裕的漂亮女人，不论其财富、地位、能力都无人能及。但她却郁郁寡欢，连个谈心的人也没有。于是她就去请教无德禅师，如何才能赢得别人的喜欢。

无德禅师告诉她道："你能随时随地和各种人合作，并具有和佛一样的慈悲胸怀，讲些禅话，听些禅音，做些禅事，用些禅心，那你就能成为有魅力的人。"

女士听后，问道："大师此话怎么讲？"

无德禅师道："禅话，就是说欢喜的话，说真实的话，说谦虚的话，说利人的话；禅音就是化一切声音为微妙的声音，把辱骂的声音转为慈悲的声音，把诋毁诽谤的声音转为帮助的声音；禅事就是慈善的事、合乎礼法的事；禅心就是你我一样的心、圣凡平等的心、包容一切的心、普济众生的心。"

女士听后，一改从前的霸气，不再因为自己的财富和美丽而凡事都争强好胜了。对人总是谦恭有礼，宽容大度，不久就赢得了所有人的认同，拥有了很多知心的朋友！

　　宽容是一种修养，一种境界，一种美德，更是一种非凡的气度。作为女人，也许很娇贵，也许很单纯，也许很浪漫，但拥有一颗宽容之心，才是作为女人最可爱的地方。然而女人中很少有能够懂得宽容的真正含义的，更难以真正做到宽容。要知道，宽容是需要女人用时间和行动来实现的，那是一种博爱，一种看透人生的淡定。

　　宽容对于一个女人来说是尤为重要的。在长期的家庭生活中，它是吸引对方持续爱情的最终的力量，它不是美貌，不是浪漫，甚至也可能不是伟大的成就，而是一个人性格的明亮。这种明亮是一个人最吸引人的个性特征，而这种性格特征的底蕴在于一个女人怀有的孩童般的宽容。

当然，宽容也不是没有界线的。因为，宽容不是妥协，尽管宽容有时需要妥协；宽容不是忍让，尽管宽容有时需要忍让；宽容不是迁就，尽管宽容有时需要迁就。

宽容更多的是爱，在相爱中，爱人应该是我们的一部分。在这个前提下，甚至于婚姻的错误有时也会成为一种营养，它的意义不是教会我们如何谴责，而是教会我们如何避免。即便无法避免爱情的悲剧，最终到了各奔东西的时候，宽容的女人也不会忘了说声："夜深天凉，快去多穿一件衣服。"因为一个犯了错的人，他也许正在他的内心谴责着他自己；而且，在这句话中，你不但在给自己机会，同时也在给别人机会。

现实生活中常常发生这样一类事情：

丈夫在生意场上爱上了一合作伙伴，那是个腰缠万贯的独身女人，且年轻貌美，聪明能干。

妻子知晓后无法接受这一事实：大吵大闹，寻死觅活，"祥林嫂"般地见人就哭诉："都十几年的夫妻了，他居然这样。我要离婚！"

那男人看起来居然很委屈的样子，说："本来不想闹大，是她不依不饶，让我觉得没有办法在家里待下去了。"后来，丈夫坚决要离婚，理由就是妻子太小气。

妻子此时也冷静下来了，分析了一下目前自己的处境后，她对丈夫说："我给你三个月的时间，让你去和她过日子。如果你们真得难舍难分，我成全你们；如果过不下去，你还是回来，我们好好过日子。"

丈夫带着壮士一去不复返的豪迈走进了独身女人的家。两个月零七天后，丈夫回来了，说："我们好好过日子，我离不开你和女儿。"妻子微笑着接纳了丈夫……我们先不谈论在这件事情上女人受到了多大的委屈，单看其结果，也足以说明：学会了宽容，最大的收益人是女人自己。

章含之的《跨过厚厚的大红门》中有这样一段话："有一次，别人看到乔冠华从一瓶子里倒出各种颜色的药片一下往口里倒很奇怪，问他吃的是什么药。乔冠华对着章含之说：'不知道，含之装的。她给我吃毒药，我也吞！'"这是一种爱的表达。

乔冠华是何等人物，他对爱的理解是如此之深。其实每一个深深爱着的女人，都会心甘情愿地献出自己的一切，去悉心地照料、庇护她所爱的人。男人在女人面前永远是长不大的孩子，生活中他们有着太多的不可爱，然而女人不宽容他们，他们又有何幸福可言呢？

宽容，能体现出一个女人良好的休养，高雅的风度。宽容不是妥协，不是忍让，不是迁就，宽容是仁慈的表现，超凡脱俗的象征，任何的荣誉、财富、高贵都比不上宽容。宽容别人的女人，其实就是宽容我们自己。

11 踏实内敛，
不浮不炫不张扬

只顾着表现自己的人永远是长不大的孩子，而这类孩子往往都令人反感！

爱表现是每个人的天性，人们总是认为做人就该多想着自己，多表现自己，至于别人怎么看自己才不在乎呢。然而，这种为人处事的方法是存在很大问题的，一个不顾及别人的人也难获得别人的认可。在这点上，许多男士做得相当好他们表现出了良好的道德素质和成熟魅力，相对而言，二十几岁的美女们则极端了一些，她们爱表现的欲望甚至超越了儿童，恨不得地球都要围着自己转才好，所以她们也经常由于这点吃亏被人厌恶！

有的人说话，不顾及别人的态度与想法，只是一个人滔滔不绝，说个没完没了，讲到高兴之处，更是眉飞色舞，你一插嘴，立刻就会被打断。这样的人，还是大有人在的。

李小姐就是这样一个人，只要她一打开话匣子，就很难止住。跟她在一起，你就要不情愿地当个听众。她甚至可以从上午讲到下午，连一句重复的话都没有，真不知道她的话都是从哪来的。每次她找人闲聊，大家都躲得远远的，因为和她在一起实在没劲。

人与人交往，重要的是双方的沟通和交流。在整个谈话过程中，若只有一个人在说，就不容易与对方产生共鸣，达不到沟通和交流的效果。就是说，交谈中要给他人说话的机会，一味地唠叨不停就会使人不愿意与你交谈。

每个人对事物的看法各不相同，如果你在与他人交往的过程中，把自己的观点强加给别人，就会引起他人的不满。其实，每个人由于生活经历不同，对事物的认识也会不尽相同，各持己见也是正常的现象。但是当他人提出不同意见时，就断然否定，把自己的观点强加给别人，这样必定会给人留下狭隘偏激的印象，使交谈无法进行下去，甚至不欢而散。当你与他人交谈时，应该顾及对方的感受，以宽容为怀，即使他人的观点不正确，也要坚持与对方共同探讨下去。

还有的人，十分热衷于突出自己，与他人交往时，总爱谈一些自己感到荣耀的事情，而不在意对方的感受。

27岁的A女士就是这样一个人，不论谁到她家去，椅子还没有坐热，就把她家值得炫耀的事情一件一件地向你说，说话的表情还是一副十分得意的样子。一位老同学的丈夫下岗了，经济上有点紧张，她知道了，非但没有安慰人家，反而对这位同学说："我家那口子每月工资6000元，我们家花也花不完。"她丈夫给她买了一件漂亮的衣服，因为很值钱，她就跑到人家那里去炫耀："这是我丈夫在香港给我买的衣服，猜一猜多少钱？1800元。"说完很得意的表情，意思是：怎么样，买不起吧？

表现自己，虽然说是人的共同心理，但也要注意尺度与分寸。如果只是一味热衷于表现自己，轻视他人，对他人不屑一顾，这样很容易给人造成自吹自擂的不良印象。

有一个女孩，刚调到公司的时候，为了让别人尽快地了解她，给别人留下深刻的印象，处处表现自己。本来是领导已经知道的事情，她偏偏要去积极地汇报。在同事面前，天天都说自己有学问，有能力，说以前在某某单位时，自己干得多么出色，在上大学的时候，成绩是多么的好，老师多么器重她，同学们多么佩服她。刚开始，大家还认真地听她说。后来，大家对于她的表现都十分反感，觉得她太爱表现自己了。

一次，领导问大家："有一项工作，谁能够胜任？"这个女孩一看机会来了，就抢先向领导说："我能干好。"弄得大家心里都不太痛快。其实，她根本就没有把握，可是为了表现自己，就打肿脸充胖子的揽了下来。但接下来，她可就犯了难，自己对这件工作真的是没有把握，做好做坏，心里一点儿底也没有。看得出来，她有向同事求救的想法，可是大家心里暗笑，没有一个人帮她。有一位同事说："没那金刚钻，别揽瓷器活儿啊。"逗得大家哈哈大笑，她也只好一脸的苦笑。后来，这项工作她没有按时完成，领导非常生气，批评了她。一位同事对她说："你也该接受教训了，以后踏踏实实地工作吧。"说得她不断地点头。

一个人在与别人相处和交往的时候，要多注意别人的心理感受。只有抓住了别人的心理，才能真正赢得别人的赞赏与好感。如果你只知道表现自己，抢风头而不给别人表现的机会，你就会遭到别人的怨恨，使自己陷入尴尬境地。

12 投入热情干工作，
体验精彩人生

做女人一定要有热情，这也是做女人的一个法宝。没有热情的女人一无所有。更别提什么优雅的气质。热情最能点燃男人的爱火。热爱生活的女人，从不放弃任何尽情享乐的机会，男人不但感染到这股热情更会给予狂热的回报。热情的女人最懂得生活情趣，感情丰富细腻，她们通常体贴入微，纯真大胆，喜欢迎接挑战，尽情探索人生。与她们交往，男人会觉得很轻松，不必做一个戴着假面具的正人君子。

1.热情并非是生活的累加

每一个人都有一定的愿望，有的愿望热得发烫，而有的愿望冷冰冰的。要能够成功，必须使愿望充分燃烧，只有充分燃烧的愿望才可能实现，而燃烧愿望的就是热情。而一个人的愿望能否实现，与这个人是否能对他们的愿望倾注极大的热情，并保持这种热情有很大关系。

但现实生活中的多数女人，不能为自己的愿望倾注较大的热情。更多的女人，只有三分钟的热情，干什么事情开始信心很大，热情很高，但很快就会缺乏热情。热情是来也匆匆，去也匆匆。这是她们不能成功的主要原因之一。

大多数的女人缺乏持久不断的热情，从而浪费了太多的精力和时间，没有成效。从经济学来看，这是毫无效益的投入，也是许多女人沮丧的根本原因。女人们的失败，使她们怀疑一分耕耘，一分收获；怀疑成功是否可能；怀疑她们自己的能力，丧失信心。在她们的眼里热情就是生活的累加。

如果女人对愿望有强烈的渴望，有高度的热情，一门心思地去追逐愿望，有"衣带渐宽终不悔，为伊消得人憔悴"的热情，那么愿望一定会实现。高度的热情会使女人的潜能得到充分的燃烧，从而使自己的能力得到极大的发挥。在热情燃烧之下，女人会以无所畏惧、勇往直前的精神，去追逐自己的目标，实现自己的愿望。女人一定要对生活有高度的热情，这样才会把愿望点燃，实现自己的远大目标。

2.女人对工作越有热情，就越美丽

一个对工作热情的人无论是在什么公司工作，都会认为自己正从事的工作是世界上最神圣最崇高的职业，始终对它怀着浓厚的兴趣。无论工作困难多么大，始终会一丝不苟地不急不躁地去完成它。

20世纪之初，法国美学大师马塞尔·布朗斯维基展望我们这个时代，在他的《女人与美》一书中断下如此妄言："将来的女人，因为投入工作缺少时间，就会无暇来保养照顾自己。"他的主要一个论点就是：职业活动与理想的女性美之间是相互抵触的。

但事实是：女性对工作越有热情，她们就越发注意自己的仪表形象，越发显得容光焕发。上班族女性化妆的频率远高于没有职业的女性，她们用于梳妆打扮的时间更长，也更频繁地出入于美容院做一些美容项目，必要时还会通过整容手术使自己显得比家庭妇女更年轻更有朝气。

职业生活成了促使女人们完善自我形象的一个额外因素，使她们为此花费了更多的时间、精力和金钱，尤其是在女性占优势的职业中，外貌的地位就越发突出重要。她们不仅希望经济独立而且还要漂亮迷人，不仅工作出色而且魅力永存；她们希望工作上和男性平起平坐，而且在美学上继续保持优势地位。在现实生活中，有很多的女性都是随着职业的上升而越发容光焕发。

13 越是简单地生活，
越容易接近快乐

最近几年，都市里开始流行减法生活，所谓的减法生活就把生活尽量简单化，因为不停的追逐，不断的索取已经让人喘不过气来了，是该抛下重负，回归简单的时候了。

所说的简单生活，应该有两个方面的含义。一个是我们可以利用简单的工具，完成我们的工作，像狗一样，直线扑击兔子。另一个就是我们的生活态度可以简单一些，可以单纯一些，主要是对物质的要求简单一些，就是像狗一样，有根骨头啃啃就足矣，而把更好的心情和体验留给大自然，留给自己的心性和自己真正想要的生活。

这个世界本来就是多极的，有人喜欢奢华而复杂的生活，有人喜欢简单甚至是返璞归真的生活。当人性中的浮躁逐渐被时间消解了的时候，人们似乎更喜欢简单的生活。这是一种趋势。

衣食住行一直是人们企图高度满足的四方面。只是眼下无论在西方，还是在东方，总有一些人，不仅对物质的要求变得简单，住简单而舒适的房子，开着简单而环保的车……而且处理现实的工作时，也在追逐简单而实用的方式，用现代科技带给现代人的简单工具，"修改"着自己的工作和生活，出门带着各种银行卡，走到哪里刷到哪里，揣着薄薄的笔记本电脑，走到哪里工作到哪里，甚至在厕所里也可以打开电脑处理一些日常工作……并从这些简单中得到无限的乐趣。

不过，人们为了追求简单的生活，往往会付出很大的代价。首先，是精神上或观念上的代价。中国改革开放以来，一些人突然富有起来，但是富起来的人面对眼花缭乱的财富时，就有点手足失措，有些人竭力去追求奢华，似乎想把过去贫困时期的历史欠账找回来。社会学家对这一时期"奢华"的解释是，中国人过去太穷了，"暴吃一顿"也算是一种心理补偿。每个正在发达的社会都会有这一阶段，就是暴发户被大量批发出来的阶段，是一个失去了很多理性的阶段。到了现在，社会理性逐渐恢复，人们对生活和消费也逐渐变得理性。追求简单的生活方式，就是一些为了格调而放弃奢华的人的重新选择。

另一个代价就是人们在技术上的投入代价。为了满足人们日益追求简单生活的需求，那些抓住一切机会创造财富的商人们都付出了极大的开发成本。如电脑厂商把电脑做得越来越小，这种薄小是需要付出较大研发成本的。

很多看起来简单的东西都是人们花费了很多心血折腾出来的。是这些人的心血让我们的生活变得简单而开阔。

节奏紧张的现代社会，各种各样的压力让人苦不堪言。像"我懒我快乐""人生得意须尽懒"等"新懒人"主张的出现，就一点不奇怪了。"新懒人主义"本着简洁的理念、率真的态度，从容面对生活，探究删繁就简、去芜存菁的生活与工作技巧。

一本《懒人长寿》的国外畅销书说，要想获得健康、成就与长久的能力，必须改变"不要懒惰"的想法，鉴于压力有害健康，应该鼓励人们放松、睡点懒觉、少吃一些等。其主要观点是，"懒惰乃节省生命能量之本"。我们以为，这不但是养生观念，更是成功理念。

"我懒我快乐"的懒人哲学，即使无力改变这劳碌社会的不理智、不健康倾向，起码亮出了一份鲜明有个性的态度——懒人控制不了整个社会，却能控制自己的欲望。咱们古人说："从静中观动物，向闲处看人忙，才得超尘脱俗的趣味；遇忙处会偷闲，处闹中能取静，便是安身立命的工夫。"

当你渐渐长大的时候，你很羡慕你母亲结婚时的那套瓷器。那套瓷器放在玻璃橱里，只有擦灰时才拿出来。"总有一天这些都会成为你的。"母亲说。在你的新婚时，母亲把那套精美的瓷器送给了你，但你已不想要那些东西了，因为它们须得小心照料才行。于是，你把这瓷器转给你的朋友，她们高兴极了，你呢，则省掉了一堆活计。

你把这故事告诉一个邻居，他说："你正好给我出了个好主意！"第二天他拿了把铁锹，去挖屋前面的草地。我不相信自己的眼睛："这些草你要挖掉吗？它们是多么难得，而你又花了多少心血啊！"

"是的，问题就在这里，"邻居说，"每年春天要为它施肥、透气，夏天又要浇水、剪割，秋天要再播种。这草地一年要花去我几百个小时，谁会用得着呢？"现在，他把原先的草地变成了一片绿油油的山桃，春天里露出张张逗人爱的小脸。这山桃花用不了多大精力来管理，使他可以空出身子干些他真正乐意干的事情。

把要你负责的事情分成许多容易做到的小事，然后，把其中一部分委托给别人。

去除那些对你是负担的东西，停止做那些你已觉得无味的事情。这样你就可以拥有更多的时间、更多的自由，在简单的生活中找到属于你的快乐。

14 聪明易被聪明误，
适当装傻惹怜爱

善于"装傻"的人是真的聪明的人，而只有真正傻的人才不会"装傻"，尤其是女人！

不知道从什么时候开始，更多的男人开始偏爱那种傻女人。其实男人喜欢聪明的女人多半喜欢她们的才华和能力，但男人都是惧怕聪明女人的高傲、头脑。"傻女人"不一样，她们总是很信任男人，相信男人的每一句话，因为她们知道无论什么时候男人总是要回家的。即使是深夜他也会踏着月光回到自己的身边。"傻女人"从不问及男人的过去，因为她们知道那些过去是属于男人独有的秘密，她们总是给男人更多的私有空间，因为女人深知男人都有属于自己的一片天空即使男人在外面玩得再"疯"，她们也从不过问一句。

这样的"傻女人"她们心里明白自己在做什么，不过是在故意装傻，而男人对这种女人又偏偏买账，何不做个快乐的"傻女人"呢！不过"傻女人"可不是"笨女人"，她们看得懂男人的一切心理，只不过不愿意说破罢了，她们用最聪明的方式把男人永远留在了自己的身边。"笨女人"总以为男人是自己的天下，管得没有方法，爱得没有原则，最终是她自己让男人推开了她。

俗话说："聪明的女孩人人爱！"但许多事实证明，太聪明的女人并不可爱……虽然有的女人相貌长得出众，但是因为太聪明，或者说话方式太冲，让别人无法接受；有的女人在表述一个观点或反驳别人的意见时，总是口若悬河、直抒胸臆，也不管别人受不受得了。

有时只不过因为自己和别人对某事的看法不太一致，或者在谈话间谁犯了知识性的错误或是逻辑错误，也会被她毫不留情地指出。特别是在人多的场合，在别人谈兴正浓时，突然被她捉出一个硬伤，大煞风景不算，还弄得很没面子。这样的女人会让人觉得不舒服。再漂亮的脸蛋，看多了也就这么回事，而太过凌厉的个性，只能让人敬而远之。

其实，有很多时候，女人不必这么聪明的。又不是商务谈判，更不是什么原则性问题，何必咄咄逼人呢。肚子里有再多的墨水，也不必成天卖弄，藏在心里，有麝自然香。搞不清高尔基是哪个国家的人，也不是什么大不了的事情，何必非让人家下不了台呢。

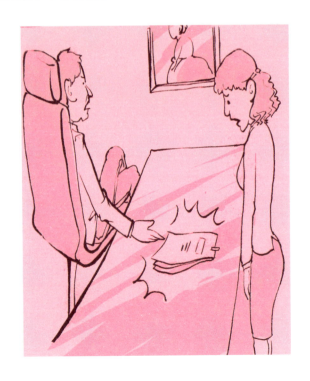

正常情况下，学历高，聪慧又漂亮的女孩子，处朋友本应没有任何问题，但高智商的她们，往往又一眼识破了男人们的甜言蜜语，看穿了男人们的拙劣把戏，自然恋爱也谈不起来。聪明的女人，善于洞察一切，总是能一下子击中要害，让人无所遁形。聪明的女人，太有威胁性，没有安全感，所以男人最怕聪明女人。

生活中，最受欢迎的大概就是"傻傻"的小美人了。她们总是比男人"笨"一点点。能理解男人在说什么，却表现得永远不会比他懂得更多，看得更远。记住，太聪明的女人不可爱。收起锋芒，做个会装傻的聪明女人吧。聪明的女人懂得什么时候该聪明，什么时候该装傻。

可是，"装傻"应该怎样做呢？

（1）要达到"装傻"的境界。这是聪明女人的处世哲学。其实"装傻"并不是让人唯唯诺诺，忍气吞声，任何事情都有它的模糊地带。

（2）换一种方式，把生活中的小事模糊处理。这也是老子所谓的"大智若愚"的观点，而且这样做才是真正聪明女人的处世经。

（3）"装傻"，是一种技巧。它不是要你时时都在"作假"，如果这样，这个人反而成了一个比傻子还"傻"的人了。它是为某种需要，而做出适时的"装傻"之举。

第六章
激活个人资本，做幸福成功女人

　　女人有资本，女性特有的敏感、细腻、灵活、韧性、关爱、情商、注意力以及第六感觉都是她们得以立足的资本，然而你会利用这些与生俱来的资本吗？未必，大部分的女人只是希望依附于丈夫的庇护之下，期盼着丈夫不要变心；丈夫健康能干；丈夫升官发财……难道你就没有想过，你的资本根本不比男人少，甚至还要多。发掘女人的资本，让这资本在你的人生中闪光，做一个生活和事业上幸福的成功者！

01 内外兼修，
做漂亮的自己

　　女人姣好的长相，是使男人迅速坠入情网的"导火线"。男人的"甜言蜜语"，使女人乐于被拉下爱河。女人美丽的面容，是使男人拜倒的"迷魂汤"；男人的甜言蜜语，是使女人投入怀抱的"杀手锏"。女人意识到自己的美丽是男人的悲哀，男人意识到自己的才能是女人的幸福。

　　人为什么爱美？古希腊哲学家亚里士多德说："只要不是瞎子，谁都不会问这样的问题。"随着时代的发展，女人意识逐渐觉醒，女人从幕后走到了台前，美貌更是成了女人获得成功的辅助手段。各式美容产业方兴未艾，影视屏幕上女明星流光溢彩，顾盼生辉；不少大网站都开设明星美女写真区，以增加网站的访问量。可以说，现代美女已经是社会中一道靓丽的景致，为人们所承认，所欣赏，所赞叹。

　　美，具有极高的经济价值。研究者曾经做过这样一个实验分析：他们把一组照片给评审人打分数，由最美至最丑排序，然后对这些数据进行分析。他们发现一般被认为较美的人，与缺乏美貌者做同样的工作，她们的报酬却会相对多一点，可能由于拥有美貌者较能促使该公司的营业额上升。接着，他们又对一份法律学院毕业生的资料进行研究，发现拥有美貌者多负责出庭打官司的外部工作，而缺乏美貌者则多担任内部处理文件和研究工作。

随后，他们又发现当女人到一定年龄后，貌美的大多会继续工作，赚取较高的收入；缺乏美貌的，则会离开劳动力市场，嫁人去了，不幸的是，她们的结婚对象，平均收入也都较低。美是稀缺资源，美女是稀缺人才。

因此，对于二十几岁的女孩来说，如何让自己成为一个美女，是很重要的事情，而这种事情只有自己能够完成，别人是无论如何都帮不上忙的，为什么这样说呢？因为有些女孩天生丽质，自身条件就很不错，美丽对于她们来说很轻松，而对于另外一些女孩来说，美丽就成了她们的心理负担，因为她们生来就很普通，从来没有把自己想成人人都想多看几眼的美女。

下面，针对这两种情况对女孩们做个分析，希望她们各个都能成为人见人爱的美女。

首先是那些天生丽质的女孩。

作为女人，如果你漂亮，从某种意义上说你是幸运的；然而女人的一生，要有品位，而非徒有其表。

做女人的最高境界是：细水长流，流到最后，却看不到尽头。一时的辉煌、零星的插曲、琐碎的片段、千篇一律的微笑、沉默、怀念、哀悼，每个细节都不完整地拼凑在一起……那么这个漂亮女人的一生就是荒诞而可悲的。

所以女人不要把漂亮当作武器、视为资本，因为男人可怕的占有欲会最贴切地迎合你的虚荣心，当两者完美的结合时，你的一生就不免失去了真实。因此，只有"笨女人"才会摇头摆尾、搔首弄姿，恨不得让全世界的人都知道自己漂亮；聪明的女人则会顺其自然、举止端庄，从不招摇。

你倘若天生就是一个漂亮的女孩，你首先需要的是注重文化修养，要脱俗，要有自信。千万不要被人称为是"胸大无脑"或"金玉其外，败絮其中"。

阅读、音乐、绘画、书法既可以培养个人兴趣又能修身养性，鲜明的个性、广泛的兴趣、出众的才华都是漂亮女人的魅力，优雅是女人持久的魅力，你优雅着，你就漂亮着。

再者，你必须注意自己的形体美。女人完美的形体比漂亮的面容更引人注目，形体锻炼是一个漫长而艰苦的过程。可以根据自己的特点做一些适合自己的运动，慢跑和肢体伸展适合于每一个人，不需要借助器材，随时随地都可以做，方便简单。有毅力的人可以尝试一下瑜伽，它可以让你身上的每一块肌肉都得到有效的锻炼，使你的肢体变得轻盈柔软，很适合女人。舞蹈亦能使你保持身材均匀、姿态优美，让你更具韵味。女人的坐行姿势也非常重要，坐姿挺拔，行速要快，满街的人流中，那些抢眼的女子其行姿必定是挺拔如风。

漂亮女人还必须会打扮自己：清雅的淡妆，合适的发型、衣着，会使你

增色三分。

妆不宜太浓，用适合自己肤色的口红、粉底、眉笔淡淡地修饰自己，使自己看起来自然靓丽，根据自己的性格和体形来选择合适的服装，衣着要上下协调，要注意扬长避短，尽量选择设计简单，线条流畅的款式，服装的整体色彩不要过于繁杂，不要太过浓烈，过多的装饰和浓烈的色彩会显得俗气。皮鞋的颜色尽量和皮包一致，和服装的颜色相协调。着装重在搭配，不同的搭配会有不同的风格，不同的品味会搭配出不同的效果，简单、协调就是美。

其次我们再说说那些不算漂亮的女孩。

女人为了漂亮可以付出任何代价。然而，你就是不漂亮，这是你自己改变不了的现实。那么，不漂亮的女孩们，该怎么办？

女人面对镜子，认为自己容貌欠佳的时候，"笨女人"的选择是对自己缺乏信心，埋怨老天对自己的不公，整天愁眉苦脸，就像谁欠了她多少钱似的；而聪明的女人则会欣然地面对事实，因为她觉得她是世界上的唯一，她们会用日后的努力，取长补短，让自己美丽起来的。命运是公平的。美丽的容颜会随着时间的流逝而递减和消逝，而气质、学识和智慧却会随着时间的变化而递增，并愈发体现出悠久的弥香。要知道，世界上并没有丑女人，心灵的美比漂亮的脸蛋更让人欣赏。

其实，漂亮只是女人的外壳，她们是娇艳绽放的花朵，终有凋谢的时候，那蜜蜂和蝴蝶也会远离它们。具有内在美的女人是一株淡雅的小草，野火烧不尽，春风吹又生。她们不会用自己的外表去实现理想，而是不断地充实自己，追求美好生活，勇于接受新鲜事物，保持乐观的生活态度、健康的心理，用以弥补自己缺少的那部分美丽所带来的心理阴影。

对于男人来说，女人的魅力并不单单是外表，而是"女人味"。有"女人味"的女人一定会流露出夺人心魄的美，那种伴着迷人眼神的嫣然巧笑、吐气若兰的燕语莺声、轻风拂柳一样飘然的步态，再加上细腻的情感、纯真的神情，都会让一个并不炫目的女子溢出醉人的娴静之味、淑然之气，置身其中，暗香浮动，女人看了嫉妒，男人看了心醉。

因此，一个女人可以生得不漂亮，但是一定要聪明，一定要开朗，一定要活得精彩。无论什么时候，渊博的知识、良好的修养、文明的举止、优雅的谈吐、博大的胸怀，以及一颗充满爱的心灵，一定可以让一个女人活得足够漂亮，哪怕你本身长得并不漂亮。

这样一来，天下的女孩都能将自己装扮得漂亮起来了，记住：漂亮是自己的问题，一定要重视起来，只有"漂亮"起来的女孩对生活才更有期盼。

02 每天努力一点点，
塑造全新的美女

所有的男人都喜欢多看两眼美女，而所有美女都喜欢被男人多看两眼！

女人生性敏锐，心思细腻，天生爱美。女人是美的代言与化身，女人在认知这个世界的时候，更愿意用她母性的一面去包容一切。不管是什么年龄和季节的女人，纵然是万般的不同，却都有着一颗漂亮而纤细的心，希望自己每天都是最漂亮的，既有个性、懂时尚，又会打扮。那么漂亮女人又是怎么做的呢？

1.漂亮女人都是有个性的

所谓的个性就是个人的独有的品位和气质。譬如说：一个女人遇到任何事情，都能坦荡大方，都能相信自己能够解决好。这就不像有的女人遇到紧要的事，就会手忙脚乱，不知该怎么办。相比之下，这个女人就具有了个性魅力。同样，有的女人看上去美若天仙，但就是缺少那么一点文化品位，只能是肤浅地谈吐事理，这样就会让男人觉得你缺少内涵，不免让男人感到些许遗憾；相反你就能恰当地融入男人的世界中，并把自己的个性表现得淋漓尽致，从而赢得男人的赞美。所以说没有个性的女人，不可能成为一名真正的漂亮佳人。

　　个性不是一朝一夕形成的，它是从儿童时期开始，不断受到环境的影响、教育的熏陶和每个人自身的实践长期塑造而成的。个性有一定的稳定性，但不是一成不变的，生活中经历的重大事情往往给个性打上深深的烙印，环境和实践的重大转折变化也会在很大程度上改变一个人的性格。

　　塑造自己鲜明的个性，应当：

　　（1）客观地了解自己。

　　（2）从自己的能力出发，完善自己性格中不好的方面，要有比较强的自我控制能力。

　　（3）不要轻易改变自己性格中的主导方面，要保持一定的风格。

　　（4）同自己周围的环境有一种比较协调的关系，既不随波逐流，也不孤芳自赏。

　　2.漂亮女人都是时尚的

　　以前的好女人的标准：出得厅堂，入得厨房。而今时尚女性的新标准是什么呢？

　　（1）更有女人味

　　她们懂得生活的品位和内涵，懂得展示女人魅力，关注流行妆容与服饰，忙里偷闲寻找一份惬意或刺激。更多的这类女性将扮演"摩登主妇"这一角色。这类女性受过较高的文化教育，有自己的思想、见解；会家政、善理财；懂美学，有生活情趣。在某一阶段，他们会在事业上有所作为，将生活重心偏于工作上，而到某个特定的阶段，他们会迅速转移其重心，将其偏移到家庭中。

（2）爱情股只占40%

爱情虽是最大的感情砝码，但还有亲情、友情和自我。她们不会像母亲那样把终身都托付给爱情，这样即使爱情股降至零，感情世界也没有破坏殆尽，毕竟还有60%的感情需要付出和回收。另外，爱情股东如果希望股份有所成长，不仅会苦心经营，甚至想购买其他股，这自然为爱情股创造了牛市的前景。但如果爱情股占到80%以上，成为绝对垄断的控股者时，它就会有恃无恐，肆意挥霍，结果是您对它过多的信任和信赖酿造了股市大灾难。

（3）不做小鸟依人

在经济上，时尚女性不依靠任何人，花他的钱总是少了点尊严。无论自己挣多挣少，那是自己的，能享受到取得成就的满足感。在精神境界，她不是某个男人的附属品，随时跟在他的左右。她们懂得通过交友、读书、娱乐，充实自己的内心。所以，即使没有爱情的滋润，仍然活得自在而逍遥。她不为不爱自己的男人流泪，也不会因为男人的承诺而用一生去等候。她，只相信自己，不用依靠他人也能活得很好。

（4）十分柔情，十分坚韧

她们性格如铜钱，外圆内方，抛弃男人与爱情？那不是完整的生活，她会理性去爱，跟他约会，充分享受爱情带来的甜美，却不完全依赖爱情；不控制情感却把它向美好的目的地引导。这种尺度她会拿捏得很好，让男人亲近她，却从不敢轻视她。

（5）对事业有点野心

小女人没有真正的成功，可怜；女权者没有真正的幸福，可悲。时尚女性会努力打理事业。她们踏实、勤奋，即使只是一份工作，她们也会热忱地经营。男人会酸溜溜地说："成功女人，情感上一定有创伤。"即使如此，她们仍然善于把挫折转化为成功的动力，至少不会一蹶不振。

（6）比以往更聪明

她们善于把握机会，懂得在什么时候要柔美、什么时候要刚毅。新女性比过去更善于用多种方式保护自己，为人处世有其原则性，即使是"王子在侧"，她们也会看他是不是够标准，绝不会委屈自己轻易降低标准。她们的聪明还表现在比以往更会精打细算地当家理财：何时购物最划算？银行降息怎么办？买哪家股票有戏？

（7）注重生活品质

时尚女性一般都善待自己的安排，定期做面膜、做健身操、游泳等，将收入的1/3花在服装、化妆上。25岁以下的时尚女性希望自己年轻美丽，30岁以上的女性希望自己优雅迷人。更重要的是，时尚女性认为好的形象不是为了给男人看的，这是她们对自己的要求。

（8）和朋友约会频频

在一些休闲场所能看到结伴的新女性：安静地泡在各种各样的吧厅里，悠闲品尝小巧的茶点、可口的冰淇淋，或者是啤酒甚至还可以舒舒服服地抽上几支香烟，爱动的一起去蹦迪、旅行等。

（9）有独立的空间

她们永远珍惜自己，并努力让自己完美。无论与先生多么默契，她们始终拥有一个绝对隐秘的自我空间。没有小女人自怨自怜的抽泣，更不同于女权者自舔创痛的愤慨，对她们来说，这是个充满了沉思反省的空间。在这里，只有自己最了解自己。

（10）擅长设计

她们自己规划事业、家庭和感情，设计丈夫和孩子。她们对他们的要求和理想是早有想法的，不过她们更注重在生活中逐渐达到自己的目标。她们设计家庭，从房屋装修格局到浴室毛巾的挂法，基本上都是女人说了算，即使是大男子主义的老公，也要因为是老婆的"合理化建议"而有所考虑。她们以自己的天性，时时都在勾画着心中的美好未来。

03 学点小把戏，
打造吸引力

尽管地球上永远是"异性相吸，同性相斥"，然而一个没有吸引力的女人永远都找不到被关注的幸福感觉！

做一个有吸引力的女人，有技巧地赞美男人的同时，更要用有效的手段来吸引男人的注意力。

物有两极，女人也是一样。女人本身是第一极，她的第二极是造就异性相吸，从而赢得男人的注意。女人永远不会忘记用眼神和身体的语言去调动男性的注意力，与他们产生一种微妙的异性的交流，保持自己的吸引力。她们懂得要征服这个世界，必须用自己女性阴柔的魅力，去征服男人的心……

女人要想使自己引起男人的注意，就应该学会恰如其分地表现自己。

1.学会动作语言

女人那脉脉含情的目光，那嫣然一笑的神情，那仪态万方的举止，那楚楚动人的面容，有时胜过了千言万语。

2.学会运用特殊标志

选择适合自己的某种固定牌子的香水，会成为女人的特殊标志。

3.选择合适的金属发夹

走在时尚前列的永远是那些名媛佳丽们，以模特儿为首的佳丽正掀起一股时尚新风——用特大号金属发夹别在秀发上，分外惹眼。把头发从顶端梳向一边，向后梳成马尾辫，然后别上一朵精美的"花"或者一只"大蝴蝶"，定会使女人在百花丛中独树一帜，出尽风光。

4.培养神秘感

女人要学会把自己塑造成带点神秘感的形象，从而让男人觉得您永远是个谜，是一本百读而不厌的书。比如，在向您心爱的男人诉说身世时，不妨只说七成，留三分让男人有揣摩与想像的空间，这可是一种妙招。

5.偶尔的孩子气

孩子气永远是捕获男人心的一种手段，这也是孩子为何总是能够激起大人疼爱的原因。女人要偶尔用一次，其结果必定十分有效。如果常用，可能会引起男人的怀疑，也许男人会认为您童心未泯。从而引起男人的反感。

6.女人经常表现出的"脆弱"

为了满足男性天生喜爱护花使者这一职业，女人适当表现一下"脆弱"是必要的。这种"脆弱"最好的表现形式便是"爱哭"，因为所有的男人都怕被女人的泪水打败。

7.闹点小别扭

男人在约会时迟到了，如果他说："啊！迟到了。"女人一般都要忍住怨气回答说："哼！我以为你不会来了呢！"这是对男人初次迟到应有的风度。但如果下一次他又迟到的话，闹别扭就可派上用场："哼！又迟到了。罚你给我买束花！"这种程度的生气反而会令男人颇具好感。

8.女人要学会轻轻地叹息

比如说一对男女在稍有情调的酒吧，俩人肩并肩地坐在一起，然后在前30分钟，俩人就像平常一样快快乐乐地聊天，并且喝适量酒。30分钟之后，女人一般会把玩手中的酒杯，并且把目光盯在男人的指尖附近，悄悄地叹一口气："唉！"这时比较敏感的男人就会注意到，从而用担心的眼光注视着女人。当女人迅速地躲开男人的视线，然后再给他致命一击，轻轻地再"唉"一声。

男人对女人的叹息一定会生出许多猜想，担心女人是不是不喜欢同他在一起了。这时，男人会想方设法检查自己的不是，并急于向女人表白他多么喜欢你，爱情喜剧便进一步上演，而这正中女人的下怀。

04 适当地示弱，
获取小女人的权利

男人的眼泪往往遭人轻视，女人的眼泪往往赢得同情。

伴随着女人独立自主意识的加强，涌现出来越来越多的女强人。她们掌握话语权，咄咄逼人的强势让许多男性自愧不如。

"女强人"到底是一个褒义词还是贬义词，至今还没有一个定论，但可以肯定的是，大多数男人都会对她们退避三舍的。

我们在生活中经常看到这样的镜头：一对夫妻到一家餐馆去吃饭，妻子问丈夫：你要吃什么？丈夫说，我要吃咖喱牛肉饭。妻子马上说，你要吃什么咖喱牛肉饭，吃那个对你不好，又没有营养。连丈夫自己吃什么的权利都被剥夺了，这位妻子多半是一位"女强人"。

女强人取得事业成功的每一点成绩，似乎都是以放弃生活中的另一部分为代价的。事实也的确如此，女强人的离婚率要比普通女人高得多！

当今社会呼唤男女平等，许多女人都走进大学的校门，造就了新时代的知识女人，当代知识女人形象对自身价值的定位在不断地改变。

十年苦读，我们现代女人所换回的知识和文凭，其价值不会只算是性商品化潮流中的一种特殊产物，更不只是为傍大款而兼备的一项"硬件"，青年女人努力挤进高等教育的窄门，目标也不只是成为贤妻良母。成为一个女强人，要比男人强，至少要和男人平起平坐，这是大多知识女人的强烈愿望。在这种思维模式下，女强人们注定要经历一场深刻的精神危机和婚姻的磨难。一方面，她们像男人那样，在激烈的竞争中，于工作和事业中寻找保障，地位、权力和满足；同时，她们又试图抓住女人们在家庭、孩子中寻找到的那种满足。不仅仅要加倍工作，还必须事业上有所作为、私人生活也称心如意。不仅仅是愿意而且是必须在生活的方方面面都十全十美。

然而，这么高的要求是现代女人所承受不了的。中国的历史上，我们常常看到很多女强人当事业处于无限风光时，个人生活却是孤零零的。

表现在宫廷斗争中，就是饱尝了丧夫之痛的寡妇为了保住自己那点可怜的权益，而不被身边其他男人侵犯，只好心黑手辣不择手段地做起了女强人，如汉宫的吕雉、辽国的萧太后，清末的慈禧；表现在民族大义上，丈夫都战死疆场为国捐躯了，咱就来个"穆桂英挂帅""十二寡妇征西"。

鉴于"女强人"们的刚强与果断，男人们找不到任何雄性的威严，他们自然心里不爽了，而女人们倘若要是表现得柔弱一些，不是那么的要强，相信没有任何一个男人不疼爱的。

爱哭是女人的天性，也是女人示弱的最完美的表现手法。有人说会哭的女人会演戏。要知道，一个幸福的女人，温柔贤惠是她应该具备的，然而一味坚强的女人会让男人觉得自己失去了用处，所以忽略了对她的呵护和爱怜，眼泪是女人的饰品，像钻石一样不可缺少，它能为女人带来男人的疼惜和想拥入怀中安抚的冲动。

哭，对女人来说是益处多多的，哭可以排出体内的毒素，不仅有美容的功效，还能缓解人的压力和疼痛，像小孩子跌倒了哭泣也能减轻他的疼痛。你也会看到恋爱中的男女，女孩哭得梨花带雨，惹人心疼，男孩千方百计地哄，又是讲笑话又是做鬼脸、说甜言蜜语，直到女孩破涕为笑，两人甜蜜地相拥而去。

女人的哭也是有技巧的，不是咧嘴大哭，鼻涕一把泪一把，弄得像个大花脸，让人看着好笑，而是要哭得让人心疼，认识到自己的错误。无论在爱情上还是事业上，哭都是女人的必杀技。

曾经有这样一个女主管，她负责向法国一家公司销售建筑材料，精明能干的她列好了计划和报价，每次谈判都和对方达成比较满意的协议，为了这个项目她加班加点，可到最后签约的时候，法国代表突然提出要降30%的价格。

这个女主管十分气愤，几个月的怒火在一瞬间爆发，她突然哭了起来："你们太过分了吧，我们什么都按你们的要求来做，还要降价30%，欺人太甚了。"

法方代表被女人的眼泪弄得愣在了那里，最终同意以原价买下所有的材料，法国代表说，那时我突然觉得这个女人很不容易，她的眼泪让我觉得很内疚。

其实是内疚吗？可能只是女人的弱者姿态让他产生了怜悯之心！

不同年龄段的女人也有不同的示弱方法。成功的女人可能大多数都一个人在家默默地哭。第二天又是精明干练的女强人，因此很少有人看到她们的眼泪，如果她们当着别人的面哭一次，效果肯定不同凡响；居家女人通常是边哭边骂，让丈夫和邻居都不得安宁，久而久之就让大家感到厌烦了；年轻的女孩哭起来没有声音，长长的睫毛忽闪忽闪，让人忍不住想拥入怀中安慰她，再大的过错也原谅了。

小敏因为工作强度大，一个人担任几个人的工作，小敏几次提出加薪但老板迟迟没有动静。

她又一次走进老板办公室，诉说自己加班、为公司做了多少贡献，甚至现在因为老公见不到她两人感情都发生了矛盾，儿子的成绩也一落千丈，说到动情处小敏眼圈一红，泪水再也忍不住了。

老板心软，也不再那么坚持，安慰了几句，月末的时候工资果然涨了。

女人，你本身是弱势群体，适当发挥你的柔弱一面，事业、爱情都能让你如愿的！

05 小吵怡情助沟通，
切勿大吵招内伤

发号施令在爱情中是行不通的。

男女在生活中，一辈子相敬如宾、从未红过脸的恐怕没有几个，而现实生活中夫妻吵架是很正常的事。同时，大多抱着白头偕老的愿望来共同生活的夫妻，在无数次吵架后，由于伤害对方的感情太深而无法复合最终只得分道扬镳。其中，由于女人天性使然，和男女在社会分工中的不同位置，女人往往是决定吵架还是沟通，或是冷战的关键。女人如果能掌握与男人吵架时的相处技巧与分寸，必定会增进双方的交流与沟通，从而加强夫妻两人之间的感情。

分析其中的原因，一个健康的男人或女人，内心都有一个"防卫者"。它并不伤害别人，只是维护自身情绪的堡垒。夫妻吵架，表明双方内心的防卫者都在各行其是，而并不是一方在此时刻意伤害对方。争吵激烈的，可能是一方或双方的"防卫者"越出界限，实在需要有裁判员命令它们退回，各就各位。但夫妻吵架时谁能在旁边做裁判员呢？于是，就有男人采取"以退为胜"的办法。如果男人在家里做了太多的退却，他们就只好在工作场所去进取，以作为某种心理补偿。

心理学家荣格曾经这样说过："美国人的婚姻是世界上最可悲的婚姻，因为男人把全部进取心和积极性都移向了办公室。"

另外，吵架往往是在繁重的工作之后，由男女之间的日常琐事引起，又由一方先进出火星，使得双方失去理智，进而沟通受阻，使得两人之间的感情大打折扣。这时我们也要认识到，男女争吵并不可怕，可怕的是一方或者双方不知利用耐心和技巧来控制吵架、化解冲突。从女人一方来说，不知道控制自己的情绪，不知道在吵架过程中自我控制，说许多逞一时之快的气话，而在事后又死要面子，没认识到吵架对双方感情是极大的伤害。如果能从以下技巧出发，定能避免吵架，清除隐患。

吵架前，女人要学会控制自己的情绪。

人们都知道，男女为一些鸡毛蒜皮的小事而吵架不值得。但是很多女人却又偏偏控制不住自己的情绪。女人可以尝试以下方法，学会在吵架前来控制自己的情绪：

（1）控制自己的怒气。怒气是女人身体内部的一种储存力，是为应付意外事件的发生而用的。女人之所以求助于怒气，那是因为所发生的事情太大了，女人平时的能力不够用。所以，在即将发火前女人应当这样告诫自己：如果将怒气用在琐碎小事上，这将是一种浪费。

（2）当女人疲倦、饥饿、病痛、工作和生活不如意以及年纪将老时，（在人们常说的更年期），情绪波动极大，这时要把防止发脾气如同防止触电一样去注意。温和的态度和宁静的气氛，对自己的身体健康也有极大的益处。

（3）在感觉到自己情绪不受控制的时候，女人要培养自己保持镇静的能力。最好是在气往上撞时，心中默念克制的词汇，这是气功或佛教中的意念调节法。

还有，倘若事情已经了结，便应当迅速使自己的心理恢复原状，忘掉刚才发生的事情。这也是现代女人拿得起放得下的一种表现。

（4）女人切记自己的坏情绪也是可以引起丈夫的坏情绪的。发怒是一件冒险的事，是破坏爱情的风暴，是造成家庭不和睦的一个重要原因。

当然，除了这些技巧之外，女人与男人吵架更应该掌握一些分寸，尤其是言语上的。因为在两人吵架时，往往都欠缺理智，女人这时更具感性，所说的话往往不计后果。然而，有些话的确会刺伤男人的自尊心，严重伤害两人之间感情。诸如下面的话，是在争吵中绝对不能随便说的。

1. "窝囊废"

李教授在一所学院教书，对专业以外的事情不太在行，妻子看到别人的丈夫都能帮着妻子做些家务。炒菜做饭，非常羡慕，因此越发对丈夫不满，经常发牢骚说："你可真是个窝囊废，干啥啥不行，做啥啥不会。"她的本意是刺激他学会一点专业以外的本领，可事与愿违，反而令李教授觉得无论自己多么努力，也不会赶上妻子的水平。正是她的这些话语摧毁了丈夫的自信心，伤害了夫妻感情。

2."离婚"

对丈夫来说，"离婚""散伙"是非常敏感、沉重的词儿，不到感情破裂时千万不可顺嘴而出。

3."当初真是瞎了眼"

类似的话还有"早知今日，何必当初""跟了你真是倒了八辈子大霉"，等等。女人愤愤地说这些话时，浓浓的懊悔情绪是显而易见的，这怎么能不伤害男人的自尊心呢？

4."你看看人家某某……"

常言道："货比货得扔，人比人得死。"在当今许多家庭里，"比照教育法"成了夫妻间教育对方的重要方法之一，这实际上是一种攀比心理作怪。尤其是做妻子的，就更是常常使用这种方法埋怨丈夫。而这种讽刺挖苦的结果只能是适得其反。

5."你管不着"

夫妻间最可宝贵的东西是信任，最有害的东西是猜疑。生活中，有的夫妻因相互信任而和和气气，感情日益加深；有的夫妻因相互猜疑而吵吵闹闹，感情日渐疏远。

6."你那个相好……"

在现实生活中，恋爱一次就成功的人为数并不算多，既然如此，不少夫妻就有一个如何对待对方旧恋的问题。有的女人动辄以"你那个相好的"为题发表"演讲"，并以戏谑的态度和语言挖苦男人。殊不知，这样做最容易伤害男人的自尊心，最容易使男人拿你和旧恋人做比较，最容易使配偶旧情萌发。

06 拥有阳光人格，
   拥抱幸福生活

火红的太阳刚出山，朝霞铺满了半边天！

不管这世道如何反复无常，而总有一些女人能够自在徜徉在幸福的婚姻中，她们就像阳光下的花朵，时刻绽放着自己最光彩的一面。对于这些女人，我们不能一味地羡慕，也不能简单地说她们运气好。细细分析，你会发现，她们之所以有这种阳光般灿烂的状态，要归之于她们完善的没有缺陷的人格以及超强的心理素质。对于那些一直梦想着要靠别人给自己带来幸福的女人，真的应该以她们为榜样，重新塑造自己，让自己活在阳光里，幸福不用依靠任何人，自会不请自来。

概括地说，女人的阳光人格包括以下几方面的特征：

1.自信

每天早上起来，梳洗完毕，对着镜子里的那个女人大声朗诵："我很好，我很好，我真的，真的是最棒的！"一位心理专家说，这是开发自我潜能的手段之一。

有自信的女人，不会整天张狂霸气，高呼女权至上。超越男人的方法，不是把他们压迫在自己的霸权之下，而是活得跟他们一样地舒展、自信；也不是整天要向男人发出战书，或者摆出一副"皇帝轮流坐，今年到我家"的进攻态度。和谐、平等和互助的两性关系，才是社会进步的动力。

自信，不是自大，自信是相信，也只有相信才会幸福。女人的力量犹如"百炼钢成绕指柔"。

2.宽容

世间万象，本来就没有对与错的绝对概念。也许身边的朋友通过嫁人从而衣食不愁，而你偏偏相信女人要靠自己一步一步稳扎稳打，鄙视她吗？或者从此敬而远之，断绝这份情谊？聪明的女性不会这样，她先问自己：她这样做对我有影响吗？没有，好，每个人有自己往高处走的方法，也许殊途同归，最终我们站到同一个制高点上。阳光女人能够包容，懂得尊重别人的选择，也认同别人的生活方式。

3.方圆有道

阳光女人的性格外圆内方，在柔情似水的外表下，跳动着一颗坚强的心。她已经脱离了狂热女性主义者的幼稚，从不摆出一副百毒不侵的女强人的面孔，以为这样就是坚强。她深深懂得，刻意追求的强悍，与女人真正的内心世界反差太大，是毫无韧性的坚硬。因此，她用最温柔的行为出击，争取最合理的待遇与最合适的位置。

4.独立

阳光女人有完整独立的人格。在经济上，她不依靠任何人，因为她懂得坚实的经济基础是维护自我尊严的必需。通过经济的独立，她享受着成就的满足感。在精神境界，她不是某个男人的附属品，懂得通过交友、读书、娱乐，充实自己的内心。所以，即使没有爱情的滋润，仍然活得自由自在。她不为不爱自己的男人流泪，也不会因为男人的承诺而用一生去等候。她，只相信自己，不用依赖也能活得很好。

5.活力

阳光女人把全副精神用来打理事业。她们踏实，勤奋，即使只是一份工作，她们也会用对待事业的热忱去经营。做一个有干劲的女人，不是叫你在事业上和男人斗个你死我活，而是要你问自己：从第一份工作开始，我有没有为自己设定一个奋斗的目标？她们知道，每天规规矩矩地上下班是不够的。对事业，有点野心很好。女人，要用得体的方法为自己争取到更多。

6.超越自我

身处日新月异的科技世界，不进则退。阳光女人明白这点，所以她们不断自我充实，提升自我的知识和技能。她相信自己一定有天生的优势，并努力加以后天的创造。她比男人更加努力进取，不是对自己没信心，而是比男人更有雄心。

7.家庭事业两平衡

阳光女人是走钢丝的能手，在家庭和事业之间求得平衡。眼见险象环生，忽地来个漂亮翻身，又是一副悠然美态。她不是一个一成不变的角色，她流动在职业女性与贤妻良母之间，什么场次，什么角色，毫不含糊。

8.开朗

脸上的笑容不仅传递着心里的欢愉，也是赠送给世界的一份美好礼物，因为笑容可以传染。没有幽默的态度，不懂得自嘲，心事永远打着死结，拥堵于胸，一生得不到快乐。新新女性知道幽默，知道自我开解，知道原谅，知道轻松。因为，她把快乐放在自己手心，不系在别人的言行上。

9.爱美

女人贪心，当然，对美一定要贪心。女人的美丽不一定天生丽质，但肯定知道如何装扮自己。让每一天的心情跟着衣妆一起亮丽起来。她们美丽着，不为取悦男人，不是虚荣的表现，是女人热爱生活与维护自尊的表达。

10.保持镇定

阳光女人遇事冷静，临危不乱。她不愿意因为女人的特殊身份而享有特权：遇到危情，吓得脸色苍白，痛哭流涕，往男人的肩膀下钻，用眼泪作为捍卫自己的武器。她独立，有头脑，有能耐，可以用智慧、用个性魅力征服危难。更难得的是，她懂得在什么时候安慰男人，并且把男人的自尊照顾得很好，赢得他真心的喜爱。

这就是阳光下的女人，尽管她们还没有修炼到十全十美，但依然值得你以此为参照，最大限度地调整和改变自己。人生有太多的风雨，很多时候你根本无法预料接下来会发生什么，唯一的应对之道就是让自己随时生活在阳光里，让阳光性格伴你一生。

07 心思动用一点点，
百炼钢为绕指柔

女人的美貌，只能征服男人的眼睛；女人的温柔，却可以征服男人的心灵！

上班的时候，经常可以听到几个结婚N年的男同事抱怨，老婆在跟我谈恋爱的时候挺温柔可爱的，可是现在讲话却粗声大气，脾气越来越坏，不是唠唠叨叨，就是河东狮吼……

几乎所有结了婚的女人都会经历这样一个过程：面对自己老公身上的缺点、恶习，实在无法容忍，说一遍不听，只好三令五申……最后，斥责的声音居然超出了连自己都无法忍受的分贝。

女人们不妨问问自己，你的温柔去哪儿了呢？那个时常对老公吆五喝六的女人真的是自己吗？不要以为你命令了他、警告了他，他就会按照你的要求去做，要知道，当我们希望得到既定的结果时，一定要为对方的接受程度考虑，不要向他频频地说出"不要""不许""不准"之类命令的话，否则他会恼羞成怒、宁死不买账，反而让你更加生气。

其实对于男人而言，什么都能承受，什么都可以抗拒，但最经受不住的是女人的折腾，最抵挡不住的是女人的温柔，前者除非命中注定，否则一定不会心甘情愿；后者只要一旦遭遇，无论如何也会乐此不疲。

温柔是女人的天性，不要让时间和生活的磨炼而丢失了它。男人们会尊敬在职场上和他们一样打天下的女人们，佩服她们的睿智和男人一样的刚强、果断，但是他们一定不会娶这样的女人做老婆，太强悍的女人会让男人找不到事业上的优越感。试想一下，如果你的老婆比你还像"男人"，是不是悲哀呢？就如同一个女人，你的老公比你还像"女人"，你敢要吗？男人靠自己的强大征服世界，女人靠自己的温柔征服男人。

曾经有一个男人，在家包揽了所有的家务，做饭、洗碗等，我们问他："难道你老婆不做吗？"他说："每次都说好我做饭，她洗碗的，可是吃完饭她就变卦了。"

"那怎么可以，你呀……"男人无可奈何地笑笑，没办法，谁让人家会撒娇呢。大家开始起哄。

笑过之后你是不是有所领悟呢，别浪费你与生俱来的天性，充分地利用，你会发现你爱上了温柔的感觉。

有人说，女人存在的理由就是因为她具备男人所缺乏的温柔……让自己温柔、谦和起来吧，它的力量是你想像不到的，也许因为某件事你斥责了老公几十年，只差这么一点儿的温柔，你就可以改变他了。

08 一转念的改变，
牵住他的视线

让你的他将"我想你了"这句话，不仅时常挂在嘴上，还要时刻挂在心上！

夫妻生活在一起，天天朝夕相处，心理上的距离往往会导致渐渐疏远。在现实生活中，大多数的女人认为两人走到一块，不应有什么保留，尽量减轻男人对您的心理负担，好全心应付工作。男人也在生活中慢慢地把您当作常态，从不或很少挂念您。让男人觉得您为他做的都是很自然的，从而淡化了两个人之间的感情联系，从来不知您的好。这样对女人非常不好非常不公平，女人要想办法改变这一现象，让男人知道您的好，让他感到您很重要，让他离不了您。要办到这些其实很简单，您看以下这几招：

1.让自己高兴起来

男人对于女人总是要求他们"带动"一切的要求，心理负担异常沉重。因此女性不仅要让自己高兴，也该让男性喘口气，不要将全部重心集中于他身上。一个女人若是信心十足，就会格外让男人想起您，想起您和他在一起的快乐时光。

2.不公开全部秘密

过于公开容易使人失去兴趣，而尊重一个人的隐私权也无损于彼此的亲密。保留"坦诚公开"的结果，可能造成日后对离异恐惧感的隐藏。可使您因慢慢认识对方而产生更多的乐趣，就如同一座蓄水池般，可用来贮存未来，进一步加强了解，增加新鲜感，使男人时时牵挂您，想起您。

3.不急于确定关系

女人的安全感是非常重要的。男人和满怀自信而吸引人的女性在一起时，会感到轻松自在，因为女性不会急于要求男人和她们结婚。

4.适当地分别

适当地分别有利于男人女人保持对双方的新鲜感，使男人知道您不在身边的难处，常想起您在的好。有所谓"小别胜新婚"。

5.永远有自己的兴趣

男女拥有共同的兴趣不太可能，但个人的兴趣能够带来不同的经验，是产生新鲜与刺激的源头。如果能够有些新的体验，那将是非常令人兴奋的。

6.永远有所不同

对男人而言，稍微的变动显得更有挑战性，而且还会产生想念。但男人以为已经完全了解女人的时候，女人却出其不意地发生了令男人感兴趣的变化。这样男人会更想您。

09 轻松SPA，
让活力回归

浓情女人味，淡淡女人香。

现在街头巷尾到处可以看到香薰饰品店，美容院里也有很多香薰SPA服务，芳香的魅力可见一斑。女人一般都很喜欢芳香的东西，它能舒缓紧张的情绪，给你一份好心情。因此利用香薰来调节自己的心情真是再适合不过了。

香薰的基本概念就是从果实和花卉中萃取的天然芳香精油，促进身心健康和美容，换句话说就是利用芳香所蕴涵的植物力量，激发人类与生俱来的治愈能力，维持身心两方面的健康。

在芳香疗法中，所使用的是花草、药草等含有丰富药效成分的植物，将这些植物精华加以浓缩提炼后，就是芳香精油，这些等于是植物精华的血液与灵魂，所以，在闻这些香味或将它渗入皮肤时所获得的效果，与服用药物的效果是相同的道理。

在现代社会中，精神压力的不断增加，导致了许多女性的身体不适。这里的身体不适表现，在中医里叫"标"，而引起身体不适的精神心理因素则叫"本"。中医强调治病要治"本"，因此说，如果光治疗身体的症状，忘却了心灵的治疗，根本无法彻底恢复健康。芳香疗法最大的特征，就是着重于"心灵"的部分，针对身心同时加以治疗。下面是用各种芳香制剂治疗不同心理疾病的具体方法：

1.消除紧张或压力

工作太忙，身心疲倦，虽然睡眠充足，但总觉得浑身无力等。

精油处方：鼠尾草、熏衣草、罗马洋甘菊、乳香、橙花、杜松。檀香芳香浴：熏衣草3滴+罗马洋甘菊2滴+基础油2～4ml调和，在38℃～40℃水中，较长时间浸泡。芳香按摩：熏衣草4滴+橙花2滴+基础油20ml。

2.情绪焦躁，即将崩溃

无理由变得很焦躁，工作进展不顺利，总令人焦躁不安

精油处方：依兰、熏衣草、罗马洋甘菊、佛手柑、橙花、天竺葵。玫瑰芳香浴：情绪紧张时：罗马洋甘菊1滴+佛手柑1滴+熏衣草3滴+基础油2～4ml。女性特有的情绪焦躁，更年期障碍：玫瑰1滴+天竺葵3滴+洋甘菊1滴。薰香／芳香吸入：按照芳香浴中的处方，尽可能地用薰香器，使芳香在室内扩散。注意事项：钙质不足时，容易使人发脾气，以上精油处方，都有高度镇静作用，特别是佛手柑，感觉自己神经过敏时不妨多用，当心悸或情绪激动时，天竺葵、橙花能使人平静下来。

3.因不安、焦躁而情绪低落，诸事不顺、不愉快的事持续不断，总觉得心慌意乱焦虑

精油处方：橙花、甜橙、佛手柑、柠檬、葡萄柚、桔、茉莉、玫瑰。依兰芳香浴：橙花2滴+甜橙1滴+苦橙叶2滴。薰香／芳香呼吸：可用柑橘类的精油或偶尔用玫瑰、茉莉等昂贵的精油。

4.提不起劲、缺乏毅力

对什么都没兴趣，总觉得身体疲倦、头脑发呆，感觉怎样都行。

精油处方：玫瑰、迷迭香、佛手柑、天竺葵、杜松、熏衣草、柠檬。依兰等芳香浴：杜松3滴+迷迭香1滴+佛手柑2滴。芳香按摩：刺激精神的杜松和

迷迭香，以及调整身心协调的天竺葵、熏衣草都可以。薰香／芳香吸入：一天之中，只要有30分钟被芳香包围，就可以从忧郁的心情中解脱，用佛手柑等柑橘系列的精油最适合。

5.感到寂寞和孤独

精油处方：玫瑰、橙花、丝柏、罗马洋甘菊、乳香。佛手柑芳香浴：玫瑰1滴+橙花1滴+罗马洋甘菊2滴。芳香按摩：用上述处方，加基础油10%～20%以稀释为1%～15%浓度使用。薰香／芳香吸入：也可用芳香浴中的处方利用薰香器使用。

6.无法控制感情

精油处方：熏衣草、葡萄柚、天竺葵，花梨木。佛手柑芳香浴：葡萄柚1滴+天竺葵2滴+熏衣草3滴。芳香按摩：佛手柑1滴+花梨木3滴+熏衣草2滴+基础油20ml。薰香／芳香呼吸：选择喜欢的精油、随时闻香。

7.想要增加自信、发挥实力

精油处方：玫瑰、茉莉。注意事项：在众人前演讲、相亲等令人紧张的场面，可在左手手腕内侧滴1滴茉莉精油，心情顿时放松，芳香精油不能直接擦在皮肤上，但少量的茉莉或玫瑰可以代替香水使用，在不允许失败的日子中，选择茉莉，想自己成为最佳女主角，选择玫瑰。

8.疲劳工作、家务等每天都陷入筋疲力尽的精神和身体

精油处方：熏衣草、柏树、杜松、天竺葵、迷迭香等。芳香沐浴：熏衣草2滴+迷迭香2滴+天竺葵2滴+基础油2～4ml。身体按摩：杜松4滴+熏衣草4滴+基础油20ml。

9.失眠症身体虽然疲劳，却无法入睡，或进入不了深层睡眠，这种现象由于不能充分睡眠，所以无法恢复身体的疲劳，白天也没有精神

精油处方：熏衣草、洋甘菊、橙、马郁兰、檀香、快乐鼠尾草、罗勒、佛手柑、桔，平静神经，达到放松效果的芳香浴：熏衣草3滴+洋甘菊1滴+桔2滴。强烈精神压力导致失眠的芳香浴：熏衣草3滴+橙花2滴+洋甘菊1滴。芳

香按摩：在上床前15分钟，按照芳香浴中的处方稀释成1%～15%使用。薰香／芳香呼吸：在枕头上滴1～2滴熏衣草或用香薰炉薰香，使整个房间都有自然芳香。

注意事项：罗勒本来就是具有刺激作用，在绞尽脑汁都无法入睡，神经充分紧张都无法入睡时使用。

因此，当你心绪不佳时，就可以去做个SPA，彻底放松自己，感觉活力一点一滴地回到你的身体里，心情自然也就会飞扬起来了。

10 平和心态
应对平常生活

爱情如水，并且还是白开水，天天用，热的时候可以喝，凉了也可以喝，隔夜的你还可以用它来洗脸洗手，纯洁而且朴实，想说出它怎么个好喝或怎么有营养来，难，也用不着。精彩和浪漫都是如鱼饮水冷暖自知的事。以沉默来表示爱时，其所表示的爱最多。

有人说男人的狂暴、性情不定胜过于狮子脾气，当然这有一定的道理。不过，在这个世界上还有一种动物比男人更喜怒无常，心态更不容易稳定，那就是女人。

大多数的女人们表面上看上去温文尔雅，弱不禁风而她们一遇到事情常常会暴躁不安，内心波动甚大。而处于婚恋期的女人更甚，她们对待外人往往能够心平气和地以礼相待，而对待自己的另一半往往就缺乏了应有的耐心，遇到事情总是三句两句就将问题复杂化了，吵架打闹自然就成了在所难免的事情了。

这也是人们送给诸如以上女人"河东狮"外号的原因了，其实那个"河东狮吼"的引申义为"因为爱老婆而怕老婆"，现在去掉了这层引申义，直接为表现已婚女性的凶悍、泼辣与蛮不讲理的代言词了！

当然，这有些夸张，不过建议那些处于婚姻中的善于河东狮吼的女人们应该多考虑一下，当你"河东狮吼"地吩咐家里的男人做这儿做那儿时，你是否该反省一下了？把你献给初恋情人那一份温柔，也分些给那个被你喝来吼去的男人。

有问题解决问题，心平气和地分析问题，既然二十几岁的你既靠不上青春期的边儿，又与更年期无缘，什么事情不能心平气和地来解决呢？这是忧伤女性高雅气质的最大杀手，也是让外人耻笑家庭的最大原因。因此，聪明的女性都不善于使用河东狮吼这一法宝。

"河东狮吼"除了有伤女人高雅的气质之外还会对身体多个方面造成伤害。

心理学研究表明，脾气暴躁，经常发火，不仅增强诱发心脏病的致病因素，而且会增加患其他疾病的可能性。

女人发脾气会让自己衰老得很快，还会导致更年期的提前。而有效地抑制生气与不友好的情绪，使自己融于他人，会提高自己的修养。要知道，"生气就是拿别人的错误惩罚自己"，你会做那么愚蠢的事情吗？

每当你想要发脾气的时候，先在心中数十个数控制一下，如果你仍然觉得需要发脾气，那就发吧。以下是几种控制自己发脾气的办法，不妨在发脾气之前试试看：

1.意识控制

当你愤愤不已的情绪即将爆发时，用意识控制一下自己，提醒自己应当保持理性，还可进行自我暗示："别发火，发脾气会让自己多长几条皱纹的。"

2.自我检讨

勇于承认自己爱发脾气，必要时还可向他人求助，让自己从今以后克服这一毛病。经常发脾气的女人会让男人觉得不可理喻，时间长了也会让人觉得厌烦和恐慌。

当一个人受到不公正的待遇时，任何人都会怒火万丈，但是无论遇到多大的事，都应该心平气和，冷静地、不抱成见地分析一下问题，如果是对方的错误，让对方明白他的错误之处，而不应该迅速地做出不合理的回击，从而剥夺了对方承认错误的机会。

3.推己及人、将心比心

就事论事，如果任何事情你都能站在对方的角度想一想，那么你就会觉得没有理由迁怒于他人，气也就自然给消了。

心平气和及时解决问题的办法，更是展现女人高雅气质的利器。不愉快的心情也会随之消失。脾气暴躁的女人很容易让人产生反感，尤其是职业女人，会给别人一种很浮躁的印象，影响你在别人心中的形象。

温柔是女人的天性，善解人意是女人最大的优点，女人的宽容和善良能化解所有的矛盾和不愉快。女人，控制你的脾气，展现你迷人、大度的微笑，你会发现，没有过不去的坎，没有办不成的事。

11 拥有女人味，
摇曳风情万种

女人，你可以不漂亮，但是一定要有女人味，有时，一个小动作、一件小饰品就能让你浑身上下散发迷人魅力。

女人之所以为女人，因为她们是美丽、性感的代名词，不要愧对女人这个称呼，发挥你的魅力，让这个世界因你而精彩。女人之所以为女人，因为她们是美丽、性感的代名词。有时你可能会听到别人说："她什么地方都不错，可就是感觉少了点'女人味'"。

"女人味"可以让你区别于其他的女人，是一种韵味。它不单单是内在美和气质的表现，也是女人综合素质的诠释。下面就教你几个小秘诀，让你瞬间散发迷人光彩。

拥有一双高跟鞋。一双合适的高跟鞋配上薄丝高筒裤，会令你的双腿亭亭玉立，走起路来婀娜多姿，尽显你的魅力。

适度的裸露。女人露得太多，会被认为不庄重；把自己包得像个"粽子"，又浪费了大好的身材，被人把你当成守旧的女人。

如何露得恰如其分，是一门学问：对颈部有自信的女人，穿V字领的衣服，再搭一条精致的细链，即能衬托美丽的颈部；对肩部有自信的人，吊带、抹胸都是不错的选择，如果担心露得太多，外面可以配个肩围或小的纱网；对胸部有自信的人，可以多解开一个衬衫的纽扣，穿透明衬衫搭配同色系的花边胸罩；对大腿有自信的人，可以穿迷你裙，若穿长裙的话，可以露出足踝。

适当的害羞。女人吸引男人的秘密武器就是适当的害羞，如果你平时像男孩子一样豪爽或干练的女强人，适当地害羞会让男人觉得你有时也很"妩媚"的；如果一派天真的脸上突然泛起红晕的少女，没有哪个男人会不动心。但要注意"害羞"不可"使用过度"，否则有淫荡之意，很容易让男人产生非分之想的。

选择一种香水。香水就像你的专有标志。有些女人爱把香水涂在发根、耳背、颈项和腋下，这会影响整体的味道。

最好的方法是：将香水涂在肚脐和乳房周围，另用一小团棉花蘸上香水，放在胸罩中间，这样不但香味保持长久，还可以使香味随着体温的热气，向四面八方溢散。

12 懂得幽默，
笑对生活

幽默不是男人的专利，幽默的女人同样是大众的焦点。

幽默是一种特殊的情绪表现，而且不仅仅是男人的专利，女人也要在社交场合中经常运用它。

幽默可以让你在面临困境时减轻精神和心理压力。俄国文学家契诃夫说过："不懂得开玩笑的人，是没有希望的人。"可见，生活中的每个人都应当学会幽默。

人人都喜欢与机智风趣、谈吐幽默的人交往，而不愿同动辄与人争吵，或者郁郁寡欢、言语乏味的人来往。幽默，可以说是一块磁铁，以此吸引着大家；也可以说是一种润滑剂，使烦恼变为欢畅，使痛苦变成愉快，将尴尬转为融洽。

其实，在社会中我们不难发现：男性一般都能够将幽默和欢乐带给身边的每一个人，而女人在这点上就较之男人们逊色了，所以培养自己的幽默感也是交际中女人值得注意的地方。

美国作家马克·吐温机智幽默。有一次他去某小城，临行前别人告诉他，那里的蚊子特别厉害。到了那个小城，正当他在旅店登记房间时，一只蚊子正好在马克·吐温眼前盘旋，这使得职员不胜尴尬。马克·温却满不在乎地对职员说："贵地蚊子比传说的不知聪明多少倍，它竟会预先看好我的房间号码，以便夜晚光顾、饱餐一顿。"大家听了不禁哈哈大笑。

结果，这一夜马克·吐温睡得十分香甜。原来，旅馆全体职员一齐出动，驱赶蚊子，不让这位博得众人喜爱的作家被"聪明的蚊子"叮咬。幽默，不仅使马克·吐温拥有一群诚挚的朋友，而且也因此得到陌生人的"特别关照"。

现实生活中有不少人善于运用幽默的语言行为来处理各种关系，化解矛盾，消除敌对情绪。他们把幽默作为一种无形的保护阀，使自己在面对尴尬的场面时，能免受紧张、不安、恐惧、烦恼的侵害。幽默的语言可以解除困窘，营造出融洽的气氛。

幽默是人际交往的润滑剂，善于理解幽默的人，容易喜欢别人；善于表达幽默的人，容易被他人喜欢。幽默的人易与人保持和睦的关系。

长今的养父姜德久诙谐幽默，是《大长今》中最搞笑的角色，插科打诨妙趣横生。

尚膳大人向德久调查元子中毒事件并将德久关在大牢里，长今和韩尚宫来看他。

长今："大叔这是怎么回事？"

德久："这是阴谋。除了我还有很多待令熟手，他们嫉妒皇上太宠爱我，所以一定是他们在做的饮食里面加了不该加的东西。

长今："当时也有其他熟手在场？"

德久嘿嘿一笑："没有。"

韩尚宫："都什么时候了，你还开玩笑？"

德久："娘娘，一定是我吓坏了才会说出这样的话。当时娘娘您也尝过小的熬炖过的全鸭汤，没有任何的问题，按照拔记煮的，所用的食材只有鸭子和冬虫夏草而已。元子大人用过之后怎么会昏倒呢？为什么呢？会不会是脚步没踩稳，一下跌倒了呢？"

幽默就具有如此神奇的力量，能给你带来很多意想不到的好处。幽默不仅能使你成为一个受欢迎的人，使别人乐意与你接触，愿意与你共事，它还是你工作的润滑剂，促使你更好更快乐地完成工作。这往往是采用别的方法所不能达到的，也是成本最低的一种方法。

如果你能够恰如其分地把你的聪明机智运用到智慧的幽默中来，使别人和自己都享受快乐，那么，你就会得到更多喜欢你、钦佩你的人，会获得更多支持和关心你的朋友。幽默要想能够打动人，那就要得体，下面就是给你的几条建议：

1.轻松应对

你首先要做的是放松。如果你付诸了行动，没有人会对你表示不满，况且你要面对的也不是改变命运的考验。你只不过是想给自己的生活和言谈增姿添彩，使自己显得更为随和。因此不要给自己太大压力。

2.不要较真

减轻生活和自我的压力，要习惯于对事情持保留态度。遇事要看到幽默的一面。你会发现，在大多数情况下，即使是接到200元的违停或超速行驶的罚单或踩在香蕉皮上滑了一跤也可以为你带来幽默的谈资——秘诀是你能发现这些事情，并敢于自我解嘲。

3.做"流行文化通"

如果你没有一些参考资料或素材，那你不可能有幽默感。你的知识面越宽，你说的话就越风趣。

例如，如果你对《阿森家族》（美国著名的动画片）一无所知，那么你就不可能有一番"霍默"风格的品头论足。因此你了解的电影、电视、音乐和各种流行文化越多，你的幽默感就可能越强。扩展自己的视野并关注时事热点，你会惊奇地发现有那么多幽默素材会不期而至。

幽默不仅仅是大开玩笑，它取决于你谈话的习惯，看待事物的态度，如何表现自己以及说话时的腔调和姿态。言谈要生动活泼，这样你就能使所有的故事变得趣味盎然。

与他人进行目光交流，自信地发表意见，这样每个人都想倾听你的故事。另一方面，如果你的幽默较为隐晦，具有讽刺性，那就扮演一下那一角色，并用一种平淡的语调来说话。你的表达技巧需与你的幽默保持一致，如果时机不当，那么你会弄砸了整个玩笑的。

4.要有创意

具有幽默感不仅仅是翻来覆去地炒"旧饭"。如果你将一些流传多年的笑话改头换面，旧调重弹，人们会觉得你是傻子，而不是一个富于幽默感的人。幽默最好是在谈话或讨论时融入一些独到和发自内心的见解。

5.不惧失败

你的目标并不是要哄堂大笑，而且任何一个优秀的喜剧演员偶尔也会砸场。因此不要担心没有人喜欢你的幽默——要么视而不见，要么一笑置之，并且不论你做什么，不要扎进"玩笑堆"里，费劲心机去逗乐每一个人——你不必如此。

做一个懂得幽默的女人，同时也是有情调的女人。幽默不仅仅在社交中，生活中一样可以提高你的人气。

13 激发灵气，
展现独特自我

山不在高有仙则名，水不在深有龙则灵；女人不在漂亮，有灵气则惹人。

灵气是生命中的亮点，不在于年龄的大小，不在于职位的高低，不在于成熟或者幼稚，不在于稳重或者张扬，那是女人身上焕发出来的与生俱来的一种气质！是每个女人都具备的。灵气来源是内涵，来源是感觉和认识，是女人潜意识中本质的表现。

女人的灵气并不是狐仙们闭门修炼若干年的修为，女人的灵气需要焕发，需要激励，更需要提炼。换句话说女人的灵气是与自己相知相识的人接触中不断产生的火花。零星的火苗点燃了女人内心深处的灵气之光，面对一个根本不入自己眼睛的男人，任何一个女人都难展现出一丝的灵光。

灵气在不断的接触过程中闪现，是女人生命的激素，是女人情感的助燃剂，是女人精神支撑的点点基石。女人的感觉很外露，散发灵气的女人大多处于情感的旺盛期，眉目传情扫死千万，嫣然一笑万山横。情感富有的女人眼睛会放光，容颜也会更加的性感。

灵气是灵魂忠实的卫士和亲密的朋友，它们不是姊妹关系。更多时候灵气是灵魂深处美好的表现，是一种升华。如果一个人想要同另外一个人沟通，必须通过了解，明白感觉。可在最初必须要有东西能牢牢的吸引住，这个时候灵气就散发出来。一见钟情是怎么回事？就是因为第一眼的接触立马就焕发了自身的灵气，两种气的融合造就了轰轰烈烈。女人爱上一个男人往往被说成稀里糊涂，其实是因为她们被男人的魅力所征服。而此时男人所表现的魅力正是成长于女人的灵气之中，正是女人的灵气焕发了男人的魅力。

灵气的焕发必须要有真实作为基础，聪明的女人不是整天炫耀自己这好那也好，因为她们知道男人是永远吃不饱的，她们会一点、一点地散发出来她们的灵气，对于自己的灵气她们会相当吝啬。如果真的想要彻底感悟一个女人的灵气，男人只有一条路走，那就是真心换真意。

女人的灵气是女人无论如何都装不出来的，真实的女人才具有灵气，背离真实自我的女人，无论多温柔多可爱都会缺乏鲜活的感觉。真实的女人的灵气是女人可爱的魂！

没有任何一个女人希望自己平淡的过一生，不出彩的生活就像沉重的石磨，会把女人有限的青春碾得粉碎，婚后的女人往往觉得自己不需要灵气了。其实是大错特错了，因为她们心中也不缺乏幻想，她们甚至比婚前对爱情的渴望更甚。只不过是少了一些在幻想中找感觉而已，只是更加的真实了。可应该真切的看到，真实的生活才更能磨炼自己的灵气，毕竟自己身边所拥有的是真真切切的，实实在在的，辛苦得来的幸福啊。

女人的灵气是照亮女人一生的探照灯，更是吸引男人一步一步走过来的指挥棒。好女人会懂得珍惜自己的灵气，把握自己的灵气。

14 美丽自己，美丽心情美满爱

懒女人比丑女人更可怕！

女为悦己者容，千百年来这句话仿佛成了真理。其实则不然，在现在这个社会，化妆是对别人的一种尊重，也是对自己的一种重视，更是体现女人魅力的绝招。

爱美是女人的天性，作为女人你有权利让自己通过各种方式变得漂亮，不要以为街上的美女、银幕上的明星都是天生的肌肤胜雪、身材婀娜。你是否知道明星每天不管拍戏多累都要坚持卸妆，做皮肤保养，而这些并不需要去美容院，只需要几片水果或者一张面膜就可以搞定；你是否知道朱茵十几年来如一日地做胸部按摩，以致在女明星中受到的羡慕声片片。

如果你认为自己不够白皙，如果你认为自己需要减肥，那你不妨为自己制定个计划，然后坚持下去。不要以为自己有了老公就可以每天蓬头垢面。每天打扮一下自己，弄弄头发，化化妆，你会发现老公日渐暗淡的眼睛也会发亮，而你也在这种自信中找到了从前的自己——那个年轻时光鲜漂亮的你。

女人，让自己美丽起来，不管是悦别人也好，悦己也罢！归根到底都是让周围的人或是让自己高兴，通过自己的满意、欣喜，得到满足。

其实打扮不是一件很难的事情，每天出门前打开衣柜搭配一下衣服，化个淡妆，光鲜漂亮地出去见人！其实，打扮的细节最重要了，它最能体现自己的品位，有时一件合适的小饰物就能完全展现你的个性。不要以为你是居家女人就可以毫不修饰，淡淡的妆容也是对别人的尊重。

要知道，女人的美无时无刻不在，只要你稍微留意、简单装扮照样能够美出来。

千万不要以家务繁忙为借口而懒于打扮，要知道，日本的女人通常都会在老公到家前半小时把自己打扮得漂漂亮亮的，让老公一进门就有一种赏心悦目的感觉；她们也会在老公睡觉前半小时就沐浴完毕，在床上乖乖地等待老公；早上的时候她们会先于老公半个小时起床，洗漱、化好妆后，把早饭端到老公面前，让自己呈现在爱人眼前的永远是最美丽的一面。因此，世界上大多数人提到日本女人的时候，都会举起大拇指夸赞她们温柔、贤惠，还有美丽的！

当然，我们不用像日本女人一样，但是简单打扮一下自己也是很有必要的，不要以为男人真的不会抛弃黄脸婆。要知道，男人都属于视觉动物，你连外表都不能让他满意，还指望他能为这个家付出多大的努力呢？

让自己变得美丽也会让你的老公更爱你，不要吝啬那半个小时的时间，梳梳头发，做做面膜，买几件时尚的衣服，时刻展现靓丽的自己。

作 者 简 介

苏林琴，女，1978年生，浙江温州人，分别于2001年、2004年、2007年在北京师范大学获得教育学学士学位、管理学硕士学位和教育学博士学位，副研究员。

曾在《教育研究》、《黑龙江高教研究》、《教育学报》等中文核心期刊发表学术论文20余篇；参与编写《教育法学》、《高校教育教学改革的理论思考与实践探索》等教材和著作5部；参与"国家中长期教育改革和发展规划纲要"、"高等学校本科教学工作分类评估方案"等国家级重大课题3项，主持省部级课题4项；参与《高等教育法》、《教师法》等法律文本的修订工作。2008年，获北京市高等教育学会第七次优秀高等教育科研成果一等奖。2011年，入选北京市属高校"中青年骨干人才"。

摘　要

　　高等学校和学生的法律地位及双方的法律关系不仅是教育学、法学的基本理论问题，也是社会广泛关注的现实问题。本书的主旨在于分析高等学校和学生之间的行政法律关系，确定高等学校和学生的法律地位，探讨规范学校权力、保障学生合法权利的路径。学生是高等学校的主体，没有学生高等学校也就失去了存在的意义和价值，确立学生的主体地位是本研究很重要的一个逻辑思路。

　　高等学校的法律地位包括在行政法和民法上的法律地位。"事业单位法人"仅是对高等学校在民法上法律地位的界定，而法律法规授权组织虽然可以解释高等学校的权力性质，却不能解释法律为何授权、对谁授权、何时授权等问题。本书以作为教育服务提供者的高等学校为出发点，在分析高等学校是以实现公共利益为目的、履行公共职能、行使公共权力的基础上，将高等学校的法律地位界定为公务法人。公务法人体现了纵向上的"公务"与横向上的"法人"两种关系，是对高等学校一种比较恰当的法律定位。

　　高等学校作为公务法人，在履行公共权力，提供教育服务的过程中与学生发生的法律关系既包括行政法律关系，也包括民事法律关系，但主要表现为行政法律关系。高等学校与学生的行政法律关系是围绕公民的受教育权利，基于行政行为而产生的。这种法律关系具体分为入学法律关系和在学法律关系。高等学校和学生的入学法律关系主要是一种行政法律关系，而在学法律关系则是以行政法律关系为主的复合型法律关系。本书主要分析了高等学校和学生行政法律关系的形成和变迁、传统特别权力关系的局限性以及高等学校与学生的部分行政法律关系逐渐由特别权力关系转变为具有双方合意的行政契约关系。

行政契约作为调节高等学校与学生法律关系的一种方式，其引入高等学校主要在于宪法、教育法和民法的法理依据。平衡论是高等学校与学生行政契约关系的核心理论。同意理论、授权理论和契约理论也是这种关系得以成立的理论基础。行政契约关系的确立主要在于保障学生的权利主体地位，促使高等学校管理的法治化。但是，完全打破传统的特别权力关系建构一种新的理论来解释高等学校和学生的法律关系有较大的难度，也不可能将高等学校和学生的法律关系都解释为行政契约关系，只能将其限定在一定的范围内，或者说只能在一定程度上引入行政契约相关的精神和原则。本书试图分析行政契约关系在学籍管理、教学管理、宿舍管理领域的存在限度和可行性。

高等学校和学生在行政契约关系视野下需要重新配置各自的权利。行政契约关系的落实主要通过保障学生的程序性权利和规范高等学校的权力来实现。参与权、知情权和申诉权是行政契约关系中契约性的主要表现。行政契约的行政性强调高等学校的行政优益权。高等学校与学生契约关系的保障需要对这种权力进行限制，同时还需对这种权力给学生造成的损害进行行政赔偿。

总之，高等学校与学生之间是公共服务提供者和利用者的关系，两者主要形成的是以实施教育和接受教育为目的的行政法律关系，这种行政法律关系存在着向行政契约转变的可能性。

关键词 高等学校；学生；高等学校与学生的法律关系；公务法人；特别权力关系；行政契约

Administrative Contract: A New Legal Relations between Higher Educational Institutions and Students in China

ABSTRACT

The respective legal status of and the legal relations between higher educational institutions (HEI) and their students remain not only a fundamental theoretical issue in the field of pedagogy and law, but also a realistic issue drawing wide attention from the society. The paper tries to delve into the administrative juridical relations between HEIs and their students in China, identify the respective legal status of these two parties, and explore the possible means of regulating HEIs' power and protecting students' legal rights. While students constitute the main body of an HEI, HEIs will loss their value of existence without such a main body. Hence, treating students as the main body of rights represents one of the essential logic of this paper.

The legal status of HEIs can be read in two senses, i. e. the one in terms of administrative law and the other in terms of civil law. The concept of institution legal person only serves to define HEIs' status in the language of civil law. However, while this partly justifies the power of HEIs, the simple recognition of the legal endorsement of their power can barely explain why, to whom and when such power will be endorsed. Based on the findings that HEIs are performing a public-servicing role and executing public power to realize public interests, and that in particular, they operate as the provider of educational services, this paper proposes that HEIs shall be legally defined as publicly-owned establishments. The concept of publicly-owned establishments embodies both the vertical relations of providing public services as well as the horizontal relations of operating with the status of a legal person, hence could serve as a more appropriate term to describe the legal status of HEIs.

In the process of performing public power and providing educational services, the legal relations between HEIs (as publicly-owned establishments) and students are mainly demonstrated as administrative juridical relations, while to certain degree, as civil legal relations as well. The administrative juridical relations between HEIs and their students are generated from the citizen's rights to education and based on administrative behavior. Such relations can be understood in the form of enrollment relations and on-campus relations. The enrollment relations are mainly in the simple form of administrative juridical relations, while the on-campus relations are mostly in the form of mixed relations with a large presence of administrative juridical relations. This paper looks at the formation and development of the administrative juridical relations between HEIs and their students in China, studies limitation of traditional HEI-Student special power relations, and traces the development of part of the administrative juridical relations between HEIs and their students from special power relations to mutually-desirable administrative contractual relations.

The respective provisions in the Chinese Constitutions, Law of Education and Civil Law justify the introduction of administrative contract into the regulation of the legal relations between HEIs and their students. Theory of balance posits itself as the central theory of the administrative contractual relations between HEIs and their students. Nonetheless, theory of consent, empowerment and contract also underlie such relations. The establishment of administrative contractual relations serves to ensure students' status as the main body of right and facilitate the rule of law of HEI management. However, it is difficult to entirely ignore the traditional special power relations and structure a new theory to explain the legal relations between HEIs and their students. Moreover, it is impossible to perceive such legal relations all in terms of administrative contract. Hence, the idea and principle of administrative contract can only be employed to certain degree and within certain range. This paper attempts to identify the feasibility, degree and range of the existence of administrative contractual relations in the fields of enrollment management, teaching&learning management and dormitory management in HEIs.

Through the perspective of administrative contractual relations, HEIs and their students need to re-allocate their respective rights. Administrative contractual relations are mainly realized by protecting the procedural rights of students and regulating the power of HEIs. While on one hand, the rights to participate, to know and to complain demonstrate the contractuality of such relations in most cases, while the administrative priority embodies the administrativity of such relations on the other hand. The protection of the administrative contractual relations shall be based on the regulation of HEIs' power, together with the administrative compensation made to the students who are impaired by such power.

To conclude, the relations between HEIs and their students are those between the provider of public services and the corresponding recipient. Such relations are administrative juridical relations based on the provision and reception of education, which carry the feasibility of developing into an administrative contract.

key words: higher educational institutions; students; legal relation between HEIs and their students; publicly-owned establishments; special power relation; administrative contract

目　　录

序

从近年来的教育体制改革看，高等教育领域所发生的改革相对于其他教育领域而言是引人注目的，因此也吸引了众多的博士生以此作为自己的研究方向。苏林琴博士的《行政契约：中国高校与学生新型法律关系研究》一书就是在这样一个背景下所做的对高等学校与学生法律关系的研究。源于1985年的我国教育体制改革，一个重要的改革目标就是"简政放权"。"简政放权"的改革是在两个向度上进行的，一个是由中央政府向地方政府放权，另一个是由政府向学校放权。相对而言，由于前一种类型的放权是在国家权力系统内部的放权，权力的下放并未导致其性质的改变，因此要容易一些。而后一种类型的放权，由于权力由政府转移给了学校，因此相当一部分权力伴随着权力主体的变化而发生了性质上的变化。本书所讨论的问题应当就是属于教育体制改革所出现的这样一种情况，是由于高等学校法律地位的变迁、高等学校办学自主权的获得而导致的一种变化。传统的高等学校与学生的特别权力关系在这一变革中已经产生分化，因此必须设计一种可以调整这一关系的新的制度性框架，切实维护和保障相关主体的权利，这已成为我国教育体制改革和教育法制建设中的一个必须面对的问题。其实我们可以从我国20世纪80年代以来的法制建设历程体会到这一变化的过程，从1982年的宪法一直到2010年颁布的《国家中长期教育改革和发展规划纲要（2010–2020年）》，我国的教育法律与政策已经并且正在不断地确认或恢复学生应享有的许多权利，为学生主张权利提供了重要的法律依据。

　　本书将高等学校与学生的法律关系分为入学法律关系与在学法律关系两个阶段，从公民受教育权利的宪法属性、高等学校实施教育行为的公务属性等角度，论证两者行政法律关系的形成；从行政契约的内在特性、学生权利主体地位及平衡论、同意理论、授权理论、契约理论等方面，阐述我国高等学校与学生行政契约关系成立的必要性、可能性及理论基础。在进行充分论证之后，作者指出，从高等学校与学生在学籍管理、教学管理、宿舍管理等方面所发生的关系性质看，存在着通过行政契约来加以调整的可能性，并通过强调学生的参与权、知情权、申诉权等程序性权利来制约和规范高等学校在招生录取、规章制订、学业评价、对学生的惩戒处理等权力的行使，最终实现高等学校管理的法治化。

　　本书引入双方合意的行政契约关系来解释高等学校与学生的法律关系，通过合意的实现过程，建立学校与学生双方的沟通与合作，这是对现实问题做出的一种自成一家之言的解释和创新。由于这一问题的复杂性，因此这项研究还远未结束，相信苏林琴还会一如既往地坚持研究下去，最终形成完善的、足以指导实践的理论体系。

劳凯声

2011 年 5 月 10 日

第一章 绪 论

跨入 21 世纪的中国，正处在全面走向权利和法治的时代。在这个时代，以人为中心和归宿的法的价值越来越深入人心。由此而言，教育法价值的彰显，既体现为教育管理效率的提高，也体现为对社会公共利益的维护，更重要的则是看它能否实现对个人权益的保障。① 由于我国高等学校和学生之间法律关系的模糊，高等学校管理工作的价值导向仍主要着眼于有效地规范和维护正常的教育教学秩序，高等学校权力自觉不自觉地侵入学生私权的领域，对如何"维护学生的权益"重视不够，使得高等教育诉讼案例不断发生。本书旨在正确处理高校权力与学生权利之间的关系，在公共利益和个人利益之间维持必要的平衡，为真正彰显教育法的价值而探索一条有益的思路。

第一节 问题的提出及研究意义

（一）问题的提出

1. 高等学校法律地位的模糊使得其与学生的法律纠纷难以明确定性

"在我国由于无公法和私法之分，也无公法人和私法人之别。故学校

---

① 秦惠民. 当前我国法治进程中高校管理面临的挑战 [J]. 清华大学教育研究，2001 (2)：58.

等事业单位实际处于模糊的法律地位。我们常常面对一种尴尬境地: 组织形态上, 一方面很多的法律法规授权事业单位从事公共服务, 履行公权力, 有些事业单位实际成为一类特殊的行政主体; 另一方面, 人们坚持事业单位和企业以及行政机关的区别, 并习惯于将事业单位排除在行政机关之外。在司法救济问题上, 一方面, 面对事业单位与其利用者、使用者之间关系的特殊性, 人们无法将所有事业单位与利用者之间的所有关系定性为平等主体之间的民事关系而纳入普通民事诉讼中; 另一方面, 事业单位与其成员或利用者之间的争议又被排斥在行政诉讼之外。于是, 此类争议成为司法救济的真空地带。"① 这种状况在司法实践中造成了司法机关无法判断高等学校和学生之间的纠纷, 何者属于行政法律关系? 何者属于民事法律关系? 因此, 有必要区分高等学校在公法和私法上的法律地位。

虽然我国没有明确的公、私法理论, 但在现行诉讼体制之下, 由于实体法上适用的法规性质不同, 诉讼程序分为民事诉讼和行政诉讼, 两者程序的处理各不相同, 使得公法与私法的区分成为必要且具有实际意义。1986 年《中华人民共和国民法通则》(以下简称《民法通则》) 制定之初, 没有确立公、私法的划分。但 1989 年《中华人民共和国行政诉讼法》(以下简称《行政诉讼法》) 颁行以后, 界分公法和私法有了实际意义。民事诉讼和行政诉讼的区分意味着我国建立了公私法二元化的司法救济制度。英美法系国家没有公、私法的界分并不会给司法造成困扰, 但对我国来说这却会造成实体法和诉讼法的无法衔接。从我国法院民事和行政案件分庭审理的现实来看, 民事关系和行政关系的区分是必须的。

因此, 在民事诉讼与行政诉讼分野的诉讼体制下, 如果试图将高校与学生的纠纷纳入司法监督的范围, 必须首先解决高等学校法律地位问题。高等学校的法律地位是指高等学校在社会关系系统中的纵向位阶和横向类别。② 也就是说, 高等学校的法律地位包括在行政法和民法上的双重法律地位。1998 年《中华人民共和国高等教育法》(以下简称《高等教育法》) 规定 "高等学校自批准设立之日起取得法人资格"。按照《民法通

---

① 马怀德. 公务法人问题研究 [J]. 中国法学, 2000 (4): 43.
② 劳凯声. 教育体制改革中的高等学校法律地位变迁 [J]. 北京师范大学学报 (社会科学版), 2007 (2): 5.

则》的分类，法人分为企业法人、机关、事业单位法人和社团法人。高等学校属于"事业单位法人"。也就是说，事业单位最初是根据我国民事法律——《民法通则》确定的，《事业单位登记管理暂行条例》虽然是国务院的行政法规，但仍然沿袭《民法通则》的思路，所以"事业单位法人"一词无法反映高等学校在行政法上的法律地位，而仅揭示了其在民事法律关系中的民事主体地位。高等学校在行政法律关系中的地位，我国现有教育法律至今没有明文规定，理论界存在公务法人、公法人中的特别法人、法律法规授权组织等不同观点。从目前研究的现状看，也没有形成一种统一的认识。高等学校在行政法上法律地位的不明确使得高等学校行使的公权力缺少限制和约束，也使高等学校的部分私权公权化。这也说明，20世纪80年代建立的法人体系，反映的是计划经济体制下的社会关系状况，难以准确地描述当前高等学校法人的基本特征，在实践中造成了诸多问题，在当前的社会变迁中显然难以应对社会发展的需要。据此，重新设计高等学校的法律地位就是迫在眉睫的事情。①

从国外的情况来看，虽然范围和程度不同，但在英美法系和大陆法系国家，公立高等学校均受到公法规则的约束。大陆法系国家公立高等学校作为公务法人，学生与学校之间的关系属于公法关系，整体上受公法调整。在美国，公立学校与私立学校通常会使用相同的规则，但公立学校会受到较多的公法规则的约束。

可见，解决我国高等学校法律地位不明的问题，当务之急是明确高等学校在公法上的法律地位，实现高等学校公法地位的回归。况且高等学校作为国家设立以提供教育服务为主要职能的组织，从设立者、行使的职能、服务的利益目标上看都带有鲜明的公法特点。

2. 高等学校与学生之间特别权力关系色彩浓重导致学生合法权利得不到有效保障

高等学校在行政法和民法上"公、私不分"的法律地位，导致了高等学校的权力失范和无序，使得高等学校和学生之间的权利义务严重失衡，高等学校在学生管理方面享有无限扩张的权力。

---

① 劳凯声. 教育体制改革中的高等学校法律地位变迁 [J]. 北京师范大学学报（社会科学版），2007（2）：13.

长期以来, 我国高等学校和学生的法律关系被认为是一种"特别权力关系"。在这种观念的影响下, 学校拥有绝对的权威, 权力具有高度的强制性: 首先, 学生一旦入学取得学籍, 就必须无条件地遵守学校单方面制定的规章制度, 而不管这些规章制度是否合法与合理; 其次, 为保证学校正常的教学和生活秩序, 在学籍管理、学位、学历管理等工作中, 高等学校有权根据入学、注册、成绩考核与记载考勤、升级与留级、开除学籍、退学的有关规定对学生进行管理、奖励和处分, 而不论这些管理的程序和方式是否合法与合理; 再者, 学生对学校的抽象管理行为既无申诉权, 又无诉讼权, 只能绝对服从, 对学校的具体管理行为不服时, 除涉及人身权、财产权可以依照有关法律提起诉讼外, 其余均只能申诉。

学校与学生间的特别权力关系, 实质上是为学校提供了一个在法治国家不受法律约束的乐园, 这与法治原则不符。随着时代的发展, 传统的特别权力关系理论逐渐受到质疑。然而, 到目前为止, 学界仍没有形成一种解释高等学校和学生之间法律关系的明确定论, 但契约已经成为影响高等学校和学生法律关系的重要变量。

3. 学生权利意识的增强呼唤高等学校与学生法律关系的重新定位

由于我国高等教育在理论观念和制度设计上受特别权力关系理论的影响, 一直以来高等学校在对学生的管理中具有高度的强制性和命令性, 管理活动中对程序不重视、不履行甚至是违反程序, 侧重于对学生的管理, 而忽视了学生作为权利主体的一面, 使得学生权利的实现和保障均存在较大难度。最近几年的高等教育诉讼中, 学生状告高等学校侵犯其权利的案件占了很大比例, 说明学生权利和高等学校管理权力的矛盾冲突迫切需要法律和理论研究作出有效回应, 也表明我国高等学校与学生的法律关系正在发生微妙的变化。

高等学校和学生法律关系的变化, 其中一个很重要的原因就是学生权利意识的增强。在国际上, "二战"后尤其是20世纪60年代的学生权利运动, 使学生的权利意识空前高涨。人们不再将学生视为消极、被动的受教育者和被管理者, 而承认他们在进入学校之后仍然享有各项公民权利, 学生权利受到广泛的重视。在我国, 随着社会的发展, 公民权利意识的增强, 学生要求权利的呼声也越来越高, 越来越重视行使和维护自身的权利，希望能够在高等学校中成为真正的权利主体。

虽然我国 1995 年《中华人民共和国教育法》（以下简称《教育法》）和 1998 年《高等教育法》规定高等学校的学生享有以下权利：参加教育教学活动权，获得奖学金、贷学金和助学金权，获得公正评价权，获得学业证书、学位证书权，申诉、起诉权等。但这些规定过于原则、抽象，没有相应的保障途径。在实际的教学、管理过程中，学校仍把学生视作被教育、被管理的对象，而不是教学活动的主体和管理的重要参与者。高等学校管理理念、管理方式的落后与学生权利意识增长之间的冲突使得我们需要一种新的理论来解释高等学校和学生之间的法律关系，两者之间的关系需要重新定位。

4. 高等教育收费制度改革为高等学校与学生法律关系的转化提供了契机

随着我国 20 世纪 90 年代以来在高等教育收费制度方面的改革，现在已不再是过去那种"国家供我上大学"的年代，而是学生自己交费入学的时代。虽然学生所交费用仅占高等教育成本的四分之一，但是这种收费制度的变化明显增加了学生的自主意识。季卫东教授认为："中国的高等教育正在从培养精英的知识共同体和国家职能机关的定位退出来，迈向'学生消费者的时代'。也就是说，校方按照自负盈亏的逻辑行事并对学生全面收费，从而形成一个由学生及其家长或赞助者向院系购买教育内容、研究成果以及学位证书的特殊市场。"① 笔者以为，这种观点有一定道理，教育消费理念的确在一定程度上影响了高等学校和学生原有的法律关系，从形式上看是学生交费，学校提供教育服务。但高等学校与学生之间存在的这种提供服务—支付费用的关系，并不是普通的民事法律关系，其间仍有很浓的权力色彩，学生并不因为缴纳了必要费用就可以不服从学校的管理。② 总之，高等教育收费制度改革并不意味着高等学校与学生之间的法律关系完全转变为普通民事合同关系，但也为高等学校和学生之间法律关系的改变提供了可能和契机。

---

① 季卫东. 法律专业教育质量的评价机制——学生消费者时代的功利与公正 [J]. 法律与生活，2004（9）：35.

② 马怀德. 公务法人问题研究 [J]. 中国法学，2000（4）：40–47.

（二）研究的意义

人们常常指责大学对一切都进行研究而就是不研究自己，同时人们公开指责它们准备对一切进行改革而不去准备改革自己。① 因此，本书以高等学校自身为研究对象，在阐述高等学校作为公务法人的基础上，引入行政契约理论来分析高等学校和学生的行政法律关系，探讨规范学校权力，保障学生合法权益的路径，使高等学校的学生管理走向法治化。本书研究的意义在于：

第一，借事业单位改革之机，明确高等学校的法律地位，是对现实问题的一种回应。"一切有权力的人都容易滥用权力，这是一条万古不易的经验。……有权力的人使用权力一直到遇到界限时为止。"② 明确高等学校在公法上的法律地位，分析高等学校的权力来源，有助于更好地规范高等学校行使公权力的行为。也就是说，高等学校在履行国家赋予的管理权力和职能时，必须考虑哪些领域属于行政法律关系调整的公权力范畴，哪些领域属于民事法律关系调整的私权利保护范畴，不得随意侵入学生的私权利领域。

第二，由于我国法律没有明确高等学校在公法上的法律地位，传统行政法理论亦不承认高等学校的行政主体地位，故一般将高等学校与学生的法律纠纷排斥在行政诉讼的受案范围之外，使得学生的合法权益得不到很好的保障。因此，界分高等学校和学生之间不同类型的法律关系，重点分析高等学校和学生的行政法律关系，当高等学校行使公权力侵犯学生的合法权益时，学生能够有具体的法律途径可以救济。

第三，我国正处在一个"从权力走向权利的时代"，越来越多的人开始"认真对待权利"。法治社会追求的是对国家权力的限制和对个人权利的确认与保护，即在全方位的生活领域与公共领域中彰显人的主体性。它反映出人性尊严正从一种"潜在需要"迅速成为"显性需求"，人们越来越追求教育领域中人的权利的平等，越来越看重人的选择的自由，越来越重视教育活动中对人的尊严的确认与维护。因而，明晰高等学校和学生之间的行政契约关系，把学生作为大学共同体的成员，赋予学生参与学校事务的

① 帕金. 高等教育的革新：英国 U. K. H. J 的新大学［M］//德拉高尔朱布·纳伊曼. 世界高等教育的探讨. 令华，严南德，译. 北京：教育科学出版社，1982：13.

② 孟德斯鸠. 论法的精神（上册）［M］. 张雁深，译. 北京：商务印书馆，1982：154.

权利，具有很强的现实意义，并能保证学生接受高等教育权利的充分实现。

第四，从形式上而言，我国不存在明确的特别权力关系理论，但在立法与司法实践中却一直采用这一理论的相关做法，其中高等学校与学生之间的关系体现尤为明显。我国目前规范学生与高等学校关系的法律主要有《教育法》、《高等教育法》、《中华人民共和国教师法》（以下简称《教师法》）和《中华人民共和国学位条例》（以下简称《学位条例》），但它们并未形成有机的系统，且过于原则、抽象。所造成的直接负面影响是：法律广泛的概括性授权使得高等学校可以自由制定各种限制学生权益的内部规则；学生负有不定量及不定种类的服从义务；学校凭借"目的取向"而规定惩戒种类与方式；法律救济途径缺乏等，从而形成了双方明显的不平等。在当今行政法理论已对特别权力关系作了新的发展、我国也逐渐重视学生权利的条件下，高等学校与学生的关系也应超越传统的特别权力关系，汲取该理论发展的新成果，更加尊重学生的人格尊严，更加注重保护学生的各项基本权利。这将有利于突破原来解释高等学校与学生关系的单一框架，丰富和完善高等学校和学生之间法律关系的理论研究，促进教育法学理论研究的发展。

第五，引入行政契约来分析高等学校和学生之间的行政法律关系，用新的分析框架来明确高等学校与学生的权力（权利）配置，既强调高等学校在学生管理过程中的行政主导权，也重视学生的契约性权利，这将有助于高等学校权力的有效行使和学生的各项权利尤其是受教育权利的保障。

第二节 文 献 综 述

本书在界定高等学校法律地位的基础上分析高等学校和学生的行政法律关系，以及这种法律关系的变化，所涉及的文献主要包括高等学校法律地位的研究和高等学校与学生法律关系的研究。

（一）关于高等学校法律地位的研究

我国对高等学校法律地位问题的研究，是与社会主义市场经济体制的建立、高等教育体制改革的逐步深化，以及我国教育法制的逐步发展密切联系在一起的。并且随着时代的发展和事业单位改革的逐步深入，研究者的视角也各不相同，主要有以下几种理论：

1. 高等学校是事业单位

在传统的计划经济体制下，作为"全能政府"，其作用弥漫于社会生活的各个方面。在"全能政府"体制之下，行政权力高度强化，无限压缩社会自治空间，社会中间层或被高度行政化，或被行政所吸收，各种社会组织都围绕政府权力展开活动。与此相适应，划分社会组织的方法也十分简单，以单位为基本单元，传统上根据其不同功能，分为行政单位、企业单位、事业单位。行政单位履行国家权力，承载管理职能。企业单位是以营利为直接目的，以生产经营为主要活动方式的社会组织形式。事业单位是指国家为了社会公益目的，由国家机关举办或者其他组织利用国有资产举办的，从事教育、科技、文化、卫生等活动的社会服务组织。① 按照这种分类，高等学校属于从事教育活动的事业单位。

从形成历史上来看，高等学校作为事业单位与行政机关有着密不可分的关系。长期以来，事业单位就是按照计划经济的管理模式发展起来的，作为行政系统的延伸附属于行政机关，承担着大量行政管理职能。实行市场经济以后，我国庞大而复杂的事业单位正在进行重新分化整合。目前事业单位制度已经受到巨大冲击而不断趋于分化，许多传统的事业单位由于实行企业化经营，已经退出了事业单位的行列；有的事业单位虽然没有进行企业法人登记，但事实上已经与企业没有什么区别；有的事业单位将演变为社团；有的在计划经济体制下承担的功能已被市场所取代，应该彻底退出历史舞台。根据社会功能的不同，目前将事业单位划分为承担行政职能的事业单位、从事公益服务的事业单位和从事生产经营活动的事业单位三类。从事公益服务的事业单位又具体划分为公益一类（如义务教育机构等）、公益二类（如普通高等教育机构等）和公益三类（如一些慈善机构等）。高等学校理论上属于从事公益服务的事业单位中的公益二类，但国家目前并没有出台具体可操作的政策和界定标准。无论如何，"事业单位"主要是一个民事概念，这种定性往往导致人们在寻求救济时陷入茫然无措的境地，难以从这·定性中判定高等学校侵犯自己权益时究竟是以

① 根据国务院 1998 年 10 月 25 日颁布并于 2004 年 6 月 27 日修订的《事业单位登记管理暂行条例》第二条规定。

民事主体身份行使民事权利还是以行政主体身份行使行政权力。显然，事业单位的定性不足以全面地界定高等学校的主体性质及其法律地位。但是，事业单位改革的这种分类表明，对高等学校的定位应强调其公益性，突出学校权力的公共性。

2. 高等学校作为第三部门

正是由于对高等学校这种公益性的强调，在事业单位面临诸多问题的时候，有人提出将高等学校界定为第三部门。第三部门（The third sector）概念最早由美国学者列维特（Levitt）提出。其后，美国霍普金斯大学教授塞拉蒙在运用这一概念分析美国的社会结构时，提出了政府部门、营利组织和非营利组织的三元结构模式，即政府部门为第一部门，营利组织为第二部门，非营利组织为第三部门。第三部门指的是非公非私，既不是国家机构也不是私营企业的第三类组织，即与公共部门、私人部门相对而言的一个部门，一般指独立部门及非营利、非政府等民间组织。① 第三部门在某些领域具有市场组织和政府组织所不具有的特性：其一，非营利性。这是由第三部门所追求的部门公益性所决定的；其二，自主性。第三部门相对于政府部门具有独立性，即不受政府支配，能够独立地筹措自己的资金，独立地确定自己的方向，独立地实施自己的计划，独立地完成自己的使命；其三，专业性。第三部门的成立目标十分明确，如医院是救死扶伤的组织，福利院是照顾无家可归的儿童的组织等；其四，低成本。第三部门内部没有科层式的行政体系，其运作可以依靠志愿人员为其提供免费服务，还能够得到私人捐款的赞助。

第三部门的独立性、去官僚化正好弥补了事业单位组织存在的缺陷，因此，许多学者主张将我国目前存在的包括公立高等学校在内的多种组织归入其中，或认为我国所有高等学校属于第三部门，或认为公立高等学校属于第一部门、私立营利的高等学校属于第二部门、私立非营利的高等学校属于第三部门，或认为我国高等教育将最终走向第三部门。②

---

① 王建华. 高等学校属于第三部门 [J]. 教育研究，2003（10）：36.
② 魏玉，王名. 大学——一种特殊的非营利性组织 [J]. 高教探索，2001（3）：74-77；柯佑祥. 非盈利组织视角下的民办高等教育盈利 [J]. 高等教育研究，2002（1）：86-93；邬大光，王建华. 第三部门视野中的高等教育 [J]. 高等教育研究，2002（2）：6-12.

在我国，由于对第三部门的研究尚处于初级阶段，理解这一概念存在多种标准。一是从法律上来进行界定，一般而言是根据法律有无减免税待遇来界定，若有此待遇，则属于第三部门；二是从组织的资金来源界定，收入主要来源于会员的会费和捐赠的，属于第三部门；三是根据组织的特征来界定，具备自治性、民间性、非营利性、独立性等特征的为第三部门；四是以服务宗旨来界定，第三部门以服务公众为宗旨，不以营利为目的。康晓光认为，符合西方标准的第三部门在中国还不存在。对于我国公立高等学校而言，则更是难以将其归入第三部门的范畴之中，因为我国的高等学校并非"非公非私"，而是"半公半私"或者称做"半官半民"，甚至"官"的成分更为浓厚。① 如公立高等学校的办学经费来源、招生规模的控制、专业设置、领导人员的组成以及机构的设置、学生培养的规格等都是由政府直接控制的。事实上，第三部门既不是一个法律概念，也不是法学上的概念，而是一个在社会学科理论上使用的概念。② 笔者以为，在对第三部门尚未达成共识前，以此对高等学校予以定位，只能使高等学校的法律地位更加模糊不清。

3. 高等学校是准政府组织

在对高等学校法律地位进行探讨的过程中，有学者针对高等学校的组织属性和所行使的权力特点提出了"准政府组织"的概念。认为高等学校是属于在某种程度上类似于政府机构但又不是政府机构的组织，在一定范围内像政府那样履行公共管理职能。③ 准政府组织只是在实际中行使公共行政职权，并不考虑这种职权的行使是来源于法律、法规的授权，还是基于委托或是其他。作为一个开放性的概念，准政府组织主动承认自己的"标签性"，并且不具体限制该概念的内涵和外延，使得此概念更具包容性并更能与高等学校管理的具体情境结合起来。但是"准政府组织"毕竟不是一个确定和规范的概念，用它来界定高等学校的性质依然不能解决其与学生发生的司法纠纷问题，而且有可能泛化学校的权力。

① 胡发明. 我国高等学校性质的行政法分析［J］. 时代法学，2004（3）.

② 王建芹. 第三种力量——中国后市场经济论［M］. 北京：中国政法大学出版社，2003：49.

③ 沈岿. 扩张之中的行政法适用空间及其界限问题［M］∥罗豪才. 行政法论丛（第3卷）. 北京：法律出版社，2000：406－421.

4. 高等学校是法律法规授权的组织

高等学校作为事业单位难以解释其权力的公法性质，因此有学者将其视为法律、法规授权的组织，即依具体法律、法规授权而行使特定行政职能的非国家机关组织。① 学者们普遍认为，虽然相关的教育法律法规没有明确肯定高等学校的行政法律地位，却体现了极为明显的授权性质。如《教育法》第二十八条规定："学校及其他教育机构行使下列权利：（一）按照章程自主管理；（二）组织实施教育教学活动；（三）招收学生或者其他受教育者；（四）对受教育者进行学籍管理，实施奖励或者处分；（五）对受教育者颁发相应的学业证书；（六）聘任教师及其他职工，实施奖励或者处分；（七）管理、使用本单位的设施和经费；（八）拒绝任何组织和个人对教育教学活动的非法干涉；（九）法律、法规规定的其他权利。"虽然法律在此使用的是"权利"而非"权力"②，但是，第四项的学籍管理、奖励、处分权，第五项的颁发学业证书权，第六项的奖励、处分教师权等，无论是从行为的单方意志性、强制性，还是从对相对方的拘束力和权利、义务的巨大影响力来看，都具有行政权力的性质。③ 关于高等学校授权组织性质更为明确的规定则体现在《学位条例》当中，该条例第三条规定："学位分为学士、硕士、博士三级"，第八条规定："学士学位，由国务院授权的高等学校授予；硕士学位、博士学位，由国务院授权的高等学校和科学研究机构授予。授予学位的高等学校和科学研究机构及其可以授予学位的学科名单，由国务院学位委员会提出，经国务院批准公布。"可见，我国高等学校颁发学位证书的权力来源于法律、法规的授权，即高等学校的学位授予行为属于法律、法规授权的组织行使行政职权的行为。不但如此，司法机关为了解决实际生活当中出现的纠纷，也往往将这一理

---

① 崔卓兰. 行政法学［M］. 长春：吉林大学出版社，1998：58；姜明安. 行政法与行政诉讼法［M］. 北京：北京大学出版社、高等教育出版社，1999：112；方世荣. 行政法与行政诉讼法［M］. 北京：中国政法大学出版社，1999：75.

② 此处法律规定中用权利而非权力，是将学校作为相对于国家、政府部门的独立个体而言的。学校摆脱了作为政府机构隶属部门的角色，法律对其应享有的权利进行确认和授予。

③ 湛中乐、李凤英. 略论我国高等教育学位制度之完善——刘燕文诉北京大学案相关法律问题分析［M］//湛中乐. 高等教育与行政诉讼. 北京：北京大学出版社，2003：33.

论作为受理相关个案的依据。① 但是法律、法规授权组织这一概念本身具有不确定性，所以，将高等学校定性为法律、法规授权的组织，只是权宜之计。从长远来看，还需要我们对其性质重新进行审视，寻找出适合的理论依据。

5. 高等学校是独立的法人②

为了解决高等学校作为传统事业单位缺乏独立性的问题，1993 年颁布的《中国教育改革和发展纲要》指出要按照"政事分开"的原则，通过立法，明确高等学校的权利与义务，使高等学校真正成为面向社会自主办学的法人实体，正式提出了高等学校的法人问题。

在计划经济体制下，学校与社会不发生直接关系。它们之间以政府为中介发生间接联系。各级政府主管部门对学校实行高度集中统一的计划管理，学校是政府主管部门的附属物，没有独立的法律地位，更无法人地位。自《高等教育法》颁行之后，学界基本认同了高等学校的法人地位，但对其性质存在争论。有人认为，从《民法通则》第三十六条到第五十条的规定来看，我国现有高等学校属于"事业单位法人"，从批准成立之日起，即取得法人资格。现在提出高等学校法人地位问题，实质上是如何尽快完善高等学校法人制度，落实高等学校法人的各项自主权。有学者认为，法人只是民法上的概念，高等学校法人只是民法上的一般法人，仅具

---

① 如 1998 年的田永诉北京科技大学案和 1999 年的刘燕文诉北京大学案，都是把高等学校作为法律、法规授权的组织来看待的。

② 发表过此观点的有：劳凯声，李凌. 关于高等学校法人地位问题的探讨 [J]. 中国高等教育，1992 (11)：15 - 17. 李连宁. 高等学校法人地位初探 [J]. 中国高等教育，1992 (11)：20 - 22. 劳凯声. 高等教育改革与高等学校的法律地位 [J]. 教师教育研究，1993 (1)：26 - 30，63. 王风达. 确立高校法人地位与扩大高校办学自主权初探 [J]. 中国高等教育，1993 (6)：30 - 31. 王晓泉. 试论高等学校法律地位的演变 [J]. 教育研究，1993 (9). 王晓泉，张瀛. 学校法律地位及义务的思考 [N]. 中国教育报，1993 - 10 - 19. 黄建武. 关于高教立法的两点思考 [J]. 高教探索，1995 (1)：75 - 78. 王晓泉，张瀛. 学校法律地位刍议 [N]. 光明日报，1995 - 2 - 4. 喻岳青. 政府对高等教育宏观管理的职能：调控与服务 [J]. 辽宁高等教育研究，1995 (6)：17 - 19. 申素平. 试论高等学校法人地位问题 [J]. 高等师范教育研究，1997 (4)：6 - 9. 申素平. 论我国高等教育体制改革过程中政府角色的转变 [J]. 高教探索，2000 (4)：50 - 53. 劳凯声. 教育法论 [M]. 南京：江苏教育出版社，1993. 劳凯声，郑新蓉. 规矩方圆——教育管理与法律 [M]. 北京：中国铁道出版社，1997.

有民事主体的资格。法人制度只能解决高等学校的民事权利问题，不能解决高等学校与政府之间的关系问题。也有学者认为高等学校并非一般民法上的法人，其法律地位亦即法人资格问题应由特别法，即属于公法性质的《高等教育法》作出明确规定。还有学者认为，高等学校既是民事主体，又是教育主体，具有双重法律地位。需要通过民法和教育法律共同来加以界定和确认。高等学校法人除具有一般法人的民事主体性质外，还具有教育主体性质。另有学者认为，高等学校作为一种社会组织，其法律地位有多种，如在民事法律关系、行政法律关系、刑事法律关系中的法人主体地位等。现有普通高等学校尽管在民事关系中已取得法人资格，但在其他社会关系中并无法律明确其法人主体地位。也有学者认为，高等学校与其所处的内外环境构成两类法律关系：一类是以权力服从为基本原则，以领导与被领导、服从与被服从的行政领导和管理为主要内容的教育行政关系；另一类是以平等有偿为基本原则，以财产所有和财产流转为主要内容的教育民事关系。教育行政关系是国家行政机关在实施教育行政的过程中发生的关系，这一关系反映的是国家与教育的纵向关系。学校与国家行政机关是一种不对等的隶属关系。教育民事关系是学校与不具有行政隶属关系的行政机关、企事业组织、集体经济组织、社会团体、个人之间发生的社会关系。高等学校同其他单位之间的人才培养、智力成果转让、联合办学等事务，都需要签订合同，形成受民事法律约束的合同关系。这类法律关系主要受民法调整，确立高等学校法人地位，能有效地保护高等学校在民事活动中的合法权益。因此，当高等学校参与行政法律关系，取得行政上的权利和承担行政上的义务时，它就是行政法律关系的主体；当其参与民事法律关系，取得民事上的权利和承担民事上的义务时，它就是民事法律关系的主体。作为行政法律关系的主体，高等学校应由行政法规定它的法律地位；作为民事法律关系的主体，高等学校应具有民法规定的法律地位，从设立之日起具有法人资格。①

　　从这些争论中可以看出，学者们基本认为《教育法》、《高等教育法》对学校法人的规定属于民事法人，仍需对高等学校在公法上的法人地位进

---

① 劳凯声，郑新蓉等. 规矩方圆——教育管理与法律 [M]. 北京：中国铁道出版社，1997：204 - 209.

行界定。

6. 高等学校是公法人中的特别法人

在上述法人地位讨论的基础上，有学者提出高等学校应是公法人中的特别法人的观点。首先，高等学校是公法人，而非私法人。作为公法人，高等学校法人是依公法设立的公法人，是行使一定公权力的公法人，是为公益目的而存在的公法人。高等学校与国家或国家机关等公共机构相同，是依公法所设立，享有公法所规定的行政权力、履行行政义务、承担行政责任的主体；其存在目的首先不是为了从事民事活动或营利，而是为了公共利益，为公众提供服务；在行政法上具有完全权利能力与责任能力，能以自己的名义行使权利、履行义务、承担责任，而且不仅可以对抗第三人，还可以对抗设立它的国家或地方政府。其次，高等学校是公法人中的特别法人。高等学校一经成立，就脱离一般的行政职能，只从事特定的向公众提供高等教育的公务；高等学校法人也因此具有独立的人格，独立负担实施公务所产生的权利、义务和责任，与国家或地方政府保持一定的独立性，不是其附属机构；作为独立的法人机构，高等学校也较少行政机关的官僚风气和烦琐程序，体现出相当的自主、自治特色；而高等学校法人与教师、学生之间的关系不是普通的行政关系，而是具有特殊性的行政关系。①

7. 高等学校具有公务法人的特点

高等学校的法律地位包括其在行政法上的法律地位和民法上的法律地位。无论是事业单位、准政府组织、法律法规授权的组织还是特别法人，都只反映了高等学校某一方面的法律地位，并不是对高等学校法律地位的综合概括。因此，近年来有学者提出将高等学校定性为公务法人的观点，这为我们探索高等学校的法律地位提供了一条新的思路。

马怀德教授认为：作为事业单位，学校的法律地位比较特殊。一方面，学校像其他民事主体一样，享有普通的民事权利，承担一般的民事责任。高等学校在从事民事活动时，与其他企业、机关、社团法人并无区别。另一方面，学校与学生、教职员工之间的关系既有民事法律关系，又

---

① 申素平. 论我国公立高等学校的公法人地位［M］//劳凯声. 中国教育法制评论（第 2 辑）. 北京：教育科学出版社，2003：14 – 15.

存在民事法律关系以外的其他关系。例如，学校与学生之间的教育与受教育关系显然不是一般的民事关系，否则无法解释公立高等学校在处理学校与学生之间特殊的法律关系，比如学校对学生的身份权进行处分时是否可以获得法律的救济，司法介入学校内部管理事务是否为正当。他认为，作为执行特定公务的机构，公立高等学校法人在与其利用者（如受教育者）之间的法律关系方面也相当特殊，他们之间既存在着公法上的行政法律关系，也存在着民事法律关系。在救济方面，也会出现两种基于不同请求权的救济权利，分别适用民事诉讼法和行政诉讼法或相关的其他实现相应诉权的法律法规。① 因此，将高等学校界定为公务法人反映了高等学校纵向上的"公务"与横向上的"法人"两种关系的结合，是对高等学校法律地位的综合概括。

　　笔者以为，高等学校是国家为了实现其教育职能而设立的，其代表国家为社会提供教育，不以营利为目的，这一点充分体现了高等学校的公务性质，因此，具有与一般授权组织相同的特点，即都享有一定范围和程度的行政权力。另外高等学校又具有法人的外在形态，即有自己的名称、组织机构和场所，有自己的章程，有独立的经费，能独立承担法律责任。而"公务法人"一方面承认了该组织的公务性质，另一方面又肯定了其法人属性，比较符合当前我国高等学校的法律定位。

　　以上对高等学校法律地位的研究互相之间存在一定的联系，并且主要从高等学校的组织属性、行使的权力属性等角度来界定其法律地位。从组织的公益性角度可以将高等学校定位为事业单位、第三部门和准政府组织；从组织行使的公权力角度，可以将其界定为法律、法规授权的组织；从组织的独立性上则可以将高等学校视为法人组织。这些研究表明，学界对高等学校法律地位的认识正逐步深入，并且主要侧重从公法的角度对其进行定位。

（二）关于高等学校与学生法律关系的研究

　　由于我国传统文化对权力的重视，而忽略了学生作为权利主体的地位，因而对高等学校学生法律地位的研究较少，多散见于高等学校与学生

---

① 马怀德. 公务法人问题研究［J］. 中国法学，2000（4）：41.

法律关系的研究中。近几年来，随着高等教育事业的快速发展、人们权利意识的增强以及教育纠纷案的不断涌现，高等学校与学生的法律关系问题逐渐凸显出来。

1. 国内学者关于高等学校与学生法律关系的研究

国内有关高等学校和学生法律关系的研究，有的是从高等学校所涉及的纵向和横向法律关系入手来划分，有的则从公法与私法的角度来划分，互相之间存在一定重合之处。

（1）高等学校与学生之间兼具民事法律关系与行政法律关系

持这种观点的人较多，论证的角度也较多。有学者认为，"学校与学生间的法律关系远非仅指民事法律关系，在民事法律关系之外，还存在行政法律关系。……为了促使学生向着符合社会要求的方向变化，学校的中心工作是对学生进行有效的组织与管理，以保证教育活动的顺利开展。学校对学生无论是制度的宏观管理，还是通过制度权威——教师的微观管理，都会使学校与学生形成行政关系，而不只是民事关系。""因此，学校与学生在有些场景中的关系肯定是行政法意义上的行政法律关系，它在学生以其独特的身份属性（受教育者、文化接受者、被管理者）与学校发生关系时产生，此时，学校是行政主体。如毕业证、学位证的发放，开除学籍，推荐保送生等环节中所体现的校生关系。"① 有的认为，"高等学校是依法成立的教育组织，不是行政机关，但法律、法规授权其行使一定的行政职权，因而具有行政主体地位，可以与行政相对人——学生构成行政法律关系的主体。学校与学生之间的法律关系除行政法律关系依据行政法调整外，民事法律关系由民法调整。学校与学生之间、学生相互之间均可依民法调整而形成民事法律关系。"② 也有人认为，高等学校与学生之间虽然在食宿、一般的买卖交易、学校设施的利用等方面存在民事关系，但这并非校生关系的全部，也并非校生关系的主要内容，双方关系的主要部分实际上是直接与学校教育职能的推进和学生受教育权相关联的教育管理关系。而教育管理权从其本质特征上来看，并不同于一般的民事权利，

---

① 李静蓉，雷五明. 论学校与学生的行政法律关系 [J]. 武汉金融高等专科学校学报，2001（1）：54 - 57.

② 庞本. 论高等学校学生工作中的法律问题 [J]. 中央政法管理干部学院学报，2000（6）：55 - 59.

而是具有行政权的特征，教育管理关系属于一种特别的行政管理关系。①
刘冬梅认为，"高等学校与学生的关系具有两重性。一方面，学生作为受
教育者和被管理者，必须接受学校的教育与管理；另一方面，学生作为国
家的公民，享有法律规定的基本权利。所以，高等学校与学生的关系，既
是教育者与被教育者，管理者与被管理者的关系，又是平等的教育主体关
系。"② 马怀德认为，"学校与学生之间的关系不仅限于平等主体之间的关
系，而且还应包括公务法人与其利用者之间的公法关系。公务法人与利用
者之间的关系取决于公务法人的身份和地位。如果公务法人以公务实施者
的身份出现，那么，与利用者之间的关系属公法上的关系，即行政法律关
系；如果公务法人以民事主体身份出现，则与利用者之间的关系属私法关
系，即民事法律关系。"③

　　这种观点主要是建立在对高等学校法律地位作公法与私法区分的基础
上提出的，笔者也较为赞同这种观点。但是高等学校与学生形成不同类型
的法律关系并不是不证自明的，还需进一步从高等学校权力属性等角度进
行论证。当然，也有人基于高等学校承担教育任务的特殊性，提出高等学
校与学生的教育法律关系。

　　(2) 高等学校与学生之间是教育法律关系

　　有学者认为，"依据《民法通则》的有关规定，民事关系必须是由平
等主体之间，在自愿、公平、诚实信用的基础上，基于等价有偿原则实现
与财产或人身有关活动过程中产生的关系。民事关系再通过民事法律规范
的调整而演变为民事法律关系。首先，学校与学生之间在教育活动过程
中，并不是处于完全平等的地位，学校为了教育活动的更好开展，往往处
于主导地位，学生更多的是服从；其次，学生的入学并不是完全自愿的；
再次，这一活动并不是等价有偿的行为；最后，教育活动的根本目的不是
为了调整学校与学生之间的财产与人身关系，在教育活动中可能涉及学校
与学生之间的财产与人身关系，但这种关系也要区分不同的情况：如果是

---

① 于亨利. 高校学生管理中的法律关系探析 [J]. 西安电子科技大学学报（社会科学版），
　　2001 (4)：24-28.
② 刘冬梅. 试论高等学校的法律地位 [J]. 教育评论，1998 (1)：39-41.
③ 马怀德. 公务法人问题研究 [J]. 中国法学，2000 (4)：40-47.

教育活动本身所必需的，其仍属于教育社会关系；如果是相对独立的则完全归属民事活动。既然学校与学生之间的社会关系并非民事关系，那么，学校与学生之间的法律关系也就不属于民事法律关系……通过对学校与学生之间的社会关系分析，可以看出学校与学生之间的法律关系是教育法律关系，是由教育法律规范对学校与学生之间的社会关系进行调整后的产物。"① 也有学者认为学校与学生之间既不是行政法律关系，也不是平等的民事法律关系。调整学校与学生之间的法律关系的法律规范主要是教育法律规范。因此，学校与学生之间是一种既不同于行政，又不同于民事的特殊类型的教育管理法律关系。②

这种观点突出了高等学校与学生之间基于教育与受教育所发生的法律关系，强调这种法律关系的特殊性。事实上，按照公、私法对高等学校法律地位的区分，教育法律关系也包括教育行政法律关系和教育民事法律关系。我们还需进一步探讨这种教育法律关系的法律性质。因此，有人提出了高等学校与学生之间的教育法律关系属于行政法律关系的观点。

（3）高等学校与学生之间是行政法律关系

持这种观点的学者认为，"国家举办的学校所涉及的教育法律关系，从内容上讲，主要包括相对于国家的教育法律关系和相对于受教育者的教育法律关系。这两方面的教育法律关系从性质上讲，都属于行政法律关系，都具有非自治性的需要。也就是说，这两方面法律关系的设立及其要素（包括主体、客体和内容）都不取决于当事人的意思表示，而是取决于法律的直接规定，政府和国家举办的学校之间的关系是领导和被领导、管理和被管理的行政关系，国家举办的学校和受教育者之间的关系也是行政法律关系。"③

这种观点较为强调高等学校与学生之间的管理与被管理关系，忽视学生的权利主体地位，与此相对，也有人提出高等学校与学生之间的法律关系属于民事法律关系的观点。

（4）高等学校与学生之间是民事法律关系

随着学生权利意识的增强与高等教育收费制度改革的深入，越来越多

---

① 周彬. 直论学校与学生之间的法律关系［J］. 教学与管理，2001（10）：37-40.

② 杜文勇. 试论学校与学生的法律关系［J］. 内蒙古师范大学学报，2001（5）：24-28.

③ 蒋少荣. 略论我国学校的法律地位［J］. 高等师范教育研究，1999（3）：44-47.

的人认为高等学校与学生之间是一种民事法律关系。学界主要有两种代表性的观点：一是合同关系说，即认为高等学校与学生之间的民事法律关系为私法上的契约关系；二是消费者保护说，即主张学生是高等学校特殊的知识消费者，因知识消费的特殊性而处于被动地位，需特别保护。其中赞同合同关系说者为多数，即将学生入学看做学生与高等学校签订教育合同，这份合同包括以下内容：学生保证履行缴纳学费的义务；学生保证服从学校的教学安排并努力学习；学校保证向学生提供学习生活的必备条件；学校应当采取适当措施保障学生身心健康等。白呈明认为合同关系是高等学校与学生最基本的法律关系，学生缴费上学，实则就是有偿接受"教育服务"，而这种"教育服务"的有偿提供与接受，正是基于合同联系起来的。① 还有学者认为"学校与学生之间属于平等主体之间的关系，学校根据国家法律的规定，制定招生条件招收学生，对学生进行管理，应视为一种合同关系，学校录取符合条件、同时愿意接受校纪校规约束的学生入学。而学生一旦被学校录取，便构成了学校依据校纪校规对其进行管理的关系，这是一种平等的双向选择关系，是一种平等的主体之间的法律关系"。② 苏万寿认为，"学校与受教育者之间是一种特殊的民事合同关系。这个合同关系，具有如下特征：第一，学校与学生之间是双方自愿达成的知识教育合同关系；第二，学校与受教育者法律地位平等；第三，学校与受教育者所确定的教育关系是民事法律关系。"③ 顾云卿认为，"从市场的观点来看，教育其实是一种服务，教育与被教育双方所订立的实质上是一种合同关系。双方是平等主体的法律关系。"④

　　这种观点强调高等教育的私事性，而忽略了高等教育的公共性，不能很好地解释为什么高等学校在教育过程中具有一定的处分权，以及学位授予权等。笔者以为，高等学校与学生的民事法律关系是其中的一个方面，但不是主要的方面。中国加入WTO，突出了教育的服务理念，这表明我

① 白呈明. 高校与学生合同关系探讨［J］. 复旦教育论坛，2003（6）：31.
② 饶亚东. 从审判角度谈受教育权的保护与法官责任［M］//湛中乐. 高等教育与行政诉讼. 北京：北京大学出版社，2003：264.
③ 苏万寿. 学校对受教育者实施处分的性质与法律救济［J］. 华北水利水电学院学报（社会科学版），1999（3）：39-41.
④ 顾云卿. 赞校长向家长述职［N］. 文汇报，2002-03-19.

们应当打破传统的教育行政和教育管理主导的理念。学生缴费并不意味着两者就是完全等价交换的关系。就目前我国的高等教育状况而言，并不是任何人花钱就能上大学，购买教育服务的。学生所缴学费只是占到高等教育成本的四分之一，国家还需大量的财政投入。缴费则意味着学生可以有更多的自主选择的权利。当然，高等学校与学生发生法律关系的内容是确定的，民事法律关系范畴的扩大，也会影响到高等学校与学生行政法律关系的领域，两者是此消彼长的，但不能就此取代行政法律关系的存在。

（5）高等学校与学生之间是特别权力关系

有学者认为，"由于行政关系的双方权利救济只能通过公法途径，而学生与高等学校之间存在公、私法多种救济，因此，将高等学校与学生的法律关系定义为行政关系是讲不通的。从高等学校处于主导地位，学生处于从属地位，高等学校与学生之间的法律地位具有相对不平等性，双方权利义务概括性，双方争讼方式特别性这些双方法律关系的主干特征中，不难推出高等学校与学生的法律关系应当是特别权力关系。"[①] 也有学者认为，"学校等事业法人与其利用者之间的关系与大陆法系国家公务法人与其利用者的关系非常类似，理论上仍属于特别权力关系。首先，它不同于普通的民事关系，事业法人与其成员或利用者之间的关系并不是平等自愿的，其权利义务不完全对等，如学校与学生之间。尽管在事业法人与利用者之间也存在一定的提供服务支付费用的关系，但是，它仍不同于普通民事关系，因为其间有很浓的权力色彩，相对一方的服从义务往往是不确定。即并不因为相对一方交纳了必要费用而不服从事业法人的命令和指挥。其次，它也不同于普通的行政法律关系，事业法人对其成员和利用者有概括性的下令权，形成的命令与服从关系特别不对等。"[②] 还有学者认为"高等学校与学生之间是一种复杂结构的法律关系，其中既包括隶属型法律关系，又包括平权型法律关系。但隶属型法律关系，即法律关系主体双方的法律地位不平等是其主要特点。即使在高等学校与学生的平权型法律关系中，仍然不同于普通的民事关系，学生依然承担认可和服从学校管束的权力。否则，高等学校有权依据自定规则限制甚至剥夺学生的权

---

① 梁京华，赵平. 浅议高校与学生的法律关系 [J]. 中国高教研究，2001（9）：63－64.
② 马怀德. 公务法人问题研究 [J]. 中国法学，2000（4）：40－47.

利，直至从根本上改变学生的法律地位。因此，学校与学生之间的关系，既不是普通的民事关系，也不是普通的行政关系，而是具有特别行政权力因素的公法关系。在这种法律关系中，主体双方的权利义务不完全对等"。①

的确，我国高等学校与学生之间的法律关系虽无"特别权力关系"之名，却有"特别权力关系"之实。但是随着依法治校进程的推进，学生权利意识的增强以及高等教育收费制度改革的逐步深入，这种观点也正在受到越来越多的质疑。总之，笔者以为按照公、私法分类的观点，高等学校与学生的法律关系既不是单纯的行政法律关系，也不是单一的民事法律关系，而是以行政法律关系为主兼具民事法律关系的复合型法律关系。

2. 国外学者关于高等学校与学生之间法律关系的研究

◇ 大陆法系国家的相关研究

（1）公法上的特别权力关系理论

我国学者提倡的高等学校与学生的特别权力关系其实是一种来源于大陆法系国家的理论学说。这种理论是大陆法系国家解释高等学校与学生关系的主导理论，其中尤以德国和日本为甚。特别权力关系是指相对于一般权力关系，基于公法上的特别原因、特定目的，在必要的限度内，以一方支配相对方，相对方应该服从为内容的关系。② 此种理论认为，高等学校作为公营造物，它与学生之间的关系是营造物利用关系，属于公法上的特别权力关系。③ 在这种特别权力关系下，高等学校有权在没有法律依据的前提下，制定营造物利用规则，并依此向学生下达各种特别限制措施或进行惩戒，其行为不受法治主义及人权保障原则的约束。学生仅仅是高等学校的利用者，必须服从这些概括的命令。学生若对学校的处理不服也不得

---

① 秦惠民. 高校管理法制化趋向中的观念碰撞和权利冲突——当前讼案引发的思考［M］//劳凯声. 中国教育法制论坛（第1辑）. 北京：教育科学出版社，2002：67.

② 结诚忠. 双亲在学校教育中的权利（日文版）［M］. 日本：海鸣社，1994：110.

③ 如在"富山大学学分不认定案"的第一审判决中，认为"作为营造物主体之国家与原告等学生之间，产生该营造物之利用关系。从而，成立以所谓国立大学之营造物主体，在达成学校设置目的之必要的范围与限度内，概括地支配原告等学生，原告等学生应概括地服从于营造物主体内容之关系，即所谓公法上的特别权力关系，自不待言。"富山地判昭和45年6月6日，行集21（6）：871.

提起诉讼。这意味着：首先，学校当局作为特别强的权力主体，对学生具有总体上的支配权。在学校内以及和学校教育有直接、间接关系的生活领域，作为特别权力服从者的学生原则上不能主张其基本的人权，必须在广泛的范围内接受来自学校的多方控制。其次，在合理的界限内，学校当局作为特别权力机构，可以免去法治主义以及人权保障原理的拘束，即使没有法律上的根据，学校当局如有必要也可以根据校规、校则等，命令或限制学生的特别权利。再次，在对学生采取的教育上的措施如惩戒处分等，即使像停学、退学处分等会给学生个人带来重大影响的、具有重大法律效果的处分，作为特别权力关系内部的行为，学校具有广泛的自由裁量权，司法审查会受到限制。

由于这种理论强调权力至上、行政权优先，与现代民主国家的宪法体制极不相容，因而，已渐渐失去存在的土壤。有学者认为："虽然学校当局在学校教育运营中，在一定的范围内具有决定的权能，但那已不是特别权力的总括性的支配权能，只不过是一种与私学的教育契约关系共通的教育关系权能，它在原理上是一种非权力关系的教育契约关系。"①

（2）教育契约关系理论

教育契约关系的理论认为高等学校与学生的在学关系是一种契约关系，只不过有的认为是公法上的契约关系，有的认为是私法上的契约关系，而有的则将教育法从行政法中独立出来，认为高等学校与学生是教育法上的契约关系。

a. 公法上的契约关系

"二战"后，"公教育法制"急骤发展，形成以保障国民教育权利为中心的教育理念。受教育权利纷纷被写入宪法，教育活动的推广成为国家的义务，而教育目的也脱离国家政治性的考量，转变为国家虽然负有积极推广教育之责，但要避免公权力的介入。因为强制和权威的干涉与追求的教育本质不能兼容。这一理论认为高等学校与学生之间的关系是公法上的契约关系，二者的在学契约是一种以实施教育和接受教育为目的的公法契约。②

---

① 兼子仁. 教育法（日文版）[M]. 日本：有斐阁，1978：402.
② 川西誠. 學生懲戒處分の法理 [J]. 日本法學，35（4）：454.

　　推行教育是国家宪法明确规定的义务，非一般私法上的营利事业所能比拟，教育的进行依据现代"公教育法制"思想，应该脱离国家的命令和强制性权威，以及排除国家公权力的介入。因此，在学关系在本质上应属国家和学生处于对等地位，追求教育目的，依合意成立公法上的契约关系。在高等学校中，不论公立高等学校学生或私立高等学校学生，与高等学校的法律关系，都为学校与学生相互间意思表示合意而成立的契约关系。这种契约关系成立后，学生即受契约条约的限制。学校与学生间是一种对等的权利义务关系。学生接受学校教育是宪法保障的权利，而非施教者支配性的权力。学校在一定范围内的概括性决定权，基本上仍是学生同意下所构成的一种教育自治关系。依公法上契约理论，契约当事人立于对等地位，排除国家公权力介入，但因为是国家公行政的推行，纵使是非权力性给付行政，仍须遵守依法行政原则。

　　b. 私法上的契约关系

　　日本学者室井力教授认为，在现有公教育法制下，教育应完全摆脱"权力作用"，学生的在学关系应脱离行政法而成为民法上的契约关系。依据室井力教授的主张，不论公立或私立学校，学生到学校念书本质上如同上百货公司购物，纯属私法自治范围，其在学关系即为私法上的契约关系，当事人双方地位平等，各依教育目的缔结在学契约，如有纠纷，由普通法院审理。这种理论认为，教育本质上并非公权力的作用，因而学校利用关系应不分公立还是私立学校，都是基于教育目的的契约关系，是不含公权力作用的在学契约关系。并且当认为学校利用关系中的命令权和惩戒权违法时，应依民事诉讼法提起诉讼。[①]

　　c. 教育法上的契约关系

　　这一理论强调教育法具有独立的法理，应从行政法中脱离出来而成为特殊法。在此基础上，该理论认为公立学校与学生的在学关系，本质上与私立学校与学生的关系并无不同，二者皆属教育法上的契约关系。原因在于：① 对学校与学生关系的根本方面加以制度性规定的教育法律——教育基本法和学校教育法，原则上适用于所有国立、公立和私立学校。② 现行的学校与学生关系是基于宪法原理，旨在保障学生作为"人"

---

① 室井力. 特別權力關係論 ［M］. 日本：劲草書房，1968：403－405.

的学习权的法律关系。基于此, 在要求学校设置者对实施公共教育承担
很强的义务性的同时, 学生及其家长的权利主体性也得以提高。因而, 学
生和学校设置者之间应该是对等的权利义务关系。③ 学校教育的目的主
要是为了保障学生的学习权利, 并非实施教育者的支配权能。包括惩戒权
的行使, 主要是作为"教育"的一环被采用, 遵循教育的非权力性①原
理, 而非旧法制下行使公权力的行为。④ 学校当局在一定范围内所具有
的教育上的总括性决定权也和私学的契约关系一样, 是基于学生、保护者
的基本合意的教育自治关系。因而, 现行的国立学校、公立学校和学生的
关系与作为公共教育机关的私学具有相同的本质, 应当理解为教育法上的
教育契约关系, 而不是公法上的特别权力关系。⑤ 这种契约关系既不是
一般行政法上的公法契约, 也不单单是一般私法上（民法）的契约关系,
其主要契约内容是特殊法——现代公共教育法构成的特殊契约关系, 即教
育法独特的契约关系。②事实上, 这种教育法上的契约关系强调的是高等
学校与学生之间法律关系的复杂性和混合性。

德国学者黑克尔（H. Heckel）亦一改其一贯主张的特别权力关系,
而以"学校关系"代之, 并承认有法治国家原则的适用。目前, 德国非
公立学校与学生的法律关系是一种有条件的民法合同关系。③

（3）部分社会理论

在对特别权力关系进行修正的过程中, 日本法院采用了部分社会理论
这一学说。1977 年日本最高法院第三小法庭在富山大学学分不认定案中
认为: 大学, 不管是公立还是私立, 都是以教育学生与研究学术为目的的
教育研究机构。为达成其设置目的, 对于必要的事项纵使法令无特别的规

---

① 日本战前的教育行政法理论认为, 学校教育与教育行政没有本质的区别, 学校教育就是一种
　公权力的国家权力作用, 是一种公务执行行为。这种公权力作用学说在战后现行教育法制
　下, 在以保障儿童学习权的实现为核心目的的人权教育理念下, 学校教育原有的具有支配权
　能的权力作用已被打破, 而强调其作为一种文化活动的非权力作用。如日本教育基本法中规
　定, "教育的目的必须努力尊重学问的自由, 并养成自主的精神, 为文化的创造和发展做贡
　献"。从而确立了教育由权力性向非权力性原理的转换, 进而将教育与教育行政分离, 使教
　育摆脱来自行政的诸种不当的权力支配, 自主发展。兼子仁. 教育法（日文版）[M]. 日
　本: 有斐阁, 1978: 143 – 144, 199 – 200.
② 兼子仁. 教育法（日文版）[M]. 日本: 有斐阁, 1978: 400 – 410.
③ 胡劲松. 试析德国非公立学校的法律地位 [J]. 清华大学教育研究, 2001（1）: 62 – 68.

定,也可以学校规则等为必要之规定,并辅助实施。因此学校应拥有自律性概括的权限,在此情形下当然与一般市民社会不同,而是形成特殊之部分社会,这种特殊之部分社会的大学,其有关法律上之纷争,当不得列为司法审判的对象,这种与一般市民社会无直接关系的内部问题,当然排除于上述司法审查的对象。① 可以看到,这种学说与特别权力关系的不同仅在于解释角度有别,实质上并无特别差异,法院的用意主要在于避免直接适用于已引起广泛批评的特别权力关系理论。

(4) 重要性理论

特别权力关系理论遭到许多人的批评,认为公务员及学生在任何情况下均属权利主体,其宪法上的基本权利应受到保障,因此凡有关相对人基本权利的,不应排除"法律保留原则"的适用,但对于细枝末节的事项,若均须由法律授权,实属不可能。因而除行政机关必须以命令的方式对法律作必要的补充或使其更具体外,其他只要符合一定的目的,虽然没有法律授权,行政主体也可以订立行政命令,或可称之为职权命令,应属正当。至于在公共事业利用关系范围内,何种事项必须由法律规定,德国法院发展出"重要性理论"作为判断的标准。所谓重要是指对基本权利的实现重要,或严重地涉及人民自由与平等领域而言。只要涉及国家事务的重要事项,无论是干预行政,抑或给付行政,都必须由立法者以立法方式来限制,不可让行政权力自行决定。② 德国法院并认为,教育行政领域哪些事务应由法律依据,应视其基本权利的实现是否重要来判断。关于重要与否的衡量,则视个案而定,故德国法院认为,教育行政事务属重要事项,必须由法律确定的主要有:关于学生退学的条件、如何实施性教育、在学校中宣扬政治主张、教育内容、教育目标、课程决定、学校组织的基本架构(如学校种类、家长与学生的共同参与等)及惩戒措施等。至于"非重要事项"则包括:实施一周五日上课制,对考试决定无直接影响的考试方法、考试内容的确定,考试及格的条件,考试制度及过程之细节事项等。我国台湾学者认为此"重要事项"可作为台湾司法参考的法理,但所谓"重要事项",其概念仍存在不够明确的问题。

---

① 最判昭和 52 年 3 月 15 日,民集 31 (2):234.

② 陈新民. 行政法学总论 (修订八版) [M]. 台湾:三民书局, 2005:138.

◇ 英美法系国家的相关研究

（5）特权理论（Privilege theory）

这一理论认为上大学是大学赋予学生的一种特权而非学生的权利，因而，大学对于学生有充分的管理上的裁量权，而学生本身对此并没有什么权利。此一观点可见于 Board of Trustee v. Waugh（董事会受任人诉沃案）一案。① 但 1961 年美国联邦第五上诉法院于 Dixon v. Alabama State Board of Education（迪克森诉阿拉巴马州教育委员会案）案中推翻了此一理论，该判例认为，只要学生在学校有良好表现，便有权利留在公立高等教育机构之中。

（6）受托人理论（Fiduciary theory）

这一理论是采用信托理论来解释高等学校与学生之间的关系，将学生作为信托人，学校为受托管理人，两者之间是一种信托关系。该理论的提倡者认为："受托人（大学）的功能是在关联到他们之间（大学与学生之间）关系的事务上，为相对人（学生）之利益而行动。既然学校的存在基本上是为了教育学生，那么明显地，教授和行政主管是以学生们之受托人的资格而行动。"② "信托关系的所有要素，都出现在学生与大学间的关系上。那不是一种小小的信托——因为将自己置于某一特定大学的教育指导地位之下，所显示的不是一种小的信赖教育经历的价值，而是直接受到学校有良心地、忠实地履行其义务——直接为了学生的利益之义务——的影响。"③ 这一理论颇受学界重视，但至今尚未被法院所采纳。

（7）契约理论（Contract theory）

该理论将学校与学生双方视为契约当事人，二者基于双方合意而订立契约关系。在该契约中，学生同意支付学费，如果学生保持良好的学术表现并且遵守学校的命令和规则，学校则将同意提供教学并授予其学位。如美国最高法院 1968 年在裁决阿拉巴马法院案时认为："高等学校与学生的关系严格地说不是家长对学生的模式"，学校行政当局与学生的关系犹如

---

① 周志宏. 学术自由与大学法 [M]. 台湾：蔚理法律出版社，1989：170 - 175.

② Seavey. Dismissal of Students："Due Process" [J]. *Harvard Law Review*, 1957 (1407)：3.

③ Goldman. The University and the Liberty of Its Students-A Fiduciary Theory [J]. 1966 (54)：643, 665. cite from Gerard A. Fowler. The Legal Relationship between the American College Student and College：An Historical Perspective and the Renewal of a Proposal [J]. *Journal of Law & Education*. 1984 (13)：401, 415.

商业之间的契约关系，是一种所谓消费者至上主义。其实质是教育被视为一种商品，学生是购买高等品质教育的消费者，而学校作为一个教育企业有义务和责任在收取学费以后，向学生提供有效率的高品质的教育。但该理论能否运用于公立学校则有疑问，有些法院认为公立学校与私立学校不同，契约理论只适用于私立学校，而不能运用于公立学校。因为学生进入公立学校是一种权利，学校董事会不能像私立学校董事会那样否定或恣意拒绝某一学生的入学申请，因而公立学校不能自由选择契约的相对人，不符合契约关系的基本原则，不能用契约关系来解释公立学校与学生的关系。目前有学者认为，契约理论对校方较为有利，因为它可以制定许多有利于自己的条款或保留变更契约内容的权利，学生与其产生纠纷时往往处于劣势。因而有学者尝试从保护消费者权益的角度来保障学生的权益，认为学生是教育服务上的消费者。在美国，私立学校和受教育者及其监护人之间的关系是由合同法调整的，因而，两者之间的关系就是合同关系，属于民事法律关系的一种。[1]

（8）宪法理论（Constitutional theory）

宪法理论是美国法院在 Dixon 一案中确立的，该判例推翻了传统的"代替父母理论"和"特权理论"，认为凡政府支持的高等学校的学生，如因惩戒被学校开除时，也可以享有正当程序的权利。此后宪法理论即成为公立学校与学生关系的主导理论。该理论的主要内容是，学生与学校之间的关系应受宪法的规制，学校并非具有不受限制的权力来管理或教导学生，学生仍有一定的人权或公民权，这些权利并未在进入学校时即被放弃，因而学生在宪法上的权利应受法院的保护。[2]

（三）相关理论评述

关于高等学校法律地位的文献评述已在行文中作出。以下仅对国外高等学校和学生之间法律关系的相关理论作一评述。

就大陆法系国家而言，首先，"特别权力关系理论"主张将公立学校与私立学校的在学关系加以区分，认为二者分别具有不同的性质。而

---

[1] William D. Valente & Christina M. Valente. *Law in the schools* [M]. Merrill Publishing Company, A bell and Howell Company, 1980: 468.

[2] 申素平. 中国高等学校法律地位研究 [D]. 北京：北京师范大学博士学位论文, 2001: 103.

"教育契约关系理论"、"部分社会理论"则认为，公立学校与私立学校的在学关系没有本质的不同，应在法律上一视同仁。

其次，"教育契约关系理论"将高等学校与学生的在学关系认为是一种契约关系。"特别权力关系理论"与"部分社会理论"则分别将在学关系看做是公权力作用关系与特殊社会关系。从救济渠道划分，"特别权力关系理论"与"部分社会理论"主张将学校与学生的纠纷排除于司法审查之外，而"教育契约关系理论"和"重要性理论"认为可以视情况采取不同的司法救济途径。

再次，从现状来看，"公法上的契约关系理论"、"教育法上的契约关系理论"以及"部分社会理论"基本上只是日本的学说，尤其是前两者尚未得到司法判例的认可。而特别权力关系理论在日本虽遭到各种不同的批判，但没有任何学说能够取而代之，仍居于主导地位。① "重要性理论"主要是德国的理论，也被我国台湾学者采纳，但由于"重要性"概念的不确定性，造成司法实践的困难。

就英美法系国家而言，"特权理论"作为解释高等学校与学生关系的传统理论，已于20世纪70年代为法院所推翻，如今已不为人们所认可。而"受托人理论"虽在学界受到重视，但尚未得到法院判例的认可。目前，占据主导地位的是"宪法理论"与"契约理论"，其中，"宪法理论"用来解释公立高等学校与学生的关系，"契约理论"则主要适用于私立高等学校与学生的关系。

综上所述，有两点值得我们格外关注。首先，无论大陆法系国家还是英美法系国家，都对高等学校与学生的法律关系作公法与私法的区分。其次，在解释高等学校和学生的法律关系时，大陆法系国家和英美法系国家都出现了契约关系理论。不过笔者认为，单纯的契约关系说，一方面难以解释为什么学校对学生享有特殊的管理权限，如纪律处分、颁发学历学位证书、制定校纪校规等；另一方面，契约关系不能完全解释学生在学校接受教育服务的性质，学校提供的不是商品，将学校提供的知识、信息视为商品不符合中国国情。

因此，就本书研究而言，一方面有必要借鉴其他国家的经验，在公法

---

① 申素平. 中国高等学校法律地位研究 [D]. 北京：北京师范大学博士学位论文，2001：101.

与私法上区分高等学校与学生的法律关系，尤其是确立高等学校与学生以公法为主的法律关系；另一方面，又要针对单纯契约说的不足，引入行政契约理论来配置高等学校和学生的权利义务。

第三节　基本概念的界定

（一）高等学校

本书的高等学校实际上是指由国家举办并由公共财政经费维持的、实施高中后教育的高等教育机构，一般称之为公立高等学校①。为了行文方便，简称高等学校。

（二）学生

高等学校的学生包括作为高等学校成员的学生和非高等学校成员的学生。高等学校成员的学生是以公民入学、注册为前提的。非高等学校成员的学生与高等学校之间的法律关系是指受教育者、新生在入学、注册阶段、尚未与高等学校形成正式成员关系之前与高等学校所发生的法律关系。这一法律关系可以分为学生在入学阶段的法律关系和注册阶段的法律关系。本书研究范畴包括作为高等学校成员的学生，即依法获得或具有政府投资举办的高等学校的学籍，并在其中接受教育的公民，也包括取得学校录取通知书即将入学的新生。

（三）高等学校与学生的法律关系

法律关系是法律规范在指引人们的社会行为、调整社会关系的过程中所形成的人们之间的权利和义务联系。② 高等学校与学生的法律关系包括

---

① 我国法律对公立高等学校与私立高等学校的授权是不同的，如学位授予权等。只是部分私立高等学校具有学士学位的颁发授予权。当然，私立高等学校基于教育的特定目的，享有一定的教育和管理的权力。其在行使这些权力时与学生发生的主要也是一种行政法律关系，行政契约在一定限度内也存在于私立高等学校。但鉴于公、私立高等学校法律地位上的区别，故而选取了公立高等学校作为研究的对象；而且公立高等学校与学生的法律关系更具代表性，公立高等学校学生的权利问题更为值得关注。

② 张文显. 法学基本范畴研究 [M]. 北京：中国政法大学出版社，1993：160.

学生在入学、注册以及注册后与高等学校发生的一切法律关系，是一种既包括行政法律关系，又包括民事法律关系的复合型法律关系结构，部分领域还是一种混合型的法律关系。行政法上的法律关系是指行政法对由国家行政活动而产生的各种社会关系予以调整后形成的行政主体与其他各方之间的法定权利义务关系。本书的高等学校与学生的行政法律关系是指在以实施教育和接受教育为目的的过程中，行政法和教育法律在调整高等学校与学生行为的过程中形成的权利和义务关系。本书仅从公法角度研究两者的公法关系，主要研究高等学校与学生的行政法律关系，但并不代表笔者否认或者忽视高等学校与学生民事法律关系的存在，仅是选择视角的不同。

（四）行政契约

行政契约是指以行政主体为一方当事人的发生、变更或消灭行政法律关系的合意，[①] 具有行政性和契约性双重特征。从界定行政契约与民事契约关系的角度看，行政契约就是行政主体之间或者行政主体与其工作人员或相对人之间基于行政管理的需要，依法设立、变更、消灭行政法律关系的协议。从界定行政契约与一般行政行为关系的角度来看，行政契约是指行政主体在行政管理过程中引入契约精神，通过依法与其他行政主体或者其工作人员或相对人签订具有行政法上权利义务内容的协议，以实现既定行政目标的一种行政行为。行政契约的双方当事人中必有一方是行政主体，这是不可或缺的形式要件。行政契约的目的在于公务的实施，即应以执行公共事务增进公共利益为直接目的。行政主体在行政契约的履行过程中享有一定的特权。可见，判别行政契约应具备几个要点：一方是行政主体；是设立、变更、消灭行政法律关系的行政行为；该行为具有行政性和契约性。本书研究试图以此三个要件为线索来分析高等学校和学生的行政契约关系，首先，明确高等学校的行政主体地位，其次，论证高等学校和学生的法律关系属于行政法律关系，再次，分析高等学校和学生的行政法律关系部分领域转变为行政契约关系的可能。

---

① 余凌云. 行政契约论［M］. 北京：中国人民大学出版社，2000：40.

第四节　研究思路和创新之处

（一）研究思路

高等学校与学生各自的法律地位、双方的法律关系及权利、义务的设定等问题不仅是教育学、法学的基本理论问题，也是社会广泛关注的现实问题。本书通过引入行政契约分析高等学校和学生之间的行政法律关系，确定高等学校和学生的法律地位，探讨规范学校权力，保障学生合法权利的路径。

首先，判断高等学校与学生之间行政法律关系的首要标准是高等学校是否具备行政主体资格，对学生的管理过程中是否运用行政管理权力。所谓行政主体是指依法享有并行使国家行政权力，履行行政职责，并能独立承担由此产生的相应法律责任的行政机关或法律、法规授权的组织。依据我国传统行政法对行政主体概念的界定，要具备行政主体的资格，抑或是行政机关，抑或是被授权组织及被委托组织。高等学校显然不是行政机关，虽然司法实务界将高等学校界定为法律法规的授权组织，但笔者以为这仅是权宜之计。公务法人作为一种新的行政主体理论值得借鉴。因此，本书在分析高等学校实现公共利益、履行公共职能的基础上，将其定位为公务法人，以此来解决高等学校的行政主体资格问题。另外，按照《教育法》、《高等教育法》、《学位条例》等法律规定，我国高等学校是以公共利益为运行宗旨，拥有一定行政职权（授予学位、颁发学历证明、处分权等）的组织。它的许多决定具有强制性、确定力和执行力。如高等学校有权决定是否颁发学位证、毕业证；有权在招生时决定是否录取。这些行为是高等学校运用行政管理权力的结果。

其次，高等学校与学生的关系主要是教育服务的提供者与利用者之间的关系。高等学校作为公务法人，在履行公务、行使公共权力时与学生发生的法律关系主要是行政法律关系。这种法律关系具体分为入学法律关系和在学法律关系。高等学校和学生的入学法律关系主要是一种行政法律关系，而在学法律关系则是以行政法律关系为主的复合型法律关系。在此基础上，重点分析我国高等学校和学生行政法律关系的变迁，部分领域逐渐由原来的特别权力关系转变为具有双方合意的行政契约关系。并分析行政契约关系成立的理论基础、引入高等学校的可能性、可行性以及高等学校和学生在行政契约关系下各自的权利配置。另外，在分析行政契约关系价值取向的基础上，具体阐述高等学校权力规范的原则。

笔者以为，我国公立高等学校和学生之间发生的关系并不完全是一种消费者和服务提供者的契约关系。公立高等学校与学生的法律关系既不宜定位为"特别权力关系"，也不宜划入纯粹的"契约关系"，应充分考虑学校与学生关系的特殊性和学校日常事务的复杂性，针对不同的事项确定不同的救济方式和途径，既给予学校以相当的自主管理权，又能对学生的权利予以充分有效的保障。① 虽然高等学校与学生之间存在一定的提供服务支付费用的关系，但它仍不同于普通民事关系，具有很浓的权力色彩，学生的服从义务往往是不确定的，并不因为交纳了必要费用而不服从学校的命令或指挥。② 因而高等学校之间既存在行政法律关系，也存在民事法律关系，但主要是行政法律关系。况且，我国实行民事诉讼和行政诉讼分野的司法救济制度，区分高等学校与学生的这两种关系，有利于学校和学生之间纠纷的解决，也有利于学生权利的保障。

再次，学生是高等学校的主体，没有学生，高等学校也就失去了存在的意义和价值，因而确立学生的主体地位是本书很重要的一个逻辑思路。学生的主体地位应当体现在教育关系、教学关系和法律关系上。也就是说，我们应该在法律关系上承认和保障学生的主体地位，但必须指出的是，在我国高等学校，学生的主体地位还没有得到完全确立。③ 本书分析高等学校与学生的行政契约关系其主要目的也在于确立学生在法律关系上的主体地位。

（二）研究的重点、难点及创新之处

本书首先遇到的一个重点和难点问题就是如何对高等学校的法律地位进行有效的定位。这种定位既能真实地反映目前高等学校的法律地位，又

---

① 湛中乐，李凤英. 刘燕文诉北京大学案——兼论我国高等教育学位制度之完善［M］//劳凯声. 中国教育法制评论（第1辑）. 北京：教育科学出版社，2002：321－322.

② 马怀德. 公务法人问题研究［J］. 中国法学，2000（4）：40－47.

③ 徐显明. 大学理念与依法治校［J］. 中国大学教学，2005（8）：8.

有利于今后高等学校的发展。虽然公务法人理论在大陆法系国家已经比较成形，但对于我国的行政法研究而言依然是比较新的问题。而且援引公务法人理论也难以避免我国目前法律界没有公法与私法界分的难题。另外，引入公务法人理论还需要发展我国的行政主体理论，这些都是本书的难点所在。

其次，行政契约作为一种更加柔和、富有弹性的行政手段虽然已被很多人所认可，但它毕竟属于行政法新出现的研究领域，况且我国行政法的历史并不长，对于这一方面没有深入的理论奠基，使得对其有多种矛盾的理解。另外，目前国内外主要用行政契约来分析国家与公民之间的行政法律关系，如政府采购合同、治安承诺协议等，还没有人用其来分析高等学校和学生的法律关系，因而将其引入高等教育，用以解释高等学校与学生的法律关系，设定双方的权利内容有较大的难度。但这也正是本书最大创新之处。

再次，如何用行政契约的行政性和契约性很好地解释当前高等学校与学生之间的关系特征，建构基于双方主体性、正义性、效率性的法律关系，也是本书的重点与难点所在。当然，如果处理得当，这也是本书的另一创新之处。

第二章　高等学校和学生的法律关系分析

长期以来，我国高等学校法律地位的模糊，导致高等学校和学生发生的法律纠纷难以准确定性，缺乏明确的法律救济。因而确立高等学校的法律地位是研究高等学校和学生法律关系的前提。从公、私法不同的法律视野出发，高等学校和学生的法律地位不同，所形成的法律关系也不同。行政诉讼和民事诉讼并存的司法制度使得区分高等学校和学生之间法律关系的性质成为必要。本文主要从公法的角度探讨高等学校和学生的法律地位及其所形成的法律关系。对高等学校法律地位的界定离不开对其设立目的与主要职能的分析。

第一节　高等学校的设立目的、主要职能和学生的法律地位

一、高等学校以实现公共利益为目的

高等学校所从事的教育事业属于公共事业。公共事业是指"所有应该由统治者安排、确保、控制其完成的行为，该行为的完成对于实现和发展社会相互关联性是必不可少的，只有通过统治者力量的介入才能完全确

保该行为"。然而，"公共事业的特性并不指仅为统治者及其公务员垄断的行为，有些完全可以被普通个人自由行使的行为。当被统治者及其公务员行使时，也成为公共事业的目标。教育就是如此。"① 公共事业的社会功能包括提供公共物品，弥补市场失灵，强化监督，代行政府职能。但公共事业不是市场职能和政府职能的替代品，而是政府和市场的互补品，甚至作为思想库，为政府和企业提供智力服务。② 高等学校在现代社会无疑正是充当了思想库的角色。从《教育法》、《高等教育法》的相关规定来看，高等学校的设立目的不在于营利，而在于实现公共利益。如《高等教育法》第二十四条规定：设立高等学校，应当符合国家高等教育发展规划，符合国家利益和社会公共利益，不得以营利为目的。《教育法》第八条规定，教育活动必须符合国家和社会公共利益。

高等教育作为公共事业，其实现公共利益的行为，可以通过高等教育产品的属性——公共物品来体现。所谓公共物品是指具有非竞争性和非排他性特征的物品。非竞争性是指一个使用者对该物品的消费并不减少它对其他使用者的供应。非排他性是使用者不能被排斥在对该物品的消费之外。如果将非排他性看做是源于产权而派生出的特点的话，则它在形式上保证了公共物品的"共有"性质。非竞争性则从实际上保证了公共物品可以"共同受益"，这决定了公共物品是公共利益的主要的现实物质表现形式。③ 从消费的角度，按照物品的竞争性或可分性的程度，公共物品又可以分为纯公共物品和准公共物品两类。根据美国学者布坎南（Buchanan）的观点，公共物品是一个外延广阔的范围，不仅包括纯粹的公共物品，也包括公共性程度从 0 到 100% 的其他一些商品和服务。如果一种公共物品的消费者群体，在从部分成员一直扩大到全体社会成员的过程中，其边际成本始终为零，那么这种物品就是纯公共物品。基础科学研究、国防、外交、立法等活动就属于典型的纯公共物品。如果一种公共物品的消费者群体扩大到一定数量时边际成本开始上升，而且继续扩大到某一

① 莱昂·狄骥. 宪法学教程［M］. 王文利，等译. 沈阳：辽海出版社、春风文艺出版社，1999：61-62.
② 郭庆庆. 国外 NPO 的职能及对我国的启示［J］. 经济理论与经济管理，2000（4）：70-71.
③ 朱新力，黄金富. 论公共利益［J］. 浙江工商大学学报，2004（5）：5-6.

数量时边际成本变得非常大，那么这种公共物品就是准公共物品，其特性处于私人物品和纯公共物品之间。① 按照这种分类，高等教育产品属于准公共物品。

高等学校实现公共利益的行为，具体可以通过分析高等教育服务的公共物品属性来体现。目前比较公认的高等教育服务包括三个方面，即传授知识的教学、生产知识的科研和运用知识的社会服务。教学服务的直接受益者是学生，从理论上讲，高等教育教学并不排除其他人来消费，在一定数量范围内一个人消费了也不减少这种产品供其他人消费的数量，即在达到拥挤点之前，多一个消费者并不会引发教育成本的极大提高，但是越接近或达到拥挤点后，多一个消费者就可能引起成本的飙升，因此教学服务属于准公共物品。对于委托科研项目的消费，具有可排他性，但新知识和技术一旦被开发和创造出来，其使用又具有非竞争性，所以这种科研服务是一种排他性公共物品。增进人类知识进行的科研，既不具有消费的排他性，又不具有竞争性，属于公共物品。社会服务是指高等学校利用知识或设施帮助特定的组织或社区解决问题，社会服务在竞争性和排他性方面与科研非常相似，即同时具有消费的非竞争性和可排他性，因而也是一种公共物品。通过以上分析，不论是高等教育的教学服务，还是科研和社会服务，都具有一定程度的公共物品属性。②

高等学校实现公共利益的行为还表现为高等学校的公共性。托马斯·杰弗逊（Thomas Jefferson）于1819年建立弗吉尼亚大学时提出了"为国家功用而建立的机构必须满足公共需求"的观点，这一观点从此成为美国高等学校的座右铭。美国人在公立高等学校投资上的信念是：公立高等学校是一种公共利益，它肩负着维护和提高公民生活质量的重任和功效，投资公立教育，就是投资自己。从高等学校的价值方面看，高等学校的公共性是指公立高等学校所具有的既使社会受益，又使个人受益的责任和功效。从内容上看，高等学校的公共性主要体现在以下几个方面：（1）教育机会

---

① 王敬波. 高等学校与学生的行政法律关系研究 [D]. 北京：中国政法大学法学院，2005：11.

② 程化琴. 试论政府在高等教育中的责任：公共物品理论的视角 [J]. 江苏高教，2006（3）：48.

均等：即对所有具有潜能的学生提供经济和教育方面的帮助。（2）科研和社会服务：致力于新知识的探索，保证和提高教育质量，为社会提供知识、技术、文化等方面的社会服务。（3）公共财政：国家应对高等学校和学生提供经费支持，以维护学校教育质量和学术质量，同时保证具有潜能的学生能进入学校学习。（4）学校的职责：有效率地使用公共经费，提高教育质量和学术水平，为社会服务。（5）教师作为一种特殊职业所应当承担的责任。（6）教育的中立性，即教育与政治、宗教的分离。① 另外，高等学校权力的行使是为了维持校内必要的秩序，更好地实现服务的目标，实现共同利益，因而学校的权力是为了公共利益而存在和运用的，也具有公共性。

总之，从高等教育的产品属性、高等学校的组织属性等可以看出，高等学校的设立是以实现公共利益为基本目的的。

二、高等学校是履行公共职能的公权力主体

高等学校的设立以实现公共利益为目的，由此可推知，高等学校是履行某种公共职能的社会组织，其履行公共职能时所行使的权力是一种公权力。

从世界大多数国家的情况来看，公立学校大都享有一定的公共职能，拥有一定的行政权限。从行政主体的理论看，不管是法国还是德国，公立高等学校都是行政主体的一个组成部分。如法国，公立高等学校属于"公立公益机构"，即在特定的范围内能提供一种或多种专门的公共服务，不属于国家行政机关系列，是具有法人资格的公共行政机构。它有助于将决定权与专业职能相结合，是一个权力分散，具有公共管理职能的机构。我国学者称其为"公务法人"。② 公务法人和地方团体以及国家一样，都是行政主体。③ 这就说明作为公立公益机构的公立高等学校具有作出行政

① 余雅风. 中国公立高等学校公共性实现的法律机制研究 [D]. 北京：北京师范大学教育学院，2004：16.
② 王名扬. 法国行政法 [M]. 北京：中国政法大学出版社，1988：128.
③ 王名扬. 法国行政法 [M]. 北京：中国政法大学出版社，1988：127.

行为的资格。在德国,公立学校被归为"公营造物"。营造物概念为德国行政法奠基人奥托·迈耶(Otto Mayer)首创,是指掌握于行政主体手中,由人与物作为手段之存在体(Bestand),持续性地对特定公共目的而服务。① 这是公营造物的古典定义。德国之所以运用公营造物的概念,无非是要将那些由政府机关设立的行使公共服务职能的组织与其相区别。其实,德国的公营造物类似于法国的公务法人,可作为行政主体或行政主体的一部分,享有相应的行政权能。② 日本和我国台湾地区对公立高等学校的定位效仿了德国的规定。作为英美法系代表之一的英国,把公立学校也定位于公共机构,归于行政法的范畴,享有相应的行政权能。

法国学者莫里斯·奥里乌(Maurice Hauriou)认为,成为一个"公立公益机构"应有三个要求:③ (1)专门服务。这里的专门服务实指专业性。我国高等学校就是专门从事高等教育服务的组织,具有明显的专业性。(2)提供公共服务。我国高等学校是提供公共教育服务的组织,其产品具有准公共物品的属性。(3)公立公益机构被赋予法人资格。《高等教育法》颁布之后,我国高等学校自批准成立之日起即具有法人资格。并且他还指出,公立公益机构的某项专业服务实质上构成了它的行政权限。因此,按照莫里斯·奥里乌的界定,我国高等学校也具备"公立公益机构",即公务法人的特征,具有一定的行政权限。

由此可知,我国高等学校是国家以培养专门人才、开展学术研究为目的而举办的、由公共财政经费维持的公立公益性机构。因其特定目的的公益性和服务对象的不特定性特征而承担确定的公权力,是有别于以私益为归宿的企业法人或单一民事主体的公权力主体。

三、高等学校的主要职能是提供教育公共服务

高等学校是履行公共职能的公权力主体,表明其所提供的教育服务是

---

① O. Mayer. *Deutsches Verwaltungsrecht* [M]. 1. Bd. , 3. Aufl. , s. 268.

② 吴庚. 行政法之理论与实用(增订八版)[M]. 北京:中国人民大学出版社,2005:121.

③ 莫里斯·奥里乌. 行政法与公法精要[M]. 龚觅,等译. 沈阳:辽海出版社、春风文艺出版社,1996:419–422.

一种公共服务。教育是国家给付行政的一部分，高等学校提供给人民高等教育及发展学术研究，不仅可提升整体国民的文化素养，更有助于推动国家文化及科技的进步，因此，由国家设立高等学校更为国家教育高权给付行政所不可或缺的文化国家"公任务"。① 也就是说，高等教育是给付行政领域的重要一部分，国家通过设立高等学校向公民提供教育过程中所行使的权力属于公共权力，是一种履行公共服务的行为。在联合国教科文组织（UNESCO）看来，高等教育的本质属性是"公共服务"，虽然高等教育也具有"商业服务"的性质，但这种类似于商品交易的商业操作是为了拓宽高等教育经费的筹措渠道，进而办好高等教育这项公共事业。该组织在《21世纪的高等教育：展望和行动世界宣言》中的第十四条规定"高等教育这一项公共服务的资金问题"，其中指出"高等教育需要国家和私营部门的资金，但国家的资金是主要的"。在1995年发表的另一份重要文件《高等教育变革与发展的政策性文件》中更为明确地指出："过多地要求高等教育机构开展各种'商业化'活动"是一种危险；因为"社会要求所有真正的高等教育机构，无论它们属于哪一种'所有制'形式，都能行使其作为公众服务的主要职能"。②

公共服务具有两种含义。第一种是组织机构意义上的公共服务，它是作为国家或者地方行政区域的行政机构的一个组成部分。例如，邮政公共服务既包括它的物质设施以及分布全国的分支机构也包括它的工作人员。第二种是职能意义上的公共服务，这时人们不从机构的角度出发，而从作为实体性标准的功能出发。在这种意义上，公共服务被认为是一种职能，体现为以公共利益为目标的行为。在现代行政法学中，人们更多是从第二种角度分析公共服务，并从职能意义上确定公共服务的两个基本要素。第一个基本要素是指，公共服务是一种服务行为，服务的提供者具有公法上的义务；第二个基本要素是指，公共服务的目的是为了满足公众利益的需

---

① 董保城，朱敏贤．国家与公立大学之监督关系及其救济程序［M］∥湛中乐．大学自治、自律与他律．北京：北京大学出版社，2006：3.

② 汪利兵，谢峰．论 UNESCO 与 WTO 在高等教育国际化进程中的不同倾向［J］．比较教育研究，2004（2）：48.

要，服务的享有意味着权利。① 本书采纳第二种观点来分析高等教育的公共服务属性。

从公共服务的角度来看，我国提供高等教育服务的主体为高等学校，教育服务的享有者为符合入学条件、取得学籍的学生。在实施高等教育的过程中，高等学校提供的公共服务包括两方面——教育服务和学校设施的提供。在高等学校向学生提供教育服务时，学校的具体活动表现为学生的录取、学籍管理、组织教学活动和评价学习效果、对学生进行奖励、处分、救助、颁发毕业证书和学位证书等教育管理行为。这些行为既是公法所规定的服务行为，也是为了满足公共利益的需要。因为高等学校的教育服务行为最终的教育成果是以国家认可的学业证书的形式表现。它是社会对于公民受教育程度和能力进行判断的重要依据，该行为直接和国家的公共利益相关。而且从高等教育的目标来说，具有社会公益和个人权利的两重性，因此，教育服务的目标既具有公益性，同时又满足公民个体需要。从财政支付的角度而言，在学历教育中，学生个人的缴费和国家的财政补贴同时存在，并非全部依靠学生缴费。

可见，我国高等学校向学生提供学历教育服务，属于行政性公共服务，在学校对学生进行教育活动时，双方的地位不完全平等，在学校特定的环境中，学生需要接受学校的管理。

总之，国家设立高等学校的主要目的在于实现公共利益。履行公共职能、提供教育公共服务是高等学校的主要特征。在高等教育活动中，高等学校根据授权以自己的名义行使招生权、学位授予权、处分权，其制定的各项规章制度对学生具有普遍的约束力。如北京师范大学的研究生必须遵守《北京师范大学研究生学籍管理实施细则》。学校在实施这些行为时处于主导地位。学生对学校作出影响其受教育权利，以及就业和社会评价的处理不服时，以学校作为被告的行政诉讼，学校独立承担行政法律责任。从这个意义上说，高等学校的法律地位首先体现为其在行政法上的法律地

---

① Guy Braibant & Bernard Stirn. *Le droit administratif francais* [M]. 5e édition revue et mise à jour. presses de sciences po et dalloz. 1999: 151. 王敬波. 高等学校与学生的行政法律关系研究 [D]. 北京: 中国政法大学法学院，2005: 8 - 9.

位。当然，自《高等教育法》规定高等学校的法人资格以后，高等学校作为民事法人所承担的角色也越来越重要。但笔者以为，高等学校作为实现公共利益、履行公共职能、提供公共服务的社会组织，公法上的法律地位是其主要方面，因此，其与学生所形成的法律关系主要是一种公法法律关系。①

四、高等学校学生的法律地位

从法理上讲，高等学校和学生法律地位的界定是研究高等学校和学生法律关系的前提。我国法律一方面对高等学校的法律地位界定比较模糊，另一方面没有明确规定学生的法律地位，仅在规定高等学校权力和教师权利时有所涉及。而传统教育观念一直强调"师为上，生为下；师为尊，生为卑"；进入现代社会，学生地位虽有所提高，但《教育法》仍将学生定位为"受教育者"，忽视学生作为学校共同体成员的地位，学生只是学校教育和管理的对象。

在以英国、美国为代表的英美法系国家，提出了"学生消费者第一"的理论。学生的地位等同于一般的客户或消费者，唯一的区别是在这些服务中，客户承认和购买的不是有形的物质商品，而是基于对于供货商——学校的专业能力的信任，购买的是精神产品。持这种主张的人认为，如果将学校和学生的关系确定为指导关系则降低了商业交换的意义，会对高等教育的服务质量带来不利影响。学校和学生之间的这种合作伙伴关系正被很多学校通过教育合同的形式确定下来。② 而在以法国、德国为代表的大陆法系国家，则从公共服务的角度，将学生定位为公共服务的用户。高等

---

① 将高等学校基于公共目的行使公权与学生发生的法律关系概括为公法法律关系可能更为恰当。笔者之所以没有选择我国高等学校与学生的公法法律关系作为研究的主题，而是选取了高等学校与学生行政法律关系的视角，主要是基于公、私法的界分理论在我国并不成熟。而自 1989 年《行政诉讼法》颁行之后，行政法律关系与民事法律关系的区分理论却已成为人们的共识，因而，选取了我国高等学校与学生的行政法律关系作为研究的主题，其中也包括了高等学校与学生的部分公法法律关系。

② PETER COALDRAKE. *Répondre aux nouvelles attentes des étudiants* [J]. Queensland University of Technology. Australie. Revue du programme sur la gestion des établissements d'enseignement supérieur. 2001（13）：89.

教育是公共服务，高等学校是公共服务的提供者。因此，高等教育的受益者——学生，也就是高等教育公共服务的用户。例如法国学者认为"公共服务的用户"是公共服务为之产生和运行的对象，是直接地和事实上受益于公共服务和使用公共设施的人。① 公共服务用户的法律状况和地位由立法者在其权限范围内确定，而具体的接受服务的条件则由政府决定。对于由公法人提供的公共服务，用户置身于公法关系中，可以要求行政法官审查组织服务的条例性规范的合法性，也可以要求审查涉及本人的个别行为的合法性，进而要求遭受损失的赔偿。法国《教育法典》法律篇第811－1条规定高等教育服务的用户是教育、研究、知识传播服务的受益人，有权使用学校内部的公共设施和公共场所，如图书馆、教室、实验室、体育设施等，拥有信息自由和关于政治、经济、社会、文化问题的自由表达权。② 德国《大学基准法》第三十六条从大学为公法社团的角度规定："注册之学生是高等学校的成员之一。"无论是作为教育消费者，还是公共服务的用户，都表明了对学生作为教育活动主体的重视。

　　我国在《高等教育法》、《学位条例》等与高等教育相关的法律法规的修订中，也应明确高等学校学生的法律地位。对高校学生的法律定位应考虑两方面：第一，对学生的定位离不开高等教育的性质，高等教育是公共服务，具有公共性，而不是纯粹实现个人利益的私人服务，从这个角度来说，学生不是完全市场化的消费者。在高等学校为学生提供国家学历教育服务时，高等学校是该类服务的提供者，学生是该类服务的用户，是学校教育成果的受益人，学校设施的利用人。第二，高等教育不同于一般的公共服务，高等教育是推动社会进步的动力，只有在相对自主的环境中，高等学校才能最大限度地追求学术发展与科学的进步。因此，高等学校应当获得较大的自治权。从高等学校自主管理角度，其内部成员的广泛参与是保证自治权实现的重要条件。学校因学生的需要而存在，因此学校的政策取向应当符合学生行使受教育权利的需要，从保证学生充分利用高等教

---

① Jean Franqois Lachqume, Claudie Boiteau, Hélène Pauliat. *Grands Services Publics*（2ᵉ édition）[M]. DALLOZ. 2000：393.

② *Code de l'éducation franqaise*［Z］. Litec, Groupe Lexis Nexis. N°811－1.

育资源的角度来确定。学生是学校不可缺少的成员之一，是学校管理的重要参与者，在学校的重大事项上拥有发言权，尤其在关于学生利益的重大问题应该给予学生参与决策的权利。① 总之，应确立高等学校学生在教育关系、法律关系上的主体地位，并对其权利进行细化。

第二节　公务法人理论与我国高等学校的法律定位

如前所述，高等学校的法律地位首先表现为其在行政法上的法律地位，那么行政主体资格问题就成为其法律地位的一个重要表述。一般认为，高等学校作为法律、法规授权理论的主要依据是《教育法》、《高等教育法》和《学位条例》的相关规定②。但界定为法律、法规授权的组织不能解决为何授权、对谁授权、何时授权等问题。

一、法律、法规授权组织的缺陷

如果仅从理论的角度来看，将高等学校视为法律、法规授权的组织似无不妥，但如果从全面的角度来审视，则存在诸多问题。

首先，从高等学校本身的特点看。法律、法规授权的组织行使的是特

---

① 王敬波．高等学校与学生的行政法律关系研究 ［D］．北京：中国政法大学法学院，2005：24－25.

② 《教育法》第二十八条规定："学校及其他教育机构行使下列权利：（一）按照章程自主管理；（二）组织实施教育教学活动；（三）招收学生或其他受教育者；（四）对受教育者进行学籍管理，实施奖励或者处分；（五）对受教者颁发相应的学业证书；（六）聘任教师及其他职工，实施奖励或者处分；（七）管理、使用本单位的设施和经费；（八）拒绝任何组织和个人对教育活动的非法干涉；（九）法律、法规规定的其他权利。"《高等教育法》第二十条第一款规定："接受高等学历教育的学生，由所在高等学校或者经批准承担研究生教育任务的科学研究机构根据其修业年限、学业成绩等，按照国家有关规定，发给相应的学历证书或者其他学业证书。"第二十二条规定："国家实行学位制度。学位分为学士、硕士和博士。公民通过接受高等教育或者自学，其学业水平达到国家规定的学位标准，可以向学位授予单位申请相应的学位。"《学位条例》第八条规定："学士学位，由国务院授权的高等学校授予；硕士学位、博士学位，由国务院授权的高等学校和科学研究机构授予，授予学位的高等学校和科学研究机构及其可以授予学位的学科名单，由国务院学位委员会提出，经国务院批准公布。"

定行政职能，即法律、法规明确规定的某项具体职能或某种具体事项，因此，该组织须严格遵循法律、法规的相应规定，其所享有的自主性与独立性相对较弱。但是，高等学校相对于一般的法律、法规授权的组织而言，应当具有更大的自主性和独立性。这一特点决定了相关国家机关，尤其是司法机关在介入高等学校的相关纠纷时，应当保持应有的克制，尊重其独立性和自主性，不能采用与对一般的法律、法规授权的组织相同的审查标准，而授权组织理论却不能区分这一点。①

其次，从高等学校的权力来源看。高等学校的权力来源于国家法律法规的规定、组织固有的自治属性和成员的权利让渡。事实上，高等学校在行使相应职权时，直接依据的几乎都是内部的各项规章制度，而这些规章制度则是章程的细化。如北京科技大学对田永的处罚依据就是校发（94）第 068 号《关于严格考试管理的紧急通知》中的相关规定，而不是国家法律、法规的明文规定。所以，如果仅从一般法律、法规中的概括性授权条款来看，人民法院难以确定何种职权是国家法律授予的。

再次，从现实的司法实践看。法律、法规授权的组织理论不能很好地解决法院对高等学校相关案件的受理问题。如，在刘燕文诉北京大学案中，原告于 1997 年曾向北京市海淀区人民法院提起过诉讼，但法院以"尚无此法律条文"为由不予受理。在 1998 年，原告以同一事实和理由向同一法院提起了相同的诉讼，法院却受理了。由此看来，对于高等学校是否可以以法律、法规授权的组织身份而成为行政诉讼的被告，法院没有统一的标准。

最后，某一组织是否是法律、法规授权的组织，不能仅以其所行使的权力来自于法律、法规的授权为标准。因为按照这种理解，《中华人民共和国全民所有制工业企业法》也赋予了国有企业经营自主权、辞退职工权等若干权利，可以认为这是法律对国有企业的授权，但是，却不能认为国有企业也是行政法意义的"法律、法规授权的组织"。原因就在于国有企业在行使权利（或权力）的时候，并非是在行使一项行政权力或公权力。可见，"法律、法规授权的组织"这一命题存在的致命缺陷就在于：一些法律、法规在授权特定组织以权利时，并未明确权利的属性是公共行

① 戚建刚. 论公益机构行为的司法审查范围 [J]. 法学，2003（7）：30.

政权力还是私权利。①

因此，用法律、法规授权的方式确立高等学校在行政法上的法律地位，解决高等学校和学生所发生的法律纠纷，并不是长久之计，因为"现代社会各行各业均须法律规范，并不能说，只要法律规定了某一组织的权利义务就一概认定其为授权组织"。② 授权只是一种表象，是权宜的结果，而被授予权力组织的主体地位及授予的权力性质，并没有得到解决。因而，法律、法规授权只能说是这类公务组织成为行政主体的必然结果之一，而不是其原因。故笔者以为，应借鉴法国公务法人理论来解释我国高等学校的法律地位。

二、公务法人理论及对我国高等学校的意义

法人概念起源于民法，确立法人制度首先解决的是社会组织在民事活动中的主体地位问题，因而有人认为确立公务法人同样只是明确公法组织在民事活动中的独立地位。笔者以为，虽然公务法人具有法人的外在形式，但核心是公务，其设立目的是解决公法组织在行政活动中的行政主体资格问题。本书正是基于将公务法人定位为行政主体的视角来借鉴其意义的。公务法人是由中央或地方行政机关依职权或专门法律的规定，为了实现一定的行政管理目的而依法设立的，脱离一般行政组织，具有独立管理机构和法律人格，能够享受权利和承担义务的法人组织。③ 也就是说，公务法人是国家行政主体为了特定目的而设立的服务性机构，与作为机关法人的行政机关不同，它担负特定的行政职能，服务于特定的行政目的，因而有别于"正式作出决策并发号施令之科层式行政机关"。"其与母体之行政机关间存在着既独立又合作、分工、对抗之关系。"④ "法人"是公务法人的外壳和形式，是一个组织成为公务法人的前提条件。公务法人具有法人资格意味着，其具有独立性和自主性。"公务"是公务法人的内核或内容要素，也是其得以存在的基本理由。公务法人成为行政主体是因为其

---

① 沈岿．制度变迁与法官的规则选择［M］//湛中乐．高等教育与行政诉讼．北京：北京大学出版社，2003：68.

② 马怀德．行政法制度建构与判例研究［M］．北京：中国政法大学出版社，2000：308.

③ 卢护锋，王欢．论我国高等学校性质［J］．中国科学教育，2004（9）：80.

④ 翁岳生．行政法［M］．北京：中国法制出版社，2002：273.

承担了公共服务的提供和公共行政职能的行使。① 确切地说，公务法人是其在公、私法上两种法律身份的合成。

我国高等学校是以公共利益为运行宗旨，承担教育公共服务任务，拥有一定行政职权的组织。而且，1998 年《高等教育法》明确规定了高等学校的法人地位。因而我国高等学校具有公务法人的特征，而且将高等学校定性为公务法人具有现实的理论意义。

首先，公务法人能够弥补事业单位法人公法地位的缺失。事业单位作为法人实体拥有财产和经费，能独立承担民事责任，这体现了事业单位的"法人"属性。然而，由于事业单位本身是以实现社会公益为目的的社会服务组织，因此不可避免地带有一定的职权性色彩，而且从现实情况来看，大量事业单位都在一定程度上履行着一定的行政管理职能，行使着一定的行政管理职权，而事业单位法人却忽略了这一点。"公务法人"概念则明确地表达了该组织的基本内核要素，即以执行一定的公务作为其存在的理由。因此，公务法人在具有法人特点的同时，也具有相应的公务属性，故能弥补事业单位法人公法地位的缺失。

其次，公务法人能够弥补法律、法规授权组织的理论缺陷。法律、法规授权组织的理论强调高等学校的权力来源于国家法律、法规的授予，却忽略了高等学校的"法人"性质。作为法人，应当具备独立的财产、经费和独立承担责任。这些组织一般都由中央或者地方政府设立，但在其设立之后，就在很大程度上脱离了设立者，具有了相对于一般授权组织更多的自主性和独立性。因此，国家设立高等学校之后，只应对其进行法律监督，而不宜进行业务监督。而"公务法人"则一方面承认了该组织的公务性质，同时又肯定了其法人属性，因此，能较好地克服法律、法规授权组织理论存在的问题。

再次，公务法人能够体现高等学校的基本特征。高等学校是国家为了实现其教育职能而设立的，代表国家为社会提供教育，不以营利为目的，这充分体现了高等学校的公务性质，具有与一般授权组织相同的特点，即享有一定范围和程度的行政权力。但另一方面高等学校又具有法人的外在形态，即有自己的名称、组织机构和场所，有自己的章程，有独立的经

---

① 马怀德. 公务法人问题研究［J］. 中国法学，2000（4）：43.

费，能独立承担法律责任。因此，公务法人比较符合当前我国高等学校的法律定位。

　　将我国高等学校纳入公务法人的范畴，不但具有理论意义，也具有实践意义。

　　第一，将高等学校定性为公务法人有利于其特殊职能的实现。我国高等学校以实现公共利益为宗旨，其最重要的职能在于为国家和社会保存、传播科学文化知识，培养高级人才。这种职能的实现往往需要经济上的巨大投入，但由于这种投入很难即刻收效，而且即便产生效益，也是针对受教育者个人和整个社会的，对于举办者而言只有极微小的回报，甚至完全没有回报。可见，高等学校的这种特殊职能是以追求个人利益最大化为出发点的市场机制所无法实现的，而且，虽然高等学校拥有一定的行政职权，其许多决定都具有行政行为的典型特征，即强制力、确定力和执行力，看似应当由政府进行管理，但由于高等学校特殊职能的实现需要动用大量社会资源与经济资源，由政府提供该种职能服务，将会导致政府负担过重，而且，政府过多的介入将会带来行政领域固有的弊病，因此，由政府执行高等学校的职能也不甚妥当。①

　　第二，将高等学校定性为公务法人有利于保障其独立性和自主性。不管将高等学校作为事业单位，还是作为法律、法规授权的组织，都难以体现"学校自治"和"学术自由"的基本精神。将高等学校定位为公务法人，改变政府对高等学校的监督和管理方式，"于自治事项的范围内，国家仅能作法律监督，而不得为专业监督，从而公立大学得以免受国家体系的行政干预，而能拥有较大的学术自由发展空间"，② 并且有利于确立司法介入的方式。对于高等学校，我们既不能任其游离于司法监督之外，也不能任由法院将触角延伸到高等学校管理的任何方面，应当保持必要的克制。③

　　第三，将高等学校定性为公务法人有利于其与学生法律纠纷的解决。近年来，学生因各种原因起诉高等学校的案件不断，如1998年田永诉北

---

① 刘艺. 高校被诉引起的行政法思考［J］. 现代法学，2001（2）.

② 李建良. 公立大学公法人化之问题探析［J］. 台大法学论丛，2000（4）.

③ 王欢. 论我国公立高等学校的性质与地位［D］. 长春：吉林大学法学院，2005：12-16.

京科技大学案、1999 年刘燕文诉北京大学案，2002 年马某、林某诉重庆邮电学院案。这几个案例都涉及对高等学校和学生法律关系的定位。由于我国学界把高等学校界定为事业单位或法律、法规授权组织，没有公务法人概念，对高等学校自治权的认识存在一定分歧，因而在司法实践过程中，有的以行政诉讼案受理，有的则以"不在受案范围"被驳回。公务法人与其利用者之间既存在公法上的行政法律关系，也存在私法上的民事法律关系。作为履行公务的行政主体与学生发生的纠纷属于行政法律关系，应纳入行政诉讼的受案范畴；作为民事主体的法人与学生发生的纠纷属于民事法律关系，应提起民事诉讼。因此，将高等学校定位于公务法人，并区分其与学生之间不同种类的法律关系，提供全面的司法救济，绝不只是称谓的改变，而是在我国现有行政体制及救济制度下，更新行政主体学说，改革现行管理和监督体制，提供全面司法保护的一次有益探索。① 特别是在我国区分民事诉讼和行政诉讼的条件下，确立高等学校的公务法人身份，区分其与学生不同类型的法律关系具有重要的意义。

三、我国高等学校定位为公务法人的制度选择

公务法人享有一定的公共权力，依法具有独立的法律人格，能够独立承担法律责任。因此，公务法人既不同于行政机关，也不同于行政机关的委托机构，而是一类特殊的行政主体。虽然我国传统法理学对公私法划分长期持否定态度，但自 20 世纪 80 年代末期开始，随着对市场经济理解的逐步深入，法学界对公私法之分的看法逐步改变，有关经济领域的立法迅速增多，更促使社会舆论和法学界多数人对公私法之分的认同。② 尤其是《行政诉讼法》颁行以后，民事诉讼和行政诉讼分野的诉讼体制意味着在司法实践中已存在公、私法的区分。因而，将我国高等学校界定为公务法人有一定的现实依据。另外，公务法人是建立在公务分权理论上的。我国自 1985 年实行的教育体制改革正是运用分权理论来重新进行政府和高等学校的权责划分。这是我国高等学校成为公务法人的理论依据。法国高等学校的法律地位从法人—公法人—公务法人—科学、文化与职业公务法

---

① 马怀德. 公务法人问题研究 [J]. 中国法学, 2000 (4): 44.
② 沈宗灵. 法理学 [M]. 北京: 北京大学出版社, 2000: 498.

人，逐级明确，层次分明，权责清晰，其立法方式值得我国借鉴。如图所示：

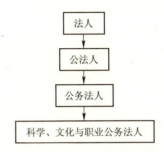

图1 法国高等学校法人分类

法国对从事高等教育服务的科学、文化与职业公务法人，以法律专门加以规定，使之区别于其他公务法人（行政性公务法人、工商性公务法人、地域性公务法人）。高等学校原属于行政性公务法人，但由于高等教育的特殊性，1968年《高等教育指导法》第三条规定："大学是具有科学、文化性质的公务法人。"1984年《高等教育法》进一步将高等教育机构的性质规定为科学、文化和职业公务法人。相对于行政性公务法人，这类新的公务法人具有更强的独立性和更多的自治性，法律确立该类公务法人享有教育、科研、管理、财政方面的自治。规定以民主的方式进行管理，明确学校成员的参与权，并以此作为高等学校内部实行民主管理的法律依据。法律还确立了该类法人以提供科学、文化及职业性的公共服务为职能。① 根据《高等教育法》的规定，高等学校制定具体管理的公务包括基本培训、继续培训、科学和工艺的研究及其成果的应用、传播文化和科学技术的信息、进行国际合作等。在这些公务范围内，高等学校享有行政法上的自治权力，可以自主就这些公务做出决定并执行。科学、文化与职业公务法人是自治行政的一种方式，必须接受法律所规定的监督。由国家设立，受国家有关机关，如中央政府有关部门或国家在地方上的代表的监督。监督的方式，因公务的性质而不同，但也有最基本的共同规则。一般

---

① 王敬波. 高等学校与学生的行政法律关系研究［D］. 北京：中国政法大学法学院，2005：20.

而言，由于公务法人的活动受专门原则的限制，公务法人接受所从事的目的事业以外的捐赠，以及附有负担的捐赠，要得到监督机关的同意。公务法人的会计账目，通常适用公共会计的审查程序。

在我国的法律体系中，高等学校一方面作为事业单位，看似公法定位，却源于《民法通则》，另一方面，《高等教育法》虽具有公法性质，却将高等学校定位为民事法人，存在公、私法混淆的问题。如图所示：

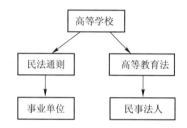

图2　我国高等学校法律地位

事实上，我国的高等学校与法国的科学、文化和职业公务法人在功能上有很多类似之处。如，都是国家为实现公共利益而设置的，具有特定的目的性；都是提供教育服务。"科学、文化与职业公务法人"的名词本身即可反映出高等学校法律地位中的关键因素。其一，"法人"一词可以揭示高等学校的法人地位，高等学校具有独立的权利能力和行为能力。其二，"公务"一词可以表示高等学校是从事公共服务的法人，具有公法人的性质。其三，"科学、文化与职业"作为定语，反映高等学校的职能在于发展科学、传播文化、培养学生的职业能力。[1]虽然我国的事业单位法人在职能上与法国的公务法人具有相似性，两者都注重主体的公共服务职能，并赋予主体在必要时候对这种公共需要进行管理的权力，但两者的法律性质不同，我国的事业单位法人主要是民事法律关系上的称谓，而法国的公务法人显然体现了纵向上的"公务"与横向上的"法人"两种关系，对该类组织性质及法律地位的表述一目了然。

实际上，我国高等学校符合公务法人的特征。首先，我国高等学校是依公法设立的公法人。高等学校的法人资格是依《教育法》、《高等教育

---

[1]　王敬波. 高等学校与学生的行政法律关系研究 [D]. 北京：中国政法大学法学院，2005：21.

法》的规定所设，教育法属行政法分支，故其设立的高等学校法人应属公法人。其次，我国高等学校是为公益目的而设立的公法人。高等学校设立的首要目的是为人类社会的延续和发展而积累、传递知识，虽然它也有满足个体要求的目的，但更主要的是为公益目的而存在，即为国家和社会提供专业人才和智力服务。再次，我国高等学校是享有一定行政权力的公法人。在我国，高等学校是国家行政主体设立的，故高等教育一直是国家和地方行政的重要组成部分，尤其是 20 世纪 50 年代之后，高等教育完全成为国家的事务，形成单一的国家教育权，这种局面直到改革开放后社会力量办学的介入才被打破。政府举办高等学校是国家教育权的体现，国家或地方政府通过举办高等学校，制定相关教育政策，对高等学校实行宏观管理，从而实现国家教育权，但是，国家教育权的实现离不开高等学校的行政活动，高等学校通过自身的微观教育和管理，帮助政府完成高等教育行政的任务。所以，从这个意义上说，高等学校行使的权力属行政权力，它虽不是国家行政，但与国家行政机关所实施的行政同是"公共行政"，①因而高等学校作为行使或分担高等教育权力、承担高等教育行政的重要主体，应属公法人。最后，我国高等学校是具有特殊地位的公法人。高等学校与国家行政机关等公法人不同，具有特殊性：一是脱离一般的行政职能，只从事特定的公务，即向公众提供特定的高等教育；二是具有独立的人格，与国家或地方政府保持一定的独立性，不是其附属机构；三是较少行政机关的官僚风气和烦琐程序，体现出相当的自主、自治特色；四是与教师、学生间的关系不是普通的行政关系，而是具有特殊性的行政关系。②

当前我国正在进行《教育法》、《高等教育法》、《学位条例》和《民法典》的修订或起草工作，这是在理论和司法实务上引入公务法人制度的最好时机。结合事业单位和民事法人的双重特点，将《教育法》、《高等教育法》中有关学校民事法人的表述变更为对其在公法上的法律定位，借此发展我国的行政主体理论。当然，将我国高等学校确定为公务法人是一种制度的重构，绝非一蹴而就之事。本文将高等学校定性为公务法人，

---

① 姜明安. 行政法与行政诉讼法学［M］. 北京：北京大学出版社、高等教育出版社，1999：2.
② 申素平. 论我国公立高等学校的公法人地位［M］// 劳凯声. 中国教育法制评论（第 2 辑）. 北京：教育科学出版社，2003：26－27.

主要目的在于确立其在公法上的法律地位，以为分析行政法律关系和行政契约准备主体要件。对高等学校的法律定位之所以采纳公务法人的观点，而不采用法律法规授权组织的理论，更重要的是，用公务法人理论能更鲜明地体现高等学校在履行公务的过程中与学生发生的法律关系的公法性质。当然，这种定位并不否认授权的存在，而是将授权看成是履行公务的结果。

<h2 style="text-align:center">第三节　其他国家高等学校的法律
地位及其与学生的法律关系</h2>

从公法的角度对高等学校的法律地位及其权利义务作出必要的规定，可借鉴其他国家和地区的相关立法经验。当然，界定高等学校的法律地位，一般需要区分大陆法系和英美法系来进行分析。大陆法系以法国和德国为代表，以成文法为特色，也部分借鉴了判例法的优点。高等学校作为行政主体是大陆法系国家的普遍做法。普通法系以英国和美国为代表，以判例法为特色，也存在着大量的成文法。我国法律主要是继承了大陆法系的传统，目前仍然严格地遵循成文法的基本原则，判例没有被运用于司法实践中。从这些国家的立法情况来看，虽然范围和程度不同，但公立高等学校①均受到公法规则的约束。

一、大陆法系国家高等学校的法律地位及其与学生的法律关系

1. 法国公立高等学校的法律地位及其与学生的法律关系

（1）公务法人：法国公立高等学校的法律地位

在法国行政法学中，行政主体是实施行政职能的组织，即享有实施行政职务的权力，并承担由于实施行政职务而产生的权利、义务和责任的主体。行政主体是公法人。在法国法律中，有三类行政主体，一类是国家，它是最主要的行政主体。其次是地方团体，在法律规定范围内，行使地方性的行政事务并承担由此产生的权利、义务和责任。第三类主体是公务法

---

① 本书的研究范围是我国公立高等学校，为了便于写作将其简称高等学校。国外部分内容涉及与私立学校的比较，因而仍然采用公立高等学校这一称法。

人，它是从国家或地方团体的一般行政职务中分离出来的，专门实施特定公务的公法人，这类法律主体具有独立的人格。① 在法国，现行法律规定了四种类型的公务法人，其一是行政公务法人。作为传统的公务法人，它设立的目的在于管理某种需要有一定独立地位的行政公务。其活动在没有法律的特别规定时，受行政法的支配和行政法院的管理。其二是地域公务法人。它是几个地方团体为了合作实施某种公务所设立的法人，适用行政公务法人的法律制度。其三是科学文化和职业公务法人。它由 1968 年和 1984 年相关法律创设（此前属于行政公务法人范围），适用于管理高等教育公务的机关，包括大学、高级工科学校、高级师范学校及上述机构的附属机构。其四是工商业公务法人。它是为管理某一特定的工商公务而设立的。②

科学文化和职业公务法人适用于管理高等教育公务的机关。1968 年《高等学校方向法》（也译作《高等教育方向指导法》，又称《富尔法》）第三条规定，"大学是有法人资格和财政自治权的公立科学文化性机构，它把能得到公立科学文化性机构资格的教学与科研单位和这些单位共用的服务部门有机地组织起来，承担目前的大学、学院及法令作有特殊规定的附属学院的全部活动。"③ 从《富尔法》开始，大学被规定为独立于行政公务法人的科学文化公务法人，该法案还对其中独立性的法人管理机构及其与行政部门的关系作了规范。对该类型的法人，尤其强调了自主自治和民主参与的独立精神。应当说，法国公立高等学校从这部法律出台之后才开始有真正的自治权。在"自治、多学科、师生共同参与"三条原则的基础上，法国的大学外部关系和内部法律关系发生了很大的变化。从外部关系上，大学由"全国高等教育和科学研究理事会"管理，该理事会包括大学选出的代表、独立于这些大学的高等教育和科学研究机构选出的代表，以及占三分之一的、代表国家重大利益的外界人士（该法第九条）。在学区层次上，学区长负责协调高等教育和其他教育，特别是组织学校教师的培训（第十条）。从内部关系上，大学及独立于它的公立科学文化性

---

① 王名扬. 法国行政法 [M]. 北京：中国政法大学出版社，1988：41.

② 王名扬. 法国行政法 [M]. 北京：中国政法大学出版社，1988：499－501.

③ 夏之莲. 外国教育发展史料选粹（下）[M]. 北京：北京师范大学出版社，1999：75.

机构，由选举产生的理事会管理，由该理事会选出的校长领导（第十二条）。

对于这类公务法人的规范，1984 年的《高等教育法》（亦译作《高等教育指导法》，又称《萨瓦里法》）有了进一步的拓展，尤其在学校自治权方面更是如此。该法第三部分"科学、文化和职业公立高等学校"作了更为具体的规定：

第二十条　科学、文化和职业公立高等学校是享有法人资格，在教学、科学、行政及财务方面享有自主权的国立高等教育和科研机构。

这些学校在全体工作人员、学生和校外知名人士的帮助下，实行民主管理。

它们是多学科的，并聚集了教师——研究员、教师及各种专业的研究员，以便保证知识的发展，保证主要旨在履行一种职业的科学、文化与职业教育。

它们是独立的。在履行由法律所赋予的使命的过程中，可以在国家规定的范围内，在遵守自己条约义务的前提下，确定自己的教学、科研及文献资料活动的各项政策。

其教学、科研及文献资料活动，在第十九条规定的高等教育地理布局的范围内，可以通过签订多年合同的方式进行，这些合同要规定学校承担的义务，并写明国家提供其使用的相应设备和人员。上述设备在财务规定的限度内，按年提供。学校要定期报告对所承担义务的执行情况……①

第四十八条　一切高等学校均要接受国民教育行政总督学在行政管理方面的监督，一切学校要接受财务检查，学校账务账目要接受审计法院的法律监督。②

从上述规定来看，公立高等学校作为科学、文化和职业公务法人，在教学、科研、行政及财务方面享有自主权，但在一定程度上受到行政管理部门的监督。这种规定既体现了公立高等学校在公法上的定位，也体现了其民事主体的权利，但更侧重的是其公法定位。

---

① 夏之莲. 外国教育发展史料选粹（下）[M]. 北京：北京师范大学出版社，1999：102.
② 郝维谦，李连宁. 各国教育法制比较研究 [M]. 北京：人民教育出版社，1999：83.

（2）法国公立高等学校与学生的法律关系

法国的公立高等学校被界定为科学文化和职业公务法人，其与学生所发生的法律关系一定程度上可以借鉴公务法人与其利用者的关系。公务法人与利用者之间的关系，根据不同方式，可以分为不同种类。一是根据利用关系是否出于公务法人的强制可将其分为任意利用与强制利用。前者是指"其利用与否，在于利用人之自由意思"。后者是指"行政主体为使营造物发挥其效用，有时依照法律科私人以义务。而私人有特定的情事时，即须利用其营造物，否则行政主体可以行政处罚或行政上的强制方法而对其进行强制"。如将患传染病之人，送至传染病医院或隔离病房。在义务教育中，强制家长将学生送至小学等均属强制利用。① 二是根据公务法人与利用者之间关系的内容，又可以将其分为一般权力关系和特别权力关系。前者是指由公法直接规定公法上的一般义务，公民在履行这些义务，如在服从法律的义务、服兵役的义务、金钱给付等义务时与国家行政机关或公务法人之间形成的关系为一般权力关系。而后者是相对于前者而言的，公民与国家或公务法人之间因特别的义务而形成的权力服从关系，如因义务教育法律规定入学而成为公立学校学生，依照传染病防治法律而强迫进入公立医院成为病人，或因自愿，如公民担任公务员、进入公立高等学校学习、自愿使用公立图书馆、到公立医院接受治疗、参观博物馆或因法院判决入狱服刑成为犯人，这些关系均属于特别权力关系。② 特别权力关系中当事人关系的不平等特别严重，与一般的权力关系有程度上的不同。首先在于义务的不确定性，即公务法人对其成员和利用者享有特别的支配权力，只要是为了达成行为目的，允许特别权力人为对方设定各种义务。如公立学校对学生所作的纪律规定。其次，特别权力主体可以以内部规则的方式限制他方基本权利。对这种限制相对人有忍受的义务。特别权力关系因为排除法治行政原则的适用，受到现代行政法学的全面批判。

法国司法界并没有明确的特别权力概念，其公务员对于有任命权的上

---

① 乔育彬. 行政组织法 ［M］. 台湾公共行政学会，1994：300. 湛中乐. 高等教育与行政诉讼 ［M］. 北京：北京大学出版社，2003：202.

② 陈新民. 行政法学总论 ［M］. 台北：三民书局，2005：129；翁岳生. 行政法与现代法治国家 ［M］. 台湾大学法学丛书编辑委员会，1990：131－135.

级机关所作出的各种惩处处分，包括撤职、强制退休、降级、调职、减俸、申诫等，如有不服，均可向行政法院提起越权诉讼，至于平调、工作之指派、请假等则视为内部秩序措施，行政法院始不予审查。此种理论也适用于公立学校与学生因身份改变所发生的纠纷。法国行政法认为高等学校与学生处于法律规定下的客观地位，高等学校可以随时变更法律规定、改变使用条件，如入学条件、教学组织等，学生认为公务运行不合法或要求损害赔偿，由行政法院负责。高等学校行政当局发布的关于学校内部组织和管理的规定都属内部行政措施（如禁止学生在校内佩戴某种徽章，穿着某种服装，规定请假制度，具有纪律处分性质的个别决定），一般排除司法审查，但损害学生法律地位的行为可提起行政诉讼。法国教育司法制度相当健全，教育纠纷有两种调解或司法救济途径：教育系统内部的司法制度和教育系统外部的行政诉讼制度。一般遵循先系统内、后系统外的程序。教育系统内部分为两级。学区国民教育委员会行使第一级司法权，可对教员作出惩戒处分，并对违法行为作出裁决。当事人不服学区国民教育委员会裁决的，可以上诉至国民教育高级委员会复裁。国民教育高级委员会是一个部级咨询和司法机构，受理的案件一般为行政诉讼和纪律惩处，并主要行使第二级司法权。国民教育高级委员会必须遵循法律规定的程序，否则其裁决可被国家行政法院撤销。[①] 由此表明，法国公立高等学校与学生的法律关系主要是一种行政法律关系。

2. 德国公立高等学校的法律地位及其与学生的法律关系

（1）公法团体：德国公立高等学校的法律地位

在德国行政法中，行政主体是一个重要的概念。与各国相同，德国的行政主要是通过行政工作人员和行政机关的形式表现出来的，但是，从法律的角度上看，行政主体是德国行政法中用以描述行政法律关系中与公民相对应的法律主体。在德国，行政法律关系主体中的行政主体是具有权利能力的主体，主要包括：① 国家；② 具有权利能力的团体、公法设施和公法基金会；③ 具有部分权利能力的行政机构；④ 所谓的被授权人（或被授权的行政组织）。[②] 如果从国家是自行还是通过其他独立的行政主体

---

① 郝维谦，李连宁. 各国教育法制比较研究 ［M］. 北京：人民教育出版社，1998：84-87.

② 哈特穆特·毛雷尔. 行政法学总论 ［M］. 高家伟，译. 北京：法律出版社，2000：501.

执行其行政任务来看, 国家行政也可以分为直接国家行政和间接国家行政两类。直接国家行政主要是通过国家机关直接实现的行政, 包括德国联邦政府和州政府的行政机关实施的行政。间接行政则是通过其他联邦（或州）直属的团体、设施、基金会或者被授权人实施的行政。① 高等学校属于间接行政主体中的公法团体。在德国, 公法团体需要同时具备如下几个条件: ① 通过国家主权行为设立, 即是由国家创制的, 其变更和撤销也需要相应地依据公法程序实现。② 具有权利能力, 它是一个独立的、权利义务统一的归属主体, 如果仅仅是具有部分能力的公法团体（如大学中的学院或系）不是独立的公法团体。③ 必须具有成员。这也是属人团体区别于财团法人的重要特征。它决定了属人团体必须根据社团成员的意愿来自主管理。为此就需要通过相应的组织制度加以保障。当然这些社员可以是自愿组织的, 但也存在着法律的强制和确认。④ 必须具有相应的任务, 也就是公法社团必须应产生于特定的任务, 这一特定的任务由团体的组织法作出具体规定。⑤ 具有公法性质。包括团体内部的组织机构以及团体与成员的法律关系都是公法性质的。团体工作人员可能具有与公务员同样的性质, 团体在行使权力的时候也具有执行主权任务的性质, 如作出的行为具有行政行为的性质, 可以采取相应的强制措施, 征收相应的费用, 也可以采用行政私法, 如行政合同等方式来实现特定的行政目标。⑥ 必须出于国家的监督之下。如接受来自于联邦和地方给予法律授权的审计监督、行政监督等。

1985 年《联邦德国高等教育总法》第四章《高等学校的组织和管理》第五十八条对高等学校的法律地位进行了如下规定:②

（1）高等学校是法人团体, 同时又是国家设施, 在法律上高等学校有自主权。

（2）高等学校制定自己的基本条例, 但需经州政府批准, 审批受到限制时, 应对限制审批的前提条件作出法律的规定。

（3）高等学校通过统一管理, 完成自己的任务, 包括涉及国家事务

---

① 哈特穆特·毛雷尔. 行政法学总论 [M]. 高家伟, 译. 北京: 法律出版社, 2000: 569 - 582.
② 夏之莲. 外国教育发展史料选粹（下）[M]. 北京: 北京师范大学出版社, 1999: 147.

的任务。

德国高等教育实行联邦制。高等教育由各州政府负责，联邦政府没有直接干预高等学校的权力，但是可以通过预算和拨款来实施具体的影响，因为联邦政府对高等学校的资助达到了 50% 以上。《联邦德国高等教育总法》获得联邦的通过之后，马上被写进 11 个州（东西德国统一后有 16 个州）的高等教育法中。① 德国高等学校的具体法律地位和法律权利是在州法中规定的。例如，巴伐利亚州《高等教育法》第五条就具体规定了高等学校在处理"本校事务"和"政府事务"中的权限：

第一款　高等学校以法人的身份处理学校事务，以国家机构的身份履行政府事务。

第二款　如无其他规定，本校事务是指学校方面的一切事务。

第三款　政府事务是指：

1. 公职人员的人事事务和高等学校中不属于一般科研范围的培训或进修人员的人事业务；

2. 向政府提出学校财政计划，报告执行财政的情况，包括对各种所需设备添置计划的审定；

3. 行政管理的组织工作，校房地产的管理，技术装备设施的组建和管理、附属医疗设施的组建和管理，以及财产物资检验机构、经营部门、附属机构和其他有关机构的管理工作；

4. 执行学生入学注册和高校除名的各项规定；

5. 举行国家承认的考试；

6. 制定和执行规章制度；

7. 行使房产使用权；

8. 处理由立法或依法规定的其他事务。

从上述规定中可以看出，德国公立高等学校被界定为法人团体和国家设施，是对其在公、私法上两种法律身份的确认。表明公立高等学校是负担特定目的、提供专门服务、具有部分权利能力的公法团体，是行政主体

---

① 弗兰斯·F. 范富格特. 国际高等教育政策比较研究［M］. 王承绪，等译. 杭州：浙江教育出版社，2001：179 - 180.

的一种，以区别于企业法人或单一的民事主体。

(2) 德国公立高等学校与学生的法律关系

特别权力关系是解释公务法人与利用者之间行政法律关系的一种理论，后来成为大陆法系国家解释高等学校与学生关系的主导理论，其中又以德国和日本为甚。当前德国理论界对特别权力关系理论作了一定的修正。乌勒（Ule）将特别权力关系分为"基础关系"和"管理关系"。"基础关系"是指有关特别权力关系产生、变更及消灭的事项，对涉及基础关系的决定即公务员、军人、学生的身份资格的取得、丧失及降级等决定，可以视为可诉行政行为。[①] 乌勒认为，对于基础关系事项，应当视为行政决定，适用法律保留原则，权力人为相关行为必须有法律的明确授权。另外，司法也可以介入这些事项进行审查，相对人可以提起司法救济。"管理关系"是指为了达到行政目的由权力主体所为的一切内部管理措施。对于管理关系，如特别权力人对军人、公务员、学生的服装，仪表规定，作息时间规定，宿舍规则，属于行政规则，不视为是行政处分，不能提起行政诉讼，也不必遵循严格的法律保留原则。

此后，德国法院进一步以"重要性理论"来区分基础关系和管理关系。所谓重要是指对基本权利的实现重要，或严重地涉及人民自由与平等领域。即只要涉及人民基本权利的重要事项，不论是干涉行政还是服务行政，必须由立法者以立法的方式而不能让行政权自行决定。德国法院认为，教育行政领域哪些事务应有法律依据，应视其基本权利的实现是否重要来判断。关于重要与否的衡量，则视个案而定。即使在管理关系中，如果涉及人权的重要事项，必须有法律规定。[②] 重要性理论是对特别权力关系理论的重大发展，一方面，它承认了公务法人与其成员或利用者之间的关系仍有别于普通的行政法律关系，不能完全适用法律保留原则，而仍有必要赋予特别权力人（公务法人）一定的管理与命令权力。这是维持公务法人正常运作的基础。另一方面，它摒弃了特别权力关系排除司法救济

---

① 在德国判例中，学校当局之入学许可、学校之分配、参加高中毕业考试之许可、博士学位之授予、退学或开除、留级、拒绝发给毕业证书等，行政法院认为有审查权限。参见：翁岳生. 行政法与现代法治国家 [M]. 台湾大学法学丛书编辑委员会，1990：144、147.

② 陈新民. 行政法学总论 [M]. 台北：三民书局，2005：100.

的传统观念，承认在特别权力关系中，只要涉及人民基本权利的重要事项，均应由立法规定，也均可寻求法律救济。正如哈特穆特·毛雷尔（Hartmut Maurer）所说，高等学校和学生的法律关系，"不可否认，这种关系客观上具有其内在的特殊性，需要符合其特性的法律规则。但是，这种规则——如同其他规则那样——必须全面遵循法治国家原则，特别是应当通过或者根据法律规定，必须完全符合公民的基本权利。"① 总之，德国公立高等学校和学生的法律关系是一种行政法律关系，并逐渐由特别权力关系转变为一般权力关系。

3. 日本国立②高等学校的法律地位及其与学生的法律关系

（1）独立行政法人：日本国立高等学校的法律地位

日本国立、公立大学设置法规定，国立、公立大学在法律性质上为公营造物，属于法律上无独立人格的非独立营造物。

20 世纪 90 年代后期，日本政府为了推行行政改革，提高公共事业的效率，制定了《中央省厅改革基本法》（1998）和独立行政法人化政策。1999 年 7 月 8 日通过的《独立行政法人通则法》第二条规定："独立行政法人是在国民生活及社会经济安定等公共观点上，并在确实有必要实施之事物及事业，且无须由国家直接实施之必要者中，而其业务无法完全交由民间实施，或有必要由单一主体独占方能实施，能更有效率、有效果地执行为目的，进而依据此法或个别法之设置而成立的法人即称之。"

行政法人化的初衷在于将部分不适合由行政机关（构）推动之公共任务，成立行政法人负责处理，以避免政治干扰、摆脱法令与层级之限制、撙节开支，俾使政府的绩效获得提升。③ 行政机关改为法人化有如下前提："第一，国家政策的决定者必须放弃大有为政府及福利国家的治国理念，才有可能减缩国家的任务，从而减少国家的机关及工作人员。第二，行政机关在涉及非公权力行政部分，以及属于给付行政的行政事务，

---

① 哈特穆特·毛雷尔. 行政法学总论 [M]. 高家伟，译. 北京：法律出版社，2000：170.

② 日本的高等学校分为国立、公立和私立三种类型。国立大学是指日本中央政府设立的作为高等教育机构的学校。公立大学是指地方政府设立的高等教育机构，一般是指都、道、府、县及其下属的市町村政府设立的作为高等教育机构的学校。我国的公立高等学校主要相当于日本的国立高等学校。

③ 许立一. 对我国建立行政法人制度的省思 [OL]. http://www.npf.org.tw/research–a3.htm.

可以委由行政法人来行使。但为了避免冲击现有行政体系的法源基础，属于目前政府各部委行政机关者，不宜改为法人；而属于新增加的政府任务，只要符合上述非公权力的特色者，才尽量以新设的行政法人来承担任务。即以'新增及辅助性原则'作为行政法人推行的基本方针。第三，必须强调依法行政、法律保留及民意监督的原则。"①

日本国立大学法人化改革是在"独立行政法人化"的前提下进行的。在《国立大学法人法》的规定下，国立大学法人原则上依循广义的独立行政法人制度，但国立大学不再是国家行政组织的一部分，而是独立于国家行政组织之外，拥有独立的法人人格。国立大学法人变成以校长和理事为中心的自主、自律的营运组织。依据《国立大学法人法》及文部科学省公布的有关"国立大学法人"制度的概要，国立大学法人制度的基本理念为：① 赋予每个大学以法人资格，确保大学自主、自律的运营；② 引进"民间创意"的管理方法，引进理事会制度，以实现"上层管理"模式，设置"经营协议会"，从全校性观点进行对资源最大运用的经营；③ 使得由"校外人士的参与"的运营体系制度化；④ 向"非公务员型"人事制度的转换；⑤ 把"第三者评价"的结果反映在预算分配中。② 此外，为配合其他相关机构进行法人化改革，文部科学省同时制定了 6 项新的个别法，包括适用 55 所高等专门学校的《独立行政法人国立高等专门学校机构法》、《独立行政法人大学评价、学位授予机构法》、《独立行政法人国立大学财务经营管理法》、《独立行政法人媒体教育开发中心法》等法案。

总之，日本国立高等学校从公营造物到独立行政法人的改革，突出了高等学校的独立性，增加了其民事主体的权利，但并没有完全改变其在公法上的法律地位，仍主要是从公法的角度来确定其法律地位。

（2）日本国立高等学校与学生的法律关系

特别权力关系源自德国，后传入日本，一度成为日本理论界解释公立学校与学生法律关系的主导理论。"二战"后，日本行政法学界对特别权

---

① 陈新民. 新创"行政法人"制度——行政组织精简的万灵丹？［J/OL］（2004 - 08 - 16）. http：//www. worldpublaw. sdu. edu. cn/

② 杨思伟. 日本国立大学法人化政策之研究［J］. 教育研究集刊，2005（2）：14 - 15.

力关系理论展开检讨和反思，要求限制甚至否认特别权力关系。1977 年日本最高法院第三小法庭在富山大学学分不认定案中提出了"部分社会理论"。实际上，这种学说与特别权力关系仅是解释角度的不同，法院的用意主要在于避免直接适用特别权力关系理论而遭受批评。

此后，日本理论界又提出了公法上的契约关系、教育法上的契约关系和私法上的契约关系等不同学说。提倡学校和学生之间构成公法契约关系的学者认为，推行教育是国家宪法明确规定的义务，非一般私法上的营利事业所能比拟。因此，在学关系在本质上应属国家和学生立于对等地位，追求教育目的，依合意成立的公法契约。有学者认为，公立学校和私立学校与学生的关系并无不同，二者皆属教育法上的契约关系。因为对学校与学生关系的根本方面加以制度性规定的教育法律，原则上适用于所有国立、公立和私立学校。现行的学校与学生关系是基于宪法原理，旨在保障学生作为"人"的学习权的法律关系。学校当局在一定范围内所具有的教育上的总括性决定权能和私学的契约关系一样，是基于学生、保护者的基本合意的教育自治关系。这种契约关系既不是一般行政法上的公法契约，也不单单是一般私法上的契约关系，而是教育法上独特的契约关系。① 室井力教授在彻底批判传统特别权力关系理论的基础上，指出教育应完全摆脱"权力作用"，学生的在学关系应脱离行政法而成为民法上的契约关系。

从日本的现状来看，虽然国立大学进行了法人化改革，但并没有涉及学校和学生法律关系改变的内容。理论界提倡的"公法上的契约关系"、"教育法上的契约关系"、"私法上的契约关系"基本上只是一种学理研究，尤其是后两者尚未得到司法判例的认可。特别权力关系理论在日本虽遭到各种不同的批判，但仍然没有任何一种学说能够完全取而代之。由此可见，日本国立高等学校和学生的法律关系也主要是一种行政法律关系。

二、英美法系国家高等学校的法律地位及其与学生的法律关系

1. 英国公立高等学校的法律地位及其与学生的法律关系

（1）公共法人：英国公立高等学校的法律地位

---

① 兼子仁. 教育法（日文版）[M]. 日本：有斐阁，1978：400 –410.

与德国等大陆法系国家不同，英国没有行政主体的概念，而只有行政机关（Agency）的概念。根据职能的分类，可以将英国政府行政权力行使者分成两种：政府（Government）和公法人（Public Corporation，也可以译为公共法人）。政府包括中央与地方政府，也经常使用"当局"（Authority）的名称，而其所下属的单位，称为"机关"，都可以由法律授予执行相应的公权力。公法人则是由法律所创设的法人，从其名称Public Corporation 可以看出，英国的公法人是指以私法的公司（Corporation）形态所成立的行政主体，实际上就是国家设立公司来达成行政任务，这也是由一种所谓"特许企业"（Beliehene），受行政委托来行使国家公权力。与大陆法系的公法人相比，英国的公法人概念甚为狭小。①

王名扬先生认为，英国的公法人（或公共法人）具有以下三个特征：① 有独立的法律人格；② 在全国或一定地区内执行由法律或特许状所规定的某种公共事务；③ 对一般行政机关虽然保持一定程度的独立，但仍然保存一定程度的关系。事实上，与德国的公法人所采取的宽泛的理解不同，英国的公法人是指涉及中央与地方行政机关以外的行政主体，也就是"授权行政主体"。这是指行政机关以外，享有一定的独立性和单独存在的法律人格，并从事某种特定的公共事务的行政机构。② 英国学者霍克（Neil Hawke）认为，公法人是由法规所创设的团体，能够拥有完全独立的法律人格，且在绝大多数的情况下，其成员并未拥有公务员的资格，且该团体不被视为政府机关（Agency）。该团体的目的只是来担负某些任务，且受到政府相当的监督。③

英国将高等学校（university）定位为公共法人（public corporation）。④ 公立高等学校并非国家机构的组成部分，而是国家之外的公共机构。如果该高等学校是依法规设立的，可以将它作为法定公共机构对待，用调卷令

---

① 陈新民. 新创"行政法人"制度——行政组织精简的万灵丹？［J/OL］（2004 - 08 - 16）. http://www.worldpublaw.sdu.edu.cn/

② 王名扬. 英国行政法［M］. 北京：中国政法大学出版社，1987：86.

③ Neil Hawke. *An Introduction to Administrative Law*（second edition）［M］. Oxford：ESC Publishing Limited. 1989：80.

④ Oliver Hyams. *Law of Education*［M］. London：Sweet & Maxwell. 1998：508.

与强制令之类的手段救济。如果只是依章程或私自设立的，针对这种高等学校的权利便取决于契约。行政法是关于政府机构与法定公共机构的权利与义务的，法定的大学或学院可以归入它的范围，但私立学校不能。① 因此，可以将英国由国家设立的高等学校视为公共法人。

（2）英国公立高等学校与学生的法律关系

英国目前解释高等学校和学生之间法律关系比较盛行的是契约关系理论。该理论将学校与学生双方视为契约当事人，二者基于双方合意而订立契约关系。在该契约中，学生同意支付学费，如果学生保持良好的学术表现并且遵守学校的命令和规则，学校则将同意提供教学并授予其学位。该理论中学生与高等学校之间的契约关系是一种混合物，在某些方面明显地属于私法上的合同关系，可以强制执行，而在某些方面则具有公法的性质。同时，认为契约关系也在随着时代的变化而变化。与大陆法系的特别权力关系相似，英国行政法上同样认为学生基于高等学校成员的身份，对于高等学校负有某种明示或暗示的义务，并且认为对于学生与高等学校之间的关系要视不同的阶段进行具体划分。②

另外，英国行政法的核心是行政程序法而非行政组织法，法院要求作为公共机构或公共法人的公立高等学校的行为要严格遵循自然正义原则。其与学生发生的法律纠纷除了普通法的救济外，还有行政法上的特别救济，包括调卷令、禁令和强制令，这些特别救济只能针对政府机构和法定公共机构使用。这表明，英国依法规设立的公立高等学校与学生的法律关系主要受公法规则的约束。

2. 美国公立高等学校的法律地位及其与学生的法律关系

（1）公共机构：美国公立高等学校的法律地位

美国公立高等学校，必须完全遵守联邦宪法，因为美国联邦宪法的一个重要目的是控制政府权力、公共权力。公立高等学校作为行使公共权力的机构，必须遵循宪法对公共机构权力行使的有关要求和限制，如正当程序原则等。同时，公立高等学校还必须遵守所在州的各项行政法规与规则，尤其是规范州公共机构的有关规定。公立高等学校不仅受普通法的规

---

① 威廉·韦德. 行政法 [M]. 徐炳，等译. 北京：中国大百科全书出版社，1997：220.

② Oliver Hyams. *Law of Education* [M]. London：Sweet & Maxwell. 1998：313，317.

范，而且全面受联邦宪法、州宪法、州行政法的制约。

　　基于州法令设置的州立高等学校，如以法律目的看，具有"州立机关"（state agency）、"公共法人"（public corporation）或者"行政的附属部门"（political subdivision）的特征。这些机构往往需要服从于州立法机关适用于州立公共机构所制定的法律，尤其是对于被界定为"州立机关"的高等学校更是如此。① 作为"州立机关"，通常需要遵守州的行政程序法案以及其他作为州立管理机构所需要遵守的法律。当然，作为州立机关，有时也包括其他的公共机构，也具有可以宣称具有州政府机构所拥有的法定抗辩权，如主张主权豁免的权利。例如，法庭认为一个社区学院的管理委员会属于一个州立机关，可以以主权豁免的理由来对抗违约责任。② 作为州立机关的州立高等学校管理委员会对与其下属的州立大学、学院和社区学院具有法定的管理权，包括理事会可以依法提供大学管理组织和运营项目、课程及课程体系，使大学所提供的课程与州的大学管理者制订的方案一致。当然这种权力不应当被认为包括理事会介入高等教育机构的日常经营活动也具有合法性。③

　　基于州宪法设立的公共机构从法律目的看，具有"公共信托"（public trust）、"自治大学"（autonomous university）、"宪法型大学"（constitutional university）、"宪法型法人团体"（constitutional body corporate）等特征。这种类型的大学被认为是独立于州立法的控制，通常也不适用于行政法。当然这并不意味着这些高等教育机构就可以对抗所有基于州的法律。作为一种公共信托机构，信托理事会作为特定的受信托人，必须依公共教育利益对公共信托基金进行管理，履行相应职责。如果违反了信托基金的根本目的——公共教育利益，则作为信托理事会的大学管理机构尽管具有州宪法的地位，却不得免责。

　　与依法令设立的大学和其他高等教育机构相比，"宪法型大学"由于

---

① William A. Kaplin, Barbara A. Lee. *The Law of Higher Education: A comprehensive Guide to Legal Implications of Administrative Decision Making* (3rd Ed) [M]. Jossey – bass Publishers. 676 – 678.

② V. John K. Ruff, *Board of Trustees of Howard Community College. Inc.* 336 A. 2d 360 (Md1976).

③ Moore V. Board of Regents of the University of the State of New York [J]. 390 N. Y. S. 2d 582 (N. Y. Sup. Ct. 1977), affirmed, 397 N. Y. S. 2d 449 (N. Y. app. Div. 1977), affirmed, 407 N. Y. S. 2d 452, (N. Y., 1978).

具有类似州宪法的地位而具有更多的自治权。但是，这种自治权也不是无限度的，事实上，州政府和州立大学理事会还会对大学进行干预，只不过这种干预更多的是间接的。例如在密西根州立大学理事会诉密西根州①一案中，就表现出了具有高度自治权的宪法型公共机构与不同的政府机构之间的关系，并不同于该机构与其他行使职权的政府分支机构的关系。在密西根州，密西根大学、密西根州立大学和韦恩州立大学都是"宪法型"大学，它们声称在对大学拨款的法令中附加各式各样的条件是侵犯它们的自治权，是违反宪法的。法院在判决中认为，尽管立法可以对旨在对大学拨款的法案中附加条件，但是仍然不能以这种方式来干预这些大学的内部管理或控制这些机构。如果这些拨款法案中的附加条件干预了大学的自治权，则是违宪的。同时法院也支持拨款机构可以对拨款项目进行清算监督。

依据美国宪法，联邦政府本来没有直接介入教育的权力，教育权力被认为是各州的保留权利。但是依据宪法第十条修正案引申出来的权力也可使联邦有足够的法律支持他们通过间接的方式介入教育领域，尤其是联邦可以使用基金保障公共福利、征税的权力为高等学校提供支持，通过州际商业权利为高等学校提供资金，通过保障公民权利来支持公民更好地实现权利。联邦政府还可以通过制定规则来影响高等学校的权力实现，最为常见的是通过附带条件的拨款法案来影响接受拨款的高等学校和学生。同时，联邦政府还可以通过职业安全和健康法案、劳工与管理者关系法案、公平劳动标准法案、退休雇员收入安全法案、非歧视性雇佣法案、移民法律、关于人类项目研究的管理法律、动物研究管理法律、版权法律、专利法律、商标法律、反不正当竞争法律、联邦商业委员会法案、环境保护的法律、美国残疾人保障法案、家庭和医学遗嘱法案等法律来施加影响。这些具体的管理法律直接适用于全国公立高等学校的学术研究和人员，对公立高等学校产生直接的规范作用。②

事实上，除了州一级和联邦政府的制约之外，地方行政当局对公立高

---

① Regents of the University of Michigan [J]. V. State of Michigan. 235 N. Y. 2d 1 (Mich. 1975).

② William A. Kaplin, Barbara A. Lee. *The Law of Higher Education: A comprehensive Guide to Legal Implications of Administrative Decision Making* (3rd Ed) [M]. Jossey-bass Publishers. 678 – 682.

等学校法人的影响也是存在的。以往，尤其是在一些具有主权豁免地位的州中，州立大学等公立高等学校法人享有更多的主权豁免的资格，如享有免税的地位、不受地方行政当局管辖的地位等。但是随着大多数州政府放弃了主权豁免的资格，这些公立高等学校也就必然在一定程度上受到地方当局的制约。

美国的高等学校虽然具有不同的法律性质和类型，但它们在法律上也有共同的名称，即公共机构（Public authority，Public body，Public institutions）。总之，公立高等学校，无论其在不同的州、不同的判例中被冠以什么样的名称，其基本的法律性质定位仍然是公共机构或公共法人。

（2）美国公立高等学校与学生的法律关系

20 世纪 60 年代之前，代替父母理论曾是解释美国高等学校和学生之间法律关系的主要理论。该理论认为高等学校是居于父母的地位来管理学生的，凡是父母可以行使的管教权力，高等学校均可以代替父母的地位来行使。因此，高等学校可以在父母可行使的权力范围内，管理学生的行为。法院在 Gott v. Berea College 一案①中对此表示首肯，"学院主管当局主张，关于他们的学生之身体和道德上的福利及心智的训练，他们是立于代替父母之地位。就该目的而言，我们不能看出任何他们不能制定任何命令或规则来改变或改正他们的学生，而那是父母基于同一目的可以做的。无论这些命令或规则是明智的或他们的目的是有价值的，这都是单纯留给主管当局或父母裁量之事情，本案亦是如此。而且，当他们行使裁量权时，法院无意去干涉，除非这些命令或目的是违法的或违反公共政策。"②然而由于 1971 年美国宪法第二十六条修正案的调整，以及学生权利意识的觉醒，这一理论已失去影响。

目前美国用来解释公立高等学校和学生法律关系的是宪法理论。该理论是法院在迪克森一案中确立的，该判例推翻了传统的"代替父母理论"和"特权理论"，认为凡政府支持的大学的学生，如因惩戒被学校开除时，也可以享有正当程序的权利。此后即成为公立学校与学生关系的主导

---

① 156 Ky. 376，161 S. W. 204（1913）.

② laura Ray. Toward Contractual Rights for College Students ［J］. *Journal of Law & Education.* 1981，（10）：163，164.

理论。该理论的主要内容是，学生与学校之间的关系应受宪法的规制，学校并非具有不受限制的权利来管理或教导学生，学生仍有一定的人权或公民权，这些权利并未在进入学校时即被放弃，因而学生在宪法上的权利应受法院的保护。

综上所述，无论是大陆法系国家还是英美法系国家，虽然都不曾忽视公立高等学校的民事主体地位，但首先都在法律上明确其公法地位，对公立高等学校在公、私法上的法律地位作综合界定。大陆法系国家以公务法人、公法设施来规范公立高等学校的法律地位，学校与学生之间的关系主要是一种公法关系，整体上受公法调整。在英国和美国，公立学校与私立学校通常会使用相同的规则，但公立学校会受到较多的公法规则的约束。虽然不同国家的行政主体制度、类型不同，但都承认高等学校是执行特定公务的行政主体，如法国的公务法人、德国的公法设施、英国的公共法人、美国的公共机构等。由此可见，解决我国高等学校法律地位不明的问题，当务之急就是明确其在公法上的法律地位，尤其是确立其行政主体资格。

第三章 我国高等学校和学生行政法律关系的形成与存续

公务法人与其利用者之间既存在民事法律关系，也存在行政法律关系。公务法人与利用者之间的关系取决于公务法人的身份和地位。如果公务法人以公务实施者的身份出现，那么，与利用者之间的关系属公法上的关系，即行政法律关系。[①] 由此可见，高等学校作为公务法人，其在履行教育公务的过程中与学生发生的关系主要是一种行政法律关系。换句话说，高等学校与学生的关系是教育服务提供者与利用者之间的关系，这种服务的提供主要受公法的约束。若按照高等学校和学生发生法律关系的先后可分为入学法律关系和在学法律关系。当然，在学法律关系是高等学校和学生法律关系的主要内容，入学只是这种法律关系的形成阶段。

第一节 入学：高等学校和学生行政法律关系的形成

学生在入学阶段与高等学校发生的法律关系是高等学校行使招生权力

---

① 马怀德. 公务法人问题研究 [J]. 中国法学, 2000 (4)：40-47.

与学生发生的法律关系，这时作为公务法人的高等学校是在履行公务职责，行使招生权力，决定以何种标准录取，是否录取，涉及的是学生作为公民所享有的平等权与受教育权利。此时学生与高等学校之间构成公法上的法律关系，即行政法律关系，这主要由高等学校的教育职责和学生的入学目的决定。

一、受教育权利的宪法属性：高等学校和学生行政法律关系产生的前提

受教育权利是高等学校和学生发生法律关系的纽带。高等学校履行公共职责的一个重要目的是保证学生受教育权利的充分实现。受教育权利的宪法属性决定了高等学校提供教育教学服务、履行教育教学职责，是公法规定的义务，而学生接受高等教育也是公法规定的权利和义务。具体而言，推行教育是国家宪法明确规定的义务，高等教育是一种公共行政，高等教育活动必须受到宪法、行政法、教育法等法律法规的规范，属于公法规范的范畴。学生接受高等教育是宪法保障的权利，而非施教者支配性的权力的恩赐。学生主要是为了实现受教育权利而进入高等学校学习，其与高等学校发生的一系列法律关系，是基于宪法权利发生的法律关系，因而主要应当是一种公法法律关系。

受教育权利是一项宪法权利。《教育法》、《义务教育法》、《高等教育法》等法律法规对受教育权利的相关规定，都是对其作为宪法权利的具体展开。

第二次世界大战后，作为一项基本的宪法权利，受教育权利在世界各国宪法中得到了充分的肯定。荷兰宪法学者亨利·范·马尔赛文（H. V. Maarseveen）和格尔·范·德·唐（G. v. d. Tang）在 1975 年至 1976 年对 142 部民族国家的成文宪法所作的一项比较研究中，得出结论：51.4% 的宪法规定了受教育权利和实施义务教育；22.5% 的宪法规定了参加文化生活、享受文化成果的权利；23.9% 的宪法规定了教育自由和学术自由的权利。① 从这一实证研究可知，受教育权利作为一项宪法权利已经

---

① 亨利·范·马尔赛文，格尔·范·德·唐. 成文宪法的比较研究 [M]. 陈云生，译. 北京：华夏出版社，1987：159 - 160.

在世界各国宪法制度中得到基本肯定。特别是在大陆法系国家及受大陆法系影响较深的国家更是如此，如德国、法国等。法国宪法委员会根据共和国法律的基本原则，确认教育自由具有宪法原则的性质；德国基本法规定了公民"有从事艺术、科学、教育和研究的自由"；日本和韩国宪法把公民的受教育权利归入公民生存权范畴，其中《日本国宪法》第二十六条规定："全体国民按照法律的规定，依照其能力都有平等受教育的权利。全体国民按照法律的规定，都有使其保护的子女接受普通教育的义务，义务教育为免费教育。"① 可以说，受教育权利作为一项宪法权利已经在世界各国宪法制度中得到了基本肯定。即使在那些没有把受教育权利规定为宪法权利的国家，如英、美等国，也在其国家所颁布的其他法律中，尤其是教育基本法中对此作了规定，受教育权利虽不是宪法权利，但仍是一项法定权利。

受教育权利在我国宪法制度上得到体现最早可以追溯到 1922 年湖南省政府公布的湖南省宪法。该宪法第七十五条规定，为了保障全省人民自六岁起享有接受四年义务教育的机会，得强制地方各自治团体，就地筹集义务教育经费，开办应有之国民学校。② 1931 年公布的《中华民国训政时期约法》接受了湖南省宪法关于教育问题规定的基本精神，对教育问题专设"国民教育"一章来详细加以规定。其中第四十八条规定："男女教育之机会一律平等。"1936 年 5 月 5 日公布的《中华民国宪法草案》对教育问题尤为重视，专设"教育"一章，对教育机会平等、免费接受基本教育、免费接受补习教育等受教育权利作了详细规定，虽然没有使用"受教育权利"的概念，但是，公民依据宪法规定享有实体意义上的"受教育权利"已经在宪法中得到明确。1946 年《中华民国宪法》基本上沿袭了 1936 年《中华民国宪法草案》的有关规定。总之，纵观新中国成立之前各部宪法性文件，对公民受教育权利已经开始关注，这种立宪方式受到魏玛宪法的较大影响。虽然没有明确公民享有"受教育权利"，但一些与受教育权利相关的权利保障在宪法中得到明

① 温辉. 受教育权入宪研究 [M]. 北京: 北京大学出版社, 2003: 71 - 98.
② 何勤华, 李秀清. 民国法学论文精萃——宪政法律篇 [M]. 北京: 法律出版社, 2002: 736.

确的体现。

新中国成立前夕诞生的《中国人民政治协商会议共同纲领》对新中国的"文化教育政策"作了明确的规定，但是还没有明确提出公民的"受教育权利"。1954 年宪法则在第九十四条明确规定"中华人民共和国公民有受教育的权利"。并且还规定"国家设立并且逐步扩大各种学校和其他文化教育机关，以保证公民享受这种权利"。1975 年宪法尽管对公民的基本权利内容规定得很少，但仍然在第二十七条规定公民有受教育的权利。1978 年宪法第五十一条规定："公民有受教育的权利。国家逐步增加各种类型的学校和其他文化教育设施，普及教育，以保证公民享受这种权利。"该条规定也将公民的受教育权利与有关的宪法保证结合起来。1982 年现行宪法第四十六条规定："公民有受教育的权利和义务。"该条规定将受教育权利既看成是一种权利，又看成是一种义务。对受教育权利实现的宪法保证则在第十九条有专门规定。①

由此可见，作为宪法规范意义上的公民的基本权利，受教育权利在国内外宪法文本中都已经获得了比较明确的宪法地位，得到了宪法规范和宪法制度的肯定。在宪法上肯定受教育权利必须以受教育权利享有者具有一定的请求权为前提，也就是说，公民基于宪法上所规定的受教育权利向一定的主体行使实现此种权利的"请求权"，一旦请求权遭到拒绝或请求无法实现，就意味着这种宪法权利的实现受到阻碍，就应当有相应的公法上的救济手段和途径。公民受教育权利的宪法保障方式决定了高等学校和学生因此所发生的法律关系属于公法法律关系，即行政法律关系。当然，这种围绕学生受教育权利展开的行政法律关系在在学阶段将继续存在。

二、行政行为：高等学校和学生行政法律关系产生的基础

受教育权利只是学生和高等学校发生法律关系的前提，这种法律关系并不是自然发生的，必须具备法定条件、经过法定程序才能产生。根据1987 年《普通高等学校招生暂行条例》的规定，学校按招生计划录取新

---

① 莫纪宏．受教育权宪法保护的内涵［M］∥劳凯声．中国教育法制评论（第 2 辑）．北京：教育科学出版社，2003：122 - 123.

生，学生报考学校必须符合法定条件，考生须参加全国普通高等学校招生统一考试，并要成绩合格才能被录取，而且要经过通知程序、报到程序和复查程序，学校与学生的法律关系才能形成。这一系列的行为是教育行政机关和高等学校行使行政职权的过程，因而高等学校和学生的法律关系是基于行政行为而产生的。

在促成学校与学生法律关系成立的行为实施和程序运行中，有两个组织起着重要作用。一是国家教育行政部门，二是省级招生委员会。根据《中华人民共和国国务院组织法》的规定，国家教育行政部门履行的是教育行政职权，属于行政主体。根据《普通高等学校招生暂行条例》第六条的规定："省（自治区、直辖市）、市（地）、县人民政府分别成立普通高等学校招生委员会，各级招生委员会在本级人民政府和上一级招生委员会的双重领导下负责本地区招生工作。招生委员会主任委员由本级人民政府负责人兼任，副主任委员、委员由教育部门及其他有关部门、高等学校的负责人兼任。"也就是说，省级招生委员会是由省级人民政府成立的，其负责人由本级人民政府负责人兼任，常设机构是招生办公室，有固定编制，也属于行政主体。前者系中央教育行政部门，其职权是宏观上的，即制定招生规章，编制招生计划，组织全国普通高等学校招生考试，指导、检查省级普通高等学校招生工作，组织研究和宣传活动，保护考生及招生工作人员的正当权益。后者则是地方教育行政部门，其职权是执行国家招生规章，招生计划，组织本地区普通高等学校招生考试，包括报名、考核、考试、录取、研究和宣传、保护考生及工作人员的合法权益（参见《普通高等学校招生暂行条例》第五条）。可见，二者的行为都是依法行使行政职权的行政行为。

在录取新生的过程中，高等学校是通过各自的校招生办公室进行个体操作的。校招生办的职责是执行国家教育行政部门招生规章的规定，根据国家核准的年度招生计划及来源计划录取新生，对已录取的新生进行复查，支持地方招生委员会的工作。学生的录取通知书虽由学校填写，但录取名单要经教育行政部门的批准或备案。也就是说，学校有权决定考生录取与否以及所录取的专业，不过，学校须将拟录取考生名单报经生源所在省（自治区、直辖市）招生委员会办公室核准。省级招生办公室核准备案后形成录取考生名单，并加盖省（自治区、直辖市）招生委员会办公室录取专用章，以此作为考生被正式录取的依据。① 因此，高等学校的招生行为是教育行政部门与学校共同作用的结果，其行为属于行政行为。

学生录取之后，学校依据相应的法律规定在三个月内对学生进行复查。学校对学生资格的复查属于法律规定的公权力，这种行为也是一种行政行为。

综上所述，高等学校的招生录取行为是一种行政行为。我国行政法学界对行政行为的概念存在多种不同的理解②，主要有行为主体说③、行政权说④、公法行为说⑤等。通常认为，行政行为是指行政主体为实现国家行政管理目的，行使行政职权和履行行政职责所实施的一切具有法律意义，产生法律效果的行为。它包括主体、职权、法律效果三个基本要素。从前述招生的程序来分析，招生行为具备行政行为的基本构成要素，即录取在形式上由教育行政部门与高等学校共同实施，教育行政部门是国家的行政机关，高等学校在我国传统行政法的理论上属于法律、法规授权的组织，本书将高等学校界定为公务法人，是行政主体的一种。这符合行政行为的主体要素。同时，在我国目前的发展状况下，受客观条件的限制，人人都接受高等教育不能在短期内实现，必须运用行政手段进行必要的管理，才能保证高等教育在现有的条件下正常运行。因此，我国高等教育以国家行政管理为主要调控手段，招生工作的进行是行政主体运用行政权的过程，录取之后学校的复查也是运用行政权力的过程，这是职权要素。学生是否被录取产生的法律效果不同，被录取者和不被录取者将享有不同的

---

① 摘自国家教育部 2001 年 3 月 30 日发布的《2001 年普通高等学校招生工作的规定》第三十六条。

② 姜明安. 行政法与行政诉讼法 [M]. 北京：北京大学出版社、高等教育出版社，1999：139 - 141.

③ 行为主体说认为行政行为是指行政机关的一切行为，包括行政机关运用行政权所作的事实行为和非运用行政权所作的私法行为。

④ 行政权说认为行政行为是指行政机关运用行政权所作的行为，包括行政法律行为、行政事实行为和准法律行为，但不包括行政机关非运用行政权所作的私法行为。

⑤ 公法行为说认为行政行为是指行政机关所作的具有公法（行政法）意义或效果的行为，此说将行政机关的私法行为和事实行为排除在行政行为的范畴之外。但因为对公法意义和效果的认识不同，该说又可以细分为全部公法行为说、行政立法行为除外说、具体行为说和合法行为说。

权利和义务，这是招生行为的法律效果要素。招生录取的直接法律结果是高等学校与学生之间法律关系的形成。① 当然，本书所指的行政行为并不是指行政主体实施的一切行为，而是指具有行政权能的组织实施公权的行为。就此而论，学校在此过程中并不是以民事主体的身份出现，而是以公务实施者的身份行使行政权力，高等学校与学生之间法律关系的形成是基于行政行为而产生的，因而是一种行政法律关系。

三、契约：高等学校和学生法律关系确立的形式

高等学校和学生法律关系的形成需要经过一定的法律程序。在法哲学的视角里，法律程序的本质就是契约，法律程序的合法性取决于受约束者的同意和认可。从这个意义上说，高等学校与学生法律关系的确立是通过契约的形式实现的。这种契约关系的缔结过程具体可以分为四个阶段：（1）高等学校通过一定的渠道发布招生简章，发出要约请求或引诱，表达了在一定条件下愿意学生入校学习的意思，目的是引诱学生与自己订立契约。（2）学生根据自己的偏好和约束（如能力、财富等）填报志愿，对要约请求或引诱做出第一次回应。由于存在竞争的事实，这种回应不能视为对要约的承诺，可以看做对要约请求或引诱的意愿。（3）高等学校对学生的填报志愿按一定偏好或约束进行选择，并以录取通知书的书面形式对特定对象发出要约。这个阶段是高等学校把自己要约请求或引诱转化为要约的过程，即高等学校对学生的要约请求或引诱的回应以要约的形式做出答复，这种答复开始含有承诺的意义。（4）学生接受录取通知书后，以实际行动（如来校报到）予以第二次回应，做出事实上的承诺，就达到了双方承诺的真正生效。这时，高等学校与学生之间的缔约过程即告结束，契约关系正式形成。其中（1）（2）阶段可以看成是高等学校和学生签订契约的预约合同，② 而（3）（4）阶段则可以视为签订本合同的过程。高等学校与学生双方就是在上述（1）（2）阶段，就各自的权利以要约请求或引诱和对要约请求或引诱的回应的形式进行讨价还价，并在

---

① 杨昌宇，许军. 特别权力关系之于我国高等学校与学生法律关系 [J]. 黑龙江省政法管理干部学院学报，2002（1）：38.
② 预约合同是双方当事人约定在将来签订本合同的合同。

(3) (4) 阶段进行相互承诺,最终达成双方之间契约的缔结。①

在本合同的签订中,学校发放录取通知书的行为性质应是要约。理由是,首先,录取通知书的发放是在学生参加学校的相关考核后进行的,而学校有权决定学生是否通过考核、能否录取;其次,录取通知书中一般会对学费、学制、报到时间和地点等作出规定,这些与招生广告信息组合可构成未来教育合同的主要内容;再次,录取通知书作为一种意思表示,也明确体现了学校欲录取该学生的意思,对学校发生约束力,学校不得任意撤销。可见学校发放录取通知书的行为的特点符合要约的构成条件。学生同意学校在录取通知书中提出的入学条件,即应是对本合同的承诺,学生与学校之间的本合同即宣告成立。② 高等学校应当依据学生填写的学校、专业等有关顺序,结合报考情况决定录取,如确需调整的,事先应征求学生的意见,互相协商,而不由任何一方单独决定。

高等学校与学生的法律关系一定程度上是基于学校与学生之间双向选择的结果而形成的。在学生通过国家组织的招生考试、被合格录取并取得学籍后正式成立的,这种双向选择受国家教育行政权的影响和制约,选择之后形成的契约关系受法律法规与国家政策的更多干预和保护。也就是说,虽然高等学校和学生在入学过程中存在一定的协商与合意,但这只在一定限度范围内,不同于一般的民事契约,这种双方选择的过程仍以行政权力为主导。主要理由为:首先,高等学校的招生录取必须严格按照法律法规、依照招生的制度和程序来进行,其招生数量、招生规模及招生范围等必须按照教育行政主管部门下达的指标,即使自主招生单位也受教育行政部门的招生政策和招生计划的严格约束。其次,对报考学生资格的审查必须依据教育行政主管部门制定的标准,不得擅自提高或降低录取标准。再次,高等学校的收费标准必须经过物价部门的审核同意,不可能与学生协商收费。最后,在高等教育阶段,公民自己有权利决定是否去学校接受教育,公民可以选择接受也可以选择放弃。③ 学校录取符合条件的、同时

---

① 刘维秦. 高等学校与学生之间契约性质分析 [J]. 兰州大学学报 (社会科学版), 2005 (6): 111.

② 张弛, 韩强. 论教育合同的缔约和调整 [J]. 河南省政法管理干部学院学报, 2003 (1): 91.

③ 崔浩. 论我国高校与学生之间的行政法律关系及其规范管理 [J]. 高教探索, 2006 (4): 10.

愿意接受校纪校规约束的学生，学生一旦被学校录取入学并取得学籍后，便与学校形成了法律关系。

　　高等学校和学生法律关系的形成需经一系列的程序，这个过程中的双向选择性寓示着两者之间隐含着契约关系，但这种契约关系不是单纯的民事契约和买卖合同关系，而是具有行政权力性质的行政契约，这种契约体现着教育权与受教育权的特殊权利义务关系。换句话说，高等学校和学生之间以实施教育和接受教育为目的关系是一种行政契约关系。高等学校的功能旨在向社会提供教育服务，其行为具有很强的公益性，国家对高等学校和学生之间平等关系的规范比对一般的市场主体之间的关系干预得更多，通过制定大量的法律法规约束这种隐含的契约关系，对双方履约情况进行监督，这表明高等学校和学生之间围绕教育服务形成的不是普通的民事契约。

　　高等学校和学生的这种契约关系区别于普通民事契约的特殊性在于：首先，高等学校和学生的契约是一个长期的隐含契约，且存在较大程度的不完备性。因为在高等学校和学生的契约关系中，总是存在一些不可能观察的变量，如学生和高等学校的协调互动情况、专业教改情况等，这些变量因其不可观察和辨认而无法明文写入显性的契约条款中。其次，契约双方在有关信息上存在着不对称性，在履约过程中可能存在着机会主义、道德风险、搭便车等问题。而且，这种信息不对称主要体现在学生对高等学校信息了解的缺乏上。再次，由于第三方（如高等教育的主管部门）对契约履行情况的监督成本很大，契约关系的维持要求契约双方能自我履行。最后，虽然学生选择高等学校时面临着约束，但还是具有一定的选择权，可一旦缔约过程结束进入契约的执行阶段，学生的再选择和缔约的市场机制不再存在，学生基本上没有重新选择新契约的可能。因此，可以认为高等学校和学生在入学上形成的是一种具有强行政性弱契约性的行政契约关系。

四、高等学校和学生的入学法律关系是行政法律关系

　　高等学校与学生的入学法律关系是围绕公民的受教育权利，基于教育行政部门和高等学校的行政行为而产生的，这种法律关系经过一定的程序得以确立，符合行政法律关系的特征。

　　行政法律关系是与民事法律关系相对应的概念, 指行政法对行政主体在实施国家行政职能范围内的各种社会关系加以调整而形成的行政主体之间以及行政主体与相对方之间的权利义务关系。① 现实中, 行政法学意义上的行政法律关系是指行政法所调整的行政关系。所谓"调整", 是指法律赋予关系双方当事人以实体和程序上的权利, 规定双方当事人实体和程序上的义务, 使相互关系的进行能适应立法者所欲确定的某种秩序状态。所谓"行政关系", 是指行政主体因行使行政职权和接受行政法制监督而与行政相对人、行政法制监督主体发生的关系, 以及行政主体内部相互之间的关系。行政法律关系主要有三种类型: 行政管理法律关系, 行政法制监督法律关系和内部行政法律关系。行政管理法律关系是作为行政主体的行政机关和法律、法规授权的组织因行使行政职权而与作为行政相对人的个人、组织而发生的关系。行政法制监督法律关系是作为被监督对象的行政主体和国家公务员因接受行政法制监督而与作为行政法制监督主体的国家权力机关、司法机关、专门行政监督机关以及人民群众等发生的关系。这两种法律关系也可以概括为外部行政法律关系。内部行政法律关系是指国家行政机关系统内部上下级行政机关、平行机关之间, 行政机关与所属国家公务员之间, 行政机关与被委托组织、个人之间以及被授权组织与所属执法人员之间而发生的各种关系。② 高等学校与学生在入学阶段形成的主要是外部行政法律关系。而在学阶段则既包括外部行政法律关系, 也包括内部行政法律关系。本文主要侧重的是外部行政法律关系的研究。

　　行政法律关系的产生分潜在的产生与实际的产生两种形态。行政法律关系潜在的产生, 就是人们之间形成的只是应有的权利义务联系, 即在行政法规定的某种情况出现后, 人们依法应当具有的权利义务关系。行政法律关系实际的产生, 则是人们之间已经形成的实际性的权利义务关系。潜在的产生只要求具备以下两个条件: 第一, 行政法事先规定了一定的权利义务模式以及适用这种模式的条件; 第二, 适用这种模式的条件实际发生。条件一旦具备, 则主体间就自然具有了模式规定的权利义务关系, 即双方的行政法律关系就潜在地产生了。实际的产生则必须要求具备以下三

---

① 袁曙宏. 行政法律关系研究 [M]. 北京: 中国法制出版社, 1999: 7.

② 姜明安. 行政法学 [M]. 北京: 法律出版社, 1998: 12 – 14.

个条件：第一，行政法事先规定了一定的权利义务模式以及适用这种模式的条件；第二，适用这种模式的条件实际发生；第三，主体一方或双方以其行为积极主张适用这种模式，确认各自的权利义务并催促对方行使权利和履行义务。主体积极主张适用某种权利义务模式的行为，如权利主体以自己的行为开始主张自己的权利和对方的义务，并催促义务一方及时履行义务。这种主张权利可能是立即向应履行法定义务的一方主张，也可能是通过一个拥有法定权力的国家机构，借助国家权力向应履行法定义务的一方主张。此时，行政法律关系就实际产生了。

应当看到，行政法律关系潜在产生的条件与行政法律关系实际产生的条件之间的差别确有区分的意义。前者指的是在现实生活中出现了什么情况，就自然应适用规定的行政法律关系模式；而后者则是指在前一种情况的基础上，主体还要有积极的主张，或者说要积极明确权利义务关系并督促一定权利义务关系的实际运行。① 本书是基于行政法律关系实际产生的角度来分析高等学校和学生之间的法律关系。《教育法》、《高等教育法》分别规定了高等学校与学生的权利义务，但是这种权利义务适用于不特定的对象。对于特定的学校和学生而言，其行政法律关系的产生还需学校、学生明确各自的权利，并督促对方积极履行相应的义务。

行政法律关系具有如下基本特征：首先，行政法律关系双方主体中，行政主体一方具有恒定性，即无论是何种类型的行政法律关系，在双方主体中必有一方是行政主体。其次，行政法律关系双方的权利义务具有对应性和不对等性。再次，行政法律关系中的国家权力具有不可处分性。②

从学理上看，高等学校录取学生属于履行公共事务，其基于公务行为与学生发生的法律关系，符合一般行政法律关系的特征。第一，从法律关系的主体构成看，符合行政法律关系双方当事人中，必有一方是行政主体的要求，即高等学校作为公务法人具有行政主体资格；第二，从法律关系的发生看，符合行政法律关系产生的前提条件是国家行政权的行使要求，即高等学校依法律授权具有一定的行政权，招生过程是一种实施行政权的

---

① 袁曙宏，方世荣. 行政法律关系的产生 [J]. 江苏社会科学，2000（6）：131.

② 方世荣. 行政法与行政诉讼法学 [M]. 北京：人民法院出版社、中国人民公安大学出版社，2003：31.

过程；第三，从法律关系的内容构成看，符合行政法律关系主体双方的权利义务具有不对等性的特征，即高等学校与学生的（权力）权利、义务明显不对等，高等学校在招生方面享有一定的特权；第四，从对行政法律关系权利义务内容实现的情况看，符合行政法上权利的行使涉及公共利益，行政主体行政权力的行使具有不可处分性的特征，即高等学校的教育管理行政权力不得放弃，不得擅离职守；第五，从双方当事人在法律关系中所处的地位看，行政主体始终处于主导地位，享有很大的优益权，即高等学校在招生、入学等方面居主导地位，单方面意志性比较明显。

概括而言，高等学校在招生、复查与注册过程中行使的是行政权力，与学生形成的是行政法律关系，这种行政法律关系融入了契约的因素，具有行政契约的特征。高等学校和学生行政法律关系的具体展开和存续则通过在学关系来体现。

第二节　我国高等学校和学生的在学法律关系分析

一、我国高等学校和学生在学法律关系的复合性

高等学校和学生入学时产生的行政法律关系，即以教育、教学、管理为内容的行政契约始终贯穿于学生在校期间，是高等学校和学生在学复合性法律关系产生的前置条件。高等学校在入学阶段主要是以公务实施者的身份与学生发生法律关系，因而两者形成的是行政法律关系。而学生进入学校以后，高等学校既以公务实施者的身份开展教育教学行为，与学生形成行政法律关系；也以民事主体的身份与学生在食宿等一般的买卖交易方面形成民事法律关系。也就是说，高等学校与学生的在学法律关系并不是简单的公法或私法关系，而是复合性的法律关系。学生在接受高等学校所提供的教育服务及为此目的利用高等学校设施时与高等学校之间发生的关系，为公法上的关系。此时学生应当服从高等学校所制定的利用规则，如高等学校制定的纪律规则与学术规则等，学生对于图书馆的利用等都属于公法关系，即行政法律关系。学生利用高等学校所提供的不属于教育范围的设施，如食堂等，则应当按私法上的关系处理。概括而言，高等学校与学生之间因教育、知识给付而产生的关系为公法关系，其他则应当为私法

关系。当然，这种教育或知识给付是针对国家学历教育而言的，对于非国家学历教育活动，如短期培训、考试辅导等则不属于公法关系。这种活动由学生自己承担全部教育成本，通过市场化的方式提供，这个过程中学校与学生形成的是民事法律关系。

（一） 高等学校和学生的行政法律关系

高等学校作为履行一定公务职能的组织，享有一般行政主体所应当具有的管理职权，在其行使这些管理职权的过程中与学生发生的相应法律关系属于行政法律关系。我们可以从高等学校行使公共权力，对学生的管理属于公共行政的角度来论证高等学校与学生行政法律关系的存在。

公共行政是指不以营利为目的，旨在有效地增进与公平地分配社会公共利益而进行的组织、管理与调控活动。① 公共行政根据其行使主体的差异又可分为国家行政与社会行政，国家行政指由国家行政机关以国家权力为后盾对国家事务所为的组织与管理活动。传统行政法学主要研究国家行政，并将公共行政等同于国家行政。其实国家行政属于公共行政，但公共行政并不等同于国家行政。社会行政是指以其他非国家的公共组织，根据法律法规的授权或依据章程与规约的规定，负担起公共服务职能。社会行政主体所从事的公务行为往往需要专业的技术人员与资源配套，属于政府机关无能力、不该管也管不好的事务。高等学校即属于社会行政主体，因此，其对学生的管理属于公共行政，但不属于国家行政。公共行政以公共权力为基石，指向公共事务，其目的是为了实现公共利益。我们可以从公共行政的特征和对象来分析高等学校的学生管理行为。

1. 从公共行政的特征来看。（1）公共行政的客体是社会的共同生活，它致力于社会共同体的事务，服务于共同体中所有的人。（2）公共行政的出发点是公共利益。（3）公共行政活动主要是积极的、针对将来的塑造活动。（4）公共行政是为处理事件而采取具体措施或者执行特定的计划的活动。②

就高等学校与学生的关系而言，高等学校对学生学习、生活的组织、

① 石佑启. 论公共行政与行政法学范式转换 [M]. 北京：北京大学出版社，2003：21 – 24.
② 哈特穆特·毛雷尔. 行政法总论 [M]. 高家伟，译. 北京：法律出版社，2000：6 – 7.

协调等教育教学活动，比较符合公共行政的上述特征。首先，它是一种社会塑造活动，自古有"百年树人"之说。其次，它的出发点是为了提高社会公众的科学文化素质和道德水平，是为了促进一定地区社会的发展和进步，其公益性是显而易见的。再次，教育"要面向未来，面向世界，面向现代化"，其积极性和针对未来的超前性是很明显的。最后，高等学校除依照法律法规行使一定的规章制定权和处分权外，其大部分活动，都是具体和特定的。因此，从公共行政的独特视角分析，高等学校对学生的管理属于公共行政。

2. 从公共行政的对象看。公共行政的对象是国家和社会公共事务，笼统地说即社会公共事务或公务。

首先，社会公共事务所涉及的主体具有广泛性和非特定性。所谓广泛性，即它涉及的往往不止一两人而是千家万户等众多主体。所谓非特定性，即任何人经由一定的事由都可能成为其主体，但任何人都不会成为其永恒的主体。

其次，社会公共事务的内容具有重要性。因其主体具有非特定性和广泛性，一项社会公共事务，例如公共交通管理、金融秩序维护、高等教育等，往往关乎国计民生，其后果牵涉千家万户，且非为一人所能实施或承受，对某一特定群体乃至全社会都产生重大影响，所以它具有重要性。

再次，社会公共事务具有持续性。这主要根源于不同时期不同场合人们需求的共同性。社会公共事务本身即涵盖庞大的主体群，在时间和空间上跨度很大；而人不论是法律人还是自然人都有一个成长、发展壮大和衰亡的过程，故加上主体的流动性，其必然具有极强的持续性。

最后，一般社会公共事务要上升为行政性公务，还必须具有政治性。公共行政作为国家政治体制的一部分，本来与政治就是分不开的。它绝非消极、被动地执行，而是在一定程度上积极参与和影响立法和政治决策。同时，公共行政活动的目的也是为了实现统治阶级的意志。从行政权力高度膨胀兼负立法与司法职能的今天来看，情况尤为如此。因此，有人中肯地指出，行政与一般社会公共事务的区别即看其是否具有政治性。①

就高等学校管理学生事务而言，也完全符合上述行政性社会公务的特

---

① 谭力著. 中国行政学 [M]. 北京: 中共中央党校出版社, 1989: 4-5.

征。首先，就其所涉主体的广泛性和不特定性而言。在高等学校中，每学年末尾，总有一批学生因毕业而与学校脱离关系；每学年伊始又总有一批新生因入学而与学校结成新的关系。长期来看，学生是广泛而不特定的。其次，就重要性而言。一国的教育发展状况和发达程度对该国的综合国力有重要影响。高等教育作为教育事业的高级阶段，其成果可以直接转化为生产力或对生产力提高有重要的促进作用，其集教学、研究和服务社会的功能于一身，对一国总体实力和社会生活是至关重要的。再次，就其持续性而言。从西方来讲，仅现代意义上的高等教育，从文艺复兴算起，已有六七百年时间；从我国来讲，即使从北京大学的前身即近代的京师大学堂算起，[①] 也已持续百年有余，其持续性显而易见。最后，就政治性而言。学校和教育，向来是宣传政治文化、灌输政治思想的阵地和途径，具有极强的政治性。由此可见，高等学校对学生的管理属于公共行政，而不是私人行政。[②] 高等学校基于公共行政与学生形成的法律关系属于行政法律关系。

　　一般来说，法律关系包括主体、客体和内容三个方面的要素。就高等学校和学生的行政法律关系而言，具体表现如下：首先，高等学校与学生之间的行政法律关系的主体是高等学校与在校学生。其次，高等学校与学生之间的行政法律关系的客体是高等学校与学生之间基于教育而产生的教育行政行为。第三，高等学校与学生之间行政法律关系的内容是高等学校与学生在行政法律关系中享有的权利和承担的义务。在行政法律关系中，高等学校与学生享有的权力（权利）并不对等。

　　高等学校与学生之间的行政法律关系具有以下特征：第一，这是高等学校在行使教育管理权的过程中形成的。高等学校行使国家的教育管理权，具有相关法律法规授予的各种具体行政与管理权力，例如对学生的纪律处分等。第二，行政法律关系的相对方是作为受教育权利享有者的学生。高等学校行使国家教育权的过程，同时也是学生享受受教育权利的过程。行政法律关系是在此过程中产生的高等学校与学生的关系。第三，行政法律关系影响的权利是作为教育相对方的学生的受教育权利。只有在影

① 陈平原. 中国大学十讲 [M]. 上海：复旦大学出版社，2002：2-9.
② 李国强. 论高校管理行为的可诉性 [D]. 湘潭：湘潭大学法学院，2005：5-7.

响的权利是作为教育相对方的学生的受教育权利时产生的关系才是行政法律关系。第四,在高等学校与学生之间存在的行政法律关系并不一定都具有可诉性。例如,高等学校对学生的纪律处分中的警告处分。虽然这是高等学校对国家教育权的行使,影响的又是相对方学生的受教育权利,但是并没有涉及学生身份的改变,因而不具有可诉性。所以,并不是所有的高等学校与学生的教育行政法律关系都具有可诉性。①

高等学校对学生的管理,哪些事项带有公共行政管理的性质,进而在高等学校与学生之间产生行政法律关系呢? 或者说,高等学校与学生之间的行政法律关系存在于哪些具体领域呢? 以2005年教育部颁布的《普通高等学校学生管理规定》(以下简称新《规定》)为依据,高等学校与学生之间行政法律关系主要存在于学籍管理、校园秩序与课外活动管理、奖励与处分等领域,即高等学校作为公务法人围绕学生的受教育权利履行"公务"时与学生发生的法律关系。如以下案例:

案例1　2004年下学期,上海大学81名学生因未修满规定的学分被集体退学。学校作出退学处理决定的依据是《上海大学学生手册》。该学生手册规定:学生如在一学期内所得学分不足所选学分数的三分之二,学校将给予试读警告;如连续3次或累计5次受到试读警告者,该学生将进入试读期;在一年的试读期内,该学生还没有修完所选学分的三分之二,学校就可以让他退学。②

案例2　2005年9月,四川西华大学48名学生因参加上学期期末高等数学补考时作弊被勒令退学。被退学的48名学生中,有的是请人代考的,有的是代他人参加考试的。学校作出处理决定的依据是原国家教委颁布的《普通高等学校学生管理规定》。③

以上案例表明,高等学校在对学生进行学籍管理和奖励处分时,是作为行政主体行使行政权力,并且这种行政权力直接影响学生受教育权利的享有和实现,因而在这个过程中与学生发生的是行政法律关系。但高等学校与学生的行政法律关系不同于一般的行政法律关系。一般的行政法律关

---

① 吕庆安.高等学校学生违纪处分正当程序研究 [D].北京:中国政法大学法学院,2006:11-12.
② 一次劝退81名大学生 面对下跪父母 高校心硬如铁 [N].新民晚报,2004-12-21.
③ 西华大学学生代考48名学生被勒令退学 [N].成都晚报,2005-10-17.

系与一般权力关系相对应，必须遵循法律优先、法律保留等行政法原则，行政主体必须接受法律的约束，不得与法律相抵触，并且只有得到法律的授权才能活动。而高等学校作为公务法人，其管理活动并不都要遵循法律优先、法律保留的原则。例如，学校依法律授权可以自主制定自治性管理规范，这些自治性管理规范只有在涉及有关学生基本宪法权利以及学生在校身份的取得、丧失及降级等重要事项时，必须与法律相符合，学校不得自行决定。也就是说，学校在行使此类权力时，必须遵循法律优先、法律保留的原则。但学校也有权在法律授权范围之外规定内部规则并依据此类规则对学生进行管理，学生对这些内部规则必须认可或服从。学校在行使这种权力的时候，不必遵守法律保留原则。如学校对学生服装、仪表的规定、作息时间的规定、宿舍管理制度的规定等。当学生的这类事务受到学校的干涉和影响而提出诉讼时，法院也不予以支持。

高等学校与学生行政法律关系的存在与否，其衡量标准主要看高等学校是否实施行政行为。一般认为，行政行为的基本特征主要表现为它的从属法律性、服务性、单方性、强制性和无偿性。① 高等学校行政行为是一种相对特殊的行政行为，除具有这些特征之外，还具有自身的特征。具体表现为如下几个方面：

1. 高等学校行政行为主要表现为主动行政行为。所谓主动行政行为，是指行政主体必须以主动、积极的方式而实施的行政行为。这类行政行为不论有无行政相对人的申请或请求，行政主体都必须主动作出。② 高等学校作为代表国家提供高等教育服务的法人组织，其依法拥有高度的自治权。高等学校无论在招生、教学管理等方面作出的相关行政行为大都以积极的、主动的方式进行，而非消极、被动地实施。

2. 高等学校行政行为是未型式化的行政行为。未型式化的行政行为是相对型式化的行政行为而言。所谓型式化的行政行为是指已经广受实务、学说所讨论而已固定化的行政行为，其概念、体系已经大体完备。③

---

① 姜明安. 行政法与行政诉讼法 [M]. 北京：北京大学出版社、高等教育出版社, 1999：142.

② 杨解君. 行政法学 [M]. 北京：中国方正出版社, 2002：192.

③ 林明锵. 论型式化之行政行为与未型式化之行政行为 [M] // 翁岳生教授六秩诞辰祝寿论文集编辑委员会. 当代公法理论. 台湾：月旦出版公司, 1993：341.

由于理论界和实务界对高等学校存在哪些行政行为仍有争议，也缺乏对其深入的研究，因而高等学校行政行为的概念、体系及其体系与其他体系之间的相互关系尚未提出。另外，高等学校行政行为包含若干种类的行政行为，彼此相互交错，很难予以体系化、模式化。

3. 高等学校行政行为是对相对人（学生）的权益产生重大影响的法律行为。几乎每种行政行为都可能会给相对人的生活带来重大变更，如招生不予录取、不予颁发学业和学位证书、开除学籍等。其中一些行政行为甚至会导致相对人命运的彻底改变，影响相对人的一生。

由于高等学校行政行为的特殊性，高等学校与学生的行政法律关系除具有一般行政法律关系的特征外，还具有一定的特殊性。首先，高等学校学生在校期间人身权受到部分限制，学生的财产权具有一定的依附性。高等学校是集教育者、被教育者、教学规章制度、教育研究对象、教学设施等各种元素为一体的综合体。学生通过达到教育行政部门以及高等学校所设定的各种条件，而成为学校的一份子。学生在校就读期间，不可避免要接受来自于学校的管理和调配，遵守学校的规章制度。在这个综合体中，学生作为一个独立的个人，其个体所具有的独特性就必然要被学校的整体性所覆盖，某些权利则必然要受到限制，有些限制是法律所规范和允许的，是学校作为一个整体存在所必要的。另外因学校高度自由的学术研究发展需要也必然使得某些人身权性质的自由受到某种程度上的限制。如学校制定的一系列规章中的作息时间，对公民的行动自由形成了一定的限制；学生在学校期间协助完成或者独立完成了某些科研成果，其知识产权归于学校或者导师所有，则限制了公民知识产权以及由此而产生的财产权。这种种的限制表明学生与高等学校之间的不平等性，学生的人身权或者财产权的某部分与学校形成了一种依附性和从属性。其次，学生的学业水平评价具有一定的依赖性。高等学校根据自己的教学和科研要求给学生设立了不同程度的标准，规定学生必须接受相当严格的考核评比，达到该标准后方能获得一种资质证书。而这种证书，不仅仅是对学生在学校通过学习获得一定的专业知识和技能的证明书，它还具有一定的社会价值，是学生毕业后为了生存的需要而参与社会竞争，获得社会认同，获取与其学业水平相当的社会价值的机会的有效保证。学生将来的发展依赖于学校的考核、评价。高等学校对于学生的这种评价权虽然是一种法律授权行为，但实践中人为因素占据着重要地位。而目前法律对其的监督机制并不健全和科学。应当借助司法的公正性，保证考核评价过程的正当性，排除人的感性因素和任意性的弊端，最大限度保证学生在接受学业水平考核中的相对公平性。①

（二）高等学校和学生的民事法律关系

民事法律关系是民法调整的平等主体之间的财产关系和人身关系在法律上的表现。其主要特征是当事人人格相互独立且法律地位平等，关系主体之间的权利义务由民事法律责任作为保障。民事法律关系亦由主体、内容、客体三个要素构成。民事法律关系的主体是指参加民事法律关系，享受民事权利和承担民事义务的人。民事法律关系以地位平等的自然人、法人、非法人团体为主体。高等学校和学生分别以法人和自然人的身份成为民事法律关系的主体。《高等教育法》第三十条第一款规定："高等学校自批准设立之日起取得法人资格。"学生作为独立的民事主体，其民事主体资格并不因进入高等学校而被融于高等学校的法律人格中。学生在学期间，仍然享有广泛的财产权和人身权。《高等教育法》第五十三条第二款规定："高等学校学生的合法权益受法律保护。"学校与学生的民事法律关系的内容是指学校与学生相互所享有的民事权利和承担的民事义务。学校与学生民事法律关系的客体包括物、智慧财产、行为和人身利益。也就是说，高等学校和学生的民事法律关系侧重的是高等学校作为公务法人的"法人"特征。

《教育法》第三十一条第二款规定："学校及其他教育机构在民事活动中依法享有民事权利，承担民事责任。"《高等教育法》第三十条第二款规定："高等学校在民事活动中享有民事权利，承担民事责任。"高等学校与学生发生民事法律关系主要涉及人身权、财产权及侵权损害赔偿等诸多问题。例如因学校设施、设备、建筑物的安全问题而引发侵权的问题；在教学活动中发生的侵权问题，如体罚等。高等学校与学生的民事法律关系在司法实践中也得到了肯定，如齐凯利诉北京科技大学人身损害赔偿案即为一例典型的民事侵权案。

---

① 郭昊巘. 教育行政诉讼制度问题研究［D］. 湘潭：湘潭大学法学院，2004：17 – 18.

　　案例 3　1993 年 1 月 17 日上午, 齐凯利在北京科技大学校内训练房参加训练, 当扛起 100 千克杠铃时, 被脚下一块棕垫碰绊, 因教练与别人聊天未能给予及时人身保护, 使其失去重心摔倒, 造成高位截瘫, 生活不能自理。要求北京科技大学赔偿残疾用具费、护理费、未来治疗费等费用共计人民币 107.11865 万元, 赔偿精神损失费人民币 15 万元。被告北京科技大学辩称: 本案已超过诉讼时效。此外, 齐凯利训练受伤, 本人主观有过失。因其将只能在保护架内使用的杠铃扛到了保护架外进行训练, 在肩扛杠铃后退时, 不小心被棕垫绊倒, 属其全部过错。被告愿按照国家教委的有关规定给予齐凯利经济补偿, 不同意赔偿。

　　一审法院经审理后认为: 齐凯利在 1993 年 1 月 17 日受伤后, 一直与北京科技大学协商解决赔偿问题。北京科技大学曾于 1993 年 3 月 25 日作出一次性补助齐凯利人民币 5 万元的决定。1997 年 9 月, 被告收到齐凯利委托律师所寄的律师函, 内容为协商解决齐凯利的赔偿问题。1998 年 5 月 26 日, 齐凯利诉至法院。同年 8 月 18 日, 齐凯利诉被告一案立案。诉讼时效期间几经中断, 在双方未能协商一致的情况下, 诉讼时效期间即重新计算。故齐凯利此次要求赔偿, 未超过诉讼时效。对人身损害赔偿提起的诉讼, 应适用《民法通则》。本案中, 齐凯利作为学生运动员, 在校内进行体育训练, 学校应为其提供安全、规范的训练环境, 相关专业人员应保护其在训练中的安全。1993 年 1 月 17 日, 齐凯利在进入杠铃房使用杠铃做力量训练时, 学校的教师 (教练) 理应给予充分的保护和训练指导, 并应知道使用杠铃进行训练存在人身危险。但齐凯利的教练与他人说话, 齐凯利肩负杠铃摔倒时, 教练未在齐凯利身边及时保护, 故对齐凯利受伤, 教练负有不可推卸的职责过失责任。由于上述行为系履行职务过程中发生的, 故应由北京科技大学承担民事责任。齐凯利作为国家二级运动员, 长期在校从事体育运动, 应知悉在进入杠铃房使用杠铃做力量训练, 须征求教练的同意, 方可使用杠铃的常识。作为完全民事行为能力人的学生运动员, 齐凯利应知道在没有教练保护的情况下, 使用杠铃存在的风险。故齐凯利对自身受伤具有一定的过错, 应承担部分责任。据此, 依照《民法通则》第一百一十九条、第一百三十一条, 判决如下: 北京科技大学赔偿齐凯利残废者生活补助费人民币 67518.8 元、护理费人民币 228984 元、残疾用具费人民币 7048 元、必需卫生用品费人民币 56796.6

元、康复训练器材费用人民币 441 元，共计人民币 360816.4 元。①

在本案中，法院是将本案被告——北京科技大学视为一个民事主体来看待，其教师履行职务行为的后果由其所在学校来承担。我们从中不难发现，法院对事故发生的原因分析及对相应责任的分担，适用的都是民法和民事诉讼法的相关法律规定。其根本原因就是在此事件中学校并没有行使行政权力，齐凯利与北京科技大学发生的是民事法律关系，受民法和民事诉讼法调整。

总之，高等学校作为公务法人与学生之间是一种复杂结构的法律关系，其中既包括纵向隶属型法律关系，又包括横向平权型法律关系。但隶属型法律关系，即法律关系主体双方的法律地位不平等是其主要特点。

二、我国高等学校和学生在学法律关系基于学籍存续

高等学校与学生的法律关系具有复合性，这种法律关系的存续是通过学籍来实现的。学籍是认定学校与学生关系存在的根据，学校与学生之间权利义务关系也依学籍的存在而存续。它既是高等学校与学生之间行政法律关系形成的标志，也是二者之间行政法律关系存续的标志，更是高等学校对学生进行教育管理的前提条件和重要内容。

（一）学籍管理具有行政管理的属性

目前，我国关于高等学校对学籍管理的行为性质有不同的说法，有的认为是有关教育法律、法规授权学校实施的教育执法行为，有的认为是学校依法对受教育者实施的一项特殊的行政管理。② 这两种说法虽立论角度不同，其实质却具有一致性，即学校对受教育者所实施的学籍管理是一种具有教育行政管理属性的行为，具体表现在以下几个方面：

首先，学籍管理是以行政法为依据的行政执法行为。目前我国高等学校实施的学籍管理的依据是国务院的部门规章，而不是由学校自主制定的，各校仅有权根据规章对细节问题作出具体的规定，但不得超出法律、

---

① 北京海淀区人民法院民事判决书（1998）海民初字第 5164 号。

② 最高人民法院. 田永诉北京科技大学拒绝颁发毕业证、学位证行政诉讼案案情［M］//最高人民法院公报（第 4 辑）. 北京：人民法院出版社，1999：139 - 143.

法规及规章规定的原则和精神。在我国，部门规章属于广义的法律，具有国家强制力，必须遵行。因此，学籍管理的行为性质，从依据上看是行政执法行为。

其次，学籍存续是颁发毕业证书和授予学位的前提条件。我国《教育法》第二十一条、第二十二条规定，国家实行学业证书制度和学位证书制度。1990 年的《普通高等学校学生管理规定》第三十一条、第三十八条更是对学籍与毕业之间的关系作了明确规定："有学籍的学生德、体合格，完成或提前学完教学计划规定的全部课程，考核及格或修满学分，准予毕业，发给毕业证书。本科生按照《学位条例》规定的条件授予学士学位。""无学籍的学生不得发给任何形式的毕业证书。"新《规定》虽然取消了有无学籍的区别，但字里行间依然可见相同的意思（如第三十一条、三十三条、三十八条）。从"田永诉北京科技大学拒绝颁发毕业证、学位证行政诉讼案"中可以看出，原告田永是否能获得毕业证书、学位证书，与他所受退学处分是否发生实际的法律效果有直接关系。如果学校的退学处分生效，即原告田永的学籍被取消，那就不存在颁发毕业证、学位证的问题。因此该案中原告有无学籍是法院审查的一个关键。学籍是学校落实国家学业证书制度和学位证书制度的先决条件。学业证书制度和学位证书制度是国家教育管理制度的一部分，国家通过法律、法规把这项职能授权给符合条件的高等学校，实际上，高等学校颁发学业证书、学位证书的行为是基于国家授权的一种行政职权行为。

再次，在学籍管理中，学籍存废的决定权由教育行政部门行使或受教育行政机关的监督。学校是学籍的直接管理者，学校与学生直接发生学籍上的管理与被管理的关系。学籍虽由学校统一建立和管理，但如果对学生予以开除学籍的处分即废除学籍需要在学校审批或报批的基础上由省级教育行政部门备案（参见 2005 年《普通高等学校学生管理规定》第五十八条）。这进一步说明学籍管理行为具有行政行为属性。

最后，从高等学校与学生之间的权利与义务配置上看，学籍管理是基于不对等主体之间的具有强烈权力色彩的行政管理。学生一旦入学取得学籍，就必须无条件地遵守学校发展方向制定的规章制度，而不管这些规章制度是否合法与合理。

(二) 学籍管理是一种特殊的行政管理

高等学校作为国家教育教学机构依法拥有自主管理权,其管理活动以学籍的存续为基础。高等学校与学生之间所形成的具体的学籍管理关系,是学校与学生法律关系的一个重要方面。在这类关系中,学校除依法行使职权外,为保证正常的教育教学秩序,根据不同情况可自行制定学校规章制度,照章处理学生,对此学生有服从的义务,并不得就此要求司法救济。学校相对学生而言拥有一种特别权力,使学生在一定限度内处于服从境地,这是法律所允许的。依照相应的规定,学校可以从根本上改变学生的法律地位,主要有以下几种情况:退学、勒令退学和开除学籍。这三种情形,在性质上是不同的。勒令退学、开除学籍是对学生的处分,允许被处分人申辩、申诉和保留不同意见。退学不是对学生的处分,因此没有相应的救济保障措施。但退学、勒令退学和开除学籍同样可以使学校与学生之间的法律关系消灭,使学生丧失继续接受高等教育的权利。为了保障学校教育教学秩序的正常进行,学校拥有必要的自主管理权是应当的。从高等学校与学生之间的权利与义务配置上看,学籍管理是基于不对等主体之间的具有强烈权力色彩的行政管理。也就是说,学校对学生的学籍管理是一种特殊的行政管理,既不同于普通的民事关系,因主体之间权利义务不完全对等;也不同于普通的行政法律关系,因主体之间的命令与服从关系不对等,[①] 而是具有一定的特别权力色彩。

综上所述,高等学校与学生之间的法律关系通过学籍的存续来实现,而学籍管理是一种特殊的行政管理,在此过程中形成的是行政法律关系。由此可以推知,高等学校与学生的法律关系是基于行政法律关系而存续的。如果在理论上不承认高等学校与学生之间行政法律关系的存在,势必在司法实践中导致处于弱势群体的学生维权无门,权利得不到救济;也势必使高等学校成为无人监督的特殊行政主体,严重影响我国教育法制的建设。因而研究高等学校和学生的法律关系,使学生的合法权益得到保护,更重要的是要分析高等学校和学生的行政法律关系。大陆法系国家过去一般将高等学校与学生的这种行政法律关系认定为特别权力关系。但是这种

---

① 杨昌宇, 许军. 特别权力关系之于我国高等学校与学生法律关系 [J]. 黑龙江省政法管理干部学院学报, 2002 (1): 39.

理论已经遭受了诸多批评，德国学者提出"基础关系"与"管理关系"及"重要性理论"予以修正，而日本学者则提出了公法上的契约关系、教育法上的契约关系和民法上的契约关系等不同理论来重新解读高等学校与学生的法律关系，这表明随着时代的发展，需要一种新的理论来解释高等学校和学生的行政法律关系。

第四章　我国高等学校和学生的传统行政法律关系及其分化

第一节　我国高等学校和学生传统特别权力关系分析

按照我国行政法学的一般理论，行政法律关系按其调整的对象范围不同可分为外部行政法律关系和内部行政法律关系，前者属于行政诉讼的受案范围，后者则不然。在我国，由于长期受学校属于事业单位法人观念的影响，学校对学生的各种管理行为被认为是一种内部管理行为，学生对此不得提起行政诉讼。这种观点，就其实质是特别权力关系理论的翻版。换句话说，我国高等学校和学生传统的行政法律关系虽无特别权力关系之名，却有特别权力关系之实。

一、特别权力关系理论的局限及对我国的影响

（一）特别权力关系理论及其修正

特别权力关系"作为一种与 19 世纪德国宪法制度和行政学说同时生长起来的固有法治观念和法制制度的公理长期延续并生存下来"，成为

"被国家法律和司法判决接受的法律习惯"。① 最初由德国法学家拉邦（Paul Laband）提出，此后，奥托·迈耶（Otto Mayer）对其加以发展完善。② 他认为，特别权力关系的范围主要包括：（1）公法上的勤务关系；（2）公法上的营造物利用关系；（3）公法上的特别监督关系。特别权力关系产生的原因，有因法律规定采取的措施，也有出于自愿或由纯事实行为而发生，其内容为：（1）特别权力关系中的人民比一般权力关系中的人民更加附属，具有特别的服从义务；（2）相对人无主张个人自由的余地，自由受到特别限制；（3）强调行政权的自主性，不受法律保留原则的约束，在特别权力关系中行政机关虽无法律授权亦可自由作出各种有效指令，相对方具有绝对服从的义务；（4）此种规章指令与行政处分有别，仅约束相对人，不约束行政机关，并不得为争讼对象。总之，迈耶认为，特别权力关系是一种"特殊公权力"的发动，因其为"特别"权力，所以排除依法行政原则、法律保留原则。行政主体无具体法律规定依据也可以约束相对人的自由、干涉其权利，而且特别权力关系内部的权力行为不得争讼。

　　"二战"后，传统的特别权力关系理论日益受到来自宪政理论和现代法治观念的挑战。因为特别权力排除依法行政的原理，特别是排除法律保留原则的适用。主张在实现其行政目的所必需的范围内，即使没有法律根据，作为特别权力关系主体的行政机关，也可以行使总括性的支配权，对处在特别权力关系中的相对人发布命令，采取强制措施。"因该理论而引起的机构关系中大量的基本权利地位的丧失，悖于宪法精神"。③ 因此，"二战"后，特别权力关系理论逐渐弱化或部分消亡。乌勒提出将特别权力关系区分为"基础关系"和"管理关系"。基础关系包括与特别权力关系的产生、变更和消灭相关的事项，如公立学校学生的入学许可、退学、开除、学位授予，公务员的任命、免职、命令退休等，此外还包括财产上的关系，如抚恤金、薪俸及退休金等。对于基础关系所涉及的事项，相对人可以提起行政诉讼。管理关系是指特别权力主体为达到行政管理的目的

---

① 于安. 德国行政法 [M]. 北京: 清华大学出版社, 1999: 33.

② 翁岳生. 特别权力关系之新趋势 [M] //翁岳生. 行政法与现代法治国家. 台湾大学法学丛书编辑委员会. 1990: 135–137; 吴庚. 行政法之理论与实用（增订八版）[M]. 北京: 中国人民大学出版社, 2005: 206–207.

③ 平特纳. 德国普通行政法 [M]. 朱林, 译. 北京: 中国政法大学出版社, 2000: 313.

而采取的措施，如关于军人、公务员及学生服装的规定、考试的具体规定、住宿规则等。对于管理关系而言，由于其不属于行政决定，因此相对人对其中的事项不能提起行政诉讼，而只能通过内部申诉途径予以解决。这一理论的缺点也较为明显，难以明确区分基础关系与管理关系的界限。而且，在管理关系中，是否所有的事项都能够排除在法律保留原则之外还存在较大分歧。

1972 年，德国联邦宪法法院在历史性的判决中，宣布取消在囚犯监狱管理方面的"特别权力关系"规则，并提出了"重要性理论"。① 该判决很快扩展到其他领域，首先影响的是学校制度。"重要性理论"由联邦宪法法院提出，但却在学界颇受攻击。有学者认为，重要性的标准并不是事务的性质，而是某个规则对共同体和公民个人的意义、分量、基础性、深远性及其强度等。因此，"重要性"不是确定的概念，而是一个阶梯。② 是否具有"重要性"的最关键因素是基本人权的保障，因此，凡是涉及基本权利的重要事项，即使存在于管理关系当中，也应以法律予以规定，而且应接受法院的司法审查。但不管怎样，宪法法院通过一系列判决而提出的重要性理论作为对传统特别权力关系理论的修正，不但令该理论愈加成熟和完善，而且也引导日本及我国台湾地区修正该理论以适应具体情况。

（二）特别权力关系在日本、我国台湾地区的继承与发展

特别权力关系理论为日本所继承，并加以发展。日本当时处于明治宪法体制下，明治宪法对公民权利的保护较为淡漠；同时，因应中央集权的需要，在军国主义发展的背景下，日本不仅系统接受了德国的特别权力关系理论，而且将特别权力关系的事项有所扩大。③

---

① 该判例就是著名的 1972 年"监狱服刑案"。某监狱经检查发现一名受刑人在写给其亲友的书信中有侮辱监狱的言辞，故以其违反了监狱的内部勤务和执行规章为由而没收了此信。受刑人不服而寻求救济。宪法法院在判决中认为，通信自由权是宪法所保障的基本人权，仅得经由法律或法律的授权才可对之予以限制，不可仅由监狱的内部规范来决定；如果没有有关法律的授权，监狱管理规则不可以限制受刑人的通信自由权及其他宪法基本权利。

② 哈特穆特·毛雷尔. 行政法学总论［M］. 高家伟，译. 北京：法律出版社，2000：109.

③ 翁岳生. 特别权力关系之新趋势［M］// 翁岳生. 行政法与现代法治国家. 台湾大学法学丛书编辑委员会，1990：137－138；吴庚. 行政法之理论与实用（增订八版）［M］. 北京：中国人民大学出版社，2005：208.

一木喜德郎认为，特别权力关系中的特别权力是一种以概括命令权为内容的权利，其行为性质属于权利（非权力）的行使，而不属于法律行为，纵使基于特别权力对全部服从义务者发动其权力时，也不必以法规进行规定，训令足矣（训令只约束相对方不约束行政主体）。① 美浓部达吉则进一步发展了特别权力关系理论。他指出，特别权力关系是指不基于一般统治权的关系，当事人一方由于契约或其他特别的法律原因，以一定范围内对他方有强制命令的权力，而他方有服从义务的法律关系。具体范围不仅包括迈耶所提出的三个方面，还包括：特别的保护关系；特别监视关系，如受刑人；公共合作社与社员的关系。

1970 年以后，室井力提出了"在学契约关系"理论，认为在学关系应脱离公法而成为民法上的契约关系，这种主张虽颇具启发性，但未得到普遍认同。1977 年，日本最高法院在"富山大学不承认学分"案的判决中避开"特别权力关系"的用语而用"部分社会"一词。虽把学校认定为特殊的部分社会，排除司法审查，但又承认人权的制约应限于该关系的目的所必要的限度内，且此种关系涉及市民法秩序时（例如，学生的退学处分），就要接受法院的司法审查。② 所以，日本虽仍维持着特别权力关系理论，仍承认有部分性秩序为特别权力关系，但是，对该部分特别关系已赋予了司法适当干预权。

我国台湾地区则承袭日本法，凡日本所列的特别权力关系范畴皆予以承认。③ 台湾行政法学者把特别权力关系的特征归纳为五项：（1）当事人双方地位不对等；（2）一方的义务不确定，属于权力服从关系；（3）有特别的规则，约束相对人且无须法律授权；（4）一方对他方有惩戒权；（5）对惩戒不服不得争讼，有关特别权力关系事项，既不能提起民事诉讼，也不能以行政诉讼为救济手段。④ 台湾在 20 世纪 90 年代初仍坚持特别权力关系理论，在特别权力关系范围内，不得援引诉愿法提起诉愿，亦不得向法院提起诉讼。在台湾行政法学界及实务界接纳并盛行特别权力关

---

① 杨海坤，章志远. 中国行政法基本理论研究 [M]. 北京：北京大学出版社，2004：166.
② 秦惠民. 高校管理法治化趋向中的观念碰撞和权利冲突 [M] // 劳凯声. 中国教育法制评论（第 1 辑）. 北京：教育科学出版社，2002：68.
③ 吴庚. 行政法之理论与实用（增订八版）[M]. 北京：中国人民大学出版社，2005：209.
④ 吴庚. 行政法之理论与实用（增订八版）[M]. 北京：中国人民大学出版社，2005：196.

系超过近半个世纪以后，大法官已着力扭转这种现象。大法官先是以保障公务员的财产权利为出发点，后又采纳了乌勒教授的基础关系理论，再而采纳了重要性理论。① 如，1992 年，"行政法院"在台北商专学生王某不服学校勒令退学处分案的判决书中称："'国立'学校对学生所为之处分，系属特别权力关系，非'中央'或地方机关对人民之处分可比，学生自不得据此对'国立'学校提起诉愿、再诉愿。"②王某认为，判决有抵触宪法之嫌，故依据《"司法院"大法官会议法》第四条第一项第二款的规定，申请大法官会议解释。1995 年"司法院"大法官会议作出释字令第 382 号解释：学校对学生所为退学或类似处分行为，如果足以改变学生身份及损害其受教育的机会，属于对人民宪法上受教育权利有重大影响，此种处分行为应为诉愿法及行政诉讼法上的行政处分。③ 受处分的学生于用尽校内申诉途径，未获得救济者，可以依法提起诉愿及行政诉讼。这是"学校与学生之间特别权力关系规则的重大突破"。表明大法官在一步步地修正特别权力关系理论，大幅度确保了人民的权益及法治的原则。当然，在高等学校和学生的在学关系中，引入了人权原则来限制学校权力的行使。对人权的限制应遵循下列原则：（1）必须有法律依据；（2）权力主体仍须服从司法管辖，特别关系内的裁量并非最终判断；（3）特别关系中限制人权应以维持最小限度为原则，当达到目的即适可而止；（4）权力主体裁量并非任意的支配权，而是专业技术上的约束性裁量。此后有学者进一步提出以一般权力关系代替特别权力关系的观点④。由此可见，台湾学界在理论认识和司法实务上都对特别权力关系进行了较大的修正。

　　总之，无论是德国的重要性理论、日本的在学契约关系理论，还是我国台湾地区的人权原则和 382 号司法解释，其共同特征都是在对特别权力关系的修正过程中引入了学生权利作为制约因素，允许司法审查介入高等学校和学生的法律纠纷。这表明传统特别权力关系发展的实质是权力与权利的博弈。在传统的理论之下，权力通过规则的自由制定和处分的任意实

---

① 陈新民. 行政法学总论（修订八版）[M]. 台北：三民书局，2005：139.
② 温辉. 受教育权入宪研究 [M]. 北京：北京大学出版社，2003：151.
③ 周志宏. 学术自由与高等教育法制 [M]. 台北：高等教育文化事业有限公司，2002：189.
④ 詹镇荣. 大学生学习自由之研究——中德法制之比较 [M] //董保城. 德国学术自由之研究. 台北："教育部"研究计划，1993：169.

施而得到膨胀，相对而言，权利不仅没有伸展的空间，而且也得不到司法的救济。随着理论的发展，权力的空间逐渐缩小，其行使开始受到限制和规范，相应地，权利得到伸张和发展，并以司法救济作为最后保障。这种变化，体现在法律价值取向上"权力本位"向"权利本位"的转变，① 笔者以为这种权利化的倾向正为行政契约的引入作了现实和理论的铺垫。

（三）　特别权力关系理论对我国大陆的影响

我国法律确认维护高等学校的自主管理权，实际上是确认和肯定高等学校作为一种公法人内部存在的"特别权力关系"。② 尽管我国行政法理论中并无特别权力关系概念，然而不可否认的是，在我国公法关系内部特别权力关系不仅客观存在，而且在立法上、执法上也深受"特别权力关系"理论的影响。

在行政法律制度的设计和行政实践中应用这一理论最具代表性的是《行政诉讼法》第十二条的规定：人民法院不受理公民、法人或其他组织关于行政机关对其工作人员的奖惩、任免等决定所提起的诉讼。这一规定是内部行政行为不适用"法律保留"理论的体现，而这一理论正是受特别权力关系理论的影响。在我国行政法学理论上，内部行政行为通常只及于行政机关内部事务，并不包括传统学校与学生关系领域。③ 但《行政诉讼法》第十二条的规定在行政实践中被适用于事业单位、社会团体的内部行为。因此，"长期以来，高等学校基本上处于一种无讼的状态。人们一般习惯性地认为，高等学校对学生的奖、惩（包括依校规开除学生）是高等学校当然的权力而毋庸置疑"。④ 这"或多或少地受到特别权力关系的影响"。⑤ 即使是 1998 年田永案的审理开辟了对高等学校内部特别权

---

① 罗爽. 从高等学校权力为本到学生权利为本［J］. 北京师范大学学报（社会科学版），2007 （2）：25.

② 马怀德. 学校、公务法人与行政诉讼［M］//湛中乐. 高等教育与行政诉讼. 北京：北京大学出版社，2003：196.

③ 应松年. 行政行为法［M］. 北京：人民出版社，1992：6.

④ 秦惠民. 高校管理法治化趋向中的观念碰撞和权利冲突［M］//劳凯声. 中国教育法制评论（第 1 辑）. 北京：教育科学出版社，2002：70.

⑤ 程雁雷. 高校退学权若干问题的法理探讨［J］. 法学，2000（4）：61.

力关系进行司法审查的先例，行政诉讼实践中对类似案件的受理仍然做法不一，有的法院仍以内部行政行为不具有可诉性为由而不予受理（如马某、林某诉重庆邮电学院案①）。可见，我国公法人内部特别权力关系不仅客观存在，而且实际上受到我国现行法律、法规的维护。② 而且中央集权制的素有传统为学校自治权的膨胀提供了天然的庇护，也给司法的介入设置了天然的障碍；中国传统上法治精神淡薄，认为办教育是专业性问题，是学校自己的事情，外界尤其是司法无权介入或不应介入太多。③ 虽然"二战"后德、日等国对特别权力关系理论不断修正，特别权力关系排除司法审查与救济的传统观念已经被逐步摒弃，使经扬弃、改造后的特别权力关系理论越来越符合现代法治的精神，但我国现有的相关法律、法规，至今缺少对特别权力关系内部相对人权利救济的明确规定。

目前我国规范高等学校与学生关系的法律主要有《教育法》、《高等教育法》、《教师法》和《学位条例》，但并未形成有机的系统，且过于原则、抽象。造成的直接负面影响是，法律广泛的概括性授权使得高等学校可以自由制定各种限制学生权益的内部规则；学生负有不定量及不定种类的服从义务；学校凭借"目的取向"而规定惩戒种类与方式；法律救济途径缺乏等，从而形成了双方绝对的不平等。可见，当传统特别权力关系论在其起源国遭到质疑而几近抛弃时，我国的高等学校却淋漓尽致地体现着其独有特点。由于此类问题一直未能得到应有的关注与重视，导致高等学校的种种问题长久地沉积下来。考虑到我国的实际情况，一方面，在法律未作修改前，可以由最高法院以司法解释的形式对高等学校管理行为

---

① 2002 年 10 月，重庆邮电学院女生马凌与其同校男友林达宜在外出旅游途中同居而怀孕，事发后该校依据原国家教委《高等学校学生行为准则》、《普通高等学校学生管理规定》及本校《违纪学生处罚条例》给予两名当事学生勒令退学的处分，理由是"道德败坏，品行恶劣"，"发生了不正当性行为"。两名学生不服学校的处分，以"定性错误，于法无据"为由将重庆邮电学院告上了法院，要求学校撤销作出的勒令退学的行政处分决定，重庆市南岸区法院审理后认为，原告起诉重庆邮电学院要求撤销处分一案，不属于人民法院受理范围，裁定驳回起诉。

② 秦惠民. 高校管理法治化趋向中的观念碰撞和权利冲突［M］//劳凯声. 中国教育法制评论（第 1 辑）. 北京：教育科学出版社，2002：70.

③ 王亚芳. 论学校管教权［M］//劳凯声. 中国教育法制评论（第 1 辑）. 北京：教育科学出版社，2002：149.

纠纷案件的审理先行作出规定, 以解决司法实践中缺乏直接法律规定的尴尬;① 另一方面, 可以借修订《教育法》、《高等教育法》、《学位条例》之机, 在法律上明确高等学校和学生的法律关系、各自的权利义务以及两者发生法律纠纷所适用的救济途径。

二、特别权力关系使高等学校的权力具有高度的概括性

由于受特别权力关系理论的影响, 我国法律目前在高等学校与学生关系方面没有明确的规定, 在具体的制度设计上, 侧重于管理和规范, 对学生权利的保障和救济相对薄弱。学校的权力具有高度的概括性: 首先, 学生一旦入学取得学籍, 就必须无条件地遵守学校单方面制定的规章制度, 而不管这些规章制度是否合法与合理。学校规章制度的制定应按照一定的程序进行, 尤其是当校规作为契约管理载体的契约文件时, 其确立更应充分吸纳和体现民意。但目前高等学校校规的制定过程可以说绝大部分都是学校单方面的意志体现, 学生一旦入学就意味着已经（被动）接受校方事先拟定好的规章, 只能附和而一般没有协商的权利。很多高等学校实施的与学生切身利益密切相关的一些校规校纪, 如《大学生综合素质测评办法》、《大学生评优评先细则》等规定, 都是由高等学校的学生主管部门酝酿后拟定的, 很少征求学生意见。笔者曾参与 2005 年北京市教委教工委委托课题 "北京市普通高等学校学生契约管理的现状研究", 此次问卷调查共涉及北京市 10 所公立高等学校的学生和教师。发放学生问卷 1000 份, 教师问卷 300 份, 访谈教师 30 人。后文所提及调查均指此次调查结果。调查发现基本上各高等学校已经按照新《普通高等学校学生管理规定》的要求重新制定学生管理规章。但是仅有 16.9% 的学生表示,

---

① 最高人民法院 2004 年拟定了《关于审理教育行政案件的若干问题规定》（征求意见稿）, 对高等学校管理行为的可诉性作了明确规定。如第一条规定: "学生或者其他受教育者不服教育行政机关、经国家批准设立或者认可的学校、科学研究机构及其他教育机构（以下简称教育行政管理者）行使教育公共管理权行为（以下简称教育行政行为）的, 可以依法向人民法院提起行政诉讼:（1）招收学生或者其他受教育者的;（2）责令退回招收人员的;（3）取消学籍等处分的;（4）不予颁发、补办学历证书或者其他学业证书的;（5）取消申请学位资格, 不授予、撤销学位的;（6）宣布考试、颁发学位证书、学历证书或者其他学业证书无效的;（7）责令收回没收学位证书、学历证书或者其他学业证书的;（8）其他依法可以提起行政诉讼的。" 虽然这一规定还较为粗糙, 但至少对高等学校管理行为的可诉性已有定论。

在校规的制定过程中或者制定完成之后学校征求过学生的意见, 25.5% 的学生明确表示学校没有征求学生的意见; 57.1% 的学生表示不知道此事。在对教师的访谈中发现, 学校的规章条款都是由学校参照相关文件单方面拟定的, 没有学生的参与。由此可见, 高等学校在制定校规这样对学生的学习、生活有重大影响的规范性文件上具有很强的单方意志性, 其权力具有高度的概括性。

其次, 为了保证学校正常的教学和生活秩序, 在学籍管理、成绩和档案管理、学生行为规范与操行管理、学位、学历管理等工作中, 高等学校有权根据入学、注册、成绩考核与记载考勤、升级与留级, 开除学籍、退学的有关规定对学生进行管理、奖励和处分, 而不论这些管理的程序和方式是否合法与合理。如前文提到的马某、林某诉重庆邮电学院案, 二人因在外出旅游途中同居而怀孕, 事发后学校依据原国家教委颁布的《高等学校学生行为准则》、《普通高等学校学生管理规定》及本校《违纪学生处罚条例》给予两名当事学生勒令退学的处分, 理由是"道德败坏, 品行恶劣", "发生不正当性行为"。学校作出处分的过程根本没有当事人的参与, 也没有听取学生的申辩, 只是象征性地让他们写了一份检查, 而这份检查恰恰成了学校的证据。再如曾轰动一时的刘燕文案: 1996 年 1 月 24 日北京大学学位评定委员会召开第 41 次会议, 对包括刘燕文在内的 29 名博士学位申请者的学位论文等进行全面审核。对刘燕文博士学位论文的审核, 校学位评定委员会以无记名方式投票的最终结果是: 6 票赞成, 7 票反对, 3 票弃权。由于赞成票未过全体成员半数, 校学位评定委员会据此作出不授予刘燕文博士学位的决定。北京大学据此不予颁发刘燕文博士生毕业证书, 只发给其博士生结业证书。但是决定并没有书面通知或送达给刘燕文。在此之后, 刘燕文曾向北京大学多次询问, 得到的答复是无可奉告。其向校长反映, 得到的答复是"研究一下", 但此后学校再无下文, 使得刘燕文最后错过诉讼时效, 权利不能得到有效救济。

再次, 学生对学校的抽象管理行为无申诉权和诉讼权, 只能绝对服从。对学校的具体管理行为不服时, 除涉及人身权、财产权可以依照有关法律提起诉讼外, 其余的只能申诉。如重庆师范大学遵照重庆市教委《高等学校制定和修改学生管理制度》中第四十二条"有损大学生形象、有损社会公德"的精神制定《重庆师范大学学生违纪处理规定》, 其中第十二条规定："发现当三陪、当二奶、当二爷、有一夜情的将开除学籍。"这种规定是一种抽象性的行政行为，学生不能以该规定侵犯了自己的名誉或人格为由提起诉讼，因为抽象性行政行为在目前的《行政诉讼法》规定中不能提起诉讼。

最后，在对与学生合法权益相关的申诉程序和申诉机构上学校依然占有绝对的权威，学生参与性不强。"无救济便无权利"，申诉机构和相应的申诉程序是保护学生利益的重要屏障，在所调查的高等学校中大部分学校也都成立了相应的申诉机构、制定了申诉程序。在访谈中，绝大多数负责学生管理工作的教师都指出：学校根据新的《普通高等学校学生管理规定》，在新校规中已经增加了关于申诉的规定，设立了或正在设立负责学生申诉的机构。这些学生申诉机构大部分都不是独立设置的单位，基本上挂靠在学生处或者与处理部门无关的职能部门。申诉机构的组成人员主要有学生代表、教师代表、机关工作人员、纪检部门、校领导等，但各种人员的组成比例并没有具体规定。然而，据我们 2005 年的调查，发现这一与学生利益直接相关的举措，大部分学生并不知道。调查中只有22.5% 的学生知道学校有这种机构；65.4% 的学生不知道学校有没有这种机构；而 10.2% 的学生明确表示学校没有这种机构。对于申诉程序，只有 7.7% 的学生表示了解；29% 的学生表示大体知道一点；37.9% 的学生表示一点也不了解，23% 的学生表示用得着的时候再说。

三、特别权力关系使高等学校学生处于弱势和被动地位

与高等学校的高度概括性权力相比，在特别权力关系下，学生则处于弱势和被动的地位。事实上，我国传统文化、传统教育观念中视学生为被动的个体，忽视学生作为权利主体的存在，无疑与特别权力关系理论具有较大的契合性。从文化学的视角来看，传统文化就整体而言，有轻视个人权利、重视个人对集体的义务的倾向。具体到教育领域，个体的主体性被忽视，个体在教育体制中没有权利，被作为国家建设的工具。学生对学校的管理、教师的教学几乎没有什么参与管理的权利和渠道。缴费上学的学生仍被习惯地视为计划体制下只需服从的感恩者，而不是自主的个体、积极的学习主体和学校的真正主人。

从教育学的视角来看，受传统文化的影响，高等学校管理制度注重学

生认知能力的训练，忽视对学生个性化的发展以及丰富的情感世界的发展，作为"人"的受教育者没有主体地位。这种教育管理制度产出的"人"不是特征各异、形形色色的个体，他们被置于一种微妙的、非人的计划控制之中，被强迫服从权威、被动接受外在的安排。这种制度基于对学生的三个基本假设：一是"工具人"假设，即把学生物化，将他们当成机器、容器，漠视人的生命灵性；二是"幼稚人"假设，即把学生看成是一个不成熟的幼稚群体，他们没有主见，没有自主管理的意识和能力，没有生命活力，只需要对管理者的依赖和顺从；三是"问题人"假设，即认为学生存在着很多缺点和不足，必须制定出一系列管理措施才能保证他们实现组织目标。由此，学校与学生之间呈现出防范与反防范的对立关系，学生个性发展受到压制和扭曲。① 另外，我们习惯把教师称做"人类灵魂的工程师"，这种观念来自于工业化社会对教育的理解。按照工业化的制造模式，教育塑造学生，学生是教育的产品。依照这个逻辑，教育如同一个装配线，在生产流程的最终出口，把批量制造好的学生一个一个送入社会。② 这是学生主体性的缺失在教育关系中的反映。

从法学的视角来看，特别权力关系理论在我国立法实践中的影响使得立法者在制定法律时，更多的是考虑到高等教育是国家的事业，高等教育法律主要是为了管理方便，而没有考虑到个人在制度中的权利，立法宗旨侧重于社会本位。

首先，从 1980 年《学位条例》开始，立法目的的社会本位就有所表现。如"为了促进我国科学专门人才的成长，促进各门学科学术水平的提高和教育、科学事业的发展，以适应社会主义现代化建设的需要，特制定本条例"（《学位条例》第一条）；"为了发展高等教育事业，实施科教兴国战略，促进社会主义物质文明和精神文明建设，根据宪法和教育法，制定本法"（《高等教育法》第一条）。上述宗旨都从社会需要的层面阐述教育法的立法目的，虽然法律本身的社会价值与个体价值同等重要，但是如果与其他国家、地区的立法宗旨比较，可能存在一定的局限性。如，我国台湾地区《大学法》规定"大学依'中华民国宪法'第一百五十八条

---

① 聂娟. 高校学籍管理制度建设研究 [D]. 长沙：湖南大学教育科学研究院，2005：24.

② 陈建翔，王松涛. 新教育：为学习服务 [M]. 北京：教育科学出版社，2002：20.

之规定，以研究高深学术养成专门人才为宗旨。"而对应的《宪法》第一百五十八条为"教育文化应发展国民之民族精神、自治精神、国民道德、健全体格、科学及生活智能"。又如我国台湾地区的《特殊教育法》第一条规定："为使资赋优异及身心障碍之国民，均有接受适合其能力之教育机会，充分发展身心潜能，培养健全人格，增进服务社会能力，特别制定本法。"虽然这些教育法要培育的国民是社会化的国民，但它们并没有把法律的目的完全定位于为社会需要上，对社会需要的满足是通过个体的充分发展而得到实现的。我国立法宗旨的社会本位必然使法律本身只侧重考虑社会的需要，而忽略个体的法律需要。①

其次，分析现行的高等教育法规，一个比较突出的问题就是立法内容过于偏重权力的设定，对于权利内容规定相对比较匮乏。这种规范重心的偏差导致权力与权利规范比例失衡，具体表现为以下几方面：（1）高等教育立法内容中权力赋予的规范比重很大，而规定权利的规范相对粗略。以《高等教育法》为例，关于国家、国务院、教育行政部门、高等学校等各级管理部门职权规定的条款比重占整部法律的三分之二，关于教师与学生的权利内容规定仅占很小一部分，并且规定得不够详细。（2）管理性、授权性规范多而权利保障性规范少。这反映出高等教育立法思想中仍存在重管理、轻救济的传统教育观念。

学生在法律规定上主体地位的缺失，直接导致了其在学校里的弱势和被动地位，甚至于忽视和无法保护自己的合法权益。我国法律一直没有对学生的法律地位作出明确规定，1992年的《未成年保护法》和1994年的《教师法》只规定了未成年人和教师的法律地位。在我们的问卷调查中发现，学生参与和维权的意识并不是很高，公立高等学校的学生尤为明显。② 调查显示，学生对涉及自身利益的校规的制定兴趣并不高。在校规制定完成进行公示、征求意见的时候，只有31.5%的学生表示"我会认真阅读，并且对自己不满意的地方写出改进意见"；7.1%的学生表示"自己连看都不会看的"；23.2%的学生表示"看还是会看的，只是不会

---

① 李静蓉. 从刘燕文案管窥高等教育法德价值冲突 [J]. 江苏高教, 2006（1）：35.
② 因课题的需要，我们在做问卷调查和访谈的时候也选取了一定数量的民办高等学校作为比较，发现公立高等学校的学生在对自身合法权益的维护意识上不如民办高等学校的学生。

提意见"；还有 34.7% 的学生表示"我就草草看看，如果要我写意见，也大体写一点"。如果涉及和学校签订某个具体合同，55.3% 的学生表示"会很认真地阅读合同条款，同意后签字"；但是也有 35.1% 的同学表示"会大体看一下，然后签上名字"；甚至还有 7.1% 的同学表示"不会看，直接签上名字就可以了"。当问到学生对合同某个条款有不同意见时选择何种处理方式，只有 36.5% 的同学表示"会跟学校协商修改此条，同意后签名，否则不签名"；49.2% 的同学表示"会抱怨或者议论一下，但是仍然会签名的"；10% 的学生表示"会当做没看见，签名就行了"。甚至当自己的合法权益受到学校的威胁或损害时，仍有 20.4% 的学生表示"自己会忍了"，36.5% 的学生表示"在受到学校不合理的处分或惩罚的时候，会提出申诉"；31.2% 的学生表示"会提起复议"；29% 的学生表示"会采用不同方式向学校提出抗议"，仅有 6.3% 的学生表示"会向法院提起诉讼"。而对于在合同管理中，学校不履行义务或学校的要求超出合同规定时，33.5% 的学生"会选择算了，没办法跟学校讲理"。

综上所述，特别权力关系主要表现为高等学校在规章制定、学籍管理、学生处分等方面的特权，对学生参与学校事务的限制及对学生申诉权的忽视。后文主要结合这几个方面阐述学生的权利和对高等学校权力的规范。

1990 年的《普通高等学校学生管理规定》指出"本规定所称的学生管理，是指对学生入学到毕业在校阶段的管理，是对高等学校学生学习、生活、行为的规范"。在这之后，我国高等学校学生管理工作实践中所指的"学生管理"就是"管理学生"，是对学生行为的规范和纪律管理。"管理学生"反映了我国高等学校在特别权力关系理念的影响下学生主体地位的缺失以及管理缺乏法治性。传统的学生管理理念，主要是通过权力关系或权力行使的特征而体现，权力就意味着单方面的命令，意味着强制与服从，意味着双方权利义务的不对等。① 因此，我国高等学校在学生事务管理方面往往注重刚性、约束等带有强制特征的管理模式，本质上是一种"客体管理"观，即管理者把自己和被管理者看做绝对的主体与客体的关系，认为自己是绝对的主体，而管理对象是绝对的客体，忽视被管理

---

① 史亚洲. 高校学生管理法治化探析［J］. 西安航空技术高等专科学校学报，2004（7）：59.

者在管理行为中的主体意识、主体地位及其正当权益。事实上，忽视被管理者的主体地位必然使管理行为受阻、管理效果弱化，甚至发生法律纠纷。

在当今行政法理论已对特别权力关系作了新的发展，我国也越发重视学生权利的条件下，高等学校与学生的关系也应超越传统的特别权力关系，汲取该理论发展的新成果，更加尊重学生的人格尊严，注重保护学生的各项基本权利。但毋庸置疑，学校作为特定的教育组织，仍应享有一定的自主管理权限，可对学生的基本权利加以某些限制，只是这种限制需要在社会一般观念所认为合理的范围内进行，不可滥用。① 这表明传统的特别权力关系范畴已经发生了分化，特别权力关系已不能很好地解释高等学校和学生之间的行政法律关系，需要对其加以扬弃，而纯粹的民事合同关系又抹杀了高等学校组织的特性，所以笔者以为，行政契约将是解释高等学校和学生部分行政法律关系的一种可行理论，这不仅取决于行政契约本身的特性，也是时代发展的必然结果。

第二节　高等学校和学生法律关系中引入行政契约的必要性与可能性

在现代社会，伴随着行政民主化倾向的与日俱增，契约在法学中已不再是传统私法的专有概念，它已由私法的范畴进入到公法领域，许多国家和地区在立法和实践上确立了行政契约制度。在法国，行政机关除依单方面的意思表示来决定当事人的法律地位外，也经常与当事人协商依双方意思表示一致而形成某种权利义务关系，后者即为行政契约行为。在德国，行政机关在公法活动中除使用单方的行政行为方式以外，还选择协商式的处置方式，与公民签订行政法上的契约，称公法契约或行政契约。在日本，随着行政法的发展，行政契约理论也得到普遍承认。总之，"契约不只是私法上的专利，它同样可以适用于行政法之中。无论是从世界性的趋势还是从传统行政所存在的弊端以及契约自身的优势来看，行政法完全有

---

① 申素平. 中国公立高等学校法律地位研究［D］. 北京：北京师范大学教育学院，2001：108.

必要高扬契约的精神，确立契约的观念与制度，以促进行政民主的发展。"① 英国著名法学家哈特（H. L. A. Hart）指出，强制不是法律的内在特征，而只是法律的外在支持条件。因而行政也并非只有强制这一条途径，它展现在人们面前的应该是多条道路。② 不能将行政简单地等同于强制，忽视行政中的合作与对话。行政契约主要运用于给付行政领域，高等学校作为行政法调整的一个重要领域，其行政行为属于给付行政的一种。作为一种实现公共利益的特定组织，高等学校权力应当具有一定的强制性，但也并不排斥契约方式的存在，其与学生之间复合性的法律关系为行政契约的引入提供了可能。而且在法治精神的要求下，高等学校作为公权力行使的领域，有必要改变传统的高权行政方式，而代之以更加柔和、弹性化的管理方式，行政契约是一种可行的选择。当然，特别权力关系是在公务法人的基础上发展起来的，而行政契约作为特别权力关系理论的发展，其所对应的高等学校的法律地位也应当是公务法人。公务法人与行政契约存在一定的契合性，公务法人的核心是行使公共权力、履行教育公务，这正好与行政契约的主要特征——行政性相吻合，而法人的外在形式则与契约性相协调。

一、行政契约的概念和法律特征

（一）行政契约的概念

伴随着福利国家的兴起，行政理念由国家行政向公共行政变迁，行政民主化的倾向与日俱增，非权力行政方式兴起，行政行为的方式呈现多样化的趋势。③ 在此背景下，契约由私法范畴跨入公法领域，④ 行政契约作为一种替代以命令强制为特征的行政高权性行为的更加柔和、富有弹性的行政手段而产生。行政契约是将契约理念引入行政法领域，将契约与权力理念相融合。英国著名法史学家亨利·梅因（Henry Sumner Maine）爵士认为："迄今为止，所有进步社会的运动，都是一个'从身份到契约'的

---

① 杨解君. 论契约在行政法中的引入 [J]. 中国法学，2002（2）：93.

② 牛丽云. 关于行政契约的法理学思考 [J]. 青海师专学报，2005（1）.

③ 现代社会行政行为的方式包括单方行政行为、行政契约、行政指导等。

④ 部分学者将其称为"公法向私法的逃遁"，实质反映行政法趋于体现一种私法的精神或本质，引入私法的原理，减少权力单向性的强制因素，使行政关系以相对缓和、平等的关系出现。

运动。"① 将契约援引到行政法领域，不仅仅是契约自由广泛而深入的影响，更为重要的是现代国家行政法功能发展使然。

西方国家行政法上的契约，因其类属不同的法律体系，呈现不同的界定标准。在美国、英国等英美法系国家，由于没有公、私法区分，行政法中没有"行政契约"的概念。按照形式主义的界定方式，对涉及政府为一方当事人的契约统称为"政府合同"或"采购合同"。在大陆法系国家，德国在学说和判例上奉行"契约标的理论"，即行政法上所说的"行政契约"是指以行政法律关系为契约标的而发生、变更或消灭行政法上权利义务的合意。法国在行政审判中分辨行政法调整范围的主要理论依据是"公权力理论"和"公务理论"，遂以合同和公务作为行政契约的判断标准。日本行政法学者在对德、法两国行政契约理论的深刻认识与批判的基础上，提出了将受行政法制约的私法契约和传统上的公法契约合并研究的见解。

我国行政契约的产生，与责任制思想的出现，以及经济体制由计划经济向市场经济转轨而引发的政府职能和管理手段变化有关。我国对行政契约的争论主要集中在形式标准和实质标准上。在形式标准上，大多数学者认为行政主体与相对人之间可以缔结行政契约，但"契约当事人中必须有一方为行政主体"。在实质标准上，国内学者主张"目的观"，即行政契约"为实现国家行政管理的某些目标"或"为了实现公共利益目的"，意在表达行政契约所追求的目的是实现行政目的。余凌云教授将行政契约的实质标准确定为"发生、变更或消灭行政法律关系的合意"。这种从"法律关系论"角度进行界定的方法与法学理论上划分行政法调整对象的标准依据相吻合，能够清晰地说明行政法将此类契约从民事契约中分离出来并进行规范的理由与必要性。对行政契约实质标准的确定，从本质上说明了行政契约的基本内涵以及行政法将此类契约纳入调整范围的根本依据，划定了行政契约和民事契约的"分水岭"。本书采纳"行政契约是指以行政主体为一方当事人的发生、变更或消灭行政法律关系的合意"② 的观点。

---

① 亨利·梅因. 古代法 ［M］. 沈景一，译. 北京：商务印书馆，1959：97.

② 余凌云. 行政契约论 ［M］. 北京：中国人民大学出版社，2000：31－40.

（二）行政契约和民事契约的区别

由于行政契约是援用民法上的契约模式来达到行政目的，本质上必须符合契约的根本属性——合意，正是在这一点上其与民事契约趋同，并被称为契约。但行政契约中当事人之间形成的法律关系是行政法上的权利义务关系。正是由于行政契约是以形成行政法上权利义务关系为主要内容，而与规定民事法律关系的民事契约有着根本的区别，我们才将此类契约纳入行政法范畴，而冠之以"行政"契约。行政契约的这种标的内容的行政性又繁衍出其他一些与民事契约不同的特征：

首先，在行政契约中对行政主体和相对方的权利义务配置取决于特定行政目的达成需要，在行政机关和其下属机构或公务员之间，或者行政主体和相对人之间签订的行政契约中，这种权利义务配置往往是向行政机关（主体）倾斜的，表现为以行政机关（主体）居于优势地位，为双方地位不对等，民事契约中的平等原则在这里不适用。

其次，由于行政契约中双方当事人形成的主要是行政法上的权利义务关系，这种权利义务关系与民法上的权利义务关系迥然不同，在合同中外在表现为行政机关的权利，同时也意味着其相应承担的义务。这种行政法上权利义务的相对性，要求行政机关必须行使权利和履行义务，不能因为相对人对行政机关义务的免除表示而免于行使。这和民法上权利人可以放弃行使权利，义务人可以因权利人免除其义务的意思表示而免除义务不一样。因此对这种关系的调整必须适用行政法，对由此产生的争议也应循行政救济途径解决；而民事契约概由民法调整，且有关争议依民事诉讼或仲裁途径解决。

最后，行政契约中在形式标准上要求当事人中必有一方为行政主体，而民事契约中对当事人资格则没有这种限制。

总之，笔者用行政契约解释高等学校与学生的法律关系，而不采用特殊的民事契约这一说法，主要理由在于：高等学校在教育过程中并不是以民事主体的身份参与教育活动，而是以行使特殊公共职能的公权力主体身份出现的，应承担的义务是不能放弃的，其与学生的地位不对等，两者形成的主要是一种公法上的权利义务关系，受到第三方——国家教育行政部门的监督。而特殊的民事契约，虽然冠以"特殊"一词，但仍不能摆脱民事契约的性质，只要两者意思一致，就能形成契约，而不需要受到第三方的监督和制约。

（三）行政契约的法律性质

行政契约作为一种弹性的行政管理方式，其魅力缘于权力因素与契约精神的有机结合。一方面，行政主体与相对方通过协商达成协议，明确了双方的权利与义务；另一方面行政主体既以平等的私法主体出现又保持了其公权力的身份，以保障行政目的的实现。它既不像行政命令那样僵硬，又不像民事行为那样自由随便。它是双方当事人协商自由与行政优先性的有机结合，是民事意思自治在行政管理领域的延伸。行政契约既具有行政性，又具有契约性。

行政契约的行政性表现在：（1）行政契约的双方当事人中，必有一方是行政主体。行政契约的目的在于公务的实施，即应以执行公共事务增进公共利益为直接目的。（2）行政契约本身就是实现具体的行政法律关系的行为形式，行政契约的行政属性不仅表现在契约赖以建立的行政法律关系上，还表现为该行政契约是将这种行政法律关系通过契约形式具体化、特定化的过程，使双方当事人在契约所涉及的特定事项、范围内，建立起一种具体的、新型的行政法律关系。（3）在行政契约的履行、变更或解除中，为确保行政契约所要达到的行政目的的实现，法律赋予行政主体种种行政优益权。如对行政契约履行的监督和指挥权；单方面变更或解除契约权；对不履行或不适当履行合同义务的一方当事人的制裁权。"行政性"作为行政契约的基本要素之一，反映了行政契约中权力因素的主导作用。

行政契约的契约性表现为：（1）以契约形式确立双方当事人具体的法律关系并且适用相应的契约规则以处理此法律关系。（2）行政契约的条款、内容，要由双方当事人协商达成，以双方意思表示一致为前提，原则上不能由一方将自己的意志强加于另一方当事人。（3）行政契约的双方当事人均同等地受行政契约的约束。"契约性"的深刻内涵在于弱化行政行为的单向性、命令性，强化行政主体与相对方的沟通与合作。

"行政性"与"契约性"作为行政契约的两个基本要素是有层次的。"行政性"是第一层次，"契约性"则是第二层次。"行政性"揭示的是行政契约中权力因素的主导作用，表明行政契约制度从根本上来说是为行政权服务的, 因而它无疑具有根基性的地位和作用。"契约性"则充分显示行政契约制度与一般传统行政手段相区别的特色, 它不仅从形式上改变了行政制度的命令与强制, 而且从功能层面上冲击着行政法功能的演变。但是, "契约性"作为基本要素, 其地位却不能与"行政性"相对等, 它具有从属性特征, 其内容和形式都受制于"行政性", 是为整个行政功能合理运作服务的。① 然而, 即使把"契约性"视为行政契约第二层次的基本要素, 仍不能忽视契约精神对行政契约乃至整个行政法领域的深刻影响。② 行政权力对契约精神的适应表现为行政主体在行政契约中的行政活动带有弹性或妥协性以及相对人在行政契约中的自由选择性。契约精神对行政权力的适应则表现为契约作用的发挥以不损害行政主体的特权或优益权为限, 而且必须适合公共事务的执行以增进公共利益, 而不是追求相反的一面, 即私人利益的最大化。下文关于高等学校与学生行政契约关系可能存在领域的研究主要是基于对其法律性质的分析。

(四) 行政契约的基本特征

首先, 行政契约作为行政管理的基本手段有着行政手段的一般特征。与传统的行政命令、行政措施等权力方式相比, 行政契约又有其特殊性。概括起来有以下两点: (1) 行政契约是以行政权力和行政职能为基础的行政行为。行政契约的内容是属于政府的职能范围, 它的存在以行政权力为基础, 它的合法性最终来源于行政权力的合法性。(2) 行政契约是一种非强制性行政行为。表现为: 行政契约中包括双方主体的自主选择和合意表示, 是一种双方的行为。也就是说, 与行政命令的单方性、强加性和

---

① 行政契约的主要目的在于公共利益的实现, 因此, "行政性"是其第一特征。但是, 行政契约是一种服务行政的方式, 注重沟通、协商与合意, 因而也强调"契约性"。教育的实施和公民受教育权利的保障, 需要通过一定的行政权力来得以实现, 因此不能将高等学校与学生的法律关系完全视为等价交换关系。高等学校也不能事事与学生协商, 讨价还价, 如此将有可能降低教育的质量, 因为学生在判断课程内容的适宜性、先进性以及教师的学术水平方面并没有处于一个最佳的位置, 他们更倾向于现实利益的获得, 因而只能将契约性视为从属性特征。

② 杨勇萍, 李继征. 从命令行政到契约行政——现代行政法功能新趋势 [J]. 行政法学研究, 2001 (1) 6 - 7.

强制性相区别，行政契约具有双方性、合意性与选择性。①

其次，行政契约作为法律上的一种具体行为，它受着有关法律的规范和制约。从行政契约的有关法律规范来看，具有以下特征：（1）主体特定性：在双方当事人中，必有一方是行政主体。（2）内容局限性：行政契约为了实现特定的行政管理目标和公共利益的需要，必须涉及国家与社会的公共事务。（3）权利义务非均衡性：在设置双方的权利和义务时，为行政主体一方保留了许多特权。如行政主体有权监督和指挥行政契约的履行；根据公共需要，行政主体有权单方面变更或解除合同；对不履行或不当履行合同的相对方当事人，行政主体可以采取强制手段强制履行。（4）合意要件性：行政契约的成立以双方当事人的"合意"为成立要件，以合意作为成立前提。（5）法律救济专门性：对行政契约的法律救济，除行政机关内部的复议、裁决等途径，还可提起行政契约纠纷的法律诉讼。该类诉讼应当由人民法院的行政法庭适用行政法律的规定进行审理。它的程序、方式、途径都应由有关行政法律、法规专门规定，不同于一般的合同纠纷诉讼。

行政契约是双方意思自治和合意的体现。按照双方地位是否对等，可以将行政契约分为"对等契约"和"不对等契约"两类。鉴于高等学校和学生之间关系的特殊性，两者之间所形成的行政契约应是不对等契约。德国行政程序法中也承认处于不对等地位的当事人间可缔结行政契约，这种契约在法理上称为"隶属契约"。在签订契约过程中对等地位对于合意自由性的实现仅仅只是充分条件而不是必要条件，平等地位能够实现自由合意的事实并不否定在不对等基础上就不能实现自由合意。契约合意的实现实际上并不在于双方法律地位的拟制"平等"，而在于法律对契约内容的事先限定以及对缔约程序的规范。也就是说，"因双方意思一致而成立的法律行为，并非指参与契约的当事人法律地位全盘对等，也不是指在一切法律关系上的对等，而是指成立契约的特定法律关系而言，双方意思表示具有相同价值，而有别于一方命令他方服从的关系。"② 现代行政法为这种不对等契约提供了合意的制度框架，它通过设置行政程序的参与机制

---

① 张树义. 行政合同 [M]. 北京：中国政法大学出版社，1994：100-101.

② 吴庚. 行政法之理论与实用（增订八版）[M]. 北京：中国人民大学出版社，2005：371.

和行政救济的控辩机制来保证此种自由合意的实现。亦即行政契约的合意是在不对等地位的基础上，通过动态性的行政程序和行政救济机制保障处于劣势的相对方意思自由表示而形成的。高等学校引入行政契约也应通过程序来实现双方意思的合意，达到制约高等学校权力，保护学生权利的目的。

二、行政契约实现公共利益的机理①是其引入高等学校的理论前提

行政契约以公共利益的实现为基本目的，这是行政契约引入高等学校的理论前提。在民主法治国家，公共行政的目的是维护和促进公共利益的实现。这是任何类型公共行政不成文的基本原则。以公共利益为目的是公共行政的概念属性和功能属性，是公务人员执行职务的基础。② 作为行政法律关系新型形式的行政契约立足于公共利益的实现亦是不言而喻的。高等学校的设立目的也是实现公共利益。因此两者在理论基础上是一致的。

行政关系主要是一种公共利益和私人利益的关系，而这两种利益在行政关系中是并存的。行政关系可以表现为一种互惠的关系，行政主体实现行政职能并不排斥行政相对人在行政关系中追求其自身的私益。因而，在其中存在利益交换或交易，既有利于公共利益的维护，又不妨碍私益的实现。行政契约作为一种行政手段也正是在上述公共利益和私人利益的冲突协调机制中实现行政目的、维护公共利益的。行政契约实现公共利益的过程也就是公共利益和私人利益交换中的博弈过程。③ 在博弈机制发挥作用的过程中，一方面，行政契约主体会积极地谋求自己利益最大限度的增长，因而必然有博弈的存在；另一方面，行政契约主体偏重于追求自己的利益，从而有可能损害对方的利益。因而尤其要重视公权力被滥用的情形。行政主体往往以"合目的性"、"公共利益需要"等不确定性概念为条件，增加了行政机关行使行政特权的不确定性和裁量性。总之，行政契

---

① 张振锋．论依法行政支配下的行政契约［D］．成都：四川大学法学院，2004：17 – 18.

② 汉斯·沃尔夫．行政法［M］．高家伟，译．北京：商务印书馆，2002：323.

③ 程雁雷．行政法的博弈分析——以行政合同为例［J］．安徽大学学报（哲学社会科学版），2000（3）：15.

约是通过博弈的方式实现公共利益的。

当然, 行政契约的双方当事人分别为行政主体和行政相对人, 决定了行政契约要解决两个层面的利益关系: 第一层是以公共利益优先为中心的权利义务配置, 第二层是以实现相对人利益为中心的权利义务配置。高等学校的设立是为了教育公共利益的实现, 行政契约的首要目的也是实现公共利益, 因而引入行政契约并不影响高等学校的公共性。与特别权力关系注重学校单方特权相比, 行政契约的优点在于既强调学校的行政优益权, 又在一定程度上保障学生的合法权益; 实现公共利益和个人利益、学校权力与学生权利的平衡。

三、行政契约的引入是高等学校管理法治化的关键

"假使没有学校的民主化, 一个社会的民主化是不可能的; 所以, 学校的民主化是社会民主化之关键功能"。① 引入行政契约正是高等学校管理法治化、民主化的关键步骤。

在计划经济体制下, 行政主体具有无所不能的行政权力和绝对的支配地位, 相对方没有独立的法律人格, 一切按照预定计划听从行政主体的命令, 行政相对人并不是具有"某种自主性、自觉性、自为性、自律性, 某种主导、主动地位"② 的真正法律主体。如前文所述, 在特别权力关系下学校的权力具有高度的概括性, 可以自主制定规则限制学生的权利, 而学生则处于相对弱势和被动的地位。高等学校在行使行政权力的领域里引入契约这一形式的旨意就是弱化学校行政行为的单向性、命令性, 强化学校与学生的沟通与合作。众所周知, 契约的精神就在于双方当事人的合意, 在于民主、协商与沟通。传统行政法以命令、服从为显著特征, 相对方没有意思表示的自由, 整个行政行为都呈现着单向的运作模式。主动与被动的关系、命令与服从的关系, 不仅使行政为 "恶" 的理念根深蒂固, 而且极大地抑制了相对人积极性的发挥。随着我国法治进程的深入, 依法治校理念的贯彻, 学生权利主体意识的增强, 新型的、民主的校生关系成

---

① Koerfgen, P. *Der Aufklaerung verpflichtet-Eine Geschichte der Gewerkschaft Erziehung und Wissenschaft* [M]. Weinheim, 1986: 174.

② 张文显. 法学基本范畴研究 [M]. 北京: 中国政法大学出版社, 1993: 169.

为人们关注的重点，因而引入行政契约来分析高等学校和学生的行政法律关系十分必要。

高等学校与学生行政契约关系的确立有助于明晰双方的权利义务，使得各自对自己的权利义务有明确的认识。有利于促进高等学校增强法律意识，切实遵守各项法律法规，改善教学条件，履行契约，规范对学生的管理。学生也可以根据契约切实维护自己的权益。权利、义务的明确也有助于双方纠纷的妥善处理。就高等学校而言，必须制定、实施完善的管理政策和程序，教育全体师生员工严格遵循相关政策和程序。就学生而言，对学校的规章制度、教学计划清清楚楚，不至于对学校在日常管理、教学中的要求一知半解，更有利于明白自己的权利和义务，更好、更顺利地完成自己的学习计划。就法院而言，使用行政契约来界定高等学校与学生的法律关系有利于促进高等学校制定和实施完备的政策，使高等教育各方明确各自的权利和义务，减少纠纷与争端的发生概率，更好地保护各方利益。

总之，行政契约的本质是运用契约精神来限制学校无限扩大的权力，使得学校管理趋向法治化。行政契约对学校行政权力的控制具体表现为：首先，把契约的平等精神引入行政领域，让学生在与学校平等地位的前提下商议与自身利益相关的行政目标，使学校行政减少不平等与特权性的因素。其次，通过行政契约使高等学校更加尊重学生权利，同时通过学生权利的自我实现来制约高等学校的权力。把契约的意思自治精神引入行政领域，使学生有选择的权利，使进行商议的过程也成为其利益权衡的过程。通过选择建立沟通渠道，这是行政契约最突出的优点和功能。第三，要求学校有信用和责任感。"依法成立的契约，在缔结契约的当事人间有相当于法律的效力。"[1] 承诺是契约的要素，把承诺引入行政领域，使高等学校的权力受到允诺后果的约束。尽管权力性因素可以单方解除合同，但单方解除合同是以正当理由为条件的，而且学校需要对学生作出补偿或赔偿。

可见，行政契约关系的确立，可以在某种程度上打破以往由学校一方专制管理学校的局面，这不仅为学生参与学校管理、能动地实现学生的受

---

[1] 詹姆斯·高德利. 法国民法典的奥秘［M］//梁慧星. 民商法论丛：第5卷. 北京：法律出版社，1996：565.

教育权利提供了一种全新的解释，而且有助于民主、开放、尊重学生权益的学校教育制度的建立，使培养具有现代民主与法治精神的"现代人"的教育目标的实现成为可能，同时也为解决校内诸种教育法律纠纷提供了新的思路。总之，行政契约的引入有利于约束、规范高等学校权力的合法行使，也有利于保障学生的权利主体地位，更好地体现学生的参与、自主意识，这既是行政契约引入高等学校的意义，也是其必要性所在。

四、行政契约在教育领域的应用为其引入高等学校提供了可能

目前国内外主要用行政契约分析国家与公民的行政法律关系，如政府采购合同、治安承诺协议等。近年来理论界也逐渐开始关注在教育领域引入行政契约的可能性，如将教师聘任合同视为行政契约①，教育民营化中的公法契约形式等。这些研究的不断深入将有助于我们用行政契约来分析高等学校和学生的行政法律关系，并且也为它的成立提供了可能。

从行政契约的概念和法律性质的角度来看，教师聘任合同具有行政契约的特征②。首先，教师与高等学校签订的聘任合同内容主要是为了完成高等学校的教学、科研及管理等事务，它们属于高等学校的公务。其次，高等学校与教师之间在订立合同和履行合同时的地位并非完全对等，高等学校占据着主导地位，享有对合同履行的指挥权，并可在合同执行过程中变更教师履行义务的范围，引导合同向着高等学校所预期的目的发展。更为重要的是，高等学校有权制定内部规则，对教师的权利进行限制。当教师履行义务不力时，学校可以依职权对其使用多种制裁和惩罚手段。相反，当学校履行义务不力时，教师只能通过法律规定的机关督促高等学校履行，并无直接制裁的权利。高等学校享有的特权被认为是保障公务履行所必要的，符合高等学校为公益服务的目的，而双方的这种不对等地位也正符合行政契约的特征。但二者地位的不对等并不意味着不存在自由合意的可能，只是行政契约的自由合意与民事契约不同，它通过引入行政程序

---

① 在我国行政法教科书中一般称"行政合同"，笔者以为契约比合同具有更广泛的含义，合同一般是指一种具体的行为，契约既可指行为，也可以指一种精神。采用行政契约也可保持行文的统一；另外，行政契约已成为德国、日本及我国台湾地区的通用概念，这样也可以尽量保持概念用语上的一致。

② 申素平.论我国公立高等学校与教师的法律关系［J］.高等教育研究，2003（1）：70－71.

以及完善行政救济途径，赋予相对方程序权利（取得充分信息权、反论权）、规定"不对等契约"缔结的条件、建立归责机制来增强其讨价还价的能力。也就是说，行政契约的自由合意是"在不对等基础上通过有效的行政程序保障处于劣势的相对一方当事人自由表达意思而形成的"。①这也是理解我国《教师法》与《高等教育法》中"平等自愿"的基础。再次，教师聘任合同的签订程序存在特殊性。民事合同以私法自治为原则，只要当事人不违反有关公序良俗的原则，就享有完全的契约自由。而在教师聘任合同签订的过程中，契约自由的使用受到行政法治原则和符合高等教育目的性原则的制约，只能在法律及符合高等教育目的性要求等构筑的许可框架中才得以有限实施。其相对于民事合同，具有契约不自由的特征。最后，判断一种关系是否为行政契约关系还有一个重要的标准，即这种契约所要建立的是何种性质的关系。如果契约所建立的是行政管理关系，那么这个契约应视为行政契约。教师聘任合同签订后其与高等学校建立了一种人事关系，它属于行政管理关系，因而从这个角度来讲，教师聘任合同也符合行政契约的特征。因此，教师聘任合同更多的具有行政契约的特征，教师聘任关系是教师与高等学校之间构成的一种特殊的行政关系。这不仅符合教师聘任合同的特点，而且也与教师申诉及人事仲裁这些特殊的教师权利救济制度相符合。

我们同样可以借用上述思路来分析高等学校与学生的法律关系。首先，学生进入高等学校学习，接受高等教育，主要是为了个人利益的实现，但间接地也是为了国家的整体利益。高等学校在这个过程中主要是提供教育服务，这是一种公务行为。其次，学生在与高等学校订立教育合同时，双方地位不对等，学校具有订立合同的优先权和主导权。再次，学生在与高等学校形成契约关系时，不具有完全的契约自由，对于契约的缔结方式、契约内容都不具有完全的选择性。最后，学生入学与高等学校形成的教育管理关系是一种行政管理关系。因此，高等学校与学生的行政法律关系一定程度上也可以理解为行政契约关系。

另外，美国的契约学校也被认为是一种教育上的行政契约行为。契约

---

① 余凌云. 行政契约论［M］. 北京：中国人民大学出版社，2000：85.

学校（Contract School），是美国民营化学校的一种，即私人管理公司通过与政府、公立学校签约的方式，根据合同规定对学校进行管理或承包校内如交通用具、医疗卫生、食品供应等特殊服务项目。契约学校存在的目的是保证公众更好地接受公共教育，促进公共利益的实现。政府依靠行政契约而不是行政手段、行政命令来管理学校。政府与学校通过协商、合作、谈判确立认同。而公众有权在付出高额学费后要求教育的质量符合他们的需要。契约学校的另一个重要目的就是为家长、学生提供更多的选择机会，从这种意义上说，契约学校意味着由一般受教育权利向选择性受教育权利的转变。此外，为了满足家长和学生的需要、不断提高教育质量，政府与学校必须通过协商、合作、谈判的形式来确立认同，从而达到共同的目标。合同的内容是政府与学校协商的结果，情况不同，合同的内容会有所不同，办学的形式也不同。在制定契约的过程中政府享有行政优益权。

行政契约在学校运营方式和教师聘任合同方面的适用，表明其在高等学校和学生的法律关系方面也可能有一定的解释力。目前，已有人提倡高等学校和学生的教育契约关系，并认为这种关系不同于一般契约，学校在教育契约关系中处于优先地位，而学生则处于相对弱势的地位。这种教育契约带有附合契约的特性，学校一方在教育契约关系上具有优先形成契约内容的权利。在建立教育契约关系的过程中，一般的契约自由原则如缔约自由、相对方选择自由、契约内容自由等方面受到很大的限制，所以，不能否定学校与学生的关系具有较强烈的行政色彩。[①] 笔者认为，其实这种教育契约在一定程度上指的就是行政契约。

五、学生权利主体地位的凸显是行政契约与传统行政法律关系的区别所在

20 世纪 60 年代至今，在高等教育学史上被誉为"学生时代"。学生权利在世界各国得到普遍承认并有一定的政策保障，从校长选拔到学生事务管理，学生均有广泛的参与机会。如，美国一些州的大学选拔校长的委

[①] 郭为禄. 试论高等教育契约与教育消费选择权 [J]. 华东师范大学学报（哲学社会科学版），2005（3）：40.

员会有学生代表存在。日本大学的学生自治会和研究生自治会是学部的"三权"之一，在涉及学生利益的事务上不仅有参与权，而且有相当的影响力。法国学生在校务委员会中有自己的代表。俄罗斯的改革使学生权利同学校权力一样得到充分的落实，在校务委员会中学生比例规定不少于25%。德国大学里的校、系委员会中都有规定比例的学生代表。① 加塞特（Ortega Y. Gasset）认为："大学以学生为中心的概念必须得到贯彻，以达到能够影响其物质组织的程度。像过去一直以来所认为的那样，把大学看做教授接待学生的房子的观点是荒谬的；事实上应该恰恰相反：让学生来管理大学这幢房子，使全体学生成为机构的躯干和骨架，而教员或教授们则作为辅助或补充。"②

1998 年巴黎世界高等教育会议通过的《21 世纪的高等教育：展望和行动世界宣言》指出："在当今这个日新月异的世界上，高等教育显然需要有以学生为中心的新的视角和新的模式，大多数国家的高等教育都需要进行深入的改革和实行开放政策，以便培养更多不同类别的人。""高等院校必须教育大学生成为知识丰富和有远大抱负的公民，他们能够以批判精神进行思考，会分析问题，能研究和运用解决社会问题的办法并承担起社会责任。"同时通过的《高等教育改革与发展的优先行动框架》也声明："国家及其政府、议会和其他决策的部门应把学生视为高等教育关注的焦点和主要力量之一。应当在现有制度范围内，通过适当的组织机构，让他们参与教育革新（包括课程和教学的改革）和决策。"③

当前全世界的教育现状正在迫使高等学校把学生放在中心位置——为学生服务。也就是说，学生在高等学校中的地位已经发生了变化，不再是单纯的受教育者和高等学校教育服务的使用者；学生已经有了更多的主动权，成为高等学校的一分子。

随着依法治校理念的深入，高等学校逐渐重视学生的权利主体地位，学生的法治意识和维权意识也不断增强，越来越注重自己作为一名"特

① 陈玉琨，戚业国. 论我国高校内部管理的权力机制 [J]. 高等教育研究，1999（3）：39.
② 奥尔特加·加塞特. 大学的使命 [M]. 徐小洲，等译. 杭州：浙江教育出版社，2001：71.
③ 赵中建. 全球教育发展的研究热点：90 年代来自联合国教科文组织的报告 [M]. 北京：教育科学出版社，2003：410.

殊消费者"应该享有的权利。国内部分高等学校学生权益部的设立便证明了这一点。在由身份社会向契约社会的制度变迁中，一个关键性的环节便是个人人格状态的根本变化，即个人从依附于家族（组织）转变为独立、自由和自决的个人。这意味着高等学校需要改变过去"身份式"的管理模式而代之以"契约式"的管理模式。学生权利主体地位的凸显是行政契约与特别权力关系的区别所在，为行政契约在高等学校的引入提供了可能，也是行政契约制度建构努力的一个方向。

尽管在我国学生主体性一直是处于理论层面的问题，但高等教育收费制度的确立使学生主体性成为非常现实的问题。首先，高等教育收费制度的确立，大学毕业生就业问题的出现，迫使他们考虑求学的边际成本，因此，他们就希望获取他们认为应该获取的知识和技能，对高等学校有了自己的要求，这也是他们对自己行为负责的一种表现。"纳税人以为他们支付了大学教师的薪金，就有权决定教师应当教什么。"① 这种观点虽然有些片面，但又不无道理。学生在高等学校学习必须追求经济利益，经济基础的形成使学生的主体性将因此而得到确立和巩固。这也迫使学校、教师转变自我中心观念，体察、反映学生的需要和愿望，尊重学生的主体性、发挥学生的主体性、提升学生的主体性。如今，学生对教学和教学管理有了明显的批判意识和主人翁精神，表达出积极参与、自我管理、主体发展的心声和愿望。其次，随着我国经济发展和计算机技术的普及，学生获取知识的渠道越来越多，虽然他们的专业水平依然不高，但他们有了更开阔的思路，而且已经有一定的能力识别他们需要什么。再次，学生状告高等学校的案例频繁发生，表明学生已经开始意识到权利的重要性。这些都对学校的法治管理提出了要求，但也提供了一定的条件。

法治理念的核心是对权利的保护，同时包含着对权利人理性行使权利的信任。大学生是一个特殊的群体，从年龄上已进入成年人的行列，但他们的人生经历决定了他们还不完全具备成年人的经济能力、社会阅历和人生经验。如何看待他们行使权利的能力，是过分的呵护，还是给予信任，关系到对法治原则的理解与把握。传统的学校管理当中侧重对学生行为的

---

① 伯特兰·罗素. 罗素文集［M］. 靳建国，等译. 呼和浩特：内蒙古人民出版社，1997：186.

约束、管制，过多地强调他律，相对而言忽略了对学生权利意识的培养。过分的管束或是呵护，并不能培养出真正具备法制观念、权利意识的公民。正如陶行知所说："今日的学生就是将来的公民，将来所需要的公民，即今日所应当养成的学生。专制国所需的公民，是要他们有被统治的习惯；共和国所需要的公民，是要他们有共同自治的能力。中国既号称共和国，当然要有能够共同自治的公民。想有能够共同自治的公民，必先有能够共同自治的学生。所以从我们的国体上看来，我们的学校一定要养成学生共同自治的能力，否则不应算为共和国的学校。""我们既要能自治的公民，又要能自治的学生，就不得不问问究竟如何可以养成这般公民学生……养成服从的人民，必须用专制的方法；养成共和的人民，必须用自治的方法。"① 行政契约关系中学生的主体性、参与性、选择性正是自治方法的一种体现。学生权利主体地位的缺失是特别权力关系被质疑的核心问题。行政契约注重学生的权利主体地位，尊重学生的意思表达，这正是其与特别权力关系的区别所在。

六、立法和实践为高等学校与学生的行政契约关系提供法律和实践依据

案例4 1999 年 3 月，原合肥某学院依据该校《学生学籍管理实施细则》，以原会计系 95 级本科生产文昂有 3 门课程旷考、1 门课程不及格为由，以文件形式下发《关于对产文昂同学作退学处理的决定》。无法接受这一事实的产文昂找到当时的学院领导，陈述两点理由：第一，他已于 1999 年 1 月参加并通过大学英语四级考试，根据学院有关规定，"如前一级英语不及格而后一级考核合格的，前一级视为及格"，学院认定产文昂旷考的是基础英语三级，因此，这不能作为学院对他作出退学处理的依据；第二，他参加了被认为旷考的《线性代数与线性规划》的考试。产文昂同时还向校方递交了这门课程的查卷申请，可当他与学院基础部一教师查阅存盘试卷时，唯独没有发现产文昂的试卷。此后，产文昂多次要求学院及有关部门调查处理，但没有得到令他满意的结果。

---

① 江苏省陶行知教育思想研究会，南京晓庄师范陶行知研究室. 陶行知文集［M］. 南京：江苏人民出版社，1981：19－20.

2000 年 3 月 12 日，产文昂向合肥市西市区法院提起民事诉讼，认为学院对退学事实的认定有误，侵犯了其受教育权利，请求撤销处理决定。西市区法院裁定，原告提出的争议不属人民法院主管范围，不予受理。

3 月 29 日，产文昂上诉至合肥市中院。4 月 26 日，合肥市中院作出民事裁定，产文昂因学校侵犯其受教育权而提起的诉讼，不是平等主体之间的纠纷，不属于受理范围，故驳回上诉。

2000 年 4 月 28 日，产文昂再次向西市区法院提起行政诉讼，法院审查后仍然认为，其所诉事项不属人民法院受案范围，遂裁定不予受理。同年 5 月，产文昂又向合肥市中院递交行政上诉状。6 月 19 日，合肥市中院再次驳回其上诉。法院认为，根据《教育法》有关规定，高校对学生实施奖励或处分等管理行为，系其实施法定自主管理权的行为，产文昂起诉请求不属于法院行政诉讼受案范围。

在状告无门的情况下，2002 年 6 月底，产文昂来到北京，将学校所属的国家某部门起诉至北京市中级人民法院。该院认为，本案中国家某部门为不合格被告，因此裁定不予受理。

多次诉讼均被驳回，产文昂仍没有放弃。2002 年 12 月 10 日，在几名北京律师的建议下，产文昂以合肥某高校违反合同约定，再次将其诉至合肥市包河区法院。产文昂诉称，他与合肥某高校在 1995 年已形成教育合同，作为教育合同的一方当事人，学校应当严格按照合同约定诚实信用、充分完全地履行其教育义务。然而，学校却任意解释并自行创制合同内容，在产文昂未达到学校规定的除名条件的情况下，单方毁约。学校非但未能纠正错误，反而继续侵犯他的权利，于 2002 年 11 月向其发放《肄业证书》，严重侵犯他的受教育权利和合同权利。据此，请求法院判令合肥某高校履行教育合同，恢复其学业，并赔偿经济损失 15873 元。①

这个案例表明，已有人开始注意到高等学校与学生之间的"教育合同"关系。笔者认为这种围绕受教育权利发生的法律关系并不是纯粹的民事合同关系，而应当将其定性为行政契约。如果两者是民事法律关系，学生没有权利要求学校履行公权力——恢复其学业，而我们则可以把学生

① 为了讨回"受教育权"，大学生六次诉讼告母校 [N]. 新安晚报，2002 - 12 - 30.

要求的经济赔偿看成是因学校不当行使行政权力的行政赔偿。

另外，2005 年新《规定》反映了高等学校与学生之间法律关系演化的现实。长期以来，我国高等学校内部管理体制深深地烙上特别权力关系的印记，承袭传统的行政法律关系，学校与学生之间属于管理与服从的行政隶属关系，学校的规定就是法律，学校的要求就得服从。在这种单一法律关系背景下，学生无个人权利可言，只有听命的义务。学生的个人权利得不到享有，受到侵害后更无从救济。新《规定》由"管学生"到承认学生权利发生了巨大变化。它对学生的权利进行了伸张，取消了过去法规中侵犯学生自然权利的许多不合法条款，如"禁婚令"；增加了高等学校处分学生的程序要求等。当然，新《规定》的这种进步是在学生对学校的诉讼日益增多、学校屡屡败诉的情况下被逼出来的，它是学生、家长乃至全社会对高等教育法的价值期待被作为管理者的主体认可以后的定型，这是一个法律共识的取得。而取得这样的共识，又与作为社会民众的价值主体与作为管理者的价值主体通过各种方式——包括诉讼这样的非常规方式——进行主体间的交往分不开的。可以说，没有主体间的充分交往，不可能有法律价值共识的取得，更不可能有法律制度的改革与创新。[①] 行政契约也正是建立在主体双方充分协商和交往的基础之上。新《规定》从第五十五至六十三条对正当程序原则作了详细规定。本书研究提倡的行政契约关系并不否认高等学校和学生之间的不对等关系，而是在此基础上引入程序制约高等学校的权力，实现双方一定程度上的合意。因而新《规定》在一定程度上可以说为行政契约关系的成立提供了一种动向和可能。当然，这种动向在现实生活中也能找到一些范例。如：

2003 年南京师范大学开始与学生签订《学生自律与教育管理协议书》。协议书将平时教育管理中涉及学校与学生之间关系的一些内容，分别明确双方的权利、义务及各自应承担的责任，分别以"协议"的形式确定下来，并成立学校"学生工作法律指导小组"，审议学生管理文件的合法性，依法维护学校和学生的合法权益，同时对学生工作遇到的法律问题进行咨询指导。协议第十条规定："学生自杀自伤的；住校外学生在上学、放学、返校、离校途中发生伤害的；学生自行外出或擅自离校期间发

---

① 李静蓉. 从刘燕文案管窥高等教育法德价值冲突 [J]. 江苏高教，2006（1）：36.

生的人身伤害，在放学后、节假日或假期等学校工作时间以外，学生自行滞留学校或者自行到校发生的人身意外伤害，校方将无法律责任，学生就此将承担法律责任。"有关人士解释，这并非意味着学生出现伤害事故的时候，学校可以推卸相关责任，而是在于明确学校和学生双方的义务和责任，并广泛利用社会家庭力量共同参与教育管理，有助于学生法制观念和责任意识的增强。这一举措推行后，引起了高等学校和社会的极大反应，一些法律专家也给予了积极评价，认为学生管理法治化建设不仅是学校管理的需要，也是教育的需要。① 当然，南京师范大学和学生的这份契约更多的是涉及两者之间的民事法律关系内容。

自 2004 年开始，山东理工大学也与每年新入校的学生签订《山东理工大学教育管理与学生自律协议书》。协议书分为两种类型：一种适用于年满 18 周岁的全日制在校本、专科学生，该类协议只需学校和学生双方签订；一种适用于未满 18 周岁的全日制在校本、专科学生，需要学校、学生以及学生家长或监护人三方签订协议。② 协议书明确了学校与学生各自的权利和义务，对学校形成契约化管理的长效机制进行了探索。

又如 2005 年山东科技大学材料学院与学生签订《教育管理与学生自律协议书》。此份协议共分为甲方承诺、乙方承诺及甲乙双方违约责任及处置等六部分。甲方为材料学院团委，在承诺中，既有《宪法》、《教育法》、《教师法》等法律法规的约束，又要求老师深入学生课堂、宿舍了解学生困难，主动为学生排忧解难；"开门"办公，微笑服务，热情面对寻求帮助的学生；公平对待，不歧视任何学生等多项师德范畴内的要求。乙方为材料学院全体学生，除了承诺遵守国家法律法规与学校的各项规章制度，履行普通学校管理规定中规定的各项义务之外，还要做到维护集体利益、孝敬父母、崇尚节约、宽容乐群、不恶意拖欠学费、不沉迷网络、考试不作弊等道德规范的要求。③

2005 年南京中医药大学也开始与学生签订《学生管理与学生自律协议书》，通过协议的方式明确双方的权利、义务。具体内容如下：

---

① 郁进东. 南师大与新生订立法律协议探索管理新路［N］. 中国青年报，2003 - 11 - 4.

② http：//lgwindow. sdut. edu. cn/opennews. asp？ netcon = newscon&id = 11430.

③ http：//xsgzb. sdkd. net. cn/main/news. asp？ ArticleID = 1328.

南京中医药大学学生管理与学生自律协议书

为了明确学生与学校双方的权利和义务，维护学校正常的教学和生活秩序；为加强学校管理，强化学生法纪观念和自律意识，养成良好的行为规范，促进学生健康成长，由南京中医药大学学生工作处（甲方）与学生（乙方）签订本协议。

第一章 学生的权利

第一条 参加学校教育教学计划安排的各项活动，使用学校提供的教育教学资源；

第二条 参加社会服务、勤工助学，在校内组织、参加学生团体及文娱体育等活动；

第三条 申请奖学金、助学金及助学贷款；

第四条 在思想品德、学业成绩等方面获得公正评价，完成学校规定学业后获得相应的学历证书、学位证书；

第五条 对学校给予的处分或者处理有异议，向学校或者教育行政部门提出申诉；对学校、教职员工侵犯其人身权、财产权等合法权益，提出申诉或者依法提起诉讼；

第六条 法律、法规规定的其他权利。

第二章 学生的义务

第七条 遵守宪法、法律、法规；

第八条 遵守学校管理制度；

第九条 努力学习，完成规定学业；

第十条 按规定缴纳学费及有关费用，履行获得贷学金及助学金的相应义务；

第十一条 遵守学生行为规范，尊敬师长，养成良好的思想品德和行为习惯；

第十二条 法律、法规规定的其他义务。

第三章　学校的权利

第十三条　学校有权按照国家的教育方针与学校的人才培养目标，对学生进行全方位的培养和教育；

第十四条　学校有权在不违反国家法律、法令和政策的前提下，制定并执行各项规章制度，有权按照有关条例对优秀学生进行表彰和奖励，有权对违纪学生进行处理。

第四章　学校的义务

第十五条　学校应依法维护学生的合法权益。

第十六条　学校应依照国家有关规定收费，并向学生公开收费项目。

第十七条　学校应对家庭经济困难的学生，提供各种形式的资助。

第十八条　学校应为学生使用教学设施、设备、图书资料提供便利。

第十九条　学校应做好学生的后勤保障和服务工作。

第二十条　学校应给国家计划招收的毕业生、结业生提供就业指导并向用人单位推荐就业。学校应对到边远、艰苦地区工作的毕业生给予精神和物质奖励。

第五章　有关责任

第二十一条　学生在校正常生活与学习，因学校方面原因，造成学生人身或财产损失的，由学校承担相应责任。

第二十二条　学生因自己过错，遭受损害的，由本人承担责任。学生因过错行为，造成他人或集体的人身、财产损害的，由过错学生承担责任。

第二十三条　学生参加教学实习及院、部以上部门（含院、部）批准的集体活动，应遵守活动纪律及有关规章制度，否则造成本人、他人或集体人身、财产损害的，由该学生承担责任。由学生个人及学生团体擅自组织的活动，若发生意外，由直接负责人及组织者分别承担相应责任。

第二十四条　学生因个人事务离校外出，均视为个人行为，发生的一切事故，学校不承担责任。学生假期离校后或办理离校手续后发生意外事故的，学校不承担责任。

第二十五条　学生参加实验，应遵守实验室操作规则及有关纪律，否则发生事故造成本人、他人或集体人身、财产损害的，由该学生承担责任。

第二十六条　学生本人对自伤行为引起的后果承担责任。

第二十七条　根据本协议应由学生承担赔偿责任的，由学生及其家长负责赔偿。

第六章　附　　则

第二十八条　本协议适用于在校全日制本、专科学生。

第二十九条　本协议自签订之日起开始生效。

第三十条　本协议一式二份，学校及学生本人各一份。

第三十一条　本协议解释权在南京中医药大学学生工作处。

第三十二条　本协议如与有关法律法规相违背，以国家法律法规为准。

甲方：南京中医药大学学生处　　　　　　乙方：学生（签字）

年　　月　　日

以上这些实例表明，虽然各个学校和学生签订的契约内容各有不同，并且更多涉及的是高等学校和学生民事法律关系的内容，但我国部分高等学校已经越来越关注与学生之间民主、法治关系的建构，重视学生的权利，逐渐运用契约手段进行管理。自1997年以后，普通高等学校全部实行并轨招生，学生自费就学、自主择业，学校收取费用、提供教育服务，学校与学生之间的关系发生了变化。学校的管理活动不再是完全依据其作为管理者的身份，一定程度上是依据与学生达成的契约。尽管在高等学校的学生管理工作中，不能排除其出于社会公益目的而为法律法规授权之行为。例如，依据《教育法》对学生学籍进行管理，依据《学位条例》授予学生学位以及依据教育部《普通高等学校学生管理规定》行使相应的行政管理权，但学校以行政主体的身份出现时其行为手段却发生了很大的变化。

当然，将契约理念引入行政法须满足一定的条件①，高等学校同样如此。（1）行政方面的条件，需要行政呈开放性，具有吸纳行政相对人意见的可能性，否则就不可能具备契约的实质要件——"合意"；契约理念的引入还要求行政文化的有利条件，要求行政的内部文化与外部文化有利于契约理念在行政法中扎根并生长。高等学校依法治校理念的深入，行政管理方式的变化都为其引入行政契约准备了条件。（2）行政相对人方面的条件，主要是要求行政相对人具有独立的主体资格和参与意识及能力，否则在行政主体与行政相对人之间就没有契约关系的存在。高等学校学生一般是满 18 周岁的完全民事行为能力人，具备一定的参与能力，能独立表达自己的意思。（3）利益方面的条件，即行政主体与行政相对人应在利益上可以相互交换，否则就没有谈判的可能。高等学校和学生之间所交换的利益内容是知识的授予和接受。（4）契约化行政与依法行政的结合条件，在行政管理活动中可否将"约定的契约"与"法定的职权"保持统一与一致，是契约理念在行政法中得以成功运用的条件之一。如果二者不能相容，契约的引入就可能造成对"依法行政"的破坏。高等学校和学生的契约关系正是在依法行政的要求下达成的，以不影响公共利益的实现为目的。总之，高等学校管理方式的法治化是学校行政行为"开放性"的表现，而学生权利主体地位的凸显则表明了学生的独立主体资格和参与意识，学生接受教育、学校提供教育这种互惠互利公益活动的存在，都是高等学校引入行政契约所具备的条件。

行政契约是高等学校与学生之间一种理想化的调节方式，目前我国高等学校和学生之间法律关系的定位主要还是采用特别权力关系。但中国社会正面临从全权政府到有限政府的转变，从权力社会到契约社会的转变，从社会行政化到行政社会化的转变，从强制行政到服务行政的转变。这些变化带来了行政法内容的变化、新的制度创新需要与契机，也为高等学校和学生之间特别权力关系的分化和新的理论建构提供了可能。

---

① 杨解君．契约理念引入行政法的背景分析——基础与条件［J］．法制与社会发展，2003（3）：67.

第五章　我国高等学校和学生行政契约关系的可行性分析

如前所述，行政契约引入高等学校已经具备了一定的法律和实践依据，但是这种关系能否真正成立，是否可行还需要具备一定的理论基础。

第一节　高等学校行政契约关系成立的理论基础

行政契约是民法契约观念和制度在行政法中衍生适用的产物，因此其理论基础主要是自由、平等、公平、诚信与责任等，而高等学校引入行政契约的理论依据一方面由行政契约本身的特性决定，另一方面由高等学校的组织特性决定。其理论基础主要包括平衡论、同意理论、授权理论和契约理论，其中平衡论是高等学校引入行政契约的核心理论。

一、平衡论

（一）平衡论的理论概述

平衡论的"平衡"是指行政法在调整社会关系的过程中，应追求行政权与相对人权利、公共利益与个人利益、行政效率与社会公正、行政权的监督控制与法律保障等关系之间的协调与兼顾。平衡论承认行政主体和行政相对方在特定阶段的行政法关系中，权利义务是不平衡的。"这种不平衡不仅表现为实体法上行政主体与相对方的不平衡，还表现为程序上二者的不平衡以及司法审查关系中原被告权利义务的不平衡三种主要态势。"① 其中，"在行政实体法关系中，法律承认行政权具有公定力，行政机关优先实现一部分权利以保证行政管理的效率，形成不对等的法律关系。""行政程序法律关系是一种行政相对方的一部分权利优先实现，而行政机关的一部分权利同时受到一定限制的关系"，在举证责任和起诉权等方面是以行政相对方为主导地位的。但是，行政主体和行政相对方的"权利义务在总体上应当是平衡的"，这种平衡是通过"倒置的不平衡"来实现的。换言之，从行政的全过程上看，行政程序法律关系和监督行政法律关系的不平衡，是行政实体法律关系的不平衡的倒置。通过这种倒置，行政主体与行政相对方关系在全过程上趋于平衡。也就是说，权力与权利之间是相互抗衡的，即行政主体与行政相对方以各自拥有的权力（权利）与对方相抗衡。这种互相抗衡，在行政程序法律关系中是通过不断扩大行政相对方的参与权来实现的，对行政实体法律关系是通过监督行政法律关系来实现的。"行政法的发展过程就是行政机关与行政相对方的权利义务从不平衡到平衡的过程。"② 总之，在平衡论者看来，行政法的平衡是指行政权与相对方权利配置格局达到了均衡状态。而此种行政法均衡依赖于行政法博弈，以激励行政法在特定的时空下追求利益最大化，同时限定行政法主体理性选择的范围。③

平衡论对我国行政法学研究的深化和人文精神的弘扬具有重要意义，其植根于当下中国由计划经济向市场经济转型的现实以及中国本土的行政法治化进程。它从政治和法律的层面深刻地反省了行政法历史上的管理论和控权论，一方面颠覆了社会主义国家过去流行的关于公共利益实现必然带动个人利益实现的假定；另一方面对早期自由资本主义时期有些国家流

---

① 王锡锌. 行政法性质的反思与概念的重构——访中国法学会行政法研究会总干事、北京大学副校长罗豪才教授 [J]. 中外法学, 1995 (3): 3 – 5.
② 罗豪才. 行政法的"平衡"及"平衡论"范畴 [J]. 中国法学, 1996 (4): 15.
③ 罗豪才, 宋功德. 行政法的失衡与平衡 [J]. 中外法学, 2001 (2): 78.

行的个人利益实现自然促进公共利益的假定进行了证伪，提供了一个行政法在行政权力与相对方权利之间进行平衡调整的思维路径。① 平衡论体现出一种权利义务并重、公益私益兼顾的行政法理念，它不仅与现代行政法制的发展方向一致，而且与我国传统法律文化所推崇的和合、中庸、兼容精神相通。② 其主要目标就是把行政法打造成捍卫人的主体尊严的规范体系，从而重塑行政法中人的主体尊严。恢复行政主体的真实人性，将其视作"应该"代表公益的人的集合体，而非无限理性的公益代表。英国行政法学家威廉·韦德（H. W. R. Wade）认为："行政法对于决定国家权力与公民权利的平衡作出很多贡献。"③ 平衡论与行政契约具有内在的契合性。

平衡论与行政契约的契合性在于，其强调行政相对方的权利，注重行政权力与个人权利的平衡。第一，扩大了对行政相对方权利的保障。平衡论主张，确认公民权利、充分保障公民权利的行使是社会文明进步的标志，公民在经济、政治及其领域内的基本权利和自由是公民个人追求自己在社会中正当需要的行动基础和保障。第二，主张行政相对方权利与行政权力的抗衡。行政主体与行政相对方之间在地位、权利和意思表示的效力上，在行政管理论的模式下都是不平等或不对等的。在市场经济条件下实现二者之间的平等，只能通过相互抗衡来实现，尤其是通过不断控制行政权、扩张行政相对方权利来实现。第三，行政相对方权利成为平衡论的价值定位之一。我国在长期的行政管理论模式下，强调公共利益是最终的和唯一的价值目标，忽视对个体利益的承认和尊重，更谈不上保护和激励，导致行政相对方的个体利益无法实现，而失去个体利益基础的公共利益也成为无源之水。平衡论的价值定位在兼顾行政相对方权利与公共利益上，认为应当兼顾公共利益和个体利益，公共利益和个体利益既相区别又相联系，指出公共利益的实现并不必然导致行政相对方利益的实现，强调效率与公正并重。第四，主张依据公正程序实现行政相对方权利。主张面对现代"行政国"的兴起及行政权的膨胀，通过行政程序对行政权力进行必

---

① 赫然. 行政相对方权利研究 [D]. 长春：吉林大学法学院，2005：61 - 63.
② 罗豪才. 现代行政法制的发展趋势 [M]. 北京：法律出版社，2004：6.
③ H. W. R. Wade. *Administrative Law（sixth edition）* [M]. Oxford：Oxford University Press, 1988：6.

要的制约，来保障行政相对方的权利。强调行政程序公平、公正、公开的原则以及一系列的程序制度，如说明理由、告知、听证、回避、职能分离制度，都是为了约束行政权力，保护行政相对方的权利。

总之，平衡论的独创性在于它在指出加强服务行政、非强制性行政等研究基础上，提出要开展对行政相对人及其行为等问题的研究。但平衡论者从未将平衡定位为现代行政法的终极价值目标；相反，它只是一种度量行政权与相对方权利结构和谐状态的尺度。实际上，平衡法的价值目标有三：维护必要的行政法律秩序的初级价值、实现行政法治的中级价值、经济发展与社会进步基础之上的人的自由的终极价值。①

（二）行政契约实现公共利益和个人利益的平衡机制

行政契约改善了行政机关与相对方的关系，将二者由不对等的地位变为相互合作的地位。行政机关通过行政契约来体现行政意志，实现公共目的；相对方则通过履行行政合同来获取一定的利益，并在一定程度上实现自己的社会价值。诚然，行政机关可以根据需要随时单方面解除行政契约，相对方既没有这种特权，也不能对之提出异议；但后者却可以要求前者对因解除合同造成的损失给予赔偿或补偿，前者不得拒绝。② 由此可见，行政契约具有实现公共利益和个人利益的平衡作用。行政契约所具有的契约性意味着行政契约具有契约本身所带有的自由性，这些自由相对于纯粹民事契约的自由特性而言有颇多限制，但正是这带有限制性的自由体现了其在行政法上的独特而深厚的价值。然而契约性本身又意味着行政权的一种变相的领域扩张，这种扩张又因为"行政契约之名"而变得名正言顺。因此，既要利用行政契约之机动性，又要控制其随意性，不可能绝对地在二者之间作出抉择，而是要在其中建立某种程度的实现公共利益和维护私益两方面同时所能接受的平衡状态。随着法律从细密地规定行政行为的条件转向授权行政官员自由选择行为方式，法律规则内含的价值和目

---

① 平衡论，行政法的跨世纪理论 [N]. 法制日报，2000 - 09 - 10.
② 罗豪才，等. 现代行政法的理论基础——论行政机关与相对一方的权利义务平衡 [J]. 中国法学，1993（1）：57.

的成为约束行政权的主要标准，这与规则束缚是一脉相承的。① 行政契约所需求的平衡基点正是这种有限的善的规则及法律规则所内含的价值和目的所共同构筑的行政权行使的边界。

行政契约循其固有轨道在约束和激励的平衡之中走向了公共利益实现和个人利益保障之间的平衡。原因在于，约束和激励体现了一种博弈，正是博弈造就一种平衡，而在博弈的过程中行政主体与相对人都遵循利益最大化的原则进行策略选择，但任何一方都不能选择明显不利于另一方的策略，由此导致的对策平衡也就只能是兼顾公益和私益，实现公益和私益的"双赢"的结构性均衡。在实施行政契约的过程中，一方面效率是必须的，行政契约中的行政主体的机动性不可或缺。但同时，"行政权也必须使一般公民认为在行政活动中合理考虑了它所追求的公共利益和它所干预的私人利益之间的均衡"。② 更何况行政契约本来就有比其他行政方式更多的沟通空间的存在。

高等学校作为公务法人，其主要职责是实施高等教育，实现公共利益。当然在教育过程中也需要考虑学生的个体利益，基于平衡论基础上的行政契约恰好能满足这种制度需求。它通过在程序上扩大相对人的参与权来实现公权和私权的平衡。后文学生参与权的提出正是建立在这种理论基础之上。

二、同意理论

在中国，公法哲学能否承认权力领域里的契约关系，取决于我们对公权力性质和国家中心主义的解构。按照福柯（Michael Foucault）的理解，近代以来，权力分析存在两种模型：其一是"权力—契约"图式，统治权的合法性植根于权利的契约性让渡。其二是"战争—镇压"图式，敌对性斗争、惩戒被解释为权力运行机制永恒的主题。③ "权力—契约"图式主要是基于同意的基础之上。洛克（John Locke）认为政府的真正起源在于契约。受其影响，人们对政府和公权力合法性的认知发生了变化，从

① 沈岿. 平衡论：一种行政法的认知模式 [M]. 北京：北京大学出版社，1999：175.
② 陈新民. 德国公法学基础理论（上）[M]. 济南：山东人民出版社，2001：204.
③ 福柯. 必须保卫社会 [M]. 钱翰，译. 上海：上海人民出版社，1999：15 – 16.

王权的王者风范、血统主义、神学政治以及国家主权的民族主义，转向宪法约束、正当程序和人权哲学。公权力的"合法性的基础是同意，正如《独立宣言》所说的'对统治的同意'"。[①] 同意理论是行政权力存在和行使的合法性所在。这也是高等学校作为公务法人行使公共权力的理论基础。

瓦西林科夫认为："行政法调整方法是以当事人不平等为前提，一方当事人以自己的意志加于另一方当事人，使另一方的意志服从自己的意志。国家管理机关和管理对象（企业、事业单位和组织）之间，国家管理机关和公民之间，上级管理机关和下级管理机关之间的相互关系均属这种情况。在行政法律关系中，一方当事人常常被赋予国家政权权限：它可以做出管理决定，可以对另一方的行动实行国家监督，在法律规定的场合，可以对另一方适用强制措施。"[②] 在此基础上，姜明安教授认为，"强制与服从被认为是传统行政关系的基本特征"。[③] 虽然强制性特点在现代行政法中仍占据着基本和主导地位，现代行政法律关系仍以强制性为基本特征，但行政行为的强制性在现代行政法中也发生了一些变化，出现了一种"基于同意的行政权力"。这种"基于同意的行政权力"仍然是一种公共权力，具有公共权力的特征。公共权力包括两点特性，即统治性与社会性。社会性表明了权力的客观性，统治性表明了权力的主观性。费孝通把前者称为"同意的权力"，把后者称为"横暴的权力"。[④] 霍布斯（Thomas Hobbes）认为，为社会提供最基本的秩序，是社会认可某一统治权力的前提，构成政治统治的"合法性"，[⑤] 霍布斯之后的启蒙思想家认为，国家仅仅具有提供公共秩序的最低合法性限度是不够的，必须把国家与民主政治联系起来，国家的统治只有经过被统治者的认可，政治统治才真正具备了必要的"合法性"。仅仅是强制尚不足把行政权力正当化，只有建立在同意基础上的强制才是真正正当的（justified）。

这种理论同样适用于高等学校权力的行使。高等学校权力的合法性并

---

① 迈克尔·罗斯金. 政治科学 [M]. 林震，等译. 北京：华夏出版社，2001：5.

② 瓦西林科夫. 苏维埃行政法总论 [M]. 姜明安，等译. 北京：北京大学出版社，1995：3.

③ 姜明安. 行政法的世纪变迁 [M]. 北京大学法学院学术论文集，2001：20.

④ 费孝通. 乡土中国生育制度 [M]. 北京：北京大学出版社，1998：59、60.

⑤ 李强. 全球化、主权国家与世界政治秩序 [J]. 战略与管理，2001（2）：19－20.

不在于其来源的合法性,而在于它是经过成员的同意行使的。高等学校履行公务时行使的行政权力,应当基于教师和学生的"同意"。也就是说,行政契约中高等学校的权力是基于相对人的同意或至少需要以相对人的同意为条件而行使的,因而可以视为是一种"基于同意的权力"①。同意理论的运用可以保证行政契约中行政权力主导的合法性,其最主要的表现就是学校的校务公开,通过这种公开制度,让学生"知情",进而"同意"学校的决定。

三、授权理论

授权理论包括法律、法规授权和行政授权。这种理论依据公权法定的原则,认为只要是公权力,就必须以国家法律授权为前提。"对公权力,凡法无明文规定(授权)的,不得为之。"② 任何一个组织的公共权力都不是它自身取得的,而是来源于国家的授予。

法律、法规授权是人民法院判断高等学校作为行政诉讼被告资格的依据。在1998年田永诉北京科技大学一案中,海淀区人民法院认为:"在我国目前情况下,某些事业单位、社会团体,虽然不具有行政机关的资格,但是法律赋予它行使一定的行政管理职权。这些单位、团体与管理相对人之间不存在平等的民事关系,而是特殊的行政管理关系。他们之间因管理行为而发生的争议,不是民事诉讼,而是行政诉讼。"③ 在这种理论下,高等学校在向学生提供国家学历教育服务中行使的权力属于公权力,应当得到法律的授权,高等学校也因此成为行政主体中的法律、法规授权组织。

然而,《学位条例》第八条规定,学士学位,由国务院授权的高等学校授予;硕士学位、博士学位,由国务院授权的高等学校和科学研究机构授予。很显然,高等学校颁发学位的权力并不是法规直接授权的,而是国务院这一行政机关授权的;而且并不是高等学校被批准成立后就一定会取

---

① 石红心. 从"基于强制"到"基于同意"——论当代行政对公民意志的表达 [J]. 行政法学研究, 2002(1): 44–45.
② 刘作翔. 迈向民主与法治的国度 [M]. 济南:山东人民出版社, 1999: 175.
③ 最高人民法院. 田永诉北京科技大学拒绝颁发毕业证、学位证行政诉讼案案情 [M] //最高人民法院公报(第4辑). 北京:人民法院出版社, 1999: 139–143.

得这项职权，仍然还需要国务院通过专门的评审、验收合格后才能专门授予此项职权（如博士学位授予权）。因此，高等学校的权力既来自法律法规的直接授予，也来自行政授权。行政授权，是指行政机关在经其行政职权原授予机关同意或者许可的情况下，根据行政管理的实际需要，自主将其自身拥有的行政职权的一部分（或全部）通过授权决定的方式授予其内设机构、派出机构或者其他行政机关、组织行使，被授权主体依法独立行使该职权并独立承担法律责任。

一般来说，行政授权也被看成是广义的法律、法规授权。行政授权存在的原因，既在于国家职能向社会转移和行政民主化，也在于经济、效率的综合考虑。行政授权在世界各国的行政管理领域都是客观存在的。如法国，行政机关根据法律或法规的规定，可以和有关的私人机构签订合同，授权后者进行管理。日本行政法也有权限的委任，即将法令规定的自己的权限的一部分委任给其他机关行使。德国《行政程序法》中也有行政授权的详细规定。

高等学校作为公务法人是为了适应公众接受教育、提高知识的需求而设立的，因此，其内部的秩序要求是特殊的，为了适应这种特殊性的需要，国家授权由高等学校自己确定秩序规则。授权理论较为清楚地反映国家和高等学校之间的权限划分以及高等学校管理权限的来源。国家之所以授权高等学校制定自治规章，主要是出于以下目的：（1）国家立法事务纷繁复杂，高等教育具有相当强的专业性，非一般立法者所能明了，因此为了减轻立法者的立法负担而授权其自订规则。（2）高等学校出于发展学术、传播文化之目的需要较之行政系统更加灵活的管理方式，需要在管理中发挥主动性，需要对涉及自身的事务能自行规范，对于本身自治事务自行作决定并且自行负责地执行。（3）自治规章的制定和修改程序较之国家法律，简便得多，因此高等学校可以顺应其特殊的管理需要而快速地制定和修改。依据授权理论，高等学校之所以具有制定自治规章的管理权限，来源于国家对高等学校管理权限的授予。

授权理论表明了高等学校履行公务时，行使的权力属于公权力，这样，高等学校在与学生形成行政契约关系时，行政权既具有主导性，又具有权限的法定性。

四、契约理论

契约理论思想的萌芽可以追溯到遥远的古希腊，但一般而言，学者们谈到作为一种国家学说的社会契约论时，指的是近代启蒙思想以及以后的理论成果。契约理论经过数世纪的发展，在内容和类型上都相当丰富。笔者以为，其核心要素始终是同意和正义，即契约关系下权力行使的前提是被统治者的同意，只有基于同意行使的权力才能实现正义的目的。

首先，权力的合法化来自于被统治者的同意。"所有的社会合作都经由契约来治理，而不是通过命令来治理的。个人是独立自主的，每个人决定有关自己的全部事务。"① 契约不是命令，是指个人自由地进入或者自愿地接受、服从某种事物；命令是强制下的服从，是可能的威胁。命令是单方面地运用公共权力，有两个前提：一是有力量强制，二是有道义强制。契约生效以后也会形成强制力和权威，但是，命令和契约所形成的强制力和权威的性质均不相同。"契约原出于一种自由的赞同，一种同意；契约论是政治合法性的同意理论。在'契约'中有一种'彼此和睦相处'的味道，融洽与和平的相处代替好斗的对峙。"② 契约融入了平等和意识自治，潜藏着道德性的制裁力量，产生的强制力更容易被接受。

其次，契约所要实现的正义也表现为契约的正当性。桑德尔（Michael J. Sandel）认为，契约的正当性由两种相关且不同的理想构成，一种为自律理想，这种理想把契约视为一种意志行为，其道德在于交易的自愿品格；另一种是相互性的理想，这种理想将契约视为一种互利的工具，其道德取决于相互交换的潜在公平性。③ 罗尔斯认为契约是实现社会正义的工具，契约的正当性首先指的是自律理想。"'契约'一词暗示着个人或团体的复数，暗示必须按照所有各方都能接受的原则来划分利益才算恰当。"④ 也就是说，他的契约论实际上是为了得到正义原则而设计的

---

① Anthony de Jasay. *Social Contract*, *Free Ride* [M]. London: Oxford University Press, 1989: 1.
② 奥特弗利德·赫费. 政治的正义性 [M]. 庞学铨，等译. 上海：上海译文出版社，1998：388.
③ 迈克尔·桑德尔. 自由主义与正义的局限 [M]. 万俊人，等译. 上海：译林出版社，2001：130.
④ 约翰·罗尔斯. 正义论 [M]. 何怀宏，等译. 北京：中国社会科学出版社，1988：16.

一种程序，他试图在一个假想的"原初状态"下，让人们通过"社会契约"的方式去找到正义的理想。这个契约在自律性理想之下变成了一种纯粹的程序正义，即只要契约是当事人通过自由意志达成的，这个程序本身就可以证明结果的正当性。罗尔斯对于正义的论证就是采取了这种程序正义的方法。他为了得出确定的正义原则设计了契约形成的背景因素："原初状态。"这种状态"是一种其间所达到的任何契约都是公平的状态，是一种各方在其中都是作为道德人的平等代表、选择的结果不受偶然因素或社会力量的相对平衡所决定的状态。这样，作为公平的正义从一开始就能使用纯粹程序正义的观念"。① 当然这是纯粹的假设，这一系列假设的共同目的就是使契约的形成是正当的，从而最终保证契约结果符合大家都同意的正义原则。

当然，高等学校与学生契约关系的形成并不能如罗尔斯所设想的那样预设一个"无知之幕"，但他对程序正义的设计是我们在行使高等学校权力时应特别注意的问题，也是行政契约中契约性的保证。Walter Lippman 认为，市民国家的第一原则是只有在契约之下的权力才是合法的。② 在行政契约的框架下，高等学校的权力行使应遵循相似的原则，亦即高等学校需实行契约下的行政。契约行政，是指行政主体在行政过程中必须经相对方的同意或认可，才能产生约束力的一种行政方式，是同意理论和契约理论的结合。

事实上，高等学校的权力包括法律法规的授权、组织内部的自治权③和组织成员让渡的权利。前项权力的行使必须以法律法规的规定为前提，后两项权力（权利）是高等学校作为一个非行政教育事业单位所固有的，随着高等学校的设立而产生，随着高等学校的终止、撤销或解散而终止。《教育法》、《高等教育法》及相关法规都规定了高等学校享有的权利，如自主设置和调整学科、专业，自主制订教学计划、选编教材、组织实施教学活动权；自主开展科学研究、技术开发和社会服务，自主开展科学技术

---

① 约翰·罗尔斯. 正义论 [M]. 何怀宏，等译. 北京：中国社会科学出版社，1988：120.

② Walter Lippman. *The Public Philosophy* [M]. London：H. Hamilton，1955：166 – 171.

③ 本书认为自治权和自主权是两个既相互联系又相互区别的概念。自治权更多的是指向内部成员的权力，而自主权是相对于国家、政府部门而言的，强调学校作为独立的社会组织的权力。

文化交流与合作权；行政职能部门等内部组织机构的设置和人员配置权；自主招生权；对学生的考试考核及发放相应证书、授予学位权等。高等学校的自治权主要指高等学校对教育教学的具体组织权，对所属人员及各项活动的日常管理权，包括对教师和学生的日常管理、对学校财务管理和使用等方面的权力。高等学校在行使法律法规授权的过程中也需要自治权来支撑。①

契约理论解释了为什么高等学校除了法律法规的授权外，还有一定的自治权。卢梭认为，"我们每个人都以其自身及其全部的力量置于公意的最高指导之下，并且我们在共同体中接纳每一个成员作为全体之不可分割的一部分"。② 在这种理论下，高等学校作为社会组织之一，其自主管理的权力来源于成员或成员代表的授权同意，而不是学校外部的主体授予。学校成员通过民主的程序制定规章并共同遵守，民主本身就是产生权威的一种机制。

综上所述，实现公共利益和个人利益的平衡是高等学校作为公务法人的最终目的，授权理论和同意理论表明高等学校行使公权，履行公务的特征，契约理论在一定程度上可以解释高等学校作为法人的独立性和自治性。当然，这些理论并不是孤立存在的，而是综合在行政契约关系中。这些理论建立在高等学校作为公务法人的基础之上，既强调权力与权利的平衡，也突出学校的行政权力，与行政契约的内在要求相吻合。这表明基于这些理论之上的行政契约在高等学校具有一定的可行性。

第二节　高等学校和学生行政契约关系成立的法理依据和特征

一、高等学校和学生行政契约关系成立的法理依据

如前所述，高等学校和学生的行政法律关系是围绕公民的受教育权

---

① 谭晓玉. 权力与权利的冲突与平衡——当前我国高校学生管理法律纠纷透析 [J]. 教育发展研究，2006（6）：64.
② 卢梭. 社会契约论 [M]. 何兆武，译. 北京：商务印书馆，1994：24.

利，通过学校的行政行为和契约的形式确立的，最终为了实现教育的公益性目的。这种行政法律关系正在发生变化，部分领域由高权性的特别权力关系转变为具有契约性的行政契约关系。高等学校和学生行政契约关系成立的法理依据主要在于宪法、民法和教育法的相关原理。

第一，基于宪法原理，受教育权利是公民的基本权利。《宪法》第四十六条规定："中华人民共和国公民有受教育的权利和义务。"这一规定使受教育权利成为宪法权利中经济、社会和文化权利的重要组成部分。从宪法理论上讲，学生作为公民同样是基本权利的主体，同样具有宪法规定的基本权利，学校也同样负有尊重学生作为基本权利主体的义务。学生在对学校具有积极能动的权利作用的同时，也有防御学校对其自身权利、自由领域进行侵害的权利。确立学校与学生关系最基本的一点是旨在保障学生作为"人"的学习权。我国《教育法》第九条规定："中华人民共和国公民有受教育的权利和义务。公民不分民族、种族、性别、职业、财产状况、宗教信仰等，依法享有平等的受教育机会。"《教育法》的其他相关条款分别对公民受教育权利的内容和保障作了规定。也就是说，作为教育法律关系的弱者一方，受教育者的权利是建立在宪法的基础上的。但这并不否定学校在实施教育活动中具有支配性的权力，在一定条件下，学校在教育活动中行使支配性权力正是维护和发展受教育者合法权益的需要，是教育法赋予学校对实施教育所必须承担的义务，其根本目的是维护受教育者的合法权益。宪法规定了公民的受教育权利属性，这决定了高等学校和学生之间基于受教育权利而发生的法律关系具有较强的行政主导性，而且必须通过一定的行政权力来保障受教育权利的实现。这是行政契约关系能在高等学校成立的主要依据。

第二，基于民法原理，学生是独立的民事主体。在高等教育市场体系中，作为教育消费者的学生，在教育过程中具有自由支配自己的权利，他们既有选择学校和专业的自由，也有就业选择的自由，学生接受高等教育的目的是追求未来成就，显然这是一种合理的投资回报期望，而依法分担高等教育成本的义务就意味着他们有权要求获得相应的高等教育的条件，所以，学生在高等教育市场中具有主体地位。接受高等教育是基于学生及其家长的基本合意而与学校形成的教育法律关系，这种关系应当理解为行政契约关系。在高等教育市场关系中，学校组织教育过程，将学生加工成人才产品，并以"商品"的形式投向劳动力市场，这就是说，学校是以输出智力（教育）的方式服务社会，应该获得回报，学生作为教育的消费者（购买者），必须向学校支付一定的教育费用。在办学过程中，不同高等学校以及不同专业提供的服务的具体内容、品质不同，教育的成本不同，市场的供求情况不同，回报的社会期望不同，学生承担的教育成本的比例和数额不同。民法原理中对学生权利主体地位的重视，是学生参与契约过程，和学校形成契约关系的法理依据，也是行政契约成立的形式要件。学生必须具备独立的意识表达能力和行为责任能力，才有可能与学校签订契约。

第三，基于教育法原理，着眼于学生的发展是教育的目的。学校教育的目的主要是保障受教育者学习权利的充分实现，教育者实施支配权能本身只是手段，包括惩戒权的行使，主要是作为教育手段被采用的。不过实施学校教育，必须使用公共权力，一定社会形态下，学校教育权就是一种公权力，教育行为是一种执行公务行为。在现代法治社会，学校教育原有的具有支配权能的权力作用已被打破，教育由权力性逐步向非权力性转换，进而将教育与教育行政分离，使教育摆脱来自行政的诸种不当的权力支配，自主发展，逐步确立以保障受教育者学习权的实现为核心的教育理念。按照 WTO 关于教育服务方面的条款，作为 WTO 成员方必须把教育部门看做是提供教育服务的部门，高等教育作为收取学费的教育活动，属于教育服务贸易范畴。[①] 教育法中对教育目的的规定，决定了高等学校和学生之间的行政契约既不同于一般的民事契约，也不同于一般的行政行为。它在强调学校行政主导权的同时，也重视学生受教育权利的实现，是围绕教育公务而展开的行政行为。教育法对教育目的和服务宗旨的规定，为行政契约这种柔和、弹性的行政方式的成立提供了依据。

当然，现代行政法中的行政民主、行政法治精神、人权保障原则及对行政相对人权利的重视和保障，也是行政契约成立的法理依据。总之，这些法理依据进一步表明行政契约制度在高等学校存在的可行性。

---

① 郭为禄. 教育消费权益与我国教育法治建设的若干问题 [D]. 上海：华东政法学院法学院，2003：24 – 25.

二、高等学校和学生行政契约关系的特征

现代行政法中，契约关系的引入，并不是以彻底否认权力手段为前提的，契约理念的强调，并不意味着以契约取代权力，完全以契约取代权力的极端态度与那种完全排斥契约理念的观点一样，同样不可取。行政法理念应是权力理念与契约理念的整合，而不是二者的简单相加。① 高等学校以契约形式与学生发生的法律关系应属于行政契约关系，而并非纯粹的民事契约。高等学校和学生之间契约的"弱市场性"，正好表明了高等学校和学生之间行政契约关系中"契约性"的从属地位。高等学校和学生的行政契约关系既区别于民事契约，也区别于一般的行政契约，具有其特殊性。

随着高等教育收费制度的改革，越来越多的人认为高等学校和学生之间是基于教育服务构成的合同关系。理由是：高等学校作为组织实施教育教学活动的独立法人单位，与入学前的求学者不存在任何法律关系。学生选择哪所学校纯属学生个人的问题。在招生期间，高等学校就是一个确定的要约人，其要约的对象是符合其招收条件的不确定的学生。学生参加普通高等学校全国统一招生考试，按各省、市、自治区划定的各类高等学校的分数线，根据自己的考试成绩和各高等学校的类别及录取的可能性，报考某所或几所高等学校，作出接受要约的承诺。如被某一高等学校录取，学生报到入学，就与高等学校成立了教育服务合同。校生双方的权利义务关系就此产生。学生缴费、学习，学校教学、发证，是教育服务合同的最主要条款，也是双方最主要的权利义务。高等学校是一个有偿的教育服务机构，它提供的是教育服务。学生在一定程度上处于被动接受学校规定的状态，但并不能因此而否认高等学校与学生之间是一种平等的民事关系。在教与学的过程中学校与学生关系依然贯彻着平等自愿的原则。教师的作用在教学过程中无疑居于主导地位，但是这种主导作用仅仅体现为在学生无疑义的情况下教师有权采取自己认为合理的教学方案。一般情况下，实施何种教学方案与是否接受，学生并未丧失其自愿权，学校也没有权利仅根据自己的判断就擅自对学生施行某种教学方案。学校在施行课程设置、

---

① 杨解君. 论行政法的契约理念 [D]. 武汉：武汉大学法学院，2002：26.

教学安排时，要么有学生的明示授权，如学生阅读招生章程，认同后签字填报志愿；要么就是可以推定学生以默示的方式认可，这往往由长期的习惯形成。显然，在这一过程中也不存在一方享有凌驾于另一方之上的优势的情况。① 这种观点认为高等学校与学生之间虽然没有签订正式的、形式上可见的合同，但报名、录取、教学过程的双向选择性意味着两者是一种平等的民事主体之间的合同关系，学校对学生的管理如同企业对职员的管理一样建立在平等的基础之上。

笔者认为上述观点有失偏颇，虽然高等学校和学生以契约的形式形成法律关系，但其核心仍然是围绕行政权力展开的，这正好符合行政契约的行政性和契约性特征。如果认定高等学校与学生之间是一种平等主体间的合同关系，将无法解释以下问题：现行高等学校事实上具有公共行政色彩和高等教育的公益性质，那么当高等学校决定开除学生，而学生拒绝接受该决定时，决定是否自然生效？如果高等学校与学生是平等主体之间的关系，则一方提出解除民事关系而另一方不同意时，法律关系并不能依单方意志解除。如果认为处分是一种行政行为，则处分决定一经送达即生效力，相对人逾期未寻求法律救济的，即有被强制的可能。高等学校单方作出开除学籍或勒令退学决定后，如果学生在一定的期限内未提起诉讼的，决定自然生效，这是行政行为单方性的具体表现。这一点也反证，高等学校对学生所作的处分，是行政性行为，而非民事行为。如果高等学校的处分行为被定性为"民事行为"，学生其实无须进行诉讼，只要对处分予以否认甚至不置可否，即可维持自己的身份，使得处分决定无法生效。

行政契约与民事契约的最大区别在于行政契约是实现公共利益的方式和手段，而民事契约的目的多是实现一定的私人利益。在行政契约中，双方的目的有所不同。行政主体签订行政契约的目的在于实现公共利益，而相对人签订行政契约的目的主要是实现其个人利益。在同一个合同中，公共利益与个人利益同时得到满足。但是，公共利益是第一位的，受到优先考虑，行政主体的公共利益目的通过相对人义务的履行得以实现，而行政相对人的个人利益通过行政主体公共权力的行使得以实现。高等教育成本分担，向学生收取学费，这在客观上使学校与学生之间的法律关系带有某

---

① 朱孟强，佘斌. 我国高校与大学生法律关系探讨［J］. 高等教育研究，2006（8）：73.

种契约的性质。学生交了钱，作为教育消费者，有权要求学校提供适当的教育服务，包括教学设施、课程体系、师资队伍等。高等学校和学生就教育而形成的法律关系虽然在一定程度上是为了实现公民个体的私益，但主要是为了实现公共利益。高等学校和学生所签订的以教育为内容的合同属于行政契约而非民事契约。其理由为：（1）高等学校对受教育者的管理权属于法律法规明确授予的行政权力，因此相对于受教育者而言，高等学校具有行政主体资格，其与受教育者订立的教育合同是行政契约。（2）教育事业属于公益事业，高等学校与受教育者订立合同，不是为了自己利益，而是为了公共利益，所以教育合同是公法性质的合同。（3）高等学校对合同的履行享有优益权即优先处分权，例如，当受教育者违纪时，高等学校可以对其进行处分，甚至责令其退学、开除其学籍、不予颁发学历或学位证书。（4）高等学校与哪些人、多少人订立教育合同，通常由教育行政部门事先拟定，其与受教育者之间无完全的缔约自由。这是高等学校与学生之间的行政契约关系区别于民事契约的基本特征所在。

高等学校和学生的行政契约关系区别于一般行政契约的具体特征表现为：

第一，学校教育的本质决定了高等学校和学生基于教育行为而形成的行政契约带有附合契约的特性，作为相对方的学生缔结契约的自由度较小。学校相对于学生及其父母来说，在契约关系上具有优先形成契约内容的权利。建立行政契约关系过程中，一般的契约自由原则如缔约自由、相对方选择自由、契约内容自由等方面都受到很大的限制。行政契约一定意义上是一种格式契约，学校掌握着控制权，所以不能否定学校与学生的关系具有较强烈的行政色彩。因此，高等学校与学生的行政契约关系与一般行政契约的最大区别即在于其是围绕教育内容展开的，缔结的方式由教育法律规定，契约内容的具体实施需要考虑教育活动的特殊性。高等学校的行政优益权是基于保证教育活动的顺利实施而获得的。

第二，学校的权能是为了教育上的目的，即保障学生受教育权利的充分实现而采取的教育手段，这种权能受到法律特别是教育法律的约束。在高等教育领域，一般情况下，是否接受高等教育，接受怎样层次的高等教育，与学生的学习能力水平有关。在法律上，不存在强制缔结接受高等教育契约的问题，受教育的一方，也有权提出解除契约；学生在教育上的要求权、参加权等方面有着更广泛的能动作用。但是契约一旦形成，学生相对于一般行政契约中的公民而言，所具有的自由度更小，其权利更不容易保护。虽然《高等教育法》第五十三条规定："高等学校学生的合法权益，受法律保护。"但学生究竟享有哪些"合法权益"？《高等教育法》对于学校与学生间的权利与义务关系，以及违反这些权利和义务关系所应承担的法律责任等都无操作细则的规定。显然在现实的法律关系上，学生作为弱势的一方，其权利如何得到切实保障还有许多问题需要解决，高等学校与学生之间的关系从"特别权力关系"向"行政契约关系"的转变，需要在法律上进一步明确学生作为教育市场消费主体的独立身份和平等地位。对学生而言，作为教育服务的消费者，拥有教育的选择权、知情权、监督权和索赔权。即根据自己的需要和满意度来选择适合于自己的消费类别、消费水平和品位的（学校和教育内容）选择权；对学校提供的教育服务有知悉教育服务真实情况的知情权；享有对教育服务进行监督的监督权；在受教育权利受到损害时，有要求获得经济补偿的索赔权。可见学生作为一种特定的主体，由专门的教育法来规定其权利的保障。

第三，教育权并非专属于学校，在一定程度上是受国家的委托。作为教育委托的当事者一方，"委托方"有权对"受托者"提出教育上的希望和要求。因此，高等学校与学生的行政契约关系受到国家教育行政部门和法律的强制监督，其契约内容、缔结程序一般都是由法律或教育行政部门事先规定的。

第四，一般的行政契约都是通过书面的形式签订，必须由相对人签字同意才生效。但是高等学校和学生之间的契约关系并不是以书面的形式签订的，而是通过学校发放录取通知书，学生持通知书来校报到的方式成立的。更确切地说，高等学校与学生形成的行政契约不是一份具体的合同文本，其内容具有不确定性，更多的是运用行政契约的原则和精神所形成的一种公法契约关系。

综上所述，高等学校和学生的行政法律关系具有行政契约的特征：高等学校作为行政主体参与契约关系的形成；契约关系一定程度上是双方合意的结果；双方法律关系具有行政性和契约性，并以行政性为主导；这种契约关系是围绕行政法律关系的产生、变更和消灭而展开的。在行政契约关系中高等学校处于优先地位, 而作为教育消费者的学生 (及其家长) 则处于相对弱势的地位, 因此, 需要特别重视在法律上和契约的履行上保护学生的权利。

第三节　高等学校和学生行政契约关系的价值取向

行政契约, 作为承载现代行政理念的新型行政方式, 是对传统行政观念的扬弃, 具有非常丰富的价值内涵。就高等学校而言, 与学生形成行政契约关系的价值取向主要表现为以下几点。

一、确立学生的主体地位: 高等学校引入行政契约的首要价值

现实中, 我国长期奉行社会本位的教育思想, 强调社会需要高于个人需要而忽视了学生作为主体所应有的权利和作用; 此外, 我国教育消费市场尚不成熟, 高等学校的服务意识还不强, 造成了我国高等学校学生的权利主体地位长期被忽视。高等学校和学生的行政契约关系既依赖于学生主体地位的发挥, 反过来其也能促进学生主体地位的发展和凸显。因而, 确立学生的主体地位是高等学校和学生行政契约关系的首要价值取向。

学生主体地位的确立标志着高等学校和学生之间从特别权力关系下具有身份隶属性的内部法律关系转换为行政契约关系下两者的外部法律关系, 突出了学生的自由意志和独立性。"每个人都有自己的意志自由, 意志自由是人行为的基础。一个人只有在自己的自由选择下, 按照自己的意愿, 才能受到拘束, 这种拘束是一种自己对自己设定的拘束, 而不是别人强加的拘束。人正是因为有着自由意志, 才受自己意志的拘束。因而自由意志的另一层面意义也表明自由的限度和限制。"① 因此, 高等学校在履行公务, 保证公共利益实现的过程中, 应当尽量保证学生在行政行为中自由意志的实现, 尊重学生的意愿, 在充分考虑和采纳学生意愿的前提下作出行政行为。

学生主体地位的确立还意味着其拥有自主性和选择性。自主性就是学生在学校教育中能够依据自身条件和需要, 有计划有目的地合理安排自己

---

① 张泽想. 论行政法的自由意志理念 [J]. 中国法学, 2003 (2): 176.

的教育活动, 寻求更好、更有效的发展机会和条件。在这一原则指导下, 学习主要是学生自己的事情, 是学生自我成长的过程, 他们有权对自己的活动作出选择、安排。自主性是学生独立生存和发展的必然要求, 也是学生形成独立意识、批判思维和价值选择能力的前提。否则, 学习将失去自身的目的性、指向性和价值意义, 成为一种外在的负担、被动接受的义务。选择性对于学生来说就是在高等学校提供的多种不同的教学服务中根据自己的意愿作出自己的选择, 如教学时段、教学内容、教师等。通过主体选择, 保证学生主体性的实现, 促进教学内容的更新、教学方法的改进。行使选择权意味着学生在自己的学习、成长等方面承担更多的责任。

学生主体性的发挥打破了传统的学习方式。我国高等学校学生传统的学习方式是一种接受性学习, 教学被形象地称为"填鸭", 也有人戏称"征服"。课堂是按照动物行为学中"啄序"(pecking order) 原理建立起来的等级化社会, 师生之间遵守的是严格的等级秩序。在这种传统氛围里, 学习就是一味地接受, 学生失去了自我认知和实践体验的权利和自由, 创新精神和实践能力的缺乏理所当然。① 因而学生主体地位的确立有助于打破传统的学习方式, 建立自主性的学习方式, 充分发挥其主观能动性。这对我国当前高等学校教学方式的改革具有十分重要的意义。

二、正义性: 行政契约对于高等学校制度运行的价值

引入行政契约的主要目的在于限制高等学校权力, 确立学生的权利主体地位, 保障学生的合法权益。当然, 建构一套合理的、正义的高等学校内部管理体制也是其价值所在。

"正义是社会制度的首要价值, 正像真理是思想体系的首要价值一样。一种理论, 无论它多么精致和简洁, 只要它不真实, 就必须加以修正和拒绝。同样, 某些法律和制度, 不管它们如何有效率和有条理, 只要它们不正义, 就必须加以改造和废除。每个人都拥有一种基于正义的不可侵犯性, 这种不可侵犯性即使以社会整体利益之命也不能逾越。在一个正义的社会里, 平等的公民自由是确定不移的。作为人类活动的首要价值, 真

① 李福华. 高等学校学生主体性研究 [D]. 上海: 华东师范大学教育学院, 2003: 92.

理和正义是绝不妥协的。"①

　　传统高等学校管理模式基于公法上的特别权力关系理论，认为高等学校与学生之间是一种不对等的关系，学生作为义务主体对高等学校必须绝对服从，学校对学生有惩戒权，且这种权力无须来自法律的授权，并且原则上不受司法审查。在合理的界限内，学校作为特别权力机构，可以免去法治主义以及人权保障原理的拘束，即使没有法律上的依据，学校在必要情况下，也可以根据校规、校则等，以命令的形式限制学生的某些人身权利。对学生采取教育上的某些措施，如惩戒、处分等，即使像停课、退学等会给学生个人带来重大影响的、具有重大法律效果的处分，作为特别权力关系内部的行政行为，学校具有广泛的自由裁量权，司法审查也会受到限制。这意味着学生进入学校后，便被编入学校这一绝对的权力领域，完全受学校的控制和支配。换言之，不容许学生对学校提起诉讼，学生的权利受损得不到司法上的应有救济。在审判实务上，法院对于学生不服学校的管理事项而提起的诉讼一般也不予受理。虽然有刘燕文、田永案的判例存在，但在中国这样一个不以判例为法律渊源的国家，这种极个别判例的积极影响是有限的，它并不能改变学生对于学校管理事项方面的诉讼普遍缺乏法院支持这一现状。总之，特别权力关系存在明显的局限：其一是侵害保留，即在没有明确法律规定下，就规定学生必须承担的义务或负担；其二是限制学生行使基本人权；其三是剥夺学生的诉讼救济手段。可见，特别权力关系的制度建构虽然维护了学校的自治权，有利于学校行政权力的实施，但其存在不正义的因素，存在着随时可能侵犯学生合法权益的隐患。高等学校和学生的行政契约关系就在于实现学校管理体制的正义性。这种正义性具体表现为高等学校和学生双方法律地位的平等以及高等学校在管理过程中公平理念的运用。

　　对于高等学校和学生而言，虽然两者形成的契约关系属于不对等行政契约，但并不能否认两者在法律上的平等地位，只有真正确立两者的平等地位才有助于行政契约关系的落实。公平是法治所追求的目标之一，也是法治运行的基本要求之一。在行政法中，出于行政管理的需要，行政主体往往通过剥夺、限制行政相对人权利的手段（即限制性行政行为）来完成

----

① 约翰·罗尔斯. 正义论［M］. 何怀宏，等译. 北京：中国社会科学出版社，1988：1-2.

行政事务。由于行政主体的强势地位，使得这种剥夺、限制行为常常丧失其正当性，使得行政相对人权益沦为行政权力滥用的牺牲品。因此，将私法中的公平理念引入行政法，确立公平理念在行政法中的重要地位，会使行政权力的行使更加符合人性，体现理性。①

所谓公平是指以利益均衡作为价值判断标准来调整合同主体之间的物质利益关系，确定相互之间的权利义务的要求。行政契约中的"公平"可以涵盖和体现行政法中的合理性原则和民法中的公平原则，具体而言，公平包括以下内容：（1）在订立契约时，应以双方意思表示一致为前提，行政主体不得滥用权力；（2）契约内容上应强调利益均衡，即一方给付与对方给付之间的等值、对等性；（3）要以社会公认的价值观、是非观作为衡量标准来确定风险的合理分配和违约责任的合理分担；（4）行政主体履约过程中行使行政优先权是有条件的，要受公平、合理、合法等原则的支配，要有直接的、实质性的公益性之必要；（5）一方给另一方造成损害，应以得到同等价值的补偿和追究为原则。②

在法治社会中，"任何权利主体的正当利益，无论是个人利益、团体利益，还是公共利益，都必须受到社会的尊重和法律的保障。任何主体以非法形式损害了其他主体的正当利益，都必须承担起相应的法律责任"。③即任何合法利益都不能凌驾于其他合法利益之上，在利益实现的过程中，必须体现公平原则，做到等价有偿。在行政契约中，行政主体为实现公共利益而变更或解除契约，则必须补偿相对方当事人因此而受到的损失。当相对方当事人在履行契约时遭遇不可预见的客观困难时，双方应当公平分担。此外，如果行政主体侵犯了相对方当事人的合法权益，应当予以相应赔偿。如果相对方当事人损害了公共利益，那么行政主体可以依法对其予以制裁。因此，行政契约中的利益交换机制体现了基本的公平原则，也体现了平衡论的思想。

高等学校作为公务法人的首要目的在于保证教育公益的实现。因而，行政契约制度建构的正义性还表现为维持行政法中的公益优先原则。公益

① 赵勇，周柯利．私法理念与行政法的契合 [J]．太原师范学院学报，2005（1）：61.
② 王小琴．行政契约的法理本源探析 [D]．太原：山西大学法学院，2005：11.
③ 郑成良．权利本位论——兼与封曰贤同志商榷 [J]．中国法学，1991（1）：31－34.

优先是一种利益衡量的标准，以公益和私益的冲突为前提，以利益权衡的理性选择为根据。通常，公共利益在利益总量上大于个人利益，在影响的深度和广度上也非个人利益所能比拟。公益优先是利益权衡后的理性选择，当然这种公益优先也必须是建立在不损害学生合法权益的基础上的。

三、效率性：行政契约对于高等学校管理的价值

正义性是高等学校管理制度的核心价值，然而促使高等学校权力的有效行使，保证高等学校权力行使的效率也是行政契约制度的目的所在。

效率最初是经济学的术语，后被广泛引入到法学领域。行政效率是指行政法律制度要以尽可能小的经济耗费获取最大的社会和经济效益。公正和效率是市场经济条件下法律体系的两大价值目标，效率原则的提出源于经济学方法对法律的渗透，揭示出法律内在的经济属性，行政主体实施任何行政行为，都必须作一定的成本—效益分析。在法学领域，效率被赋予了更为广泛的内涵，不仅仅包括经济学所认为的资源的合理配置，如何以最小投入获得最大的成果，还包括经济利益之外的社会效果，如精神效果、政治效果。本文的效率性是指高等学校在同等资源投入的情况下，实现学校和学生之间关系的良性运转，促进高等学校法治化的进程。

行政契约作为一种替代以命令强制为特征的行政高权性行为的更富弹性的行政手段，首先体现了效率原则。科斯（Coase）认为："合法权利的初始界定会对经济制度运行的效率产生影响，权利的一种安排会比其他安排产生更多的价值。"① 行政契约中权利义务的界定使行政主体与相对方当事人的效率都得到了提高，这种权利义务方面的安排具体表现在：（1）行政契约中行政主体享有行政优益权，保证了行政效率。现代社会中，由于各种现象层出不穷，社会事务纷繁芜杂，行政主体必须拥有一定的行政优益权，才能迅速处理各种事务和纠纷，提高行政效率。在行政契约中，如果行政主体没有行政优益权，当双方产生纠纷时或相对方当事人侵害公共利益时，行政主体就不能先行裁定，而只能以民事诉讼方式解决，一则诉讼时间过长，二则相对方当事人对判决有拖延执行的可能，行政主体只能申请人民法院执行。这必然导致公共利益难以实现，行政效率

① ［美］科斯．企业、市场、法律［M］．盛洪，等译，上海：三联书店，1990：121.

低下。对于高等学校来说，亦是如此。如果事事和学生协商，事事以学生的意志为中心，那就可能影响学校的办学效率。（2）行政契约是基于相对方当事人的同意而签订的，相对方当事人履行契约是按自己的意志行事，具有主动性，而且在履行的过程中，当遇到不可预见的客观困难时，可以从政府那里获得适当的补偿。这些因素都能调动相对方当事人的积极性，发挥其主观能动性和创造性，也有助于提高实现公共利益的效率。这一点我们在分析高等学校和学生的行政契约关系时尤其需要注意。一般来说，如果学校侵犯了学生的民事权利，则须赔偿一定的经济损失；若是学校在行使行政权力时侵犯了学生的合法权益，司法应采取撤销原行政行为，并给予学生一定行政补偿的行为。（3）就行政契约的缔结与履行过程来看，双方一直处于沟通与交流的状态。行政主体在充分了解和尊重相对方当事人意见的前提下，作出行政行为，这与现代行政程序的要求是吻合的，因而"可以维护公民对行政机关的信任和良好的关系，减少与行政机关的摩擦，又能最大限度地提高行政效率"①。（4）从相对方当事人的角度来看，与行政主体密切合作，容易获得行政主体的政策优惠和困难补偿，因而有助于相对方当事人实现个人利益，提高实现个人利益的效率。可见，行政契约不仅是有效的，而且其效率是双向的。②

　　效率是行政的生命，高等学校行政法治的建立、健全和完善都必须体现效率。首先，高等学校的行政组织设置上要体现效率要求，转变职能、运转高效、职责分明应成为改革的主要内容；其次，要在高等学校行政程序的统一和简化中体现效率，高等学校行政程序的各种行为方式、步骤、时限、顺序的设置应当符合经济合理性，在不损害相对人合法权益的前提下适当提高行政效率；第三，高等学校行政管理及服务活动要体现效率，为此应加强行政决策、行政行为的成本—效益分析，以保证对资源的有效、合理使用；第四，高等学校应推行时效制度，对于学校在为师生权益服务的一些事务规定时效、时限的内容，若学校未能在规定的时间内完成法定义务，就应该对此造成的损失进行赔偿；第五，高等学校行政的法律救济制度也要符合效率原则，既要及时排除违法，确保高等学校行政法律

---

① 王名扬. 法国行政法 [M]. 北京：中国政法大学出版社，1989：228.
② 万检新. 行政契约制度疏议 [D]. 湘潭：湘潭大学法学院，2006：25 – 26.

秩序的稳定和有序，对受害的相对人提供及时、便捷的救济，又要注意法律救济的适当性。

高等学校和学生行政契约关系的效率性体现为良好的学校秩序和学校管理的法治化。在特别权力关系理念的影响下，高等学校往往凭借强势管理权力，在管理行为中漠视学生应有的对管理的知情权、质疑权、建议权等权利，尤其在作出对学生的处分决定时，忽略涉及处分的有关听证和学生申诉等程序，这些都与行政契约的精神相悖，也影响了学校的办学效率，如"田永诉北京科技大学案"①、"刘燕文诉北京大学案"都反映了以上问题。因而从特别权力关系向行政契约关系的转变也意味着管理方式的变化，即基于法治理念创设良好的校园文化和校生互动关系，提高学校管理的效率。当然，这种行政契约关系的成立意味着高等学校需要实行契约化的管理。随着高等学校学生权利意识的增强，他们对维护自己合法权益的要求越来越强烈，但一方面高等学校学生对自己应该享受哪些权益不清楚，自己在享受权益的同时还要承担哪些义务更不清楚；另一方面学校对自己应该承担哪些义务，应该为学生提供哪些学习、生活条件，应该怎样依法对学生进行教育管理也不很明确。由于双方责权利界定不清，在处理权益纠纷时投入的人力、物力、财力也就无法预料。如果将两者确定为行政契约关系，事先明确双方的权利义务，并约定发生矛盾时依约进行处理，当真正需要处理权益纠纷时自然就简单得多，这既能确保双方的权益，又能保证学生的健康成长和学校的正常秩序。

高等学校和学生行政契约关系意味着两者之间主要是一种外部法律关系，学校的管理权力需要接受司法审查的监督。把管理权力的运行纳入程序化、规范化的秩序轨道，是在学校管理过程中体现法治原则的一项基本

① 田永案中学校败诉的一个重要原因，是学校对原告作出的退学处理决定并未得到实际执行。原告被学校认定考试作弊并依据学校规定按退学处理后，除了学校编印和签发的"期末考试工作简报"、"学生学籍变动通知单"外，并未给其实际办理退学手续。在此后的两年中，原告仍以一名正常学生的身份继续参加学校安排的各种活动，使用学校的各项设施。学校依然为田永正常注册、发放津贴、安排培养环节直至最后修满学分、完成毕业设计并通过论文答辩等事实，"均证明按退学处理的决定在法律上从未发生过应有的效力"。然而临近毕业时，学校有关部门通知原告所在系，因对原告已作退学处理，故不能颁发毕业证、学位证，不能办理正常的毕业派遣手续。这些事实，表现了学校内部管理秩序一定程度的混乱状态，影响了学校的办学效率。

要求。对学校内部管理秩序的司法审查是学校管理法治化的一个重要标志。高等学校和学生的行政契约关系意味着高等学校必须遵照一定的程序进行管理。"程序瑕疵"是高等学校讼案反映出来的一个较普遍存在的问题。例如，学校依法行使自主管理权对违规学生作出处罚时，是否具有符合法治精神的严格程序，诸如原告的申诉和举报程序、学生管理部门的调查程序、专门委员会听证并作出处罚建议的程序、被告的辩解和申诉程序、校长裁决及作出行政决定的程序、具体实施处罚的程序等，是学校管理是否遵循法治原则的重要体现。

如果说以往高等学校内部管理功能的最初指向是单纯的秩序，那么，在高等学校和学生行政契约关系成立以后将逐渐转向以法治为内涵的秩序，高等学校法治化管理才是其对效率的真正追求。当然，民主、去官僚化等也是高等学校行政契约关系所追求的价值取向，笔者以为这些都可以在高等学校管理的法治化过程中得以体现，因而不再赘述。

第四节　高等学校和学生行政契约关系的可能存在领域

詹宁斯勋爵（Sir Jennings）在谈及制度变迁时说："从本性看来，人类往往倾向于遵循他们自己设计的规则，人们认为习惯应当得到遵循，他们说，既然过去一直如此，为什么现在不应当如此呢？……制度的创新能力是有限的。"① 因此，完全打破传统的特别权力关系建构一种新的理论来解释高等学校和学生的法律关系有较大的难度，并且也不可能将高等学校和学生的法律关系都解释为行政契约关系，只能将其限定在一定的范围内，或者说只能在一定程度上引入行政契约相关的精神和原则。确切地讲，这种行政契约是一种抽象性、原则性的公法契约。尽管传统特别权力关系理论忽视个体权利，但它能使权力内部关系更加稳定，有较强的效率性。因而，虽然行政契约较之特别权力关系有较大的优越性，但它只是高等学校和学生关系的一种调节方式。

高等学校作为公务法人，在学生管理中实施公共权力，与学生相关利

---

① W. 詹宁斯. 法与宪法［M］. 龚祥瑞，等译. 上海：三联书店，1997：55.

益最紧密的是学籍管理、教学管理和宿舍管理三个方面，故而选取这几个方面来论述高等学校和学生行政契约关系存在的可能性和可行性。当然，这种以行政契约具有的行政性和契约性来解释高等学校和学生之间的关系特征只能是粗线条的。

一、学籍管理由单方行政行为向行政契约转化的可能

随着社会市场化的进程，高等学校日益倾向于市场化运作与服务化定位。高等学校经历着从"福利化"到"交换化"的改变，学生上学无论是"公费"还是"自费"，几乎都要缴纳几千至几万元的学费，高等学校的法律地位以及高等学校与学生的关系由此变得日益复杂。学校虽然仍拥有管理校内事务的权力，但是学籍管理制度无法回避市场经济下新的高等学校定位，无法回避学校与学生新的法律关系。学籍管理制度作为管理工具，必须洞察并不断适应教育市场供求关系的变化，将最终着眼点放在保护学生个体的受教育权利上。

（一）学籍管理的内涵

学籍是指被学校正式录取并按照规定办理了注册手续后所取得的学生资格。在高等学校，学籍的取得首先需要经过入学考试合格并被录取。面临毕业、待业、退学、休学逾期、开除等，学生都将丧失或中止学籍。① 1983 年《全日制普通高等学校学生学籍管理办法》规定学籍管理的事项包括：入学与注册；成绩考核与记载办法；升级与留、降级；转专业与转学；休学与复学；退学；考勤与纪律；奖励与处分；毕业。1990 年《普通高等学校学生管理规定》增加了有关停学的规定。2005 年新《规定》在学籍管理的内容上没有变更。可见，法律上认定的学籍管理是一个广义的概念，不仅是对学生资格和身份的一种管理，而且是将学校一般管理中的奖励与处分、学历确认、学位授予以及教学上的考勤与成绩考核等与确认其资格、身份有关的内容都包含在内。因此，所谓"学籍管理权"就是高等学校依据法律、法规规定或授权，依照法定程序对学生资格、身份以及与其紧密关联事项进行管理的权力。

---

① 朱九思，姚启和. 高等教育辞典［Z］. 武汉：湖北教育出版社，1990：276.

按照管理的方式，高等学校学籍管理可分为制度管理和行为管理。制度管理亦可称之为静态管理，指对高等学校一些常规性活动制定规章制度，进行规范化、系统化、法制化的管理活动。制度管理作为高等学校学籍管理的主要方式，既是保障学生受教育权利更好实现的必要手段，也是最容易侵犯学生权利的不必要手段。据笔者 2010 年对北京师范大学、北京工业大学等部分高校 500 名学生进行权利意识的调查发现，学校刚性的管理制度成为侵害学生权利的主要原因。学生认为自己权利受侵害主要表现在"参与校内学生事务的讨论与决策方面"，占 35.7%；认为在学习方面，如课程安排、教师选派、成绩评定等方面受侵害的占 34.8%；认为在"学生管理，如学习奖惩、纪律处分"方面受侵害的占 28.3%，可见学生认为权利受侵害的主要还是与学业、学习相关的领域。仅 26.9% 的学生认为在日常生活方面，如住宿、餐饮方面受到侵害。制度管理强调权力的集中统一，从而在一定程度上制约了教育管理者及学生充分发挥其创造性。行为管理，亦称动态管理，相对制度管理而言，指针对特定的人或事，依据规章制度所做出的具体行为管理活动。① 行为管理的广泛性和高频性，决定了其必定也是一个最易产生冲突的领域。比如，自 2003 年 10 月至 2005 年 5 月广州市两级法院处理了 18 件行政诉讼的案件，主要集中在关于学籍的争议，学位、学历证书的争议和严重惩戒处分的争议。② 这表明学籍管理是高等学校和学生发生争议较多的领域，而且这也并非广州市的特例，因而急需改变高等学校学籍管理的制度安排，引入契约理念构建新型关系。

（二）学籍管理的行政性

高等学校和学生的争议多发生于学籍管理领域，主要原因在于学籍管理的"强"行政性。如前文所述，高等学校学籍管理行为具有行政管理属性，是学校依法对受教育者实施的一项特殊的行政管理。具体可以从以下几个方面来阐述学籍管理的行政性。

---

① 刘元芹. 高等学校学生管理的法律分析 [D]. 苏州：苏州大学教育学院，2005：7.

② 刘跃南，鞠晓雄. 超越理论争议和现行制度局限的实践 [M] // 湛中乐. 大学自治、自律与他律. 北京：北京大学出版社，2006：207.

1. 入学审查与注册体现为学校对学生身份的一种行政许可

从法律的角度看，学籍是高等学校根据国家授权对公民具有高等学校学生法律资格的行政许可。按照许可是否附加义务，可以将行政许可行为分为权利性许可和附义务的许可。权利性许可是申请人取得许可后可以无条件放弃的许可，并不承担作为义务。附义务的许可是指申请人获得许可后，亦承担在一定期限内履行从事该活动的义务，否则许可人有权取消许可。高等学校的学生录取资格是附义务的许可，所附的义务包括两方面：一方面是程序性义务，学生获得学校的录取通知后应当履行按时报到和进行学期注册义务，否则学校可以取消其入学和学籍资格。另一方面是学生的实质义务，即必须完成规定学业义务。无法在规定的修业年限内完成规定学业任务的，学校可以对学生作出退学的决定。①

公民获得这种行政许可的根本目的，不在于获得诸如半价火车票之类的种种优惠，而在于享受高等教育服务，获得毕业文凭和学位证书，取得就业市场上的竞争优势。国家进行学籍行政许可的目的是使有限的高等教育资源获得最大的效益，真正为国家培养高质量的人才。因此，公民若要获得学籍行政许可，必须与学校订立以教育服务为主要内容的行政契约并实际履行契约，即学生在入学时与学校形成行政契约关系；国家则授权学校进行学籍管理，监控高等教育服务合同的履行情况，以防高等教育资源的浪费。这正是高等学校作为公务法人主要特征的体现。因此，高等学校和学生的学籍管理关系应当是建立在行政契约关系基础之上的。在这种关系中，转系（专业）是合同变更；"退学"、"应予退学"和"勒令退学"是合同解除。在学籍管理过程中，表扬和奖励属于行政奖励；处分属于行政处罚；准予毕业和授予学位属于行政确认。

2. 学籍管理中学校对学生的处分属于行政处罚

我国《教育法》第二十八条规定，学校享有对受教育者进行学籍管理、实施奖励或处分的权力。《高等教育法》第四十一条规定，高等学校校长有权"对学生进行学籍管理并实施奖励或者处分"。新《规定》第五十二条也贯彻了上述两部法律的精神，明确要求高等学校对违法、违规、

---

① 王敬波. 高等学校与学生的行政法律关系研究［D］. 北京：中国政法大学法学院，2005：50.

违纪的学生，给予批评教育或者纪律处分。据此，学界一般认为高等学校处分权，是指高等学校为维护其良好的学校秩序，根据法定事由和法定程序对违反学校纪律或达不到学校管理要求的学生进行强制性消极处理的权力。它有狭义和广义之分。狭义的高等学校处分权仅指纪律处分权，广义的高等学校处分权除纪律处分外，还包括高等学校学籍管理中的"退学情形"和其他可能对学生权益造成强制性不利影响的管理措施。

行政处罚是指行政主体对违反行政法律规范尚未构成犯罪的行政相对人给予法律制裁的具体行政行为。按照《行政处罚法》的规定，我国行政处罚实行处罚主体法定制度。《行政处罚法》第十五条规定，"行政处罚由具有行政处罚权的行政机关在法定职权范围内实施"；第十七条规定，"法律、法规授权的具有管理公共事务职能的组织可以在法定授权范围内实施行政处罚"。如前文所述，高等学校是履行公共服务职能的公务法人，或者按照传统行政法理论归为法律、法规的授权组织，都属于行政主体的一种，因而享有行政处罚主体资格。我国行政处罚实行处罚种类法定制度。《行政处罚法》第八条采用列举的方式规定了警告、罚款等六种行政处罚类型，同时也规定，单行法律、法规规定的其他行政处罚也是合法的行政处罚形式。

高等学校对学生的处分行为可以比照行政处罚中的资格罚。资格罚是行政机关对违反行政法律规范的公民、法人以及其他组织已经享有的从事某些行为的能力或者资格予以限制或者剥夺的制裁形式。资格罚的前提是行政相对人已经通过法定程序取得了行政机关的许可，从而获得了法定资格和行为能力。高等学校处分的前提也是公民通过法定程序获得学生身份，经过注册的学生证类似于经过年检的许可证，是身份的证明，也是其享有特定的学习权利和受教育权利的依据。①

综合以上分析，在我国当前的法律框架下，高等学校行使学生身份处分权行为具有如下特征：（1）行政性，其实施的主体是作为公务法人的高等学校；（2）可致权益受损性，其实施最终导致学生一定阶段的受教育权的限制或剥夺；（3）公益性，其实施的目的是维护高等学校良好的

---

① 刘育喆. 公立高等学校对学生的身份处分权论纲［M］//劳凯声. 中国教育法制评论（第2辑）. 北京：教育科学出版社，2003：74－75.

教学秩序，确保广大学生受教育权利的正常实现；（4）可诉性，受处分学生对高等学校作出的处分行为不服可依法提起行政诉讼。①

3. 高等学校准予学生毕业和授予学位属于行政确认

学业、学位证书的颁发属于行政确认行为。行政确认行为存在狭义和广义两种：狭义上的行政确认行为是指行政主体证明和确定特定的既存事实和法律关系的具体行政行为；广义上的行政确认行为是指行政主体为确认相对人的权利或者具有法律意义的资格而做的具体行政行为，是行政主体依职权或应申请，对法律上的事实、性质、权利、资格或者关系进行甄别和认定，包括鉴定、认证、划定、勘定、证明等。传统行政法学理论一般认为行政确认行为属于准行政行为，现今，大多数学者承认了其行政行为属性。行政确认行为是行政给付行为的预备性行为、前提性行为和阶段性行为，而这又依赖于确认行为的非独立性，它存在于行政给付行为链中，对行政给付相关事项、权利义务、行为、关系等进行认定或确认，以便进一步确定相对人是否属于给付对象范围，是否符合给付条件。但应注意，并非所有给付过程中的确认行为均属于行政行为，行政机关相互来往时做出的没有约束力的确认，即未表现为行政权外化形式的确认，如报告、鉴定和调查结论等，属于内部行政行为或者行政事实行为。

根据《高等教育法》的规定，学位证书是高等学校对学生具备相应学业水平和学术资格这一法律事实的对外证明。在我国，对于拥护中国共产党的领导，拥护社会主义制度并通过了相应的考试，达到相应学业水平和学术资格要求的学生，学生所在高等学校应该按照相关法律的规定，颁发毕业证书和授予学位证书，没有自由裁量的余地，正因为如此，行政法学界一般认为，高等学校颁发毕业证书和授予学位证书的行为是行政确认，其中高等学校对学生是否毕业的行政确认是主动的行政确认，学生符合毕业条件，学校应准予毕业，发给毕业证；但学生是否获得学位，则是被动的行政确认，必须经过学生的申请。②

综上所述，按照行政法学的观点，行政许可、行政处罚和行政确认都属于单方行政行为，具有较强的单方意志性，这也是我们一直以来把

① 董立山. 高等学校学生身份处分权问题研究［D］. 湘潭：湘潭大学法学院，2006：12.
② 朱玉苗，赵伯祥. 高校与学生：两种法律关系的法理分析［J］. 学术界，2005（1）：227.

高等学校和学生的法律关系认定为特别权力关系的一个原因。但是随着行政法的发展，传统的行政方式发生了很大的变化，行政行为逐渐由单方意志性转变为双方交涉性，当然这需要通过引入正当程序而得以实现。

（三） 行政行为从单方意志性到双方交涉性的转变

管理型行政法或功能主义导向的行政法，在价值层面上强调公共利益本位、行政权力优越和行政法对于获得理想的行政秩序的工具功能，表现在行政权力的运作上即是对行政权的单方意志性的强调。这实际上是对传统管理型行政法中行政权作用特点的概括。① 公法行为单方意志至上性及其强制性理论，沿袭的是政治学上的方法论和阶级统治的观点，是一种事实而非法律关系状态的描述。法是一种价值，强制力应当被看做一种过程性的和相对性的东西。经过法律程序的约束，公权力将从绝对性权力向相对性权力转化，绝对性的公权力主体在程序约束下将变成具有平等意识的相对性权力主体。所谓公权力的单方意志性及强制性，是指静态或者本体而言的，若从动态上看，公权力的真正实现必然要融入权力相对人的意思表示，尽管所融入的意思表示与私法契约主体的意思表示在层次和程度上有别。通过程序，权力相对人享有了契约化的"参与权"、"请求权"和"抗辩权"，虽然权力相对人不一定具有对公法法律关系的"形成权"，但能因此对抗公权力。在程序中，强制力因相对人的参与权、请求权和抗辩权而收敛了单方意志性，权力行使者与相对人之间形成一种动态的依赖性平衡。"公法行为单方意志至上性"从根本上忽略了权利对权力的制约机制和人民主权原则。如上所述，高等学校的行政许可、行政处罚和行政确认行为都是具体行政行为，具有强烈的单方性。然而"现代行政法理念主张尽可能以私法行为取代公法行为，同时也鼓励以行政合同来取代行政决定，就是将公权力行政视为达成国家目的的最后手段"。② 学籍管理作为国家公权力行使的领域，也应体现这样的时代特征。也就是说，纯粹的单方性行政行为存在向交涉性、双方性、契约

---

① 滕祥志. 自由与秩序的政治哲学思考 [D]. 北京：北京大学法学院，1998.
② 陈新民. 中国行政法学原理 [M]. 北京：中国政法大学出版社，2002：18.

性行政行为转变的可能。

公法中契约表达的根本性标志，是利益主体的平等性和双向性交涉，它不仅在西方社会源远流长，而且也适应中国本土国情的需要和选择。中国百年宪政历程虽然复杂而缓慢，新中国计划体制又强化了国家强制力的单项度发展，但是，我国在阶级、阶层、民族、城乡、政府与国民之间所进行的沟通、协作努力，不但卓有成效而且从未停止过。受政府公共职能变迁、非政府组织成长以及国际环境的影响，立法听证、公共决策民主化和契约性的法律程序将为中国塑造出新型的公共权力运行模式。这是我们研究高等学校权力行使问题不能忽略的时代背景。

行政行为从单方意志性到双方交涉性是现代行政权力运作方式的一个重要变化。交涉性是指行政机关在行使行政权力时应与相对人沟通与交流，包括意见交换与信息沟通、告知与反馈、陈述与听取，不再只是单方的调查与搜集。交涉介于强制与合意之间，不等于协商，不同于民事行为中的双方合意。交涉性是在单方意志性与协商性之间的一种中间状态。程序是交涉性行政行为的重要表现。如果把程序理解为与实体处分对应的概念，则行政行为或多或少都有程序过程。而所谓的行政"程序"，并不仅仅是指行政机关的"办事"程序，而且还指能传达相对人意见、提供相对人参与机会的程序，如"听证"程序。行政程序根据其内容和功能分为两种：一种是行政权力的运用或者表达，如调查取证、传唤、讯问、查封、扣押等；另一种是为公民权利在行政过程的运用或表达，如听证、文书阅览、理由附记（说明理由）、教示、公开等。后一种程序具有民主政治下行政程序的基本特征。

当然，公民参与行政不可能完全改变行政行为单方意志性的特点。因为无论从理论或经验事实上看，行政权都不可能不最终是行政机关的意志，否则公法与私法、公权与私权的界限必将消失。然而参与行政对行政活动的影响并不是毫无意义的。行政决定虽仍是行政意志的表达，然而，此种意志经由公民意志在行政程序中的交涉，必然受到影响，甚至在某种程度上受到限制。如经过了听证会的行政决定，其内容要建立在听证意见的基础上，并要表明对公民意见的态度及理由。听证、提供证据、陈述意见、查阅卷宗、复议等行政程序就是双方意志交涉的平台。程序的目的在于公民而不是行政权力，行政程序的最终目标是公民的福利，因而公民不仅是行政程序的客体，也能成为行政程序的主体。①

（四）　学籍管理过程中程序的适用表明了契约的存在

　　学籍管理虽然一直被认为是一种绝对的单方行政行为，但是，并不代表其不具有未来向双方行政行为转变的可能。我们需要转变思维方式，一直是这样理解的，并不代表只能这样理解。如今，行政法领域行政行为由单向性向双向性转变，沟通与合作替代简单的命令与服从的趋势已较明显，在一定意义上，契约精神已经开始渗透行政法的基本领域。

　　·　在法哲学的视角里，法律程序的本质就是契约。程序是契约精神在公法中的体现，也是公法行为契约化的主导力量，它使公法行为契约化成为可能。公法程序是契约的变体，私人契约以至于社会契约都是它的原型。大陆法系国家将行政契约放在《行政程序法》中加以立法就是一个明证。本文通过阐述程序的适用来论证学籍管理中契约精神的存在，学籍管理由单方行政行为向行政契约关系转化的可能。

　　程序与契约有相同的联结点。契约有三个要素：是否缔结契约，由参与人自由决定；旨在转让权利和义务；具有法律效力。主体平等、意思自治、功利和合意性构成了契约行为的基点。古典契约关注契约合意的结果性，现代契约则使缔约过程中的权责关系法定化，即通知、告知、协助和保密既是契约义务又是程序义务，拍卖、招标、格式契约既是契约又是程序。法律程序是契约得以形成的机制。透过契约精神和规则，可以说，现代程序与现代契约异曲同工，都侧重动态行为过程，都关注权利主体性原则及其实现方式，都重视论证和同意原则的决定性意义，是不同的角色在运动的时空视角里展望、交涉和追逐权力、利益。与契约模式一样，过程性、交涉性和合意被视为法律程序的核心标准。②

　　学籍管理过程中涉及正当程序和听证程序的运用。正当程序原则是指行政主体在作出影响相对人权益的行政行为时必须遵循正当法律程序，包括事先告知相对人、向相对人说明行为的根据和理由，听取相对人的陈

---

① 石红心. 从"基于强制"到"基于同意"——论当代行政对公民意志的表达 [J]. 行政法学研究，2002（1）：48 – 49.

② 于立深. 公法哲学意义上的契约论 [D]. 长春：吉林大学法学院博士学位论文，2005：126.

述、申辩，事后为相对人提供相应的救济途径，以保证所作出的行为公开、公正、公平。正当程序原则源于英国古老的自然正义原则。韦德认为，自然正义包括公正程序的两项根本规则：一个人不能在自己的案件中做法官；人们的抗辩必须公正地听取。① 自然正义原则本是司法中的原则，在 19 世纪大量行政机构产生以后，它被移用到行政性案件。通过法院的判例，听取当事人意见的要求被广泛地适用于行政机关的行为。即使议会的制定法没有规定行政机关的行为程序，或者法院认为规定得不够时，仍可以以自然正义的原则去约束他们。② 美国继承了英国自然正义原则，把正当程序要求写进宪法，从而赋予其至高无上的地位。经过法院一次又一次创造性地运用，正当程序原则的内容获得不断充实和具体化，特别是 20 世纪 70 年代以来，随着戈德伯格诉凯利等案件的判决，它的适用范围爆炸性地扩张，对权利的保护程度也不断提高。③ 自然正义和正当程序原则成为法院对政府行为进行司法审查的有力武器。

　　我国 1996 年实施的《行政处罚法》已明显反映了正当程序原则的基本精神。学校对学生的处分是直接侵害学生权益的行为，正当程序原则在学生处分中的运用是必不可少的。我国现有的教育法律、法规对学生处分都有实体性规定，但鲜有程序性规定。学校在行使处分学生的权力时，都是按以往的惯例进行。而这些作为惯例的程序普遍存在缺少规范的调查程序、忽视学生陈述辩解的程序以及送达程序甚至公开程序等问题。学校处分学生的权力是法律法规授予学校行使的行政权力，而且该权力的行使直接影响到学生的权益，应当受到比较严格的程序规范。因此，学校在作出处分学生的决定时，应当包括调查程序、必要时的听证程序、作出决定程序、送达程序等。如果学生不服，学生还可以启动申诉程序。在田永诉北京科技大学案中，海淀区一审法院认为："按退学处理，涉及被处理者的

① 威廉·韦德. 行政法［M］. 徐炳，等译. 北京：中国大百科全书出版社，1997：95.

② 何海波. 通过判决发展法律——评田永案件中行政法原则的运用［M］//罗豪才. 行政法论丛（第 3 卷）. 北京：法律出版社，2000：450.

③ 何海波. 通过判决发展法律——评田永案件中行政法原则的运用［M］//罗豪才. 行政法论丛（第 3 卷）. 北京：法律出版社，2000：450；欧内斯特·盖尔霍恩，罗纳德·M. 利文. 行政法和行政程序概要［M］. 第六章"程序性正当程序". 黄列，译. 北京：中国社会科学出版社，1996.

受教育权利，从充分保障当事人权益的原则出发，作出处理决定的单位应当将处理决定直接向被处理者本人宣布、送达，允许被处理者本人提出申辩意见。北京科技大学没有按照此原则办理，忽视当事人的申辩权利，这样的行政管理行为不具有合法性。"① 刘燕文诉北京大学案海淀区人民法院一审也曾以北京大学在不授予刘燕文学位证时，不遵循正当法律程序为由判北京大学败诉。由此可见，正当程序原则已逐渐引起了人们的重视，同时对高等学校的管理活动亦提出了新的挑战。为了适应形势的需要，新《规定》中有10个法条（占整个法条数的1/7）从程序上规范了学生处分权，这在我国教育行政立法史上可谓罕见，也足见我国国家教育行政部门对程序规范的看重，表明程序已逐渐在高等学校学籍管理过程中得到重视和适用。

听证即"听取对方意见"，其法理渊源是英国普通法中的"自然公正原则"和美国的"正当法律程序"。听证制度是指"行政主体在做出影响行政相对人合法权益的决定前，由行政主体告知决定理由和听证权利，行政相对人随之向行政主体表达意见，提供证据，以及行政主体听取意见、接纳其证据的程序所构成的一种法律制度"。② 笔者认为，在面临内部管理法治化改革的今天，高等学校在处分学生等直接关系到学生合法权益的重大领域，特别需要听取当事人的陈述、申辩和意见，这既是当事人知情权和监督权的重要保障，也是保障管理行为的科学性、民主性和公正性的基本要求。过去，"处理"一个学生的程序一般是：先由系里给出一个情况说明，上报给学生处，学生处再汇报给校长办公室和有关校领导，然后经讨论出台一个处罚决定，其间学生很少有参与的机会。这种"先处理，后告知"的做法很可能致使决策水平低、缺乏透明度、缺乏公正性，很难保障学生的知情权、陈述权、建议权、申诉权等权利，从而引发不必要的纠纷。而推行听证制度，让学校各方代表特别是利害关系方参与进来，广泛听取他们的意见和建议，给予利害关系方以说明理由和陈述的机会，

---

① 最高人民法院. 田永诉北京科技大学拒绝颁发毕业证、学位证行政诉讼案情［M］//最高人民法院公报（第4辑）. 北京：人民法院出版社，1999：141.

② 姜明安. 行政法与行政诉讼法［M］. 北京：北京大学出版社、高等教育出版社，1999：269.

不但有利于维护学生的正当权利，保障决策结果的公正性、合法性、合理性，而且可以规范学校职能部门的行为，及时发现和完善学校规章制度和工作中存在的不足，有力推动高等学校内部管理体制改革目标的实现。

学籍管理听证制度的具体内容应包括保证学生在合理的时间内得到处理通知，了解学校处理决定的理由，并提供证据为自己辩护。它是为持有不同意见的当事人提供发表意见的程序。高等学校虽然不属于行政机关，但高等学校拥有一定的行政职权，能通过制定方针引导学生按学校所希望的方式行事，以期实现管理目标，对违反规定者能予以处罚，因此听证制度的引入就有了法律基础。高等学校通过听证程序，可以把可能引起争议的决定筛选出来。听证制度可以使学籍管理制度的执行更公开、公正。

事实上，听证制度已经成为我国部分高等学校学籍管理制度建设的一部分。例如，华东政法学院 2000 年 3 月就建立了申诉听证制度，几年内，就学生违纪处分事件已召开了 5 次听证会，其中 4 次驳回"原判"，通过听证会进一步健全了校规。华中科技大学 2003 年 3 月在网络学院实行了学生申诉和听证制度，成立了学生申诉、听证委员会，就学生中的热点问题向学校有关管理部门提出申诉，并组织学生听证会，讨论解决问题，听证会还有权对学校的规章制度提出意见和建议。天津工业大学和浙江大学都在 2003 年 10 月成立了学生申诉处理委员会，制定了详实的申诉评议办法，学生如果不服学校的违纪处分决定，可以上诉要求重新复审仲裁。宁波大学于 2004 年 10 月成立了学生事务申诉委员会，并规定：学生对于学校、学院各类行政措施中有违法或有损学生正当权益的，经正常行政程序处理无法解决的，可在学校行政程序处理后的 15 个工作日内以书面方式向学生事务调解中心提出申诉申请。清华大学在 2005 年 9 月出台的最新《学生违纪处分管理规定》中，非常详细地明确了对学生纪律处分的实施程序，包括告知、送达、听证、申诉、公布等环节的全面实施细则和方法。①

案例 5　2005 年 5 月 16 日，中南财经政法大学大一学生郑某和童某因盗窃同学物品而被勒令退学。两位学生接到校处分决定后不服，遂先后

---

① 张学燕，王鸿政. 高校学生契约式管理分析——从高校规章制度的角度 [J]. 现代教育科学，2006 (3)：152.

向学校刚成立不久的"学生申诉处理委员会"递交了申诉书。学校学生申诉处理委员会组成了法学专家小组开展调查。在此基础上，申诉处理委员会召开由法学专家小组成员及教师、学生代表共 14 人参加的听证会。听证会讨论认为，对两名学生错误行为的定性是正确的，给予勒令退学的处分是适当的，但考虑到事发后两人均有主动坦白认错情节，且非屡教不改，学校还是应当给他们一次改过自新的机会。讨论意见上报校务会后，学校研究决定，撤销原处分决定，给予这两位学生留校察看一年的处分。①

综上所述，正当法律程序、听证程序等已经或逐渐引入高等学校学籍管理的领域，这是保证学生契约权利实现的主要途径。高等学校与学生在学籍管理过程中行政契约关系成立的关键即在于程序的完善和运用。

（五）学籍管理中行政契约关系的成立、变更和解除

学籍管理中行政契约关系是在入学时形成的，是入学关系的延续与展开。入学时契约关系的缔结过程即双方达成合意的过程为：学校公布招生信息——考生报考——学校招生录取——被录取新生报到注册。学生入学以后，学校按照招生规定在三个月内进行复查。复查合格后，学校向学生颁发学生证，作为学生具有高等学校学籍的证明，这即是学籍管理中行政契约关系的正式成立。

休学（可视为履行时间的顺延）；根据国家的有关政策调整学费；因培养方案的调整，课时和学习方式的变化等情形；转专业。以上这些情况可视为高等学校和学生行政契约关系内容的变更。转学则是行政契约关系主体的变更。根据《普通高等学校学生管理规定》第二十一条规定："学生转学，经两校同意，由转出学校报所在地省级教育行政部门确认转学理由正当，可以办理转学手续；跨省转学者由转出地省级教育行政部门商转入地省级教育行政部门，按转学条件确认后办理转学手续。须转户口的由转入地省级教育行政部门将有关文件抄送转入校所在地公安部门。"学生有合同变更的申请权，学校和上级教育行政部门有合同变更的决定权，一

---

① 周梦榕. 勒令退学谁说了算 湖北两大学生申诉成功 [N]. 楚天金报, 2005 – 07 – 09.

旦转学成功即意味着行政契约的主体发生了变更。

高等学校和学生行政契约关系的解除分为约定解除和法定解除。约定解除又有两种情形，即学生单方解除合同和学校单方解除合同。第一种情形，是高等学校和学生在合同的履行过程中，双方当事人经过协商一致，停止合同的效力。典型的就是学生由于各方面的原因如对专业不感兴趣而申请退学，学校予以同意。前述学生的转学行为，即属于合同的约定解除。这种情况属于学生单方解除合同。第二种情形是当事人在订立合同时即设定单方解除权，也就是教育机构与受教育者或委派单位事先在合同中约定解除的条件，我们称之为附条件的行政契约。学生入学，意味着学生接受行政契约的格式条款，如在实行学分制的学校里，受教育者的学分符合退学的规定，学校可以予以退学。学生违反学校的相关规定，学校可以给予开除学籍或勒令退学的处分。"第二种情形下的约定解除，并非在解除的条件成就时合同即自行终止。只有在解除合同的条件成就时，享有解除权的一方当事人选择行使解除权，才使合同由于被一方当事人解除而归于终止。"① 因此，上述情况属于高等学校和学生行政契约的约定解除情形。法定解除是指高等学校和学生在合同履行的过程中，出现了法律规定的解除条件时，该合同可以解除。如遇到地震、战争等不可抗力的因素。另外，学生毕业离校也意味着学校和学生行政契约关系的法定解除，即契约终止。

综上所述，高等学校的学籍管理行为具备向行政契约转化的要素特征。首先，学籍管理是一种行政管理行为，高等学校以行政主体的身份行使行政职权，符合行政契约的主体特征。其次，学籍管理是高等学校和学生行政法律关系产生和维系的基础，这种管理行为决定着行政法律关系的设立、变更和消灭，符合行政契约的内容特征。再次，学籍管理行为具有较强的行政性，但其程序的适用过程表明并不完全排斥契约性的存在，也不是不符合行政契约的法律性质。虽然行政契约主要是一种合意行为，而学籍管理则一贯被视为是具有单方意志性的行政行为，笔者以为两者并不冲突，行政契约在不同的领域，行政优益权的体现程度是不一样的，在学籍管理中行政权的主导性较强，而契约性较弱，但正当法律程序和听证制

---

① 肖峋等. 中华人民共和国合同法释论 [M]. 北京：中国法制出版社，1999：320.

度的运用，表明合意在一定范围内的实现。

二、教学管理具有行政契约关系的特征

高等学校的权力来源于国家法律和行政的授权、学校的公共组织属性以及学生在签订入学合同时的权利让渡。学校的组织属性和学生让渡的权利形成了高等学校的自治权，这种权力是由法律予以确认，而不是法律的授权。高等学校在招生录取和学籍管理过程中行使的权力主要来源于法律和行政的授权。而在教学管理和宿舍管理中行使的权力既属于法律的授权，也是高等学校的自治权。高等学校在行使自治权时与学生形成的法律关系并不是完全平等的民事法律关系，更多的是行政法律关系。因为高等学校是在学生拥有学籍的基础上对其进行教学管理和宿舍管理。学籍是高等学校和学生法律关系存续的依据，也是高等学校管理的重要内容，因而学籍管理的行政性也延续到其他领域。当然，笔者并不否认高等学校在教学和宿舍管理过程中因侵犯学生的人身权、财产权等合法权益而产生的民事法律关系，这不属于本文论述的范畴。本文主要研究高等学校教学管理和宿舍管理行为的行政性和契约性，试图来分析高等学校在教学、宿舍管理过程中与学生形成的行政契约关系。

（一）教学管理中学校的行政主导性

教学管理是指高等学校根据一定的目标，原则上对整个教学工作进行的调节和控制，保证教学工作有序有效地进行，以顺利实现培养德、智、体等全面发展人才的预定目标的过程。教学管理的基本内容一般包括教学计划管理、教学运行管理、教学质量管理与评价，以及学科、专业、课程、教材、实验室、实践教学基地、学区、教学队伍、教学管理制度等教学基本建设的管理。教学管理分为宏观管理和微观管理，本研究主要侧重于教学管理的宏观层面。由于高等学校的基本职能和根本任务是培养人才，教学工作是学校经常性的中心工作，所以教学管理在高等学校管理中占有特别重要的地位。

学校的教学管理工作是通过对教学计划和教学大纲的全面实施来实现的。高等学校在教学计划和教学大纲的制定上享有较大的自主权。一般高等学校可以在国家教育行政主管部门的指导下自行确定本校的教学计划和

教学大纲。如《教育法》第二十八条第二项规定了"学校组织实施教育教学活动"的权利，《高等教育法》第三十四条规定："高等学校根据教学需要，自主制订教学计划、选编教材、组织实施教学活动。"一直以来，学生学什么、教师教什么、怎么教等都由学校决定，高等学校在教学关系中占有完全的主导地位。高等学校和学生之间并没有在教学上形成平等的契约关系。学生入校后往往是根据学校既定的教学计划接受教育，由学校来安排课程内容、教学时间、授课教师等。

高等学校和学生的教学管理关系也表现为教师和学生的教育教学关系。高等学校组织教育教学活动，对学生进行行政管理，而教师又接受学校的委托对学生进行具体的管理，因此，教师与学生的管理关系也表现为行政关系。教师对学生的管理行为一定程度上是一种以命令和服从为特点的带有鲜明强制性的行政行为。虽然学校和学生之间因缴纳学费而形成一定的契约关系，但在有着韦伯（Max Weber）所言之官僚层级结构的组织里，个人一旦取得了成员资格，特定共同体就与之形成了一种管理与被管理关系。[①] 因而，在现实的运作过程中，由于缺乏对学生主体的认识、理解和重视，导致了在管理实践中存在相当程度上的学生主体性地位的缺位现象。由此可见，高等学校的教学管理是一种行政主导性的管理行为。

但随着教育"消费"观念的兴起，"教育是一种服务"的观念在国际上早已流行。教育"服务"也是中国高等教育的发展趋势。教学管理的本质也是服务，为教师教学服务，为学生学习服务。可以说，教学管理的真正价值体现在它的服务上。在教育为学习服务的时代，"我们应使学习者成为教育活动的中心，随着他的成熟程度允许他有越来越大的自由；由他自己决定要学习什么，他要如何学习以及在什么地方学习与受训。这应成为一条原则。即使学习者对教材和方法必须承担某些教育学上的和社会文化上的义务，对教材和方法仍应更多地根据自由选择、学习者的心理倾向和他的内在动力来确定"。[②] 因此，在新的历史条件下，高等学校教学

---

① 周光礼. 教育与法律——中国教育关系的变革［M］. 北京：社会科学文献出版社，2005：226.

② 联合国教科文组织，国际教育发展委员会. 学会生存——教育世界的今天和明天［M］. 北京：教育科学出版社，1996：263.

管理要充分反映学生的正当需求和呼唤, 要从管理制度上保证学生主体地位的确立。在保证教学目的实现的前提下, 充分重视学生的主体性权利。

（二） 教学管理中的契约性体现为学生的教育选择权

选择是契约精神中的应有之义。[①] 行政契约关系在制约学校权力的同时, 也赋予学生一种新的权利, 即主动选择高等教育服务的权利。因此高等学校教学管理中的契约性主要体现为学生的教育选择权, 包括选择专业的权利、选择教育内容的权利、选择教育方式的权利、选择教师的权利等, 相应地, 学校有义务提供全面客观的信息。随着高等教育收费制度和办学模式的改革, 学费在高等教育成本中的比例逐步提高, 越来越多的学生开始关注教师的课堂教学态度和教学水平。因此, 学生对教师的课堂教学质量通过选择的方式进行评估与监督, 是学生的基本权利, 也是行政契约关系在教学管理中的体现。具体表现为:

1. 专业选择权。大学生当前是自主择业, 一进入高等学校就要考虑将来的就业问题, 而且社会的快速变化又引起就业形势的不断变化, 使得学生自由选择专业和中途变更专业的要求愈益强烈。因此, 学校必须根据受教育者的需要和市场的需求设置和调整专业, 拓宽专业面, 为学生自主选择专业提供条件。而学生不应过早划分专业和进入专业学习, 应在2 – 3 年基础课和素质课学习后, 对自己的发展潜力及各专业的内容、前景以及社会发展对不同专业的需求比较了解后再行使专业选择权。当然, 完全放开自主选择专业, 会使那些市场冷门行业的相关专业无人选择, 不利于国民经济的长远发展。但是, 作为教学管理改革的必然趋势, 学校要根据国情和学校实际情况制定相关政策, 逐步放开自主选择专业。

2. 课程选择权。高等学校学生的课程选择权主要表现为: 选择不同的课程, 同一课程选择不同的层次, 同一层次选择不同的授课教师。在教学计划的安排上, 应加强基础课, 压缩必修课, 增加选修课的比例, 多开边缘学科、交叉学科、人文学科和反映科技发展前景的课程, 允许学生跨专业、跨学科、跨年级甚至跨学校选课。

---

① 国外有学者称 "选择" 是契约的初始根源之一。麦克尼尔. 新社会契约论 [M]. 雷喜宁, 等译. 北京: 中国政法大学出版社, 2004: 3.

3. 教师选择权。根据高等教育教学过程大众化、民主化、双向性、开放性的要求,学生有权根据自己对教师的了解,根据教师的教学经验、教学能力、授课特点,以往学生的评价等因素,再结合自己的学习习惯选择授课教师。这种选择权主要包括: (1) 开课前对教师的选择。教学部门应把下一阶段要开设的课程和拟任课教师的名单及基本情况提前告示; (2) 开课后前两周对教师的选择。允许学生在一定范围内自由流动听课,经过两周的亲身感受和相互比较,对各位教师有直接、客观和真实的了解,再行使第二次选择; (3) 上课过程中对教师的选择。这是一种受限制的选择权,因为学生应对自己的前两次选择负责,也应当保证教学进程的连续性和统一性,但不能完全排除特殊情况下学生第三次行使选择权,如任课教师严重不负责任,师生关系严重恶化,教学内容严重滞后等。为了避免更大的教学损失,必须赋予学生有限度的再选择权,学生对任课教师享有并行使选择权,既能激发和调动学生学习的主动性、积极性,也能促使教师集中精力提高教学水平。

4. 学习年限选择权。学生对学习年限的选择权是指学校根据自己的办学传统和人才培养目标,制订一个灵活的学年设置计划 (如 3 – 8 年),确定必修学分;学生则根据具体情况,选择适合自己的学年设置,既可以是连续的,也可以是间断累计的。不同的学生个体,其成长方式也不尽相同。选择了 3 – 4 年甚至 2 – 3 年的学年设置,可以在短时间内达到培养目标,有利于学生学习潜能的有效挖掘和充分利用,也使学生能尽早进入下一个人生阶段。选择 5 – 8 年甚至更长的学年设置往往是由于学生选择中断学习,短时间进入社会,这有利于使学生对所学知识、专业、自身条件及社会需求、工作岗位责任等理解得更深刻、更正确,促进知识的掌握和能力的提高。高等学校应当从章程和制度上确认这种灵活的有弹性的学年设置,同时将这一选择权放在第一学期末,并告知全体学生。[①]

总之,高等学校应为学生提供选择教师、教育方式、专业、学年设置的机会,而这也意味着学生具有对教育设施等物质条件的要求权,参与学校管理、教育教学环节的权利。高等学校和学生在教学管理中行政契约关

---

① 姜国平. 论大学生的教育选择权及其实现——兼谈我国学分制的改革 [J]. 内蒙古师范大学学报 (教育科学版), 2005 (5): 58 – 59.

系的成立主要在于契约精神的引入。学生的教育选择权表明了他们以明示或默示的方式认可学校的规章制度及教学计划。这也说明，国家教育行政管理部门通过教学大纲的形式对不同专业的课程设置作了一般规定，高等学校应当安排合适的师资。若高等学校课程设置内容符合教学大纲的规定，但设置方式不尽合理，学生有权提出意见；若学校课程设置内容远不符合教学大纲的规定，在规定期间内并未得到解决，致使学生在校期间不能接受到本专业所必需的基本知识，则视为高等学校对入学合同的不完全履行，学生可依法提起合同履行之诉，请求高等学校开设相应的课程。当然，学生的教育选择权应该是有引导的选择权。高等学校和学生的契约关系毕竟不同于一般的契约关系，学生也不是一般意义上的商品消费者。首先，从选择权的前提来看，它是以学生的学习能力和相关条件为"准入"的。其次，作为受教育者的学生，需要教师的引导和教化。因此，在教育过程的诸多方面，教育选择权是受制约的。诸如，学时、学分的设定，课程内容、授课方式的安排等方面都受到限制。再次，学校的功能不仅仅在于提供教育服务，它同时还承担着培育理想人格的职责。因而在充分保障学生受教育权利实现的基础上，既要重视学生的选择权，又要强调高等学校教学管理的行政性。

（三）教学管理中行政契约关系成立的制度保障

高等学校的教学管理以行政权力为主导，也存在学校与学生之间的协商，容许学生的选择行为，这符合行政契约的法律特征。教学管理是高等学校实施教育计划、开展教育活动的主要过程，这一过程中行政契约关系的成立主要是保障学生的契约性权利，即保障学生的教育选择权。学生的教育选择权建立在高等学校实行学分制的基础上，这种弹性化的管理模式可以使学生根据自己的兴趣爱好充分自由地选择课程，可以使学生以修满学分为标准提前或推迟毕业，从而给学生充分的空间发挥自己的特长，培养和增强自身的素质，以提高社会适应力。当然，这要求学校制订弹性教学计划，建立科学的选课制。弹性教学计划强调教学科目灵活安排，改变刻板单一的教学计划对学习的限制，鼓励学生根据社会需求与自己的兴趣爱好，跨系跨专业选课，灵活组合自己的知识结构，取得最大的学习效率。高等学校和学生在教学管理中行政契约关系的成立需要一定的制度保

障。具体包括:

1. 建立学分制和弹性学制

众所周知,学分制和弹性学制的优势在于,能充分尊重学生的主体地位和发挥学生的主体选择性,把学习的主动权交给学生,为学生提供自己选课、确定学习进度、选择任课教师的机会,给学生的发展留有较大的余地。充分调动起学生学习的主动性、积极性,有利于因材施教原则的贯彻,有利于形成一个富有弹性的人才培养机制,为培养社会所需要的创新人才创造更为灵活而宽松的条件。学分制和弹性学制的实行,学生对课程的选择将有更多的主动权。一般来说,实行学分制与弹性学制,学生修满一门专业规定的学分,可以提前进入第二学位的学习,也可以提前考研究生,还可以提前毕业,这种教学管理制度打破了学年制下学生同时进校、同上一门课、同考一张卷、同时毕业的僵硬划一模式,可以极大地调动学生的主动性与积极性,强化他们的主体性。

学分制的核心是选课制。在课程类别上,除了必修课和限制性选修课外,还需要开设大量的自由选修课。因此,在允许学生自由选修课程的同时,必须有足够数量的课程供学生选择。由学生任意选修本系、跨系或跨年级甚至跨校的课程,以满足学生个体发展之需要。此外,凡在校注册的任何学生,均可自由选修某专业的学分,学分修满后,就准予毕业,发给该专业的毕业证。

2. 建立弹性教学管理制度

弹性教学管理是一种全新的教育管理思想,它关注选择,关注人的需要、抱负和感情,关注人的自我意识。弹性教学管理呼唤的正是尊重学生的差异性和选择的权利,满足学生多样化需求的新型管理模式。弹性教学管理以其对学生个人需要的关注能够适应学习自由的要求,弹性教学管理为学习自由提供制度保障。

弹性教学管理制度必须具有灵活性、多样性和适应性,才能使学生有学习的自由,能够做到自主、自由、自律地学习。如选专业制度允许学生进校后进行专业的第二次选择,使得他们能有更大的可能去学其所好;允许学生在同类学校中转学;弹性学制允许学生根据自己的实际情况提前或推后毕业,甚至允许中途停学(休学),放宽了退学规定,使学生一旦意识到难以完成学业即可在承担一定损失的条件下及时修正选课计划,可以给予更宽松的重修规定, 使因个人过失陷入困境的他们能有一个代价较小的改正机会; 选课制允许学生自由选择课程和教师; 主辅修制、双学位制等使学生能根据自己的学习兴趣和个人需要进行选择。弹性教学管理制度的建立, 有利于学生的个性发展。

3. 建立弹性学籍管理制度

为了保障学生的学习自由, 必须建立相应的弹性学籍管理制度。例如, 允许学生转专业制度, 允许学生自由选择学习方式而制定的免听和免考制度, 允许学生自由选择学习进程而确立的灵活的休学、退学制度等。此外, 根据学生的学习需求, 实行双学位制或多学位制, 允许延长学制, 学习相关的或不同的专业。

免听和免考制度是针对允许学生自由选择学习方式而制定的, 允许学生通过自学方式完成一门或多门课程的学习。美国大学普遍实行免听和免考制度, 它们一般都规定, 学生如果出于客观原因不能按课表听课, 可以在符合下列要求的前提下自学有关科目: 没有其他的缺考科目; 得到了授课教师的许可; 制订了专门的学习计划。符合这些要求的大学生可以不参加听课, 不参加课堂讨论和其他课业活动, 教师将专门为其布置作业, 制定其作业的评价标准。通常这样的作业包括学习理论材料、钻研教科书和补充文献、完成几次实验室作业、撰写 3 - 5 篇小论文。①

对学生学业上的暂时失败, 学校要采取宽容的态度, 在学籍管理上体现为放宽重修规定和退学规定, 不轻易开除学生学籍。在制度安排上要允许学生学习上的失败。不能宽容学生在学业上的失败, 只会使学生循规蹈矩、按部就班地被动学习, 不敢去尝试失败, 没有勇气去探索、去创新。新《规定》实行了 5 个取消: 取消对学生转专业的程序、时间要求, 取消对具体校务管理的要求, 取消对学生学习活动统一时间的限制, 取消国家对考试、补考、成绩评定方式以及因学业成绩留级、降级、重修、退学的不及格课程门数方面的规定, 取消学生在校最长学习时限的规定, 取消公共体育课不及格不准毕业, 做结业处理的规定。笔者以为, 这可以看成是我国高等学校实行弹性学籍管理制度的法律依据。

---

① 韩骅. 美国高等学校的 "区别教育" 及其启示 [J]. 机械工业高教研究, 2001 (1): 85 -
89.

第五章　我国高等学校和学生行政契约关系的可行性分析

4. 建立多元教学评价制度

我国高等学校对学生学习评价最大的弊端是只重视终结性评价，不重视诊断性评价和过程性评价；另外评价方法单一，一般都是期末考试定终身。从深层的评价观念上看，我们的教育是只允许学生成功，不允许学生失败，缺乏灵活性、弹性和个性化，有的做法甚至缺乏人性。美国高等学校在这方面的做法值得我们借鉴。它们允许学生有一定限度的失败，有机会进行尝试性学习，即使某一科目学得不好，也允许学生"改换门庭"。学习前进行诊断性评价，师生双方都可以准确把握各自学习、教学的深浅度、进度，明确哪些是缺陷、哪些已经掌握、哪些应作为学习或教学的重点。过程性评价则是对学生学习过程的监控，是教师对教学过程的调节，这样终结性评价的压力就减小了。其另一个优点就是真正重视能力测评，特别是注重学生解决问题能力的测查。

我国目前大多数高等学校将大学英语等级考试成绩与学士学位挂钩，给学生带来了极大的精神压力。必须改变对外语教学的考评标准，改变对外语教学的考评实行"一刀切"的规定，应从实际出发，根据不同的教学对象制定相应的外语要求和考评标准，把学生从这种沉重的精神和时间压力中解放出来。

总之，我们要改变传统的、单一的考试评价标准，建立一种能反映学生掌握学科知识的程度、创造性解决问题的能力和体现学生人格尊严、精神价值的教育评价制度。在评价上要采取发展特长的"多维评价"制度，要多角度、全方位地评价一个学生的发展状况，建立多元评价指标体系。这个评价指标体系反映在评价内容上应是多维度的。我们不应以学生单方面的发展作为评价依据，而应考察学生的全面发展；既要评价学生对基本概念、基本原理的掌握情况，又要评价学生对知识的灵活运用及相关技能的训练和提高；同时，还要考查学生相应的情感态度与价值观形成，学习兴趣、自信心的提高，以及良好的习惯和科学的价值观的形成。个性化教育是对个人潜能的激发，并不要求所有的学生都在同一发展水平上，所以教学评价制度也应是多元化的。① 只有建立和完善相应的教学管理制度，

---

① 秦小云. 大学教学管理制度的人性化问题研究 [D]. 武汉：华中科技大学教育科学学院，2005：151–156.

学生的主体性才能充分地得到培养和体现。只有学生主动地参与、主动地进行选择，高等学校和学生在教学管理方面的行政契约关系才能得以真正建立。这一系列弹性化制度的落实为高等学校和学生在教学管理方面行政契约关系的成立提供了合意的空间。

综上所述，高等学校的教学管理行为与学籍管理相似，都具有行政性和契约性。高等学校的教学管理是一种公共行政，此时高等学校是作为公务法人履行教育公务，由此形成的法律关系是一种行政法律关系。学生在教育过程中的选择权，表明高等学校与学生的这种行政法律关系不同于一般的行政法律关系，而是一种行政契约关系。

三、宿舍管理过程中的行政契约关系

1999 年全国第一次高等学校后勤社会化改革工作会议，对高等学校后勤工作的改革是个极大的推动。各高等学校在宿舍管理改革中大胆引入社会力量，利用社会资金建设学生公寓及其他后勤服务设施方面取得了突破性进展。学生宿舍契约化管理是在我国初步建立社会主义市场经济体制的宏观背景下和学校后勤社会化的具体进程中，学生宿舍管理体制和方式的一次重大变革。在平等、自愿和互利的基础上学生在入住宿舍前与宿舍管理部门签订住宿协议，以书面契约的形式明确双方的权利与义务。契约化管理是目前协调宿舍管理部门与学生之间权益关系的一个有效途径，也是未来宿舍管理的发展趋势。因此，有人认为高等学校在提供食宿方面与学生发生的是民事法律关系，即住宿合同属于民事合同。

事实上，高等学校后勤实行社会化改革后，原有的学生宿舍管理中学校与学生作为管理者与被管理者之间以行政法律关系为主要特征的内容，将逐步转变为作为企业的后勤集团和作为消费者的学生之间的以民事法律关系为主要特征的内容。而且高等学校和学生之间民事法律关系范畴的扩大，也势必影响其行政法律关系的范围及实现方式。

如今，在学生宿舍管理中，学校与学生不再是简单的内部管理关系，学校的角色发生了变化。一方面，出于教育职责的考虑，高等学校还必须坚持把学生宿舍作为育人基地，对学生进行思想教育和行为管理，提倡环境育人，进行违纪处理。另一方面，代表学校实施宿舍管理的后勤集团作为和学生一样的平等民事主体，必须承担相应的民事责任。也就是说，在

高等学校后勤社会化改革前，高等学校在宿舍管理关系上与学生形成的是复合性法律关系，既包括行政法律关系也包括民事法律关系。随着我国高等学校后勤社会化改革的逐步深入，后勤与学校完全脱离关系，学校与学生在住宿问题上的民事合同关系逐渐被排除出去，仅存在学校对学生违纪处分的行政管理权力，以及由此形成单一行政法律关系。笔者以为，在我国现阶段，高等学校为学生提供宿舍，除非特殊情况，学生必须按照学校规定的地点住宿，住宿的价格也由学校确定，学校可以根据情况对于住宿的地点和价格进行变更，学生不得提出异议。这种服务带有"供应合同"的性质，属于行政契约。

（一）住宿合同具有契约性

以北京师范大学为例，学校后勤社会化改革，是由学校指定一个行政部门——后勤管理处——作为甲方，代表学校行使管理职能。以现有后勤服务部门为基础组建的实体——后勤集团，从学校行政管理系统中分离出来，作为乙方。学校与后勤集团的关系由行政隶属关系转为合同制约的甲乙方关系。学校对后勤集团的要求是通过与其签订和履行合同来实现的，不再采取行政指令方式。在学生宿舍管理中，学校将采取与学生宿舍管理实体——学生宿舍管理中心——签订代表双方意见的合同的方式来规定双方的权利和义务。由此可见，高等学校后勤社会化改革之后，学校逐渐以合同的方式进行宿舍管理，实现宿舍管理的契约化。但我们不能据此认定高等学校的宿舍管理合同就是民事合同。

在传统的学生宿舍管理中，并不是不存在学校宿舍管理部门与学生的契约关系，那时主要是一种隐含契约。隐含契约的特点是双方权利与义务的界定不明确，易发生争执。学校后勤社会化改革后，宿舍管理部门与每个入住的学生签订书面住宿协议书，以书面契约的方式明确学生与宿舍管理部门的权利与义务。诸如管理服务的具体内容、住宿相关费用的支付、违约责任以及争议的解决方式等。协议一经签订就具有法律效力，受国家法律的保护和制约。书面契约对原有隐含契约的替代是宿舍管理服务契约正式化的重要标志。

因为管理的需要，学校、后勤集团不可能跟每个学生就住宿问题签订一份细化每个学生权利的协议。采用格式条款的方式来确定双方的权利义务是通常做法。《中华人民共和国合同法》（以下简称《合同法》）第三十九条第一款、第二款对格式条款有相应的规定。一般而言，合同中采用格式条款有两种形式：一种是合同的部分条款为格式条款；另一种是合同的所有条款都为格式条款，这类合同又称为格式合同、标准合同或定式合同。在学生住宿协议上，一般采用第二种，即签订格式合同。格式合同通常是由一方当事人事先拟定固定格式和内容的合同，它的应用简化了当事人订立合同的过程。但是，格式合同也产生了一些问题，主要表现为一方当事人往往利用其优势地位，在格式合同中列入了一些有利于自己的条款，而合同的另一方当事人由于其自身地位不占优势，对格式合同只是被动地接受，这样的合同不能完全遵循公平原则。因而不能视为是纯粹的民事合同，学校与学生签订的住宿合同即是如此。而且高等学校宿舍管理部门与学生签订的契约往往是关于财产与人身安全方面的内容，涉及的是两者之间的民事法律关系。高等学校对学生的行政管理权力依然存在于宿舍领域。但不管怎样，相对于学籍管理、教学管理而言，宿舍管理是具有较大契约空间，学生自由意志表达较为明显的，契约性较强的一个领域。而且随着高等学校后勤的完全社会化，这部分关系存在着完全转变为民事关系的可能。

以下是北京师范大学学生宿舍管理中心在学生入住时，与学生签订的安全及秩序保证协议，虽然是契约的形式，但主要是规定学生的义务及宿舍管理中心代表学校的处罚权力。

北京师范大学学生宿舍安全及秩序保证协议

甲方：北京师范大学后勤集团学生宿舍管理中心

乙方：北师大_____楼_____房间成员

（姓名：_____院系所：_____）

为了更好地维护我校学生宿舍的正常生活秩序，确保学生人身、财物和学校财产的安全，同时也为了增强学生的安全意识及自觉维护宿舍秩序的责任心，甲方与乙方在平等自愿的情况下达成如下协议，目的是为住宿学生的整体利益约束个别学生不恰当行为：

1. 乙方在北师大学生宿舍内住宿，必须与甲方签订本协议。

2. 甲方负有对宿舍安全及秩序问题进行宣传、教育、管理和处罚等责任和权利。

3. 乙方对本宿舍所有成员的以下行为应及时发现和制止，当事人经劝说、制止无效，乙方有义务通知甲方。投诉电话：58808290 或 58808295。若乙方有以下行为或违反各种宿舍管理制度，甲方有权给予乙方处罚，直至取消住宿资格：

（1）在宿舍内留宿外人尤其是异性。

（2）使用各种灶具和电热器（含各种改进的电热产品和电饭煲）。

（3）点明火（含蜡烛、阴燃蚊香、阴燃香料）及私接电源线。

（4）在公寓楼内及公寓楼附近焚烧任何物品。

（5）不关闭各种电器，所有人离开宿舍。尤其是无人时给各种电池充电。

（6）使用劣质接线板和伪劣灯具；接线板、灯具与易燃物品过近。

（7）在宿舍楼内抽烟、喝酒；在宿舍楼内赌博、打麻将、打架斗殴等。

（8）带小动物进入宿舍楼；在宿舍楼内饲养宠物。

（9）拆卸、搬移、毁坏门窗家具及电器设备，尤其是消防器材。

（10）在公寓楼内跳舞、跳绳、拍球、大喊大叫、大声吹拉弹唱、大声放音乐和其他影响他人休息的行为。

（11）不遵守规定的作息制度，影响他人休息。

（12）在宿舍内从事经商活动及未经甲方批准发放各种宣传资料。

（13）存放尤其使用微波炉、冰箱、洗衣机等大型电器，配置影响宿舍空间的家具。

（14）不讲卫生、东西混乱，影响宿舍环境。

（15）语言不文明、态度不礼貌、行为不得体。

（16）其他影响宿舍安全和秩序的行为。

4. 凡出现安全事故、安全隐患或者在宿舍检查中发现有以上行为，先由甲方委托宿舍长查清责任者，如果该宿舍不能确定责任者，则由该宿舍全体成员承担责任并接受学校相应处理。甲方有权派同时两人以上的工作人员进入宿舍进行安全或卫生检查。

5. 甲方提醒乙方注意以下事项：

（1）离开宿舍外出时，要关闭所有电器关好门窗随手锁门，保管好钥匙。

（2）妥善保管好自己的财物，不要在宿舍内搁置大量现金和贵重物品。

（3）不私自转借、配制宿舍钥匙。比较重要的物品放入柜子并上锁。

（4）未经本人同意，不随便使用他人物品，更不能偷盗别人物品。

（5）遇有坏人侵扰、偷盗破坏等，冷静对待，优先保证自身生命安全，及时报告保卫处、学生宿舍管理中心并保护好现场。综合报警电话：58806110

6. 本协议有效期同住宿期，自入住宿舍之日起到退宿之日止。

7. 本协议一式两份，甲方、乙方各自惠存一份。

甲方：北京师范大学后勤集团　　　乙方：
　　　学生宿舍管理中心　　　　　　学号：

（签字前请仔细阅读本协议）

2006 年　　月　　日　　　　　　　2006 年　　月　　日

宿舍管理是学校和学生之间为数不多的以契约的形式来规范的领域。上述协议的内容是由宿舍管理中心代表学校单方制定的，学生没有参与协商的权利，也没有选择不签的权利，因而学校在此过程中享有一定的特权，这表明这样的协议不能完全视为是学校和学生签订的民事合同。另外，就该协议的内容来看，虽然是有关宿舍安全与秩序的规定，但学生若是违反了协议的相关条款，宿舍管理中心可建议学生处或研究生工作部给予相应的处分。协议中规定："甲方负有对宿舍安全及秩序问题进行宣传、教育、管理和处罚等责任和权利。"这种权力（权利）是不可能基于民事合同获得的，仍然是学校管理权力的一种延伸，因而可以说，当前高等学校和学生的宿舍管理关系是一种基于学校行政管理基础上的契约行为，即行政契约。

另外，由于格式条款为一方事先拟定，含有不公平内容的可能性较大。因此，采用格式条款订立合同，必须遵循公平的原则，即当事人之间的权利义务要符合公平的条件，权利义务要有适当的平衡。《合同法》为学生住宿协议提出了明确的要求，为避免因为条款模糊而发生不必要的纠纷，在订立协议时应经过学生会、公寓管理实体、学校学生管理部门认真讨论，并且有必要听取法律专家的意见。在这个问题上，国家教育行政部门应组织起草一个协议范本，供各高等学校参考。

（二）宿舍管理的行政性

正如上文所述，高等学校在宿舍管理领域与学生形成的并不是纯粹的民事合同，仍具有较强的行政性。例如，2004 年教育部发布了《教育部关于切实加强高校学生住宿管理的通知》，即所谓的"禁租令"，原则上不允许学生自行在校外租房居住，这表明了学生在住宿问题上并没有自由选择权和自主性。尽管自 1999 年起我国就开始了高等学校后勤社会化改革，但我国高等学校在宿舍管理体制上依然具有浓厚的行政性。学校的后勤集团与学校之间仍存在千丝万缕的关系。以北京师范大学为例，学生宿舍管理中心属于后勤集团的下属中心，但是他们又隶属于学校的职能部门——后勤管理处。由后勤管理处来聘任宿舍管理中心的人员。实际上，宿舍管理中心的大部分人员均为学校事业编制的正式职工，而不是企业编制的合同工。从其人员履行的职能上看，属于代替学校实行一定的管理职责。

学生宿舍行政管理体制由后勤部门为学生提供住宿保障条件，学校用行政方法，集权领导，分散管理。如学生宿舍管理体制、模式、管理方式，收费标准等由校行政领导确定。具体管理过程中，由各有关部门分工负责，其主要特征是由管理部门依靠高度集权的行政职权和管理制度，由管理人员从严格管事到对学生按制度规定、按行政方法直接管理，必要时施行强制性手段，以保证学生宿舍正常的生活秩序。从上述学生宿舍管理中心与学生签订的协议来看，学生宿舍管理中心有代表学校对学生进行管理、处罚的权力，或者说尽管学校将宿舍管理中心分离到后勤集团，但对于学生在宿舍的行为管理依然具有一定的行政性。例如：

案例6　湖南外语外贸学院 3 男 3 女 6 名大一学生几次被发现酒后在宿舍同夜，学校接到同学反映，很快了解到 6 人酗酒、谈恋爱及男女同寝等情节。根据调查结果，学校按校规对 6 人分别做出开除、勒令回家戒酒和勒令退学处分。随后，6 名学生以"院领导在无任何事实依据的情况下，公开讲他们从谈情说爱发展到越轨，严重损害了其名誉权"为由提出索赔经济、精神损失及学杂费计约 36 万元，并要求被告书面赔礼道歉。1999 年 12 月 17 日，长沙市岳麓区人民法院做出学院败诉的判决。一审之后，被告不服一审判决于 12 月 30 日向长沙市中级人民法院提出上诉。长沙市中级人民法院判决书认为，湖南外语外贸学院对 6 名男女学生在女生宿舍同床共宿的错误行为做出处分决定，并就其行为在全院大会上提出批评，以达到教育犯错误学生及其他学生的目的，是依职权而进行的内部管理行为。因校方对 6 名学生做出的结论和处理决定而提起的名誉权纠纷，不属于人民法院民事受案范围，于 2000 年 4 月 8 日做出终审裁定：撤销一审判决，对原审 6 原告 30 余万元的赔偿请求不予支持。①

案例 7 郑某为广东农工商职业技术学院增城分教点英语系 2000 级商务英语班的学生。2003 年 4 月 2 日上午，增城分教点统一对学生安全用电进行检查。9 时 30 分，由林某等 5 位教师组成的一个小组，发现郑某在所住的 5 号楼 418 房用电饭煲熬中药，检查组的老师当即指出郑的行为违反了校纪，并收缴了他所用的电饭煲。郑某因情绪激动与老师发生争执，致使林老师右手背和左肘部外伤。

2003 年 4 月 9 日，增城分教点经技术学院授权，并根据校本部《学生违纪处分暂行条例》的有关规定，作出广东农工商增字（2003）1 号《关于给予学生郑××勒令退学处分的决定》，给予郑某勒令退学处分。

郑某不服，于 2003 年 7 月 7 日向广州市天河区人民法院提起了行政诉讼。郑某诉称：他作为技术学院英语系 2000 级商务英语班学生，在校期间并未有过严重违反校纪的行为。技术学院作出了对他勒令退学的决定没有任何事实和法律依据，严重损害了他的合法权益。据此，他请求法院判令撤销被告所作的有关勒令退学处分的决定；并以每年 10870 元的标准赔偿原告的损失直至恢复原告学籍之日止；同时承担本案的诉讼费用。

技术学院辩称：原告用电饭煲熬中药的行为违反了校纪，并致使检查老师受伤。事后，校方耐心地对原告进行了说服教育，但原告诸多辩解，

① 长沙男女学生同宿案有续文 七名办案法官被查处 [N]. 北京青年报，2001-03-08.

敷衍应付，缺乏悔改的诚意。该院才依据《普通高等学校学生管理规定》及该院《学籍管理暂行规定》的规定，给予原告勒令退学处分。

法院认为，原告在学生宿舍中用电饭煲熬中药的行为是错误的，但是，被告制定的《学生违纪处分暂行条例》第六条规定的违纪情形适用的大前提是针对打架斗殴寻衅闹事者，而原告的上述行为并不属打架斗殴寻衅闹事的范畴，故被告于 2003 年 4 月 9 日以该暂行条例第六条的有关规定，给予原告勒令退学的处分主要证据不足，法院依法应予撤销。原告赔偿请求法院不予支持。①

在前述 6 学生诉湖南外语外贸学院侵权案中（案例 6），二审法院认为，高等学校依据办学自主权对学生所作的处分属于内部管理行为，不属于民事受案范围。高等学校对宿舍的管理权是一种行政权，学生在宿舍里发生违纪行为，学校有权对其进行处分。郑某诉广东农工商职业技术学院案中（案例 7），学生不服学校依据校内规章制度做出的勒令退学处分，在向上级教育行政部门申诉未果的情况下，不得不拿起法律武器，向法院提起行政诉讼。也就是说，高等学校在对学生宿舍进行管理时，所行使的处分权力是公权力，因处分行为而发生的涉及学生身份改变的法律关系属于行政法律关系。学生在宿舍违反相应的规定，并不是由宿舍管理中心给予相应的处分或处罚，而是由学校来作出的处分决定。

例如，《北京大学关于学生宿舍管理办法（试行）》规定: 学校对损坏宿舍设备严重者，除要求照价赔偿外可给予罚款或者纪律处分；对使用电炉、加热器、电热器、电热杯、电熨斗和其他电热设备者，可没收电具或者给予纪律处分；对私自留宿亲友者，可每天罚款 4 - 10 元。其中，对私自留宿亲友者的罚款、对毁坏宿舍设备者要求照价赔偿，按合同理论分析，其实质可视为"违约金"无妨。② 但是，对损坏宿舍设备严重者另加罚款、对使用电热设备者直接没收电具，显然不能等同于违约金，更不必说纪律处分了。若仍然沿用契约原理，就可能存在两种都难以接受的后果: 一是认为该合同条款违反公平原则，不承认其效力，就等于完全否认

---

① 关注学生申诉权 [N]. 南方周末, 2003 - 12 - 18.

② 《合同法》第一百一十四条规定: "当事人可以约定一方违约时应当根据违约情况向对方支付一定数额的违约金，也可以约定因违约产生的损失赔偿额的计算方法。"

学校在宿舍管理方面的纪律处分权力；二是以契约自由原理承认学校有此项权利，就等于对此不加任何约束。① 由此可见，高等学校和学生就住宿形成的合同关系并不是纯粹的民事合同关系。再如，《北京大学关于学生宿舍管理办法（试行）》中有一条规定："爱护室内家具和各种设备，不得损坏或擅自增减、拆改。凡损坏家具、门窗、玻璃、灯具、门锁等设备，根据损坏程度照价赔偿，严重者罚款或给予纪律处分。"学校对损坏宿舍内家具、设备的学生要求照价赔偿，与房主要求借用或者租用房屋的房客因类似行为而承担赔偿责任是相似的，当属于私法性质的管理。但无论是普通租、借房屋的私人房东还是旅馆，在要求赔偿之外都无其他权利，学校的罚款、纪律处分显然是具有单方面性质的行政管理行为。若学生对罚款或纪律处分不服，应可以提起行政诉讼。② 这些都表明，高等学校与学生在宿舍管理上形成的法律关系并不是单纯的民事法律关系，而且还是一种行政法律关系。

总之，高等学校和学生的法律关系也不能完全等同于民事契约关系。因为，将高等学校和学生的法律关系确定为民事契约关系不利于学生权利的保护。根据《民法通则》第二条规定："中华人民共和国民法调整平等主体的公民之间、法人之间、公民和法人之间的财产关系和人身关系"，该规定明确了民法调整对象的两个特征。第一个特征是，凡属民法调整的社会关系全部是平等主体之间的平等关系，这种关系又以主体身份的平等、权利义务的对等、意思表示的一致为基本特征。而在高等学校与学生的法律关系中，国家为了保障高等学校基本教育职能的实现，通过立法授予高等学校管理学生的权力，要求学生遵守所在高等学校的管理制度。所以，高等学校与学生的法律关系是不平等的管理者与被管理者的关系，例如，学生不能要求高等学校就学制、考试制度或者是否给予其奖励或处分等问题与其进行平等协商等。第二个特征是，民法调整的社会关系包括财产关系和人身关系。其中人身关系是以人格权和身份权为内容的社会关

---

① 沈岿. 谁还在行使权力——准政府组织个案研究 [M]. 北京：清华大学出版社，2003：112.

② 沈岿. 谁还在行使权力——准政府组织个案研究 [M]. 北京：清华大学出版社，2003：101.

系，人格权包括生命权、健康权、人身自由权、名誉权、隐私权等；身份权包括亲权、配偶权、监护权、继承权等。高等学校与学生之间的教育关系明显不属于民法调整的财产关系，当然也不属于上述任何一种人身关系。由此可以看出，《民法通则》并未将受教育权利列入其保护之列。由于人民法院受理民事诉讼的范围与民法的调整对象是一致的，因此学生因受教育权利被侵害所引起的诉讼不属于民事诉讼。高等学校与学生之间以实施教育和接受教育为目的的关系不属于民事契约关系，而是一种行政契约关系。

综上所述，高等学校和学生形成的契约关系绝非民事关系中平等主体之间的契约，而是在管理关系基础上的契约，可以看成是行政契约的一种扩张和延伸方式。尽管高等学校已经实行收费制、学分制等多项改革，但是，高等学校作为公务法人，管理中行政权力色彩依然较浓，学生通过支付学费的方式来获取教育服务而与学校形成的契约关系，仍然不具备民事法律关系中的完全平等性。在很多情况下，高等学校往往运用自己制定的内部规则来约束学生，单方作出解除这一契约关系的决定，依据这些内部规则将部分学生排除出去，从根本上改变了他们的法律地位。另外，高等学校与学生之间的关系也不同于普通的行政法律关系，在很多情况下高等学校是依据其内部规则来限制或剥夺学生权利的，而学生不具有对这些规则提出异议的权利，只有认可并服从这些规则，只能接受高等学校实施这些规则所产生的结果。这些都是高等学校作为公务法人权力特征的体现。目前，部分高等学校也存在与学生签订《研究生委托培养协议书》、《研究生定向培养协议书》等情况，这些协议书一定程度上也可以看成是行政契约的一类具体文本。鉴于本书研究选择的视角是对高等学校与学生行政契约关系的宏观分析，探讨两者抽象意义上的公法契约关系，因而对这类具体的协议文本暂不讨论。

当然，笔者只是从行政契约的形式特征来分析高等学校和学生之间行政契约关系的存在可能以及这种制度的可行性。高等学校作为公务法人，行为的行政性是其主要特征，契约性是其独立性的表现，是从属特征。若要全面分析高等学校和学生之间行政契约关系的表现还需进一步阐述两者契约关系的内容，由于能力和篇幅的限制暂不考虑。

第六章　行政契约关系下高等学校和学生的权利配置

法律关系的厘定意味着主体双方权利、义务的设定。在特别权力关系下，高等学校和学生之间的权利、义务配置是失衡的。既然高等学校和学生在一定范围、一定限度内存在着行政契约关系，那么意味着需要在新的视野下重新配置两者的权利。行政契约强调双向选择性，既重视学生的权利，也强调对学校权力的规范。

第一节　行政契约关系中学生的权利

"在当前的许多法学论文中，强制力被视为'权力'特别是'公权力'的本质特征，这是一个歧途，而且是一个巨大的歧途，然而在这个歧途上却挤满了法学学者。"[①] 片面地强调公权力的单方意志性和强制性，使权力和权利之间不能形成良性互动秩序，既不利于权利的享有与实现，

---

① 王涌. 法律关系的元形式——分析法学方法论之基础［M］//北大法学评论·第 1 卷（第 2 辑）. 北京：法律出版社，1998：576 - 602.

也不利于保障公共权力的运行与监督。在这种思维的影响下，以往我们对高等学校的研究主要关注其法律地位、权力性质和管理权限。而且，《教育法》、《高等教育法》都分别将学生排除在学校自主权外，规定自主权的主体是大学及其他教育机构、高等学校和学校校长。① 这不仅在一定程度上不利于学生合法权益的保护，也影响了高等学校法治化的进程。

在高等学校管理的实践中，往往重实体轻程序，忽视对运作程序的配套规定，尤其是忽视学生的程序性权利，而这些权利正是体现高等学校和学生行政契约关系的关键要素。行政契约关系并不否认高等学校拥有一定的自由裁量权，然而"无约束的自由裁量权的整个概念是不适宜于为公共利益而使用权力和拥有权力的公共权力机关的"。② 亦如韦德所说，"法治所要求的并不是消除广泛的自由裁量权，而是法律应当能够控制它的行使"，"法治的实质是防止滥用自由裁量权的一整套规则"。③ 本书试图通过阐述学生几项主要的程序性权利来说明行政契约关系中如何保证契约性的实现。

一、参与权：契约性的过程体现

（一）我国高等学校学生参与权的现状

参与权是程序权利中的基础性权利，或者说是程序权利体系中的基石。参与权具有两方面功能，一是在参与过程中参与者能够知晓各种权利义务的基本规则；二是对个人来讲，最为重要的就是根据一些既定的目标而把握最佳地利用该制度的策略和准则，它是取得知情权、抗辩权等的逻辑起点。参与权在我国现行教育立法中尚不是一个正式的法律用语。我们的教育立法中一般使用"参与民主管理"之类的表述。本书所说的高等学校学生参与权，指的是高等学校学生作为学校的成员依法享有通过一定方式对学校事务发表意见、参与决策的权利。参与权是高等学校学生与学校形成契约关系的重要体现，也是平衡论思想的体现。

我国教育法律法规没有关于高等学校学生参与权的详细规定。《高等

---

① 湛中乐. 大学自治、自律与他律 [M]. 北京：北京大学出版社，2006：54.
② 威廉·韦德. 行政法 [M]. 徐炳，等译. 北京：中国大百科全书出版社，1997：69.
③ 威廉·韦德. 行政法 [M]. 徐炳，等译. 北京：中国大百科全书出版社，1997：26、55.

教育法》第十一条规定："高等学校应当面向社会，依法自主办学，实行民主管理。"这可以视为学生参与权的法律依据。1990 年的《普通高等学校学生管理规定》关于学生参与权着墨甚少。第五十条规定："鼓励学生对学校工作提出批评和建议，支持学生参加学校民主管理。学生对国家政务和社会事务的意见和建议，学校应负责向上级组织和有关部门反映。"这只是一个笼统的指导性条款。第六十四条规定："处理结论要同本人见面，允许本人申辩、申诉和保留不同意见。对本人的申诉，学校有责任进行复查。"也就是说，学生只在处分决定做出后才有机会参与，且对于学生的意见也仅是校方的自我复查。这些规定由于缺乏学生的真正参与，实践中多流于形式。基于我国高等学校对学生参与权保障的普遍薄弱，新《规定》作了一定的改进，如其第四十一条规定："学校应当建立和完善学生参与民主管理的组织形式，支持和保障学生依法参与学校民主管理。"第五十六条规定："学校在对学生作出处分决定之前，应当听取学生或者其代理人的陈述和申辩。"第六十条规定："学校应当成立学生申诉处理委员会，受理学生对取消入学资格、退学处理或者违规、违纪处分的申诉。学生申诉处理委员会应当由学校负责人、职能部门负责人、教师代表、学生代表组成。"上述规定表明我国教育行政部门已经开始重视学生参与权，初步保障了学生对其处分的参与，与原来的规定相比有一定的进步之处。

《21 世纪的高等教育：展望和行动世界宣言》中指出："国家和高等院校的管理者应把学生及其需要作为关心的重点，并应将他们视为高等教育改革的主要的和负责的参与者。这应包括学生参与有关高等教育问题的讨论、参与评估、参与课程和教学法的改革，并在现行体制范围内，参与制定政策和院校的管理工作。由于学生有成立组织代表自己的权利，应保证学生对这些工作的参与。"① 也就是说，学生作为高等学校的主体，应拥有与教师、管理者同样的参与学校民主管理的权利。特别是与学生利益相关的学校事务，学生作为利益主体，享有提出意见、参与决策的权利。如学生评价、教学评价、学校教学、生活、活动及校园环境设施的建设、

① 卢晓中. 当代世界高等教育理念及对中国的影响 [M]. 上海：上海教育出版社，2001：183.

管理及收费标准、学费的开支状况等，这些直接关系到学生受教育权利的实现程度，学校应该充分听取学生意见，吸纳学生参与决策。

随着人权和法治观念的深入人心，高等学校也更加重视学生的权利。但是就变革体制而言，目前的状况显然还远远不足。仅就参与事项而言，我国高等学校学生的参与权还有很大的空间可以扩展。一方面，学生作为大学共同体的成员，当然享有参与学校事务的权利，但在另一方面，之所以容许学生参与校务，其主要目的不在于虚设民主的形式，而在于实质保证学生接受高等教育权利的充分实现。① 当前高等学校学生参与学校管理的途径和机会还是非常有限的。把学生视为单纯的被管理者、不承认学生的主体地位、学生"不成熟"论等传统观念仍然普遍存在，这些都影响了学生参与权的实现。

我国传统教育观念认为，学生是知识的获取者，教师是知识的传授者，学生为求知而来到学校，因而只能听命于师，其所谓"师道尊严"。而且，人们始终是将学校和学生的关系放在两极来看待，学校和教师是教育者、管理者，学生是被教育者、被管理者，而并没有认识到学生是组成高等学校不可缺少的重要成员之一。这种状况反映在制度设计上，就是在高等学校内部，设立的各种委员会都没有学生代表。在教职工代表大会召开的时候，学生代表也只可以列席参加。尽管学生可以通过学生会、学生代表大会，或者是直接向教师、学校领导和各级部门提出对于学校发展方向、改革措施的意见和建议，对于学校的活动提出批评。但是，学生对于学校的决策，只享有批评、建议权，并无参与决策权。即使是和学生的切身利益密切相关的事项，也只限于提出意见和建议，并没有机会参与学校的决策。总的来说，学生被排除在我国高等学校决策机制之外，对于学校事务的参与程度还很低。

"大学的权威是道德上的而不是行政上的。这些机构不能靠武力来统治。事实上他们除了在迫不得已时以开除相威胁之外，没有什么别的权威。无论是学院还是大学都不能通过压制持不同意见者来维护自己的权威。权威同尊重差不多，赢得权威也就赢得了持不同意见者的忠诚，只能

---

① 王敬波. 高等学校与学生的行政法律关系研究 [D]. 北京：中国政法大学法学院，2005：93.

靠同他们进行充分的公开的辩论, 并且, 当所提出的变革的优点最终被认识到后尽快付诸实施, 才能令人信服。如果学生发现一种状况是道德上不可容忍的, 那么仅仅在投票上否决他们并不能使他们心悦诚服地遵守。"①学生参与学校事务的管理, 对于充分吸收学生的意见, 促进学校管理的法治化有重大意义。相反, 如果学校的决策不征求学生意见, 或者听取了学生的意见然而并没有采取合理的措施, 学生的不满就会变成破坏, 而破坏又可能会变成暴乱。"一盎司的民主预防胜过一磅的司法补救。"② 完善的民主预防程序既可以缓和矛盾又可以降低维持秩序的成本。因此, 学生参与权的保障是高等学校法治化管理的关键, 也是高等学校与学生行政契约关系中契约性的重要体现。

(二) 高等学校学生参与的范围与方式

学生参与学校事务的管理已经成为世界上很多国家共同的制度。当然这种参与的程度和方式在不同的国家, 基于不同的历史、不同的学校体制而有所不同。但其中一些共同的原则仍可为我们提供一定的借鉴。概括起来, 主要有:

1. 世界上主要的国家都已经设立了学生参与下的学校管理模式。其中在大陆法系国家实行校长和委员会 (评议会) 共同管理学校的体制, 学校各个层次的人员都有代表参加, 其中包括学生代表。即使在私立大学为主的美国, 以董事会为最高权力机构, 但是在教授评议会和学系教授会中, 也开始吸收学生代表。

2. 在起决策作用的管理委员会或者评议会中, 学生代表的比例一般和教师、研究人员代表接近。

3. 学生通过自己选举的代表在各个委员会中占有席位, 通过他们的代表在委员会的表决权行使参与校务管理的权利。根据各个委员会不同的功能, 学生所占的席位有很大差异, 其中和学生事务关系密切的委员会

---

① 约翰・S. 布鲁贝克. 高等教育哲学 [M]. 王承绪, 等译. 杭州: 浙江教育出版社, 2002: 45.

② 杨伟东. 行政行为司法审查强度研究——行政审判权纵向范围分析 [M]. 北京: 中国人民大学出版社, 2003: 141.

中，学生所占的席位较多，如法国的高等学校内部的大学学习与生活委员会中学生占的比例可以高达40%。我国台湾地区"教育部"所属的44所高等学校中已有34所规定了学生可以参与学生事务会议。而对于学生显然欠缺能力的事项，如学术事务，则限制参加学生的层次和学生的比例。

4. 当学生代表由于各种原因放弃自己在委员会中的参与权和决策权时，委员会的正常运行不会受到影响，如法国《教育法典》规定：当用户不使用其参加委员会的权利，或者当他们弃权时，该委员会可以在学生代表缺席的情况下进行审议。①

陶行知对学生自治的范围提出了四方面的标准：（1）"以学生应该负责的事体为限。学生愿意负责，又能够负责的事体，均可列入自治范围；那不应该由学生负责的事体，就不应该列入自治范围"；（2）"事体之愈要观察周到的，愈宜学生共同负责，愈宜学生共同自治"；（3）"事体参与的人愈宜普及的，愈宜学生共同负责，愈宜学生共同自治"；（4）"依据上列三种标准而定学生自治的范围时，还须参考学生的年龄程度经验"。② 实际上，陶行知所提的学生自治范围一定程度上也可以作为学生参与学校事务的标准。鉴于前文对行政契约可能存在领域的分析，笔者以为高等学校学生参与的事项主要包括以下几个方面：

1. 学校规章制度制定过程的参与

根据我国《高等教育法》第四十一条第一款的规定，校长享有制定具体规章制度的职权。现实中，高等学校规章制度的制定，通常是各个主管部门提出意向和草案，报校长办公会议审议决定。在这个过程中，尽管有时会在形式上征求一下学生意见，但常流于形式。正如笔者前述的调查显示，只有16.9%的学生表示在校规制定过程中或者制定完成之后学校征求过他们的意见；25.5%的学生明确表示学校没有征求他们的意见，甚至57.1%的学生表示不知道此事。笔者认为，在涉及学生重大利益且学生有参与能力的事项上，不保证学生参与权的行使是有悖法治与人权保障理念的。而且，不让学生参与涉及其自身利益的规章的制定，无疑会增

---

① 王敬波. 高等学校与学生的行政法律关系研究［D］. 北京：中国政法大学法学院，2005：86.

② 陶行知. 学生自治问题之研究［M］//杨东平. 大学精神. 沈阳：辽海出版社，2000：266.

加此类规章侵犯学生权益的可能性，成为引发诉讼的"源头"；在排斥学生参与的情况下，即便制定出的规章合法，也会让该规章的可接受性与学生遵守它的自觉性大打折扣。高等学校诉讼浪潮已经为此作了很好的佐证。① 学生在规章制度方面的参与权体现了康德"法由己立"的思想。正如美国法学家伯尔曼（Harold J. Berman）所说："法律程序中的公众参与，乃是重新赋予法律以活力的重要途径，除非人们觉得，那是他们的法律，否则，他们不会尊重法律。"② 学生参与学校规章的制定，充分发表意见，这既是学生作为权利主体参与高等学校民主管理的题中之义，也是从程序上保证学校规章制度合法性的最为有力的措施。

我国应当在一定程度上借鉴国外的管理模式，让学生代表参加校务会议，参与学校的重大决策，包括高等学校规章制度的制定。例如，法国大学中的管理委员会负责制定学校的规章制度和政策。该委员会就包括教师科研人员代表、外部人员代表、学生代表、管理人员、技术人员、工人、服务人员代表。③ 丹麦、德国在保护学生权益方面一个共同的特点，就是特别重视学生在教育政策制定、学校教育教学和管理活动中的重要作用。它们在各类学校中广泛成立学生会，在学校决策和学生权益保护中扮演重要作用。在美国，以美国大学教授联合会（American Association of University Professors，简称 AAUP）为首的 10 个全国性教育团体在最新修订的《关于学生权利与自由的联合声明》中重申："学生作为学术共同体的成员，应该有权利以个人或集体的方式，就学校政策和涉及学生群体整体利益的事项自由地发表意见，对于影响学术和学生事务的大学政策的形成和运用过程，学生群体应该有很明确的参与方式。"该声明的第十脚注，还特别将此处的学术和学生事务广泛地阐释为包括所有有关学生教育经历的行政和政策事宜。④ 我国台湾地区的法律也对学生的这一权利做了规定，如其《大学法》（2003 修订）第十七条第一款规定："大学为增进教育效果，应由经选举产生之学生代表出席校务会议，并出席与其学业、

---

① 韩兵. 完善我国高校学生参与权的思考 [J]. 高等工程教育研究，2006（6）：64.

② H. J. 伯尔曼. 法律与宗教 [M]. 梁治平，译. 上海：三联书店，1991：64.

③ *Code de l' éducation francaise* [Z]. Litec, Groupe Lexis Nexis. 2002，N°712 – 3.

④ AAUP. *Joint Statement on Rights and Freedoms of Students* [OL]. http：//www. aaup. org/statements/Redbook/studentrights. pdf.

生活及制定奖惩有关规章之会议。"而我国大部分高等学校规定学生必须通过英语四、六级考试,才能获得学士学位,而研究生则必须在核心期刊上公开发表两篇文章才能获得相应的硕士学位或博士学位。这些规定直接关系到学生未来的利益获得,对学生具有重大的影响,应当有学生的参与。但我国教育行政管理部门和学校在此方面还有较大差距,发挥学生在教育政策制定、学校教育和管理方面的作用尚处于摸索阶段。

参与权是行政契约中契约性的主要体现。米尔腾伯格(R. G. Miltenberger)认为:"如果纪律被看做一种自上而下的习惯,纪律处分被视为外部压制,学校就容易被学生理解为是类似于监狱的社会管制机构,而被动服从权威和现行规范就会被理解为是对学生个体权利和自由的剥夺。相反,纪律规则如果可以讨论、怀疑或被视为是学生自己开创的东西,则遵守纪律自觉性将大大提高。同时,在当今时代,培养民主国家的主动公民是教育的必然趋势,增强学生纪律规章制定的参与性是一种时代发展的必然结果。"① 因此,我们尤其应当重视和保障学生在规章制度方面的参与权。这种参与权还包括学生对学校规章制度的"立、改、废"的建议权和启动权,是一种实质性的权利,而非形式上的摆设。

2. 教学计划制订和教师教学评价的参与

《教育法》规定学生享有"参加教育教学计划安排的各种活动,使用教育教学设施、设备、图书资料"的权利。高等学校在形成与学生重大权益密切相关的举措如教学计划的制订、新专业的设置、扩招计划时,有必要采取听证程序,让学生了解与自己切身利益相关的改革和举措,提出自己的意见和建议,关心和维护自己的受教育权利。在学校未能向学生提供良好教育时,如出现教学计划不合理、教学内容陈旧、图书资料和实验条件匮乏、教师教学不负责任等情形时,学生有权向学校提出相应的教学改进建议、有权要求学校调换相应任课教师、有权要求学校改进教学条件等。因此,学生在教学计划制订过程中的参与权更多地体现为一种建议权和对教师教学的监督权。

学校是知识传授的场所,学生来到学校主要是为了获取知识。因此,在教学事务上,学生的发言权非常有限。但是,作为教学的直接需要者,

---

① 茅锐. 对学生纪律处分功能的研究 [J]. 教学与管理, 2004 (7): 24.

学生拥有提出建议和监督教学质量的权利。在建议方面，学生可以通过学生自治组织建立与学校教学部门的沟通、对话渠道，定期召开学生与职能部门的座谈会，及时反映学生中对学校教学方面的意见和建议。在监督方面，可以组织开展学生评教活动，对教师的教学水平和学校的教学质量予以公正的评价。但是，学生并非被动地接受教育和管理，而是可以将学生在教学和教学管理过程中的思想、心理、行为等方面的信息反馈到管理者和教师手中。教师与管理部门再将对学生反馈信息处理的结果反馈给学生，从而构成教学管理信息反馈的良性循环，这也可以看成是教学过程中就教学内容、教学方式的双方合意。

　　我国很多高等学校建立了学生对于教师教学效果的评估机制，保证学生在教学过程中的参与权。但由于"学生在判断课程内容的适宜性和先进性以及教师的学术水平方面并没有处于一个最佳的位置"，[①]"重视'现时'的适切性往往趋向于学生希望的东西而不是有价值的东西"，[②] 而且，"如果学生在课程的计划、实施和评价方面享有与教师平等的权力的话，他们就很有可能成功地降低他们自己的学位质量"。[③] 更何况，"满足学生的需求并非大学责任的全部，保证来接受教育人们的教育质量也是它的责任"。[④] 因此，学生对教学的评价并不具备充分的参与能力，并且评价不总是完全公正的。所以，我们应该规范学生对教师教学效果评价的参与权，以保证其被恰当地行使。首先，要完善评教的方案和评价的标准，优化评价的程序设计。其次，将学生的评价结果只作为学校评价教师工作的一个参考，而不是全部。再次，评价的结果不应对当事人之外的人公开，也不应该对学生公开。

　　3. 违纪处分过程的参与

　　长期以来，我国高等学校对于学生的各种消极性的评价，均漠视学生

① Braskram A. larry. *Evaluating Teaching Effectiveness*：*A Practical Guide* ［M］. 1984：37.

② 杨咏梅. 从管治到善治——基于治理理论的高等学校学生管理模式创新研究 ［D］. 上海：华东师范大学教育管理学院，2006：125.

③ 约翰·S. 布鲁贝克. 高等教育哲学 ［M］. 王承绪，等译. 杭州：浙江教育出版社，2001：87.

④ Michael Huemer. *Student Evaluations*：*A Critical Review* ［OL］. http：//www. home. sprynet. com/ ~ owl1/ sef. htm.

的参与；对各种不利处分，学生只能被动地接受校方单方面作出的决定。高等学校对学生的处分，特别是诸如退学和不授予学业证书等涉及学生重大权益的处分，涉及学生的受教育权利，甚至导致学生身份的变更，而学生又具备参与的能力，如果排斥学生的参与不仅违背法治与权利保障的理念，难以保证决定的公正与合理，而且会降低其为学生接受的程度，降低其所应该起到的警示作用。在国外，针对学生的不利处分，不仅充分保障被处分学生申辩和陈述的权利，还确立了同行评议的原则，对于学生的处分，多由学生代表占一定比例的纪律委员会决定。例如，法国高等学校设立的专门处理学生处分的纪律委员会主要以学生为主。美国也有类似的制度。以美国加州大学伯克利分校为例，该校行使处分学生职能的学生行为委员会（The Committee on Student Conduct）由 10 名成员组成，其中有 4 名是学生。当学生要求听证时，成立听证小组（Hearing Panels），该小组一般由学生行为委员会的 5 名成员组成，其中必须有两名学生成员（一名本科生，一名研究生）。[①] 在我国台湾地区，高等学校对学生的奖惩由专门的委员会进行，也有学生代表参与该委员会的组成。

我国新《规定》在学生参与权的规定上进步之处不容否认，但它的缺陷仍很明显：其一，该规定只关注了学生处分后救济上的民主，并没有关注处分作出前和作出过程中的民主。学生只能参与处分作出后的申诉过程，而无权参与处分的首次作出过程。其二，该规定只是要求学生申诉处理委员会包括学校负责人、职能部门负责人、教师代表、学生代表，但是没有对不同类别代表的数量和比例进行规定，因此很容易造成学校只设置象征性的学生代表，使学生代表的作用无法发挥。因此，不仅相关法规应当明确申诉处理委员会中不同代表的比例，并逐渐增加学生代表的比例，而且还要确保处分作出过程中学生的参与权。

4. 宿舍管理过程的参与

宿舍与学生的生活、学习联系密切，是高等学校育人的重要组成部分，是学生权利发挥的重要领域，且在这方面学生一般具备参与能力，因此，应该确保学生在宿舍管理和服务方面的参与权。在国外，保障学生参

---

① The Berkeley Campus Code of Student Conduct ［OL］. http：//www. students. berkeley. edu/uga/conductappendix. asp. htm.

与宿舍管理有很好的实践。法国的"大学事务中心"、德国的"大学服务中心"和日本的"食堂管理委员会"等都以不同方式吸纳大学生参与后勤活动。①

美国威斯康星大学史蒂文斯·波因特分校（University of Wisconsin — Stevens Point，简称 UWSP）的宿舍部专职人员只有五十多人，学生管理员（Student Staff）则多达 200 个。在 UWSP，每一个学生宿舍都有主任助理（Assistant Director，简称 AD）1 名，他（她）是宿舍楼主任的助手，学生管理员的召集人。每个楼层设居民助理（Resident Assistant，简称 RA）2 名，RA 的职责是对自己所在层的学生会工作进行指导；召集每两周一次的全层学生会议，每两周至少组织一次全层学生活动；督促这一层的学生遵守学校和宿舍的规章制度；进行房屋管理；受理本层学生提出的各种问题。每个宿舍还设学习协调员（Academic Resource Coordinator，简称 ARC）1—3 名，他们的任务是对学生进行学习方法的指导，学习资源咨询，在宿舍内组织各种学术讨论活动，学生管理员除了完成各自分管的工作外，还都要参加前台值班及宿舍楼内外的安全巡逻。② 美国各高等学校学生宿舍都有 AD、RA 和 ARC，而且由来已久。这些学生管理员的选拔一般都采用公开招聘的方法，先自愿报名，后经过面试。选拔对象是二年级以上的学生（包括研究生），条件也很严格，如当 AD 必须要有当 RA 的经历，不管当 AD、RA 还是 ARC，都有对学习成绩和管理能力上的要求。被录用的学生管理员在经过暑期正规培训后方能上岗。

我国高等学校由于历史原因，后勤职工和管理人员人数较多，表面上看似乎不需要学生的参与。事实上这是两回事，并不是人数问题，而是提高服务质量与人才培养问题。更何况建构高等学校和学生在宿舍管理过程中的行政契约关系，尤其需要通过学生的参与性来体现。现在虽然也有一些高等学校组织学生参与后勤管理，但参与的广度和深度都很有限，许多政策尚未调动学生参与的积极性，我们应该建立一些有效的制度吸引学生参与，并切实保障学生参与权的行使，参与方式应该多样化。

---

① 孙崇文. 高校后勤社会化发展的国际趋势与现实启迪 [J]. 教育与经济，1999（4）：58.

② http：//www. naimanedu. comljiaoyian/meiguogaoxiao. htm.

另外，学生参与学校事务的管理有两种方式：一是在高等学校管理结构中设立学生代表，保障学生直接参与；二是进行程序性的设置，倾听学生的意见。美国教授 Jerry Marshaw 认为"程序的平等就是参与的平等，程序只为了参与者可预知及理性而设，而可预知及理性显然有助于保护当事人的自尊心"。① 如前文所述，高等学校在学籍管理过程中引入正当法律程序和听证程序正是学生参与权的一种体现。

在具体参与方式上可以借鉴美国高等学校的经验。美国高等学校学生在学校管理中的直接或间接参与渠道及方式主要有以下几种：（1）学生参加学校的各种委员会并发挥一定作用，其中最主要的有大学委员会（University Council）。（2）发挥学生参议院和学生参议员的参与作用。学生参议院（Student Senate）是美国高等学校学生参与管理的重要组织形式，它对学生事务拥有一定的管理权力，为学生提供了自我管理的平台和机会。学生参议员分两类：一类是经全体学生选举产生的，另一类则是从各种学生群体和团体中选出，包括各学院、学生宿舍、兄弟会、姐妹会、黑人学生、少数民族学生、留学生、走读生，以及其他一般的学生。（3）学生参与管理其他与学生有关的事务，如图书馆、学生宿舍、餐厅、学生活动中心等，实行学生自我管理、自我服务，以及学生考试和日常行为规范的自我监督等。（4）发挥学生报社和学生电台的作用和影响。在美国大学，学生办报事实上是学生参与管理的一种重要形式，它能够直接或间接地对学校决策产生影响。②

我国目前学生的参与权主要是通过咨询交涉的方式来实现，如校长或其他领导通过通信、接待日、直接对话等形式听取学生的意见，但学生对于学校事务只有建议权，没有决策权。学生对于学校的事务有意见时，可以通过学生会、教师等渠道向学校反映。这只能说是一种间接的参与权。因而，为了保障学生参与权的真正落实，我国《教育法》、《高等教育法》应当做相应的修改，明确学生参与权的法律依据，同时就学生参与的事项、参与的方式作出一般规定，至于学校内部具体的组织规程，则可以在学校章程中细化以便操作。

---

① Jerry. l. mashaw. *Due Process in the Administrative Sate* ［M］. Yale University Press，1985：176.

② 姚金菊. 转型期的大学法治［D］. 北京：中国政法大学法学院，2005：104 – 105.

（三）高等学校学生参与权的有限性

考虑到学生的流动性, 对于高等学校的发展决策上难以保持稳定连贯, 在学生参与校务的范围上可以有所限制。罗索夫斯基（Henry Rosovsky）认为, 高等学校学生只能拥有部分参与学校管理的权利。他认为: （1）学习是学生首要的"权利和责任", 在这个前提下, "其他的活动, 尽管可能也是宝贵的生活经历, 但终究是次要的"。（2）学生对学科和标准的理解力是有限的, 那些经过长期实践、并已由他们的同行根据充分的证据证明能在教学和科研中完成高质量工作的大学教授在教育中才最有发言权。当然, 学生作为教学的直接需要者, "一般对教学质量有着值得重视的见解, 应当考虑他们的意见"。（3）学生是大学里"来去匆匆的过客", 对于学校的问题, "长期的后果似乎不很清楚甚至不重要时, 他们是不会认真而冷静地考虑的", "只有那些理解其职责的受托管理者才会认真考虑学校的长远问题"。因此, 赋予学生与教师同样的管理权, 对学校的长远发展是欠妥的。

但罗索夫斯基并不否定学生有参与学校管理的权利, 甚至认为在一些问题上, 学生参与对于管理的运作是非常有益的。他认为在一些与学生密切相关的事务, 学校应该认真听取他们的意见, "尤其是要讨论的议题是课程、财政资助、社会管理条例以及类似问题的时候, 我们应当有兴趣倾听学生意见, 并在很多政策问题上与他们相互磋商协调, 因为他们有很多好的主张"。另外, 他还特别强调了学生在监督学校管理特别是教学方面的权利和作用。他提出, "适当进行有组织的和略带监督性的学生评估, 是甄别和奖励广泛意义上的优秀教学和改善全体教师职责和权利感的最佳方式"。由此可见, 罗索夫斯基实际上反对的是学生在学校管理上享有决策权, 但并不反对而且积极支持学生在学校管理特别是与学生相关的事务方面拥有提出建议、参与讨论和监督的权利, 因为"这个过程本身, 就是教育的重要组成部分"①。

鉴于以上分析, 笔者以为, 高等学校学生参与权有限性的原因主要表现为以下几个方面: 其一, 参与本身并非高等学校学生入学的主要目的。

① 亨利·罗索夫斯基. 美国校园文化——学生·教授·管理 [M]. 谢宗仙, 等译. 济南: 山东人民出版社, 1998: 234 - 256.

高等学校学生入学的目的，主要是接受高等教育，学习知识，研究学术，提高自己的素质。学生在校仅短短的几年，如果过于追求对高等学校事务的参与，则会过多占用其学习时间和精力，从而背离入学的初衷，也有违高等教育的宗旨。其二，高等学校很多事务具有复杂性与专业性，学生经验与学识均不足，难以胜任。高等学校学生参与权的行使在范围上是有限的。其三，即便在适宜学生参与的事项上，由于具体事项的特点不同，与学生学习目的的关系不同，加上学生自身条件的限制，其参与的程度又是不一样的。我们应根据学校事务的具体性质，赋予学生不同程度的参与权。

如何划定学生参与事项的范围以及相应的参与程度呢？我国台湾有学者认为："学生对于高等学校的事务，应配合学习目的为不同程度的参与。学生参与高等学校事务的广度及深度，应以学习目的为中心，向外逐渐扩散。当该项大学事务与学习有直接密切的关联时，应使学生直接参与决策及各种具体措施。对于比较不具直接关系的事务，则可降低参与强度。即使该项事务仅可能与学生发生间接关系，也不应完全排除学生的参与，至少应当保留学生表达意见之机会。"① 笔者认为，此观点强调高等学校学生参与权的有限性，且试图建立起一个层级性的学生参与权保障体系，有一定的借鉴意义。也就是说，如果某事项与学生的学习目的相关，且学生有参与能力的，应切实保障学生的参与。该事项与学生的学习目的关系越密切，学生的参与程度应越大。在参与方式上，就不能仅限于听取意见，还应该保障学生的参与决策权。如果某事项与学生的学习目的相关，但学生没有参与能力或参与能力很小，只要保障学生的适当参与即可。否则，实质性地赋予他们很多参与权不现实，而形式上给他们很多参与机会，又会让他们因最终的愿望很可能得不到满足，而有被操纵感，并因此对校务产生疏远感。如果某事项学生有参与能力，但与学生的学习目的不相关，此时应该保障学生的参与权，但参与与否取决于学生自己的热情。如果某事项与学生的学习目的不相关，且学生又没有参与能力，可以不保障学生的参与。②

---

① 洪家殷. 从学生地位论大学法之修正 [C]. 东吴大学法学院大学法研讨会论文集，1998: 142 - 143.

② 韩兵. 完善我国高校学生参与权的思考 [J]. 高等工程教育研究，2006 (6): 64.

　　事实上, 学生参与的范围, 与参与主体——学生的意愿和能力、学校制度的完备与否以及其他的配套措施都有着密切关系。这三方面的因素直接影响和限制着学生参与的效果。(1) 参与主体方面: 高等学校学生必须具备参与的意愿与能力, 每个学生都有平等接近学校决策的机会; 学校能够预期学生参与行动的影响力; 学校必须具备普遍参与的政治文化, 使每位学生可以学习与习惯经常地参与学校有关事务; 参与的范围要考虑到与学生利益的相关性, 以及学生在时间、精力和对议题认识程度等方面的能力限制; 学校管理部门与学生必须保持理性的态度及目标的一致性, 必须有确定政策的权力等; 同时, 根据议题的不同, 还必须考虑是谁参与, 有多少人参与。(2) 参与制度方面: 必须具备有效的决策过程、公平的执行程序、完整的学生参与制度, 以及具有法定的依据。制度的建立必须从组织设计及法制两方面同时进行, 也就是必须设计一个开放、弹性的组织结构, 以利于学生参与的运作; 同时, 要全面地检视相关法规, 确实将学生参与的精神及机制纳入进去, 保障学生参与的合法性。(3) 配套措施方面: 学生参与必须具备有效的信息传递渠道、有意义的政策效应、经过成本效益的评估、弹性化的参与方式、学校回应民意的接受程度等。此外, 在实际的参与过程中所采用的参与技术、参与时机也很重要。例如, 如果学生听证会的出席率不高, 或者会议的目的将说服重于沟通, 则会议的效果将大打折扣; 或者一项政策如果在完成规划后, 在执行之前与学生进行沟通, 企图以强硬姿态要求学生顺服, 其结果将不可避免地受到学生的阻力。①

　　学生参与学校事务, 尤其是对与学生利益密切相关的事务的参与, 有利于培养学生的自治能力。高等学校只有重视学生的参与权, 才能形成学校和学生之间的互动, 促进学校权力和学生权利的和谐相处, 保证教育公务的有效实现。当然, 一种权利的实现最有效的方式即通过立法。对于学生的参与权而言, 当务之急应从《宪法》、《教育法》、《高等教育法》、《普通高等学校学生管理规定》等不同层次的法律中规定学生参与权的具体范围和权限, 并建立与之相应的校内规章制度, 删修一些与上位法冲突、有损学生权益的学校管理条文。

---

① 杨咏梅. 从管治到善治——基于治理理论的高等学校学生管理模式创新研究 [D]. 上海: 华东师范大学教育管理学院, 2006: 124.

二、知情权：契约性的事前保证

从现代法治的观点出发，知情权既是一种实体性权利，也是基本的程序权。在维护学生受教育权利的过程中，程序性权利直接关系到实体权利的实现。我国现行宪法没有直接规定公民的知情权，但我国已经加入的国际公约，如《公民权利和政治权利国际公约》第十九条规定了公民的知情权，《世界人权宣言》第十九条也把知情权作为一项人权予以确认。

（一）学生知情权的内涵与现状

高校学生的知情权一定程度上属于高等教育服务领域的消费者知情权。它是以"高等教育服务是高等学校的基本产出，学生是高等教育服务的消费者"为前提，从《高等教育法》和《消费者权益保护法》推导出的学生在接受高等教育服务过程中的知情权。一方面指高校学生在选择或享用高等教育服务时，获取有关学习与生活的相关信息资料的权利，知晓相关信息的内容、目的、手段和价值的权利。具体包括：在学校和教师对学生进行评价后，学生有知道评价结果的权利；学生对自己在学习上的情况与优缺点，有向教师提出咨询的权利；对于向学校所缴的学费、生活费，学生有知悉这些费用使用情况的权利；对学习、生活或收费等当中存在的一些疑点，有提出质疑并要求得到公正答复的权利。概括而言，主要包括：知悉学校有关物质资源（包括教学和活动设施、设备、图书资料等有形的资源），信息资源（奖学金、助教、助研、课题等的申请，国际国内的学生交流机会，讲座、校园活动等无形资源）；了解学校的教学和科研状况，包括课程及其相关内容、师资（教师的学术背景、研究领域和联系方法）；学校管理状况及管理人员的职责；学校的评价制度（包括学生参与的各类竞赛的评分标准及评比结果，各类评优、评奖的评价标准和结果公示，学生干部的选拔标准及方式）等。另一方面是指学校一定程度上的校务公开，积极主动地保障学生知情权的实现。

高等学校在管理过程中应该将除法律规定须保密的事项之外的与学生权益相关的资料和信息予以公示，以保障学生的知情权。但我国高校对学生知情权的保障不甚理想。如学校不公开与学生切身利益密切相关的一些管理文件，还有的学校发布虚假宣传广告误导学生，如对学校的师资队伍建设、教学设施和条件、学生生活条件、学科建设以及毕业生的质量和就业状况等进行夸大、虚假、欺骗性的宣传。有些学校为了吸引学生报考，在招生宣传时作出各种承诺，如入学后可重新选择专业，家庭困难学生可减免学费，有高额奖学金等诱人政策，学生报到后，发现很多承诺根本无法兑现，许多政策根本不能也从未执行。或利用措词技巧模糊语意，故意使学生误解。这些都是对学生知情权的侵犯。

"阳光是最好的消毒剂，一切见不得人的事情都是在阴暗的角落里干出来的。"① 为了保证学生知情权的充分实现，高等学校应该实行学生事务公开制度。从法律学的角度看，学生事务公开使广大学生能通过各种组织形式参与学校的发展、改革和学生管理等重大事项，有利于学生知情权、监督权、民主管理权的实现，有利于调动学生参与学校管理的积极性，使他们在参与过程中产生自主意识和主体意识。同时，学生事务公开是制约和监督学校权力的有效途径，它通过"自下而上"对学校领导班子和有关职能部门进行群众监督，将学校的权力运行置于广大学生的有效监督之下，有助于更好地规范学校权力的行使，从而有效地制止权力的滥用。

学生事务公开的主要内容包括：一是关于学校发展的重要事项，如学校的中长期发展规划，年度、学期工作计划和总结，涉及学校全局性的重要改革举措和有关政策等。二是关于学校建设的重要事项，如专业、学科、学位点建设情况；招生计划、政策、录取情况；毕业生就业政策及就业情况；教学改革、管理、评估情况；科研与科技开发情况；实验室建设情况，对外合作交流情况等。三是关于学生管理工作中的重要事项，如学杂费和其他管理费用收费标准及依据，学生管理制度及奖惩事项，评优评先条件及结果，奖学金、助学金、贷学金的评定、发放情况，毕业生推荐情况，大学生就业、研究生录取等情况。总而言之，凡是与学校教学、科研、管理、教育改革发展等密切相关的重大问题和涉及学生切身利益的重要事项，除党和国家规定的在一定时期需要保密的事项外，均应在一定范围内以适当的形式和程序予以公开，努力做到政策公开、过程公开、结果公开。这是保证高等学校权力在学生的"同意"之下行使的前提。

---

① 王名扬. 美国行政法 [M]. 北京：中国法制出版社，1995：960.

（二）学生知情权的主要范围

高等学校的中心任务是培养人才，其教学管理及其他管理、决策都与学生的利益息息相关。同时，学生也是推动教育教学改革的重要动力，凡涉及教学、科研、后勤等方面的改革，都必须保障学生的知情权。高等学校学生的知情权也可以理解为学生对高等学校管理活动的了解权。即学生有权获知学校学籍管理和其他影响自己合法权益的有关资料和信息，有权了解高等学校管理的依据、范围、具体管理者的身份、权限以及管理的最终结果，有权了解学校的教学计划、各项规章制度、教师资历、教育培养经费的使用情况及其他与自己学习、生活有关的情况等。尤其在处分违纪学生时，学校应当以书面形式告知当事人受处分的事实、理由和根据，并告知当事人依法享有的权利。具体包括以下几方面内容：

1. 对管理规章拥有一定的知情权

高等学校规章制度是高等学校为了组织和管理各项行政工作，按照一定程序制定的，在全校范围内具有普遍约束力的规范性文件的总称，而不是指狭义的校规。"按照章程自主管理"和"依法自主办学"是《教育法》、《高等教育法》赋予高等学校的法定权利。也就是说，高等学校为了维护教学秩序、落实对学生监督管理，而制定的约束学生学习与生活行为的内部规范。调查显示，学校大部分的管理活动都是通过校内规章来实现的，如图3所示：

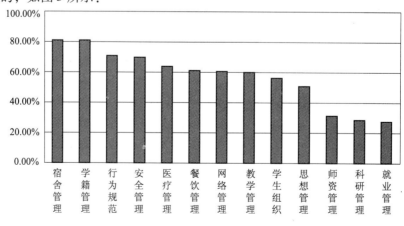

图3　以管理规章的方式进行管理的内容

由于学校规章制度对学生生活的涉及面相当广泛，因而，学生对学校规章制度的制定应当享有一定的知情权。自 1998 年田永案之后，不断有学生因违反校规被学校处分而将学校诉至法院的案例发生。这一方面反映了学校管理规章的制定存在着合法性与合理性的质疑，另一方面也说明学生对学校管理规章的"无知"。正如调查数据所显示的，有 57.1% 的学生表示不知道学校管理规章的制定过程。学生在规章制度方面的知情权主要应通过学校的校务公开途径来实现。

高等学校作为行政主体，在信息资源方面拥有充分的优势，与学生在信息的取得上存在明显的不对称，因此，校务公开理所当然，学生有权获知学校所为的和自己权益相关行为的有关法律信息和事实信息，高等学校必须建立公开、透明的信息披露机制，将行政的程序、依据、结果和主体等事项公开，并建立说明理由制度，包括学校作出该行为的事实因素、法律依据以及进行自由裁量时所考虑的因素等，高等学校应该主动告知，使学生合法权益得到切实保障。根据《教育部关于全面推进校务公开工作的意见》的要求，校内事务公开的内容包括学校的发展规划、改革方案、教学管理等涉及学生切身利益的重大问题。

在实践中，高等学校在管理规章方面的校务公开一般涉及以下事项：第一类，在校内不同范围内公开的事项，包括学校事业发展规划、学校年度工作计划与工作总结；学校学科建设、师资队伍建设与专业设置的规划与实际情况；学校重大改革方案及实施情况；学校管理的规章制度；教育经费的收入和使用管理情况等；其他依照法律法规和政策必须公开或学校认为有必要向校内公开的事项。第二类，向社会公开的事项，具体包括学校招生计划、程序、政策，考试的规程和纪律以及录取的结果；收费的项目、标准、依据、程序；学生管理制度和办法、奖学金和助学金的发放，学生转学、转专业、休学办法，毕业生就业信息等；接受社会及公民个人捐赠钱物的使用和管理情况；其他依照法律和政策规定必须公开或学校认为有必要向社会公开的事项。高等学校校务公开的主要形式一般包括党代会、教代会、学生大会等有关会议，学校文件等书面公文，校园网等各种媒体等。

学生事务公开制度，是校务公开制度的有机组成部分。它是学校将涉及学校改革、发展、建设的重大决策，事关学生民主权利、切身利益及其关心的热点问题的政策规定等事项对学生予以公开的一项民主管理制度。学生在规章制度方面仅享有一定限度的知情权。另外,学生在学校规章制度制定过程中的充分参与也是其知情权的一种保障途径。

2. 对处分过程拥有完全的知情权

近年来,高校成为被告的案件愈来愈多,而学校败诉的原因大多因为在作出对学生不利的处分时没能给予当事人足够的程序性保障权利,即学生对处分过程不拥有完全的知情权。如田永案中,北京科技大学根据校发(1994)年第 068 号《关于严格考试管理的紧急通知》第三条第二项关于"夹带者,包括写在手上等作弊行为者"的规定,认定田永的行为是考试作弊,并根据第一条"凡考试作弊者,一律按退学处理"的规定,对田永作出"退学处理"的决定。但田永并未收到正式通知,其后继续在该校学习。法院认为,退学处理的决定涉及学生的受教育权利,从充分保障当事人权益原则出发,北京科技大学应将此决定直接向本人送达、宣布,允许当事人提出申辩意见。而北京科技大学既未依此原则处理,也未实际给田永办理注销学籍、迁移户籍、档案等手续。法院故判决北京科技大学承担上述行为所产生的法律后果。

在学校对学生因违法违纪行为、身体疾病等原因剥夺学生的学籍权、学位权、考试资格权等权利时,学生有要求学校告知剥夺这些权利的事实和理由的权利,有要求学校提供剥夺这些权利的法律依据的权利,有了解剥夺这些权利过程情况的权利。如果学校不能向学生履行明确告知义务或提供不出相关依据,学生有权要求学校撤销相关行为。因为学校对学生所作的处分是以直接的方式侵害了学生的合法权益,甚至影响学生受教育权利的享有,所以学生应当对处分过程拥有完全的知情权。也就是说,在学校依照规章制度对学生进行纪律处分时,学生有权知悉对其进行纪律处分的事实与证据,有权要求学校提供纪律处分依据,有权进行申辩。对学生的申辩与异议,学校必须进行重新审查与核实,并将重新审查与核实的事实与决定告知学生。

审视我国近年发生的高等学校学生身份处分权案例,大多存在程序缺陷,忽略学生知情权的情况。一是学校在对学生作出处理决定之前,未充分听取当事学生的意见,亦未给予当事学生必要的申辩机会;二是学校事先未对当事学生告知将作出处理决定的法律依据和事实依据。有的学校对事实的认定，主要是依据学生所写的检讨书，而当事人写的检讨书，又往往是在老师诱导下完成的（如马某、林某诉重庆邮电学院案，学校让两位学生写检讨书，最后却成了学校处分他们的依据）；三是学校未在处分决定书中告知学生救济的途径；四是未将处分决定书直接送达学生本人。因而，前文所述的学生违纪处分过程中听证程序的运用是对学生知情权的保障。推行听证制度，让学校各方代表特别是利害关系方参与进来，广泛听取他们的意见和建议，为利害关系方提供说明理由和陈述的机会，不但有利于学生对整个处分过程的了解，维护他们的正当权利，而且可以保障决策结果的最大公正性、合理性，可以规范学校职能部门的行为，及时发现和完善学校规章制度和工作中存在的不足。

2003 年，教育部制定的《关于加强依法治校工作的若干意见》，明确规定各学校"对学生的处分应当做到事实清楚、证据充分、依据合法，符合规定程序；建立校内学生申诉制度，保障学生申诉的法定权利。高等学校依法对学生做出处分决定应当经过校长办公会议讨论通过，保障学生的知情权、申辩权，并报教育主管部门备案"。新《规定》亦对高等学校行使学生处分权行为制定了具体的程序规则。这些程序就包括：学校在处分的过程中应让学生充分参与，对自己的合法权利享有充分的知情权。

3. 对与教育教学相关的内容拥有知情权

学生对教育教学相关内容的知情权是包含在受教育权利中的"固有权利"里，如《教育法》第四十二条中规定：受教育者享有"参加教育教学计划安排的各种活动，使用教育教学设施、设备、图书资料"的权利，而要参加这些活动，首先就必须了解这些活动的目的、内容和性质。对于学生来说，最主要的活动就是学习活动，因此学生对与学习相关的内容就有了解的必要和需要，如课程计划、专业培养目标、教师概况、教学设施及设备情况、教学管理制度等。另外，高等学校学生作为缴费上学的消费者，也有权了解学校所能提供的服务内容、质量及范围。因此，无论是作为学习的主体还是缴费上学的"消费者"，高等学校学生都应该对与教育教学相关的内容享有相应的知情权。学生在教学管理方面的知情权表现为学生有了解专业教学计划以及重大教学决策内容及其理由的权利。学生应该清楚学校要把他们培养成什么样的人、计划怎样培养、为什么要这样培养等问题，并及时了解学校重大教学决策的内容及理由。只有这样，学生才能对学校教学计划以及重大教学决策加深理解，与学校达成共识，从而提高学习的主动性和积极性。

教师关于学生能力的评语可能会存在偏见，从而直接影响学生的权益。学生获得合理评价的权利以学生知情权的保障为前提。一般来说，高等学校行政管理中要对学生档案保密。不保密可能会中断重要的信息来源；但无法回避的是保密同时带来的弊端——可能滥用权力的危险。在知情权已经成为公民一项重要权利的今天，学生的知情权也需要尊重。

（三）学生知情权的行使方式和原则

所谓知情权的行使方式是指"把法定的知情权转化为现实的知情权的具体途径"。不同领域的知情权的行使方式是不一样的。一般而言，高等学校学生知情权的行使方式有四种。一是通过高等学校的校园网络、报纸、广播、宣传窗、公示栏、发放专题资料等比较固定的途径知悉学校的规章制度、学校新闻、学术动态。二是通过各级会议知情。高等教育服务消费是有组织的集体消费与个人消费相结合，有专门的管理人员负责与消费者进行信息沟通，例如，院、系召开全体学生大会，讲解学校的政策，班主任向班级介绍、说明、讲解学校情况。三是通过向教师询问。学生在学习和生活中经常会遇到各种各样的个别问题，比如想了解某个专业的课程和就业情况，可以去咨询管理人员或任课教师，通过个别的口头介绍或网络邮件了解真实情况。四是通过调查、实地考察等主动方式知悉情况。

高等学校学生作为学校的一员，享有对学校信息的知情权。不过，这并不表明学生可以知道学校的一切，他有与校长、老师、管理人员不同的知悉范围，即知情权的行使应该遵循关联原则，只能对相关的人、物和在相关的时间、地域范围内知情。凡是与其发生具体法律关系的情况，他有权详尽得知，无关的内容不得要求对方告知。例如，学校的机密、核心技术、教师的个人材料、学生的毕业证电子注册号码等就不属于每个学生知晓的范围。由于知情权的行使是其他实体性权利行使的前置程序，所以知情权行使的及时与否对后续权利的行使影响很大。赋予主体知情的选择性表明高等学校学生可以行使也可以放弃某些信息知情权，这体现了法律对个人自由的尊重与保护。在高等学校教育服务过程中，有一些规定、制度是要求每个学生必须知晓的，如学籍管理规定、考试纪律、学位授予条件等。但还有一些信息是学生可以有选择地知情，学校不必强制学生知道，如转专业的条件和办理程序，那些不想转专业的学生就不必了解。高等学校规模的庞大和职能部门的分工要求学生按程序行使知情权，以防止无序和低效率。当然，首先要告知信息的掌握部门和信息获取的程序，要求尽量保持信息渠道畅通，以便学生及时获取信息。比如关于学籍与成绩的信息，学生一般先到院或系学籍管理教师处了解，遇到疑难才到教务处核查，否则，每个学生都直接到教务处，就容易造成信息需求者拥挤而耽误时间。按程序知情还意味着有时要给予一定的告知时间。有些问题涉及多个部门，具有复杂性、多样性，相关信息的提供有一个收集、整理的过程，合理的、必要的预留时间是需要的。确立知情权行使的基本原则，既是为了保证学生达到知情的目的，也是防止滥用知情权的需要。遵循原则有利于保证知情主体和信息掌握者双方的合法权益不受对方的侵犯。

三、申诉权：契约性的事后保证

权利在法定之后，并不能保证他们在事实上或在社会实际生活中不会遭到否定。所以还必须对这种受损害的权利设立一种保障机制，使之能获得及时的救济，即赋予权利相对人申诉的权利。一般来说，将申诉权分为诉讼上的申诉权和非诉讼上的申诉权。前者是指在诉讼活动中，当事人认为已发生法律效力的裁判有错误时，依法向司法机关提出申诉，请求重新处理的权利；后者则是指当事人没有通过诉讼程序而是直接向非司法机关提出的申诉的权利。学生申诉权是指学生在接受学校教育过程中，认为其受教育权利以及人身权、财产权等合法权益受到学校或教职员工的侵害，依法向教育行政机关或学校申诉理由，要求重新处理的权利。

申诉权作为一项程序性宪法权利，以保障公民实体性或实质性宪法权利为目的。申诉权在本质上即内含着权利的可获救济原理，"有权利必有救济，没有救济的权利不是权利"是法治的基本内涵，既然宪法规定了公民一系列基本权利，有关部门就应当对这些权利加以实质性保障，而其中最重要的莫过于救济手段与救济方式的提供。在教育现代法治化进程中，国家立法机关、行政机关首先就应当从规则体制上为高等学校学生提供广泛、真实的申诉权保障，以为其在必要时寻求有效救济奠定制度基础。笔者认为，申诉权设置有欠缺的上位法条款并非合格的法律规范条款, 因为其构建的权利体系随时都可能因救济手段的"缺席"而分崩离析, 其所谓的权利赋予也往往会成为掌权者粉饰太平的语词或专横跋扈的借口。如一些教育法规虽然规定学生不服处理决定有权申诉, 但将意见最终裁决权划归学校即处理机关自身。这不仅有违宪政程序理念, 而且与《行政复议法》关于复议管辖之规定直接抵牾。

(一) 学生申诉权的现状

申诉权是学生享有的一项基本的程序性权利。《教育法》提出了要建立学生申诉制度, 但并未就申诉制度的具体问题, 如申诉范围、内容、受理部门、申诉程序、期限和时效等做出明确详细的规定。在具体的申诉制度建立前, 学生申诉权的行使带有较大的盲目性和不明确性, 使学生的这一权利在现实中往往无从享有, 形同虚设。如前述郑某诉广东农工商职业技术学院案 (案例7), 郑某因肚子疼在宿舍用电饭煲煮中药, 被宿管老师林某收缴了电饭煲, 双方发生争执, 致使林某右手背和左肘部外伤。学校以"追打老师"为由将郑某勒令退学。出于维护权益的本能, 郑某多次找校领导反映此事, 都没有得到任何答复, 学校根本不给予他申诉的权利和机会, 严重侵犯了他的申诉权。①

我国《教育法》第四十二条第四款规定:"受教育者享有下列权利: 对学校给予的处分不服向有关部门提出申诉; 对学校、教师侵犯其人身权、财产权等合法权益, 提出申诉或者依法提起诉讼。"这项规定从制度层面上支持了学生的申诉权利, 但申诉程序的完善还应引起学校的足够重视, 学校要重新审视自己先前行为的合法性与合理性, 这对于保障学生的权利很有意义。不可否认, 我国现行的教育申诉程序过于笼统, 既不具体, 也不能确保申诉程序的公正, 这些已经制约了申诉制度效果的发挥。例如, 第一, 没有专门负责受理学生申诉的机构和人员 (即使有的教育行政部门设置此类机构, 也没有明确的地位和决定权), 在很多情况下, 学生的申诉被搁置。第二, 没有规定在多长时间内作出处理, 造成申诉效率低下。第三, 学生申诉制度的性质定位不明确。究竟属于行政裁决制度

---

① 何雪峰, 何海宁. 被令退学, 申诉无门; 告赢学校, 仍被退学 [OL]. 南方周末网. http: //www. nanfangdaily. co. cn/z/pdf/20031218/Z0718. pdf 66K2003 – 12 – 18.

还是行政复议制度，抑或是一种非正式的法律救济制度？

    学生申诉权的初衷或目的就是给予每一个当事学生以制度上的表达自己意志、进行申辩、陈述理由的正当途径，以充分保障学生正当权利的享有和实现。可见，学生申诉权作为一项制度化的权利，是保护学生合法权益不受侵害或恢复、补救其合法权益的权利。因此，设置学生申诉制度是学校和教育行政机关依法治校和依法治教的主要手段，也是一种通过和平的、规范的手段公平地解决利益冲突，化解政府、学校与学生矛盾，维护社会安定和学校教育教学秩序的理想途径。① 总之，申诉权是学生在和学校的行政契约关系中发生纠纷的一种事后保障途径，也是契约性的体现。

    新《规定》中对高等学校学生申诉制度第一次用比较详细的篇幅作了规定，一定程度上保障了学生的申诉权。其第五条规定：学生在校期间依法享有下列权利："……（五）对学校给予处分或者处理有异议，向学校或者教育行政部门提出申诉；对学校、教职员工侵犯其人身权、财产权等合法权益，提出申诉或者依法提起诉讼。"相对于《教育法》的规定来看，扩大了申诉的范围，也就是说不局限于学校的"处分"行为，还可以是"处理"行为。另外，在《规定》的第五章中对成立学生申诉处理机构等相关问题作了相对详细的规定。主要内容如下：（1）权利告知：告知学生可以提出申诉及申诉的期限。（第五十九条：学校对学生作出的处分决定书应当包括处分和处分事实、理由及依据，并告知学生可以提出申诉及申诉的期限。）（2）机构设置：学校应当成立学生申诉处理委员会。（第六十条第一款：学校应当成立学生申诉处理委员会，受理学生对取消入学资格、退学处理或者违规、违纪处分的申诉。）（3）人员组成：学生申诉处理委员会应当由学校负责人、职能部门负责人、教师代表、学生代表组成。（第六十条第二款：学生申诉处理委员会应当由学校负责人、职能部门负责人、教师代表、学生代表组成。）（4）受理范围：受理学生对取消入学资格、退学处理或者违规、违纪处分的申诉。（第六十条第一款）（5）申诉时效：区分校内申诉和行政申诉两种：前者是自接到学校处分决定书之日起 5 个工作日内提出。（第六十一条：学生对处分决定有异议的，在接到学校处分决定书之日起 5 个工作日内，可以向学校学

---

① 范履冰，阮李全. 论学生申诉权［J］. 高等教育研究，2006（4）：76.

生申诉处理委员会提出书面申诉。）后者是自接到书面申诉之日起 15 个工作日内提出。（第六十三条第一款：学生对复查决定有异议的，在接到学校复查决定书之日起 15 个工作日内，可以向学校所在地省级教育行政部门提出书面申诉。）（6）申诉限制：从处分决定或者复查决定送交之日起，学生在申诉期内未提出申诉的，学校或者省级教育行政部门不再受理其提出的申诉。（第六十四条：从处分决定或者复查决定送交之日起，学生在申诉期内未提出申诉的，学校或者省级教育行政部门不再受理其提出的申诉。）这也是目前我国各大高等学校制定高等学校学生申诉制度的直接依据。

遗憾的是，新《规定》没有对学生申诉处理委员会组成人员的比例作出统一规定，从当前国内大多数高等学校的学生申诉处理委员会组成来看，学校的负责人、学校职能部门负责人几乎占到了学生申诉处理委员会的 2/3，教师和学生代表只是点缀，并且学生代表也都是学生会主席。而我国台湾《大学暨专科学校学生申诉案处理原则》第五项则规定："申评会之组成：申评会置委员若干人，均为无给职，由校长遴聘教师，法律，教育，心理学者及学校教师会代表等担任，其中未兼行政职务之教师至少不得少于总额之二分之一。"另外，新《规定》有关学生处分程序的规定，明显地存在着"重事后程序、轻事前事中程序"的偏颇。首先，从条款数目来看，事前、事中的程序性规定只有 3 条（56—58 条），有关事后学生申诉的程序性规定共有 8 条（第 59—66 条）。其次，从内容来看，有关事前、事中的程序条款也仅规定了"应当听取学生或者其代理人的陈述和申辩。学校对学生作出开除学籍处分决定，应当由校长会议研究决定。应当出具处分决定书，送交本人"。具体如何听取学生或其代理人的意见，开除学籍以外的处分由谁以何种形式作出，都没有具体规定。而有关事后的申诉程序，则具体规定了受理单位、组成人员、复查步骤及时效。

（二）学生申诉权的范围

我国台湾《大学法》第十七条第二款规定：大学应保障并辅导学生成立自治团体，处理学生在校学习、生活与权益有关事项，并建立学生申诉制度，以保障学生权益。"司法院"大法官第 382 号解释令，奠定了台湾学生申诉立法迅速发展的基础。该解释令认为：（1）各级学校依有关学籍规则或惩处规定，对学生退学或类似之处分行为，足以改变学生身份，并损及其受教育的机会的，受处分之学生用尽校内申诉途径，未获救济者，可依法提起诉愿及行政诉讼；（2）学生所受处分系为维持学校教育秩序，实现教育目的所必要，且未侵害其受教育之权利者（例如记过、申诚等处分），除循学校内部申诉途径谋求救济外，不得提起行政争讼（诉愿或行政诉讼）；（3）受理学生退学或类似处分争讼之机关（指主管教育行政机关）或法院，对于其中涉及学生品行考核、学业评量或惩处方式之选择，应尊重教师及学校本于专业及事实真相之熟知所为之决定，仅于其判断或裁量违法或显然不当时，得予撤销或变更。此解释令在《大学法》的基础上，进一步规定了学生申诉制度的具体情况，并特别规定了受到退学或类似处分的学生于校内申诉未获救济后可提起诉愿或行政诉讼，体现了对学生受教育权利的充分尊重和保障，任何人不得随意侵犯和剥夺。

由此可知，我国台湾地区学生申诉的范围基本上是把重点放在学生受教育权利的保护上。根据我国新《规定》第六十条，学生申诉范围包括以下几个方面：（1）对学校取消其入学资格的决定不服的；（2）对学校的退学处理不服的；（3）对学校及院系所作的其他处理不服的，如警告、严重警告、记过、留校察看等；（4）法律、法规规定可以提起申诉的其他事项，如学生的人身权、财产权或荣誉权等受到侵害。《规定》明确指出，学生合法权益受侵犯时，可以申诉的前提是学生所在学校或其他教育机构、学校工作人员和教师在教育教学过程中发生了侵犯学生合法权益的行为，也就是说，有关机构只能受理和解决与学生身份相关的合法权益纠纷的申诉。

就我国学生的权利救济而言，人身权和财产权已有明确的法律救济渠道。关于学生的人身权问题最高人民法院的司法解释和教育部制定的行政规章已经有了专门的规定，财产权也可以按照民法的有关规定处理。相较而言，学生的权利救济途径缺失比较严重的是受教育权利的保护。申诉权的实现既是对学生受教育权利的保障，也是高等学校和学生契约关系的一种保证。受教育权利与人身权、财产权不同，由于受"学术自治"观念的影响，司法审查对学校与学生间的管理关系一般只能是程序性审查。若允许学生对学校的一切管理行为或教师的所有教育教学行为都可提起申诉, 势必影响学校的正常运转, 影响学校的办学自主权以及教师的教学自主权。因此, 新《规定》第六十条第一款规定: "学校应当成立学生申诉处理委员会, 受理学生对取消入学资格、退学处理或者违规、违纪处分的申诉"。笔者以为, 将与学生受教育权利密切相关的学籍处理和纪律处分作为申诉的重点, 既弥补了学生权利救济的空白, 又突出了重点。

学生校内申诉是指学生在接受教育的过程中, 对学校给予的处罚不服或认为学校和教师侵犯其合法权益而向学校有关部门申请重新作出处理的行为。它将《宪法》赋予学生的申诉权利在学校管理中具体化, 是学校管理中一项专门性的权利救济制度, 学校应成立专门的申诉机构——学生申诉处理委员会。学生申诉处理委员会由学校党政领导、有关职能部门负责人、学院(系)代表、学生代表和法律顾问等共同组成, 负责受理学生申诉、调查收集相关证据、宣布申诉处理决定等日常事宜。学生对校方的各种处分认为违法或不当并损及学生个人利益时, 可在接到处分决定或处分宣布之日起适当的工作日内向学生申诉处理委员会提出书面申诉。委员会在接到申诉后应当在规定期限内对所受理的学生申诉进行处理, 并将处理结论书面通告申诉人。学生对申诉处理委员会作出的决定不服时, 可向学校再次申请评议, 二次处理的决定做出后, 除开除学籍等涉及学生重大利益的决定可提起行政诉讼外, 其他各种决定均应为终局性的决定, 该决定一旦生效, 当事人必须履行, 不得向人民法院提起诉讼。

学生申诉权作为学生的一种救济权, 本身是一种抵抗权、监督权, 它在权利结构体系中起着安全通道和反馈调节的作用。同时是对学校管理权的一种制约和监督, 有利于防止权力的滥用, 抵制权力对权利的侵害。根据无救济即无权利的原理, 学生申诉权是救济学生合法权益受损害的制度通道。如果学生没有申诉权, 实现依法治校的学校管理法治化就等于一句空话。学生的自由和权利就失去应有的保护。学生申诉权不仅在其实际运用时保障学生的合法权益, 而且其本身的存在对教育行政机关和学校的工作人员产生一种心理压力, 可以促使他们谨慎、合法地行使权力。学生申诉权同时又是一项程序性权利, 程序是法治和人治之间的分水岭。法律程序的设计就是程序性权利的行使方式和运行轨道, 它不仅是实体性权利的保障, 而且本身具有独立的价值, 包括参与、个人尊严、平等、理性等。"程序的公正性的实质是排除恣意因素, 保证决定的客观公正, 程序的对立物是恣意,程序参加者在角色就位后,各司其职,互相之间既配合又牵制,恣意的余地自然就受到压缩。"① 因此,学生申诉权不仅是实现学生实体权利的保障,同时也体现了学校教育管理过程中对学生的参与、人格尊严平等的关照。从实体结果的公正性看,学生申诉权的行使有助于学校对学生的处理或处分结果更加准确公正;从程序的公正来讲,学生申诉权有助于他们对学校处理或处分结果和程序本身的认同。②

虽然《教育法》、《普通高等学校学生管理规定》等法律、法规对学生的申诉权作了一些规定,但总体来说,仍缺乏一部具体指导学生申诉的规范性法律文件。也正是由于这种立法上的缺陷,从而导致高等学校学生申诉制度存在许多不合乎现代法治精神的缺陷。因而对于学生的申诉权而言,首先需要借《教育法》、《高等教育法》修订之机,细化申诉权的具体内容,包括申诉主体、机构、受理时限等。然后出台一部专门的有关学生申诉处理的行政规章。可以说,在行政契约关系下,学生的这些程序性权利应实现由"应然权利"向"实然权利"的回归。

第二节　行政契约规制下高等学校的权力及规范

控制政府行政自由裁量权的途径包括:事前约束和事后控制,事前约束主要是指授权控制和程序控制,事后控制主要为行政复议和司法审查。③ 对于高等学校行使的公权力而言,授权控制指法律授予高等学校某一项权力,如授予学校管理学生的权力和学位授予的权力时,应有一定的范围(目的范围、空间范围、时间范围)的限制,不能授予其漫无边际的自由裁量权。程序控制指以法定程序控制和规范高等学校权力的行使。由于高等学校特有的学术性,法律很难对实体权力进行约束,但在程序上却完全可能而且应该进一步加以控制。④ 出于对权利的保护,法、德、

---

① 季卫东. 程序比较论 [J]. 比较法研究, 1993 (1): 8.
② 范履冰, 阮李全. 论学生申诉权 [J]. 高等教育研究, 2006 (4): 77-78.
③ 姜明安. 行政法与行政诉讼法 [M]. 北京: 北京大学出版社、高等教育出版社, 1999: 45.
④ 吕莉莎. 从我国现实的学位纠纷看法律对高等学校权力的约束 [M] // 劳凯声. 中国教育法制评论 (第4辑). 北京: 教育科学出版社, 2006: 106.

日、英、美及我国台湾地区高等学校和学生的行政法律关系，一般都允许接受司法的审查。无论是英国的自然正义，还是美国的正当程序，抑或是大陆法系国家的法律保留原则，都是行政法治在本国建立的基石，作为行政主体范畴的高等学校理应接受这些原则的约束，即接受依法行政的要求。由于本文研究范围的限制，暂不讨论对高等学校权力的事后控制措施。

在传统法学理论上，权利之间有着界限划分，当法律严格界定并保护了一个人的合法权利时，实际上也就界定和保护了他人的权利。① 权利者对于权力能接受到何种程度，权力者就将权力运作到什么程度，直到权利者奋起抵制或其他强大力量干预阻止权力扩张为止。②

按照高等学校与学生的入学和在学法律关系的划分来看，高等学校作为公务法人行使的公权力分别有招生录取权、规章制定权、学业评价权和处分权。因此，对高等学校权力的规范主要侧重于这几个方面。

一、高等学校的招生录取权及其行使原则

（一）招生录取权的性质

案例 8　陈海云是江苏省盐城中学 95 届应届外语兼文科类考生。提前录取第一志愿报考外交学院。高考笔试总成绩为 591 分，英语单科成绩笔试 131 分，口试成绩 5⁻，在江苏省所有报考外交学院的 170 名考生中居第二。第一名是位姓吴的男生，总分 597 分，英语口试成绩为 4⁺。1995 年 8 月 7 日上午 9 点至下午 5 点，外交学院派往江苏省招生的李树军老师，在无锡市金城宾馆内，对江苏省高考生进行录取工作。外交学院1995 年在江苏省录取 9 名新生，李树军按常规，也即国家教委《关于扩大普通高等学校录取新生工作权限的规定及其实施细则》和江苏省招办(95) 46 号文件《关于我省一九九五年普通高校招生录取工作的通知》中关于调档比例的规定，按照 1∶1.2 的比例，第一次由高到低提取了 12名上线考生的档案，陈海云、吴某都在其中。阅卷之后，李树军以口试成

---

① 苏力. 法治及其本土资源 [M]. 北京：中国政法大学出版社，1996：181.
② 夏勇. 走向权利的时代 [M]. 北京：中国政法大学出版社，1995：103.

绩不足 5 分为唯一理由, 将吴某及陈海云等 4 名考生退档。由于还空缺 1 名, 所招 8 人中女生 6 人, 男生 2 人, 比例稍有失调, 李树军要求再次调档, 并希望要一名男生。由招办同志协助, 又择优录取了一名男生刘某, 总分 553, 口试成绩为 5 分。陈海云的退档登记表上, 未录取原因一栏写着: "口试成绩未达 5 分。" 此录取结果经江苏省高校招办录检组审核同意之后, 吴某被徐州师范录取, 陈海云被山东大学历史系旅游管理专业录取。

　　陈海云父母经过与外交学院协商, 并向原国家教委及江苏省教委上访未果的情况下, 1995 年 12 月向北京市西城区人民法院提起民事诉讼, 要求人民法院判令被告停止侵害, 赔礼道歉; 赔偿经济损失 1.5 万元, 精神损失 1.5 万元, 共计 3 万元。西城区人民法院经过审查之后认为, "学生参加高考, 录取与否, 由学校有关政策规定。原被告之间不构成民事赔偿的权利义务关系"。因而裁定驳回原告之起诉。原告不服, 于 1996 年向北京市第一中级人民法院提出上诉。称外交学院在其招生考试报上, 没有公告对口试的任何特殊要求, 在内部招生会议及文件中, 也没有口试成绩必须达到 5 分的规定。因而其录取人员以此为由不予录取的决定是显失公平的, 违反了国家的招生工作政策与原则。并且, 上诉人认为, 外交学院应按照国家的统一招生政策进行录取, 此乃其对全社会的承诺和约定, 如其附加另外的特殊条件, 就构成了违约, 因而外交学院应承担违约责任。另一方面, 上诉人还指出, 由于考生的受教育权与其自身的前途命运有密切关系, 所以它是一种人身权利。公民因人身权利受到伤害提起诉讼, 理当属于民事诉讼的受案范围。但北京市第一中级人民法院审理后仍作出 "维持原裁定" 的终审裁定。①

　　案例 9　2003 年 2 月 15 日闵笛参加了苏州大学 "艺术设计学" 专业考试, 得分为 356 分, 2003 年 3 月 20 日收到苏州大学招生办所寄的其已通过专业考试及参加全国高考的通知。2003 年 4 月闵笛参加江苏省艺术类专业统考, 成绩为 293 分。2003 年 6 月参加了高考, 成绩总分为 406

---

① 珊珍. 全国首例高校招生纠纷案 [J]. 法律与生活, 1997 (1): 10 - 12.

分。2003 年 6 月 30 日将苏州大学作为第一志愿填报, 苏州大学于 2003 年 7 月 1 日收到闵笛的报考材料即志愿表复印件、成绩单及报考苏州大学的回执。但后来苏州大学却以该校招生办在省招办的投档资料中未见闵笛的名字和正式材料为名, 未将其录取。2003 年 11 月 5 日, 闵笛向苏州市中级人民法院提起行政诉讼及行政赔偿诉讼。告苏州大学违反招生法定程序(省招办投档前 5 天完成了招生录取工作)。违反该校在省《招生章程》上公布的录取规则, 没有执行分数优先, 择优录取的原则。造成原告落榜的严重后果, 要求苏州大学在媒体上向原告公开道歉, 并赔偿由此带来的巨大经济损失及精神损害。2004 年 6 月 2 日中院立案受理。9 月 31 日宣布行政裁定书, 认为苏州大学不是行政机关, 而是独立事业单位法人, 其职能范围包括普通高校招生录取。因此, 苏州大学招生是自主管理的民事行为, 不属于行政诉讼范畴, 驳回闵笛的起诉及赔偿请求。闵笛于 10 月 12 日向江苏省高级人民法院上诉, 要求撤销一审裁定, 发回异地重审。2005 年 2 月 4 日, 江苏省高级人民法院作出维持一审判决的裁定。①

案例 10 2005 年 3 月, 原告林群英报名参加厦门大学 2005 年国际法学专业博士生入学考试, 报考导师为廖教授。初试合格后林群英参加了厦大法学院组织的复试。原告在报考廖教授的学生中总成绩排名第三, 在报考国际法专业国际经济法研究方向的 19 位参加复试的考生中最终成绩排名为最后一名, 在进入复试的 25 位国际法专业考生中的最终成绩排名也是最后一名。2005 年 5 月 24 日, 厦大法学院网站公布了拟录取名单, 原告未在廖教授名下录取名单之内。原告以厦大在招生过程中存在违法行为为由起诉。法院认为, 被告厦门大学享有的博士生招生权属于法律授权的组织行使行政管理职权的一种行政权力。被告有权在考试阶段对不合格考生直接作出不予录取行为, 有权在有关部门审核后录取考试合格的考生。本案中, 由于原告的实际成绩排名是最后一名这一事实的存在, 故未被被告录取。被告不予录取原告的行为, 符合择优录取和公平、公正原则。据此, 2006 年 1

---

① 江苏省南京市中级人民法院 (2006) 宁行终字第 24 号。

月 26 日, 福建省厦门市思明人民法院驳回了林群英的诉讼请求。①

前述陈海云诉北京外交学院 (案例 8), 法院认为高等学校行使招生权力属于办学自主权, 由此形成的法律关系不属于民事法律关系。而闵笛诉苏州大学案 (案例 9), 法院则认为高等学校的招生录取权属于事业单位法人的民事权利。林群英诉厦门大学案 (案例 10), 法院又认为招生录取权是高等学校作为法律、法规授权组织的行政权力。由此可见, 司法实务上对高等学校招生录取权的性质还存在争议。笔者以为, 招生权是一种行政权, 招生录取行为是一种行政行为。虽然学校可以决定录取与否以及专业分配, 但是根据教育部发布的《2005 年普通高等学校招生工作规定》第八部分的规定, 全国普通高等学校招生录取工作在教育部统一领导下, 由各省级招生委员会实行属地化管理并负责组织实施。各省级招生委员会根据本地区招生工作的实际, 合理安排高等学校录取批次, 并确定各批次录取控制分数线。高等学校招生实行"学校负责、招办监督"的录取体制。高等学校须将拟录取考生名单报经生源所在省级招办核准。省级招办核准后形成相应录取考生名单, 加盖省级招办录取专用章, 作为考生被高等学校正式录取的依据, 予以备案。由此可见, 在高等学校决定准备录取后, 还有很多步骤由教育行政部门来控制, 而这些步骤是录取决定生效的关键。另外, 教育部《关于做好 2004 年普通高等学校招生执法监察工作的通知》指出, 各级教育纪检监察部门要认真履行纪检监察机关的职责, 继续坚持"全程参与、重点监督"的工作制度, 积极参与招生考试工作的全过程, 切实加大综合治理招生考试环境工作的力度, 坚决纠正招生考试领域的不正之风, 严肃查处招生考试工作中各种徇私舞弊的违法违纪案件, 并按照规定追究有关责任者和主管领导的责任。由上可知, 专科生、本科生和研究生的招生是以教育行政部门为主管单位, 在高等学校的分工配合下, 基于向社会提供优秀的公共产品的目的, 运用教育行政权所作出的对考生发生法律效力的行政行为。

《高等教育法》第三十二条规定: "高等学校根据社会需求、办学

---

① 厦门市思明人民法院 (2005) 思行初字第 80 号行政裁决书。

条件和国家核定的办学规模，制订招生方案，自主调节系科招生比例。"《普通高等学校招生暂行条例》第八条规定："普通高等学校应设招生办公室，在学校（院）的领导下进行工作。其职责是：执行国家教育委员会有关招生工作的规章及有关省、自治区、直辖市招生委员会的补充规定；根据国家核准的年度招生计划及来源计划，录取新生；对录取的新生进行复查；支持地方招生委员会的工作。"由此可见，高等学校的招生录取权是指高等学校经法律、法规授权，根据法定事由和法定程序招收学生和其他受教育者的权力。高等学校的录取行为是对受教育者受教育权利的一种行政许可。然而，狄骥认为："公共权力绝对不能因为它的起源而被认为合法，而只能因为它依照法律规则所作的服务而被认为合法。"[①] 所以，高等学校的招生录取权虽然是一种法律、法规的授权，但为了保证其权力行使的合法性需遵循公开和信赖保护原则。

（二）招生录取权的行使原则

1. 公开原则

"没有公开则无谓正义"[②]，因为"一切肮脏的事情都是在'暗箱作业'中完成的，追求正义的法律程序必然是公开的、透明的"[③]，所有专制、愚昧、落后的统治都是以政务的神秘性为其根本特征出现的，"官僚机构的普遍精神是秘密，是奥秘"[④]。因此，行政公开是行政法的基本原则之一，"行政公开是指个人或团体有权知悉并取得行政机关的档案资料和其他信息而言"，[⑤] 要求除法律另有规定的事项外，即涉及国家秘密、商业秘密和公民个人隐私的事项之外，行政主体及其公务人员的行政行为的各个方面应一律对社会公开。在我的《行政处罚法》和《行政复议法》的总则中都规定了公开原则。

"行政公开"源于古希腊政治法律思想，亚里士多德认为，"只有看

① 莱昂·狄骥. 宪法论 [M]. 钱克新，译. 北京：商务印书馆，1962：8.
② H. J. 伯尔曼. 法律与宗教 [M]. 梁治平，译. 上海：三联书店，1991：48.
③ 王利明. 司法改革研究 [M]. 北京：法律出版社，2001：52.
④ 马克思恩格斯全集（第1卷）[M]. 北京：人民出版社，1956：302.
⑤ 王名扬. 美国行政法 [M]. 北京：中国法制出版社，1995：953.

得见的正义才是公道的"。近现代国家均把"公开性"作为衡量国家政治制度是否民主的重要标志。在实践中，行政公开的代名词是"阳光行政"，在制度保障措施上"透明"与"参与"。这也揭示了行政公开的基本含义：通过公开的行政管理方式，将行政权力的行使与公民的知情和参与有机结合起来，从而实现现代行政所应当具有的社会正义价值。正所谓"正义不仅要得到实现，而且要以人们能看见的方式得到实现"。这是对程序公开性的要求，在公开的程序中，当事人的主张，意图公布于众，同时各自提出相应的证据，从而容易发现和纠正决策过程中可能出现的错误。程序的公开性使整个过程始终置于公众的监督之中，也避免了暗箱操作和权力寻租行为，促使法律后果产生的公正性。法律程序的公布，法律进行的公开本身是法律的基本要求。法律的产生来自人们的意志，法律的执行是人们的要求，任何剥夺人们知情权的行为都是对法治的破坏。一般来说，法律的公布是容易做到的，而法律过程的公开则是现代法治国家努力的方向。在这方面，英美法系国家的经验值得借鉴。在英国，私法案在审议过程中，有关的专门委员会会邀请利害关系人到场陈述意见并进行辩论，整个法案的审理过程，俨如法院开庭审判案件。在美国，立法听证也是国会审理大多数法案的必经过程。① 立法听证，司法听证都以公正公平为原则保护着各方利益的实现。

　　行政法上的信息公开亦即情报公开、情报自由，是指公民或组织通过预设的程序，从行政主体那里获得各种有助于其参与行政程序，维护自身合法权益或者公共利益所需要的信息资料。凡法律没有禁止的，行政主体应当无条件地提供。②从规范高等学校招生权行使的视角看，行政公开制度是对招生录取中由于信息屏蔽而导致的招生权违法或不当行使而采取的解决应对方案之一。如"陈海云诉北京外交学院案"，之所以陈海云及其父母觉得北京外交学院的录取存在不公正行为，就是由于外交学院在招生前"没有公告对口试的任何特殊要求"，"没有按照德智体全面衡量、以文化考试成绩为主的从高分到低分择优录取"，没有按照"公平、公正择优"的招生政策与原则进行录取。

---

① 汪进元. 论宪法程序［M］//张庆福. 宪政论丛（第3卷）. 北京：法律出版社，2003：90.

② 章剑生. 行政程序法基本理论［M］. 北京：法律出版社，2003：59.

总之，为了保证学生在入学过程中参与权、知情权和申诉权的充分实现，高等学校在行使招生录取权时必须遵循公开、公正的原则。"阳光是最有效的防腐剂"，规范学校招生的程序，实行"阳光招生"，增强招生行为的透明度，扩大招生信息的公开范围，对于规范招生行为至关重要。按照一般原则，高等学校制定的所有有关招生的政策都应当公开，如收费项目、收费标准、招生政策与规定、入学条件、录取结果等。具体包括：学校在招生之前公布明确、具体的招生标准；公示录取结果，包括报考学生的总数、录取的人数、录取的分数比例、具备特殊条件的学生情况。现在很多学校已经开始对本校招生条件和标准进行公开，但是绝大多数是原则性的规定，对于具体的内容，各校"讳莫如深"。尤其是对录取的结果，学校通常只是简单公布一些数字。①

只有在高等学校充分公开与招生相关的信息，学生在对招生、录取情况完全知情的前提下，才有可能参与契约关系的建构。而且高等学校的这种信息公开方式也体现平衡论的思想，既保证了权力来自于法律的授权，也体现了这种权力是在学生的同意之下行使。

2. 信赖保护原则

信赖保护原则是诚信原则在行政法中的运用。诚信原则的基本含义在于行使权利、履行义务，应依诚实及信用之方法。② 诚信不仅是私法的要求，也是公法的精神，"苟无诚信原则，则民主宪政将无法实行，故诚信为一切行政权之准则，亦为其界限"。③ 诚信原则在行政法中的运用十分广泛，但最能够直接体现诚信原则的是信赖保护原则。所谓信赖保护原则，是指当行政相对人对行政行为形成值得保护的信赖时，行政主体不得随意撤销或者废止该行为，否则必须合理补偿行政相对人信赖该行为有效存续而获得的利益。

当然，信赖保护原则的适用必须具备一定的条件。首先，存在信赖基础。即行政行为生效且此生效事实被相对人获知，相对人如不知有该行政

---

① 王敬波. 高等学校与学生的行政法律关系研究 [D]. 北京：中国政法大学法学院，2005：53.

② 杨解君，等. 行政法学 [M]. 北京：法律出版社，2000：65.

③ 罗传贤. 行政程序法基础理论 [M]. 台湾：五南图书出版公司，1993：65.

行为的存在, 即无信赖可言。若无信赖感, 也就无从适用信赖保护原则。其次, 具备信赖行为。亦称信赖表现, 是指相对人基于对授益性行政行为的信赖而采取的具体行为。信赖保护原则的适用, 必须是相对人已采取了信赖行为, 且信赖行为具有不可逆转性。其主要表现为: 授益性行政行为赋予行政相对人某种物质利益, 而行政相对人已对该物质利益进行了处分, 如对作为物质利益载体的特定物、不可分物等进行了处分; 或授益性行政行为赋予行政相对人的是某种资格, 而行政相对人依此资格从事了某种行为。① 再次, 信赖值得保护。值得保护的信赖须是"正当的信赖", 且信赖利益须显然大于撤销或废止原行政行为所欲维护的公共利益; 否则, 该信赖也不值得保护。这就得对信赖利益与否定原行政行为所欲维护的公共利益进行客观的对比或权衡。一般认为, 行政主体在对这两种利益进行权衡时, 应当考虑如下因素: 撤销对受益人的影响; 不撤销对公众和第三人的影响; 行政行为的种类及成立方式 (经由较正式行政程序所为的行政行为, 受益人对其信赖的程度更大); 行政行为违法性的严重程度; 行政行为作出后存在的时间长短。通过对信赖利益与撤销或废止之公共利益间的权衡, 在前者显然大于后者时, 就不得撤销或者废止原行政行为, 即维持原行政行为的效力; 在相反的情形下, 行政主体虽可撤销或者废止原行政行为, 但必须给予相对人合理的信赖补偿。至于信赖补偿的范围, 应由信赖利益受损害的程度决定。

　　上述"陈海云案"中, 北京外交学院的做法违反了信赖保护原则。考生已经对北京外交学院一贯的做法以及当年的招生政策形成了信赖, 况且北京外交学院在招生之前并没有事先公布英语口试的要求, 而是在录取过程中增加了对考生英语口试分数的要求, 违背了学生对此行为的信赖。再如, 某师范大学招收艺术类本科生, 在招生简章上明确规定了学生录取必须具备的身高条件, 并且该年的招生名额为两个。有一位考生考试成绩名列第三, 未被录取, 但在事后了解到成绩名列第二的考生身高其实未达到招生简章上规定的条件, 因而向法院提起行政诉讼。② 笔者以为, 原告基于对该师范大学所发布的招生简章的信赖而报考该学校时就产生了信赖

---

① 李春燕. 行政信赖保护原则研究 [J]. 行政法学研究, 2001 (3): 10.
② 沈岿. 谁还在行使权力——准政府组织个案研究 [M]. 北京: 清华大学出版社, 2003: 83.

利益，此信赖利益是正当的，应当得到保护。而该师范大学却无合法正当理由变更了此规则，录取了不符合条件的考生，违反了信赖保护原则，因而是违法的，法院可责令其重新作出合法的录取行为。

信赖保护原则是对高等学校和学生行政契约关系的一种制度保证，只有双方基于互相充分信赖的基础上，才能保证选择、协商与合意的实现。

二、高等学校的规章制定权及其行使原则

美国政治学家、社会学家麦基弗（Marclver）说："任何一个团体，为了进行正常的活动以达到各自的目的，都要有一定的规章制度，约束其成员，这就是团体的法律。"① 高等学校作为社会组织之一，为了实现高等教育的目标，需要制定规章制度约束学校的成员。

（一）规章制定权的性质和存在的问题

从国家权力统一性的角度，公共权力归属国家，国家垄断立法权力在原则上是被承认的。国家为了适应特殊公共服务的需要，便于对从事公共服务组织的管理，因而授权公共服务组织自己制定内部的规范。这种权力不是在国家公权力之外的一种权力，而是国家将自己的统治权的一部分授权给社会自治团体来行使，因此高等学校在这种关系下制定规章制度的权力来源于国家的授权。高等学校的规章制定权，亦可视为作为行政主体的高等学校所享有的立"法"权，具体是指高等学校为了校园管理的需要，依照法规、规章制定有关规范性文件的权力。大部分教育法规、规章都规定其实施办法或细则由高等学校制定。《教育法》第二十八条第一款规定的学校按照章程自主管理中"章程"的范围并无具体解释，笔者认为应包括高等学校对其学生进行管理所适用的各种规范性文件。

1. 规章制定权的性质

高等学校的规章制定权是教育权扩张的一种表现，同时也是保障教育自由的重要措施之一。法律赋予了学校自主管理，自主订立章程，并根据自己的教学需要制订教学计划的权力。学校基于保障教育者能够自由实施教育行为的考虑，建立一个良好的教学管理秩序，必然会要建立一个有效

---

① 邹永贤，等．现代西方国家学说［M］．福州：福建人民出版社，1993：322.

的制度体系, 校纪校规则是支撑这个完整的教育秩序的核心内容。基于高等学校和学生行政契约关系的考虑, 高等学校的规章制定权也是学生的一种契约授权, 学校规章制度体系的建立在一定程度上是校方与学生协商共同创建的结果。它既是高等学校用来实施学生管理的依据和手段, 也是学生对高等学校权力进行限制的方式。①

　　另外, 从高等学校自主管理权产生的过程来看, 高等学校自主管理权实质上是政府下放给学校独立行使的行政权力, 其中高等学校的规章制定权亦有明确的法律授权。因此, 制定行政性规范文件也属于高等学校行使管理权的一种方式, 其性质属于抽象行政行为。我国《高等教育法》第四十一条规定的校长职权有: 拟订发展规划, 制定具体规章制度和年度工作计划并组织实施; 对学生进行学籍管理并实施奖励或者处分等。新《规定》第六十八条规定: "高等学校应根据本规定制定或修改学校的学生管理规定, 报主管教育行政部门备案, 并及时向学生公布。省级教育行政部门根据本规定, 指导、检查和督促本地区高等学校实施学生管理。" 可见, 高等学校拥有一定的管理学生的自治权, 包括可以依法制定对学生具有普遍约束力的各种规章制度。

　　2. 学校规章制度制定上存在的问题

　　学校规章制度的制定程序不规范, 成为了制约规章制度质量提高的 "瓶颈"。长期以来, 多数高等学校在规章制度的 "立、改、废" 工作中没有建立相应的规范性程序。结果是, 规章制度的制定没有前期规划, 对拟制定的规章制度缺少必要性和可行性论证; 哪些事项需要由学校制定有关的规章制度, 也没有明确的界定, 难免会出现超越学校行政管理权限的规章制度; 规章制度草案的审查机制不健全, 草案内容的合法性问题常常被忽视; 规章制度的公开制度尚未完全建立, "透明度" 不够, 很多还没有为学生了解, 仍然处于 "内部掌握" 状态等。另外, 学校规章制度与法律、法规相抵触的现象比较严重。制定学校规章的依据是法律、法规的授权, 或主管行政部门的授权, 或国家规定的其自主管理的职责和权力。一般来说, 法律、法规并不直接赋予学校制定某种规范文件的权力, 而是

① 余雅风. 契约行政: 促进高等学校学生管理的法治化 [J]. 北京师范大学学报 (社会科学版), 2007 (2): 21.

规定其职责和权利、义务，实质上也就是赋予了学校制定内部规章制度的权力。理论上讲，学校规章制度是以法律、法规为依据制定的，不应该与之相抵触，但实际上，相当一部分学校规章制度存在着不同程度的与法律、法规相矛盾、相抵触的情况。例如有的规章制度在规定行政职权的同时，忽视了对行使职权的条件、程序以及应当承担的责任作出规定，不符合职权与职责相统一的原则；有的规章制度在要求教职员工和学生履行有关义务的同时，没有对他们应当享有的权利作出规定，或者虽然作了规定，但却缺少保障权利行使或者实现的途径以及相应的程序机制，这也违背了权利与义务相一致的原则。上述情况在有关纪律处分以及校园管理的规章制度中尤为突出。例如，目前大多数有关学生纪律处分的规章制度中，都没有规定学生有权陈述和申辩，也没有建立完善的告知和重大纪律处分的听证制度，程序上缺乏正当性，学生的合法权益难以得到保障。有关职能部门依据这些规章制度实施处罚或者给予纪律处分，难免不与相对方发生争议，并极易导致学校被诉，进而使学校在诉讼中处于不利地位。再如田永案中，北京科技大学《关于严格考试管理的紧急通知》第一条"凡考试作弊者，一律按退学处理"的规定，对"考试作弊"的处理明显重于原《普通高等学校学生管理规定》第十二条的规定，也与第二十九条规定的退学条件相抵触，如此种种，不胜枚举。而且各类规章制度之间往往缺乏必要的统一性。不同规章制度在内容上彼此互相矛盾，同一规章制度的前后规定缺乏连贯性、一致性，还有些规章制度只有实体规定，而无相应的程序规定来保障实施等。规章制度在形式和结构等技术性方面的问题也为数不少。规章制度起草水平不高，"条例"、"规定"和"办法"等名称使用混乱，章节条文之间的逻辑联系不够紧密等，是规章制度制定过程中的常见问题。

（二）规章制定权的行使原则

学校规章制度是学校进行学生管理的重要手段与依据，但学校是否有权制定比法律法规所要求的标准更加严格的规章制度？笔者认为，如果学校制定的规章制度比法律规定的标准严格，实际上是作出了对学生"不利"的规定，增加了学生的义务，限制了学生的权利。因而，学校规章制度的制定应遵循一定的原则，这些原则是高等学校行政契约关系中授权理论的体现。

1. 权限法定原则

高等学校在依法制定规范性文件时，主要遵循的是合法性原则，具体表现为权限法定原则，即行政权限必须依据法律的授予才能享有，权限的行使必须依据法律的规定进行等具体原则。行政权限是法律规定的行政机关行使职权所不能逾越的范围、界限，行政机关行使职权超越了这个范围和界限，便构成行政越权，就应视为无效，由有关机关依法予以撤销。行政权限法定原则是指行政机关的设置、职权来源、职权范围以及行使职权的方式都必须具有法律上的依据，并符合法律规定。行政权限法定原则与英法国家一致公认的"越权无效"原则是相一致的。在英国，法院主要根据越权无效原则来衡量行政机关法定职权的行使是否合法。在法国，"越权之诉"是行政法上最主要的制度，并且通过行政法院的判决把"越权之诉"的违法形式分为四项，即无权限，形式上的缺陷，权力滥用和违反法律。可见这一原则在英、法等国行政法中居于十分重要的地位，并且具有广泛的适用性。

权限法定原则亦可表述为"根据"原则和"不抵触"原则。"根据"原则指下位规范性文件必须根据上位规范文件的特定授权、具体规定或精神制定，[①] 不得超出上位规范性文件授权的范围设定上位规范性文件未予规定的事项，而只能对其已规定的事项予以必要的细化；"不抵触"原则是指下位规范性文件既不能与上位规范性文件的内容相冲突、相违背（又称不得直接抵触），也不能与上位规范性文件的精神实质和基本原则相冲突、相违背（又称不得间接抵触）。[②] 高等学校在制定规则时，应当采取"根据"原则，同时制定规则还必须体现法律优先及法律保留原则。即使法律给予高等学校自主管理权，仍应坚持"法无规定则禁止"的原则，在涉及学生基本权利方面，应贯彻"法不禁止即自由"的原则，只要法律没有明文禁止的，高等学校就不得设定规则予以限制。

总之，根据《教育法》的规定，高等学校有权围绕教育目的的实现自行制定相关的自治性规范文件（包括各种管教的规章制度），这是高等

---

① 陈章干. 论行政立法中的"根据"[J]. 行政法学研究，1999（2）：38.

② 周旺生. 立法论 [M]. 北京：北京大学出版社，1994：436.

学校自治的一个突出表现，是高等学校在管理学生方面具有自由裁量权的一个表现，同时也是保证学校办学自主的必然要求。但是这种自治权不是没有限度的，而是必须保证其合法性，受到法律的制约，其制约的底线应该是学校的自治权与国家教育权之间不形成法律上的对抗，即学校规章制定的权限是法律授予或认可的。具体来说，学校规章获得法律效力的途径有两种方式：事前的授权和事后的确认。事前的授权：国家对于学校制定规章的事前的授权，有两种情况：一种是概括性授权，即法律中概括性授予学校自主管理权，包括制定规章的权力。另一种是具体的授权，即国家机关具体规定学校可以在何种事项上立法。事后的确认：国家机关对于学校规章的事后的确认方式大致有两种：批准和备案。①

2. 法律优先原则

法律优先，又称法律优位。法律优先是针对行政机关制定的法律规范提出的，在当代各国行政立法迅速发展，从一级立法转为多层次立法的情况下，必须保证法律的优先地位。或者说广义的法律规范是有位阶的，法律处于最高位阶。一切国家机关制定的规范，尤其是行政机关制定的规范，都必须与法律保持一致，以保证人民意志的至高无上，保证国家法制的统一。从另一意义上来理解，法律优先也意味着下一层次的法的规范要与上一层次的保持一致，层层保持一致，也就保证了法律优先原则的实现。在一般情况下，法律优先是指已有法律时，其他规范，尤其是行政规范必须与其一致。同样，在法律尚未制定时，其他国家机关在宪法和法律允许的范围内按职权制定了规范，一旦法律颁行，其他规范若与法律有抵触，法律优先，其他规范必须废止或修改。

我国宪法对法律优先原则作了比较明确的规定：国务院根据宪法和法律制定行政法规；国务院各部、各委员会根据法律、行政法规制定规章；省、市政府根据法律、行政法规和本省市的地方性法规制定规章。省市人大及其常委会在和宪法、法律不抵触的情况下制定地方性法规。如有抵触，有权机关将予撤销。法律优先原则已表述得十分清楚。②

---

① 王敬波. 高等学校与学生的行政法律关系研究 [D]. 北京：中国政法大学法学院，2005：27 - 28.

② 应松年. 当代行政法发展的特点 [J]. 中国法学，1999 (6)：34.

法律优先原则是指行政应受到既存法律的约束，行政机关不能违反既存法律，不能采取与法律相抵触的措施。在法律尚无规定，其他法律规范已经做出规定时，一旦法律就此事项做出规定，则法律优先，其他规范必须服从法律。根据这一原则，高等学校制定的与法律法规相抵触的自治规章应视为无效，高等学校制定的校规不得重于法律、法规、规章的规定，因此高等学校在进行从严治校时，要有法律依据。高等学校内部规范性文件作为内部管理规范和自治规则，在合法的前提下，可视为对法律规范的一种补充和完善，如果与现行法律相悖，则应按照法律优先原则对这些规则进行及时的清理和修改。高等学校现有内部规范性文件，许多是从方便管理出发，着眼于提高管理效率和维护正常的教育秩序，对是否符合法制精神和法律规定则重视不够，从实体到程序都存在对相对人正当权益的漠视和践踏现象，导致学校管理效能不高，亟待修改和完善。要建立科学合理的、保障被管理者权利、义务的实体规则和程序规范，保障管理相对人的正当利益和合法权利。

3. 法律保留原则

法律保留原则是指宪法关于公民基本权利的限制等专属立法事项，必须由立法机关通过法律规定，行政机关不得代为规定。行政机关实施行政行为必须有法律授权。法律保留原则的理论依据主要有：（1）民主原则。民主原则要求，只有人民选举的、具有直接民主合法性的议会才能够对共同体利益作出重大决定，特别是颁布普遍的、对公民具有约束力的行为规范均由立法机关"保留"。（2）法治国家原则。法治国家是指公民之间、国家与公民之间以及国家内部领域的关系均受法律调整的国家。其标志是所有国家权力及其行使均受法律的约束。形式意义上的法治国家以法律为中心，凡对公民自由和财产的侵害必须具有议会法律授权；而只有国家活动形式上符合法律，才能被视为达到法治国家的要求。实质意义上的法治国家不仅要求国家受法律的约束，而且要求法律本身具有社会的正当性。（3）基本人权规定。基本人权规定要求全面保护公民的自由和财产，并且与法律保留相对应，只能通过或者根据法律加以限制。

高等学校作为文化知识的传承、培养和传播机构，比一般的社会组织具有更大的独立性和自主性，即教育独立和学术自由。但教育独立和学术自由不代表高等学校可以为所欲为，学校制定规范性文件应受"法律保留原则"的约束。法律保留原则是大陆法系国家用以表达法治行政原则的一个术语，意指行政机关只有在取得法律授权的情况下，才能实施相应的行为。① 法律保留可分为相对法律保留和绝对法律保留。"相对保留是指在特殊情况下，法律可以将由其保留的事项，委托给其他国家机关主要是政府行使。绝对法律保留就是指有些事项除法律外其他规范都不得规定，也不得授权。"② 从这个定义可以看出，法律保留原则与传统的特别权力关系及修正理论有密切关系。传统的特别权力关系理论的特点之一是义务的不确定性。在特别权力关系下，权力人对相对人享有概括式的命令权。相对人有"不定量"及"不定种类"的服从义务。③ 即权力人行使的权力不仅可以没有法律规定的明确范围，甚至法规上也没有明确的规定。这种权力的来源也许是来自权力人自己制定的规则，也许是个别人的意志，并且从这种概括式的命令所处分的相对人的权力来看，它不仅可以处分义务人一般的权利，而且还包括基本的权利。由此可以看出，在传统的特别权力关系之下，根本就不存在法律保留。在行政过程中，一切都由行政主体任意所为。修正后的特别权力关系理论将特别权力关系分成"基础关系"和"管理关系"。凡是有关该特别权力关系之产生、变更及消灭事项者，是为"基础关系"。在属于涉及基础关系事项，权力人所为之决定，属于可提起司法救济的行政决定。而且权力人所为该行为亦必须要有法律的授权方可，因此，应适用法律保留制度。所谓"管理关系"，指为了达到行政之目的，权力人所为一切措施。这些规则及措施应视为行政内部的指示，故不可提起司法救济，也不必依循严格的法律保留原则。这种区分在某种意义上既保障了个人的基本权利免受侵害，维护了法治原则，同时又满足了特定领域内自主管理的需要。在理论界就特别权力关系不足以成为限制基本人权的依据达成共识之后，德国联邦法院提出的重要性理论使法律保留范围延伸到公立学校事项上。即"只要是涉及公民基本权利的事项，不论是秩序行政，抑或是服务行政，都必须由立法者以立

---

① 哈特穆特·毛雷尔. 行政法学总论 [M]. 北京：法律出版社，2000：104 - 107；陈秀清. 依法行政与法律的适用 [M] // 翁岳生. 行政法. 北京：中国法制出版社，2002：178 - 179.
② 应松年. 当代行政法发展的特点 [J]. 中国法学，1999 (6)：35.
③ 李昕. 行政诉讼制度对受教育权的保护 [M] // 郑贤君. 公民受教育权的法律保护. 北京：人民法院出版社，2004：186.

法方式限制，而不可由权力人自行决定"。这是法律保留原则对特别权力关系渗透的实践性突破。①

就教育领域而言，德国法学界一般认为，立法机关应自行作出有关教育领域的重要决定，而不能放任给教育行政机关。对涉及学生基本权利及其父母基本权利问题，立法机关应自己通过立法进行调整。这些"重要问题"包括教育内容、学习目标、专业目录、学校的基本组织结构，学生的法律地位以及纪律措施等。除此之外，已经被法院通过判决确认的"重要性问题"还包括：作为秩序措施的毕业；高级文科中学高中阶段的改革；性教育课程的设置；以成绩无条件的教育免除；留级；学校的政治宣传。我国台湾学者认为："举凡教育内容，学习目的，修课目录，学生之地位等有关大学生学习自由之重要事项，皆应以法律明文限制之，或有法律明确之授权。尤其是足以剥夺大学生学习自由之退学或开除学籍处分，更应以法律明定其事由、范围效力，而不得仅以行政命令或各校之学则即予剥夺，此即法律保留原则基本要求"②。"至于影响学生权益甚巨之处置，不能再任由经行政规则订之。如入学、转学、学位之授予、退学、勒令退学等，宜划入法律保留的范围"③。我国台湾地区的判例也认为，各级学校依校规对学生所为的退学或类似之处分，因足以改变学生身份，并损及其受教育之机会，影响人民受教育之"宪法"权利，故得寻求救济。④ 我国也有学者基于法律保留原则，认为高等学校不能自行设定退学权，即在法律、行政法规、地方性法规、规章没有先行规定的情况下，高等学校不能自行规定退学的条件、范围、种类。⑤ 德国的重要性理论可以成为我国高等学校和学生行政契约关系接受司法审查的衡量标准。

我国现行法律中，法律保留的规定见于《中华人民共和国立法法》第八条。该条立法采取列举性规定与概括条款相结合的办法，除具体列举

---

① 李昕. 行政诉讼制度对受教育权的保护［M］//郑贤君. 公民受教育权的法律保护. 北京：人民法院出版社，2004：187-188.
② 董保城. 教育法与学术自由［M］. 台北：月旦出版社，1997：22.
③ 蔡震荣. 行政法理论与基本人权之保障［M］. 台北：五南图书出版公司，1999：98；沈岿. 谁还在行使权力——准政府组织个案研究［M］. 北京：清华大学出版社，2003：108.
④ 翁岳生. 行政法［M］. 北京：中国法制出版社，2002：275.
⑤ 程雁雷. 高校退学权若干问题的法理探讨［J］. 法学，2000（4）：57-62.

若干法律保留事项外，还在第十款中规定："必须由全国人民代表大会及其常务委员会制定法律的其他事项。"由于公民受教育权利属于宪法上的基本权利，是最高层次的权利，参照国外的相关规定，对于学生入学、开除、勒令退学等重要事项应予以法律保留。我国法律未规定，如果行政部门突破法律保留的规定，越权制定规范性文件法院应如何处理。但按行政诉讼法的规定，对于规章以下的规范性文件，法院在案件审理过程中应当"参照"，而不是"依据"，即规章以下的规范性文件对于法院没有当然的约束力，法院可以依自己的裁量，决定不"参照"一项非法或越权的规章。学校规章在效力上类似于村规民约，法院可以采取"不参照"的办法来否定其效力。由于我国法律没有规定，法院在何等情况下应当参照某一规章，在何等情况下可以不参照某一规章，理论上认为，立法机关在此赋予法院以裁量权，由法院根据合理、合法原则自行确定。法院不仅可以对规范性文件进行合法性审查，而且可以进行合理性审查。但是教育部新《规定》在没有上位法依据的前提下，规定了学生退学的几种情形，涉及学生身份的变更，应当说是违反了法律保留原则。

综上所述，由于对行政契约本身研究的不足，为了对学校管理学生的规章制定权予以适当的控制，我们可以引进"重要性理论"。凡是涉及学生的基本权利及其他重要权利的事项，必须由法律作出保留，学校的规则不能自行作出规定，即对这部分权力，坚持法律没有规定不得为之。凡在重要性事项之外的事项，学校可以自行制定规则，依据该规则实施学生管理。我国目前在高等学校学生管理方面还没有形成法律保留的原则。法院在行政诉讼中只能运用法律优位原则和精神来确定是否适用法规、规章及学校的规则，消极地要求法规、规章及学校的规则不得与上位规范性文件相抵触，而对于法规、规章及学校的规范性文件规定的，法律尚未规定的事项，法院很难作出法律评价，而学校也正好借此主张这属于其"自治"的范围。如"马某、林某诉重庆邮电学院案"，学校作出这一决定的依据是其自行制定的《学生违纪处分条例》第二十条：……发生不正当性行为者，给予留校察看直至开除学籍的处分。但我们在寻找上位法依据时，《教育法》、《高等教育法》、《普通高等学校学生管理规定》、《高等学校学生行为准则》均没有对学生发生性行为是否开除作出规定。然而，面对汹涌如潮的批评声浪，学校声称处分学生是依据校规及相关规定作出的，对学生处理的整个过程都是合法的，是依据教委的相关规定和文件执行的。

因此，为了保障学生在学期间契约性权利的充分行使，必须明确法律保留和学校自治的范围，使双方都不要侵入或超越自己的范围。鉴于法律保留的程度不同，可以将学校规章分为三个层次，第一层次为法律绝对保留的事项，主要是有关学生的入学，退学，毕业证、学位证的发放事项及学生的名誉权、荣誉权、财产权等学生基本权利的事项，必须有法律的明确授权。第二层次为法律相对保留的事项，主要有学生学籍取得及丧失之外的学籍管理，学校对学生的奖励及除开除之外的处分，法律可以原则授权具体规则由学校制定。第三层次为学校自治管理的事项，只要不与上位法相抵触，学校均可自行规定管理内容。

除以上原则外，学校规章制定中还应该有学生参与原则，这与前文所述学生的参与权部分内容有相似之处，故此处不再赘述。

三、高等学校的学业评价权及其行使原则

高等学校是学术共同体，学业评价权是其核心权力，这种权力的运行以学术权力为主，而以行政权力为辅。也就是说，学业评价权从本质上说是一种学术权力。克拉克（B. R. Clark）认为"专业的和学者的专门知识是一种至关重要的和独特的权力形式，它授予某些人以某种方式支配他人的权力。""专业权力像纯粹的官僚权力一样，被认为是产生于普遍的和非个人的标准。但这种标准不是来自正式组织而是来自专业。它被认为是技术能力，而不是以正式地位导致的官方能力为基础的。"[1] 学术权力在学术活动中表现为两种形式：一种是学术人员或学术组织在进行科学研究时，依据学术自由的原则有权自由发表个人观点和评价他人的学术成果。学术权力在此首先表现为学术权利，谋求学术自由，其行使规则为法不禁止即自由，法律一般明确对该权利加以保护。其次表现为在专业领域里的学术魅力，尤其是学术权威的魅力，它的影响力来自于学术人员的自愿追随和服从，它所承担的责任是研究发现的责任和服务于社会的责任。另一

---

[1] 伯顿·R. 克拉克. 高等教育系统——学术组织的跨国研究 [M]. 王承绪，等译. 杭州：杭州大学出版社，1994：2、128.

种是高等学校内，学术人员通过取得教师资格和取得某种职称可以获得评价学生学业成绩和学位论文水平的学术权力，① 这种学术权力谋求影响力和控制力，具有强制性和扩张性的特点，其运作规则是法无规定则禁止。本文的学业评价权指的是第二种学术权力。

（一）学业评价权的性质和存在的问题

为了保证学生受教育权利的实现，高等学校需要组织教学活动，并对学生的学业能力进行评价，在此基础上决定学生是否具备获得学业证书的能力。从理论上来说，组织教学活动，只是学校行使学生学业评价权的预备阶段，学业评价是整个教学活动的主体，是最终决定是否授予学生学业证书的必要条件。考试和论文答辩是学业评价的过程，教师的评分以及评议委员会的评议是学业评价的方式，分数和评议结论是评价权的表现形式。学业成绩的评价标准的确定和学术权力的运用更多的是依赖于学术权威或者教师的专业能力、学术修养、人文品格。这种带有高度属人性的判断，是"不可代替的决定"，国家法律承认权力享有者的判断余地，② 法院和其他机构对于专业人员基于专业知识所为的决定应予尊重，但是这并不意味着可以因此排除司法审查，对于学业评价过程中的行政权力的运用同样属于法律问题，具有可审查性。③ 这种学术权力是以法律授权为基础的行政权力，对学生学历、学位证书的颁发行为属于行政确认行为。

当前，我国涉及学历、学位证书颁发的法律、法规主要有《教育法》、《学位条例》、《学位条例暂行实施办法》及《普通高等学校学生管理规定》。其中，《教育法》第二十八条第五款规定：学校及其他教育机构行使"对受教育者颁发相应的学业证书"的权利。《学位条例暂行实施

① 《学位条例暂行实施办法》第十九条对学位授予单位的学位评定委员会成员的资格作了详细的规定："授予学士学位的高等学校，参加学位评定委员的教学人员应当从本校讲师以上教师中遴选。授予学士学位、硕士学位和博士学位的单位，参加学位评定委员会的教学、研究人员主要应当从本单位副教授、教授或相当职称的专家中遴选。授予博士学位的单位，学位评定委员会中至少应当有半数以上的教授或相当职称的专家。"

② 翁岳生. 行政法与现代法治国家［M］. 台湾大学法学丛书编辑委员会，1990：37－109.

③ 王敬波. 高等学校与学生的行政法律关系研究［D］. 北京：中国政法大学法学院，2005：55－56.

办法》第二十五条规定:"学位授予单位可根据本暂行实施办法,制定本单位授予学位的工作细则。"从以上法律、法规对学业、学位证书颁发的规定来看,高等学校对学生行使的颁发学历、学位证书权既属于教育行政管理权的范畴,也是高等学校自治的一项重要权力。

据对在有关公开出版发行的报刊上收集到的 42 起教育行政诉讼案例的统计,为争讨学位或毕业证而提起诉讼的有 17 件,占总数的 40.4%;其中原告败诉的 19 件,占总数的 45.2%;原告胜诉的 13 件,占总数的30.9%。更多的学生面临着投诉无门的境况,如前文所述合肥某学院学生产文昂为讨回受教育权利历经 3 年、6 次诉讼被驳回。① 出现这种情况的原因,主要还在于我们对高等学校学业评价权的性质及其行使原则缺乏足够的认识。有的学校认为授予学位是高等学校学术审查活动,属于自治范畴,不在司法审查的范围之内。

案例 11 潘某原系桂林工学院旅游学院英语 99 级 3 班学生。2001 年11 月 5 日,潘某因在学校举行的《市场营销学》课程开卷考试中抄袭他人试卷,学校依据该校的《学生违纪处分条例》的规定,对其作出保留学籍停学一年和留校察看一年的处分。该处分决定学校未向潘某送达,仅口头告知了他,停学期间,双方亦未办理任何停学手续。2003 年 9 月,潘某申请复学,学校予以同意并为其补办了休学一年的手续。潘某在复学后,就《市场营销学》课程重新参加了考试,成绩为合格。2005 年 6 月,潘某从该校毕业,但学校根据《桂林工学院学位授予工作细则》第九条第二款"在学期间,因违反国家政策、法律、法规和校规、校纪的行为,受到留校察看(含留校察看)以上处分者,不授予学士学位"的规定对潘某作出不予颁发其学士学位证的决定。潘某不服,多次向该校要求颁发学位证并曾致函广西壮族自治区教育厅厅长反映情况,广西壮族自治区学位委员会办公室以复函的方式,同意了学校的处理意见。潘某仍然不服,诉至法院称,该校在作出处分时程序违法,且其在授予学位之前已把学生分为可以授予学位的和不可以授予学位的两类,其实际上在没有参与学位评定前就已经被剥夺了被授予学位的权利及对此的申辩权、申诉权。学校

---

① 为了讨回"受教育权",大学生六次诉讼告母校 [N]. 新安晚报,2002 – 12 –30.

的决定不仅违反宪法及其精神，亦使其自身的受教育权和平等权受到侵犯，故诉请法院判令桂林工学院颁发学位证书。案件审理中，被告桂林工学院辩称，本案诉争纠纷，不属于人民法院行政案件的受理范围，原告应当向教育行政主管部门提出申诉。此外，被告授予学生学位系高校学术审查活动，法院不应干预，请求法院驳回原告起诉。①

颁发学位证、毕业证的行为是对学生学习情况的证明以及学术水平的评价。这一行为虽不同于颁发许可证和执照的行政行为，但毕业证书和学位证书的取得与否与学生将来的就业、收入及社会评价等息息相关。《教育法》第四十二条第三项规定："在学业成绩和品行上获得公正评价，完成规定的学业后获得相应的学业证书、学位证书。"但现有的教育法律法规没有对学位申请者的学生在有关学位授予和毕业证颁发争议上给予任何声明异议、申请行政复议、提起行政诉讼的救济的规定。这为司法救济进入教育领域提供了契机。但问题在于，这类行为适用《行政诉讼法》第十一条哪一款的规定？依《行政诉讼法》第一条、第二条，颁发毕业证和学位证的行为符合《行政诉讼法》第十一条第二款规定的"法律法规规定可以提起诉讼的其他行政案件"。并且，颁发学位证、毕业证的行为属于羁束性行政行为，只要符合法定条件，如成绩合格、论文答辩通过等，就应予以颁发。

另外，从现行学位条例以及相关规范性文件对学位授予的规定来看，学位论文答辩委员会相对于学位评定委员会，具有行政上的从属关系。答辩委员会由学位评定委员会负责组织和审批。尽管法律规定了答辩委员会负责审查学位申请者学位论文的学术水平，但这种职能是从属于后者的，法律法规对两个委员会的职责规定，不仅有交叉，而且最终决定权在后者，法律不仅赋予学位评定委员会对论文答辩委员会报请授予学位的决议进行审查的权力，而且明确规定了学位评定委员会对于答辩委员会决议的实质性审查权。但这种规定在实践中带来了以下问题：（1）如果答辩委员会组成形式和形成决议的程序合法，不存在违法行为，重新审核有无根据？（2）以新的专家组合所形成的判定去否定答辩委员会的决议，是否

---

① 秦增儒，秦斌. 作弊学生状告母校要学位［N］. 法治快报，2005 - 12 - 20.

具有合理性？（3）非同行专家是否有资格参与对学术水平的裁定？"刘燕文诉北京大学案"即反映了这一问题。因此，法律应当明确，要么非同行专家没有资格参与对学术水平的裁定，即由多学科专家组成的学位评定委员会没有资格审查答辩委员会决议的实质性内容；要么规定，由多学科专家组成的学位评定委员会完全有资格审查答辩委员会决议的实质性内容。法律对此作出明确的规定，可避免引起有关"合理性"的争议。①

（二）学业评价权的行使原则

1. 不当联结禁止原则

我国实行学历证书和学位证书的"两证制度"。学历证书颁发的主要法律依据是《高等教育法》，该法第二十条规定："接受高等学历教育的学生，由所在高等学校或者经批准承担研究生教育任务的科学研究机构根据其修业年限、学业成绩等，按照国家有关规定，发给相应的学历证书或者其他学业证书。"第五十八条规定："高等学校的学生思想品德合格，在规定的修业年限内学完规定的课程，成绩合格或者修满相应的学分，准予毕业。"可见，对于学历证书的颁发，《高等教育法》确定了三项标准：思想品德合格、符合修业年限、成绩合格（或者修满学分）。学位证书颁发的法律依据是《学位条例》，该法第二条规定："凡是拥护中国共产党的领导、拥护社会主义制度，具有一定学术水平的公民，都可以按照本条例的规定申请相应的学位。"第四条规定："高等学校本科毕业生，成绩优良，达到下述学术水平者，授予学士学位。（1）较好地掌握本门学科的基础理论、专门知识和基本技能；（2）具有从事科学研究工作或担负专门技术工作的初步能力。"第五条规定："高等学校和科学研究机构的研究生，或具有研究生毕业同等学力的人员，通过硕士学位的课程考试和论文答辩，成绩合格，达到下述学术水平者，授予硕士学位：（1）在本门学科上掌握坚实的基础理论和系统的专门知识；（2）具有从事科学研究工作或独立担负专门技术工作的能力。"第六条规定："高等学校和科学研究机构的研究生，或具有研究生毕业同等学力的人员，通过博士学位

---

① 贾媛媛. 高等学校学位证颁发权的法理研究［D］. 北京：中国政法大学法学院，2006：19－20.

的课程考试和论文答辩，成绩合格，达到下述学术水平者，授予博士学位：（1）在本门学科上掌握坚实宽广的基础理论和系统深入的专门知识；（2）具有独立从事科学研究工作的能力。（3）在科学或专门技术上做出创造性成果。"根据《学位条例》的规定，学校授予学位的条件主要是学生的学业能力，包括是否掌握基础理论、专门知识和基本技能；是否具备科学研究工作或独立担负专门技术工作的能力；是否在科学或专门技术上做出创造性成果。[①]

但是，我国目前各个高等学校都根据自己的情况决定颁发学历证书和授予学位的不同条件。如"潘某诉桂林工学院案"，法院在审理中认为，学校制定的学士学位授予工作细则增加了"学生在籍期间，因违反国家政策、法律、法规和校规、校纪的行为，受到留校察看（含留校察看）以上处分者；不授予学士学位"的限制性条件，这一限制性条件与法律法规存在冲突，因此不能得到法律保护。潘某考试作弊确实违反校规，但其学习成绩及获颁发的毕业证表明，潘某是符合学院的毕业水平及要求的，学校以学生作弊受到处分而对其学位不予评定，剥夺了学生学术水平获得公正评价的权利，应当予以纠正。因此法院判决学校在一定期限内，召集学位评定委员会对原告的学士学位进行评定。这也说明桂林工学院的相关规定超越了对学生品德和学术能力的要求，违背了不当联结禁止原则。

所谓不当联结禁止原则是我国台湾行政法上的用语，具体指行政机关行使公权力，从事行政活动，不得将不具事理上关联的事项与欲采取的措施或决定相互结合，尤其是行政机关对人民课以一定的义务或负担，或造成其他的不利时，其采取的手段与所欲追求的目的之间，必须存有合理的联系。也就是说，若将事物不相关的因素纳入考虑，而作为差别对待的基准，即违反了不当联结禁止原则。不当联结禁止原则具体表现为：目的与手段之间应当有合理连接；行政机关与公民互付给付义务时，二者之间应当存在合理联系；禁止不相关因素的考虑；禁止滥用公益理由侵害人民权益。

---

① 王敬波. 高等学校与学生的行政法律关系研究 [D]. 北京：中国政法大学法学院，2005：68.

案例 12　湖南师范大学学生郭湖纹 1999 年考入湖南省政法干部管理学院（该校后并入湖南师范大学），因家境贫寒，难以支付学费，在临近毕业的时候，仍欠学校学费数千元。在其通过所有毕业课程的考试，获得合格的学籍分数后，老师却口头告知根据校方的会议精神以及教务处给各分院各部门发出的关于缴清学费的通知规定，学校决定暂不予以颁发毕业证，待其将学费缴清后再予发放毕业证，郭湖纹请求先予颁发毕业证或毕业证的复印件，以方便其毕业后就业以及还款，但遭拒绝。郭湖纹认为校方此举无法律依据，因而诉诸法院，而法院最终以该案不属于人民法院行政诉讼受案范围为由，驳回了原告的起诉。①

该案例中，学校将学生是否缴纳学费与其能否获得毕业证直接挂钩，对学生获得学历证书课以额外的负担。学费对于学生能否获得毕业证而言，是个不相关的因素，但学校对此进行了必然联系，违反了不当联结禁止原则。如果说各高等学校规定获得硕士、博士学位必须在核心期刊上公开发表两篇论文，尚有法律依据的话（《学位条例》第六条）。各学校将学生是否通过英语四、六级考试作为学生获得学业、学位证书的条件则超越了法律的规定，违背了行政法中的不当联结禁止原则。

2. 正当程序原则

"程序瑕疵"是高等学校诉讼案反映出的一个普遍存在的问题。曾担任美国联邦最高法院大法官的杰克逊（Jackson）认为："程序的公正合理是自由的内在本质，如果需要我们在通过公正程序来实施一项暴烈的实体法和通过不公正程序来实施一项较为宽容的实体法之间进行选择的话，人们将宁可选择前者。"② 程序的重要性可见一斑。然而，我国司法实践中由于受"重实体、轻程序"的传统法制观念影响，对程序违法的重要性仍然认识不够。在潘某案中，一方面被告对原告作出的违纪行为存在较严重的程序违法之处：诸如处理决定未送达、违纪处理程序不公开、作出不授予学位决定未经法定程序等。如，潘某的毕业论文（即学位论文）和答辩均已经通过，成绩达到获得学士学位的条件。按照《学位条例》第十条第二款规定"学位评定委员会负责审查通过学士学位获得者的名

---

① 长沙市岳麓区人民法院（2002）岳行初字第 83 号行政裁定书。

② 应松年. 行政程序立法研究［M］. 北京：中国法制出版社，2001：131.

单",潘某的名单应当提交学校学位评定委员会进行审查。但学校在这之前就已经将潘某列入了不授予学位的行列之中,显然程序违法。此外,学校理应当面向原告送达处分决定,要求其及时办理有关停学手续,并允许潘某申诉。如果上述手续齐全,潘某当即就应当知道自己已经被剥夺了学位授予权,她可以选择申诉,甚至可以选择退学,但事实是,潘某到毕业欲领取学位证时方知晓其三年前就已经被取消了获得学位证书的权利。

因此,高等学校管理权力的合法性,不等于其具体管理行为的合法性。高等学校自主管理权力能否得到公正、合理的行使,还必须有与之相适应的正当程序来保障。在高等学校的管理工作中坚持正当程序原则,是使学校的管理行为公开、公正、公平的基本保证。通过正当程序控制高等学校的管理过程,规范高等学校行政权力的运作秩序,使权力的行使遵循符合法治精神的规范步骤和方式,避免管理运行的无序性、偶然性和随意性,保证管理行为的合法性和高效性。[①] 正当程序原则是指行政主体在做出影响相对人权益的行政行为时必须遵循正当法律程序,包括事先告知相对人,向相对人说明行为的根据和理由,听取相对人的陈述、申辩,事后为相对人提供相应的救济途径,以保证所做出的行为公开、公平、公正。正当程序原则的运用对于学生学历、学位证书的获得尤其重要。

高等学校学历、学位证书颁发权作为一项公共权力,亦应遵循正当程序原则,严格控制颁发程序。根据该原则,高等学校在行使学历、学位证书颁发权时至少应遵循两个最低标准:[②](1)作出决定者与授权事实无利害关系;(2)在作出不予授予决定之前,应给学生以申辩机会。具体来说应做到以下几点:第一,学位评定中采取导师回避制,学生导师不参与包括论文答辩在内的整个评定工作。另外,学校成立学位评定申诉委员会,申诉学生所在院、系(所)以及作出评定决定相关人员应当回避。第二,说明理由。高等学校在作出评定决定时应当说明理由、阐述依据,并送达学生本人。第三,听取陈述和申辩。除须听取申请人的陈述和申辩外,还应当将异议人的意见纳入听取范围,并仿效民事诉讼执行程序中的对案外人提出执行异议的作法给予书面答复。

---

① 熊志翔等. 高等教育制度创新论 [M]. 广州:广东高等教育出版社,2002:261 - 262.

② 陈艳美. 大学自治领域之高校处分权研究 [D]. 济南:山东大学法学院,2004:23.

当然，法律保留原则也应当适用于对学业评价权的规范，正如前文所述，高等学校不能超越法律的规定，制定严格的学术评价标准，如设置四六级考试作为获得学士学位的前提等。"刘燕文诉北京大学案"也反映了高等学校在行使学业评价权时，不遵循法律保留原则所引发的争议。

四、高等学校的处分权及其行使原则

高等学校的处分权是指高等学校依照国家法律、法规和校纪校规，对学生进行行政管理的能力和资格。《教育法》第二十八条第四款规定：学校享有"对受教育者进行学籍管理，实施奖励或者处分"的权利，《高等教育法》第四十一条规定："高等学校的校长全面负责本学校的教学、科学研究和其他行政管理工作，行使下列职权"，包括"对学生进行学籍管理并实施奖励或者处分"。因此，高等学校学生处分权既属于法律、法规授权，也属于高等学校的自治权。其中学校所具有的勒令退学和开除学生学籍的权力，因其涉及学生身份的改变，属于法律、法规的授权，必须由法律作出相应的规定，这种权力的行使应遵循法律保留原则。属于学校自治权的处分权，则是指不涉及学生身份改变，如警告、记过、留校察看等处分权力，这些权力应当是学校作为特定的社会组织成立时即拥有的。

（一）处分权的性质和权限

根据新《规定》，高等学校有权对有违法、违规、违纪行为的学生给予批评教育或者警告、严重警告、记过、留校察看或者开除学籍的纪律处分。对于高等学校可以对有违法、违规、违纪行为的学生给予开除学籍的处分，新《规定》明确规定了所适用的几种情况，即违反宪法，反对四项基本原则、破坏安定团结、扰乱社会秩序的；触犯国家法律，构成刑事犯罪的；违反治安管理规定受到处罚，性质恶劣的；由他人代替考试、替他人参加考试、组织作弊、使用通信设备作弊及其他作弊行为严重的；剽窃、抄袭他人研究成果，情节严重的；违反学校规定，严重影响学校教育教学秩序、生活秩序以及公共场所管理秩序，侵害其他个人、组织合法权益，造成严重后果的；屡次违反学校规定受到纪律处分，经教育不改的。也就是说，首先，高等学校处分权在一定程度上是学校对其内部事务进行管理时享有的自由裁量权。我国现行的教育法律规范只对高等学校学生处分权的行使作了概括性的规定，至于在什么情况下，对学生的什么行为作出什么样的处分，并没有具体规定。新《规定》第六十八条规定，"高等学校应当根据本规定制定或修改学校的学生管理规定"，高等学校如何制定规定以及如何行使处分权，则由高等学校在不与该规定相违背的前提下根据本校的具体实际自主决定。从一定意义上讲，这是国家赋予学校处分学生的自由裁量权。需要注意的是，当学校行使这种自由裁量权时，必须基于公正和合理的考虑，这种自由只能是有限的自由，是在法律范围内的自由，否则就有面临司法审查的可能。

此外，高等学校处分权是一种公权力。按照一般行政法理，对公权力的理解，可以从两个角度来把握：一是针对作用对象的公共权力，二是针对作用事物性质的公共权力。以前者来解释公共权力，要求权力作用双方必须处于一个开放的空间，彼此之间不存在行政隶属关系，被管理者以独立个体的身份与管理者发生法律关系。以后者来解释公共权力，要求权力作用事务具有一定公共属性，不属于私人事务。随着社会的进步，教育行为早期的私人事务属性业已蜕化，转而成为社会和政府的活动内容，具备了明显的公共事务的特征，教育管理权力因而也具备了公权力的属性。从表面上看，高等学校处分权是学校依据法律、法规或者校纪、校规对违纪学生实施的管理行为，但从其根源来看，高等学校的自治权（含处分权）来源于政府与学校之间的权力再分配，"是政府逐渐下放部分对高等学校的支配权而形成的"由高等学校独立行使的行政权，是一种必须根据公认的合理性原则行使的公权力。① 这一点不仅被教育法学理论所支持，而且已有司法判决予以认可，如田永案。确认高等学校对学生处分权的公权力性质，其具体理由如下：

第一，从权力来源看，高等学校处分权是《教育法》、《普通高等学校学生管理规定》等法律法规授予高等学校行使的。学校对学生进行纪律处分是学校管理行为的一种。目的是保证教育活动顺利开展，促使学生向符合社会要求的方向变化。作为高等学校管理权重要内容的处分权来源于政府与学校之间的权力再分配，来源于政府放权，它不同于高等学校从

---

① 秦惠民. 高校管理法治化趋向中的观念碰撞和权利冲突 [J]. 现代大学教育, 2002 (1)：71.

事民事活动时所享有的民事权利。高等学校处分权的存在及其合法性不是基于学校与学生之间的约定，而是源于法律法规的授权。学校可以根据具体情况制定更为细致的规定，但不得违反法律法规。

第二，从处分的方式来看，按照新《规定》，当学生发生"违纪、违规、违法行为"，学校"应当给予批评教育或者纪律处分"。处分是"违纪、违规、违法行为"的必然后果。学校不能以任何非法定的原因而放弃处分权的运用。虽然在处分过程中，学校"应当听取学生或者其代理人的陈述和申辩"，一般而言，这是为了保证处分的公正合理。处分不完全是学校与学生在平等协商的基础上作出的一致的意思表示，决定具有一定的强制执行力，除非经过法定程序被撤销，否则学生必须遵守学校的处分决定。

第三，高等学校处分权的行使受到教育行政主管部门的监督。新《规定》第五十八条规定："开除学籍的处分决定书报学校所在地省级教育行政部门备案。"第六十一条规定："学生对处分决定有异议的，可以要求学校的学生申诉处理委员会进行复查。"第六十三条规定："对复查决定有异议的，可以向学校所在地省级教育行政部门提出书面申诉。"①

综上所述，高等学校对学生的处分是一种行政行为，是一种在国家教育权的行使过程中产生的行政行为。因为，高等学校学生处分权行使的主体是作为公务法人的高等学校，高等学校具有行政主体资格，符合行政行为行使的主体要件。高等学校学生处分的内容是行使国家教育权。围绕教育权的行使，高等学校的教育行政行为的内容具有多样性，对学生的处分是其中的内容之一。高等学校的处分行为不仅是一种行使职权的行为，也是在履行高等学校本身的职责，完成国家高等教育的任务。高等学校学生处分权行使的对象是高等学校的学生，对其受教育权利产生影响，从而使得高等学校教育行政权的行使具有了行政法上的意义。

我国台湾地区同样把高等学校的处分行为定性为行政行为。1995 年，我国台湾地区"司法院"大法官会议作出的 382 号解释文与理由书就指出："各级学校依有关学籍规则或惩处规定，对学生给予退学或类似之处分行为，足以改变学生身份并损及其受教育之机会，自属对人民宪法上受

---

① 朱佳丹．高校学生纪律处分法治化研究［D］．苏州：苏州大学法学院，2006：6.

教育之权利有重大影响，此种处分应为诉愿法及行政诉讼法上之行政行为。受处分之学生于用尽校内申诉途径，未获得救济者，自得依法提起诉愿及行政诉讼。"① 由此可见，我国台湾地区是把高等学校的学生处分行为视为一种行政行为，并在"足以改变学生身份并损及其受教育之机会，自属对人民宪法上受教育之权利有重大影响"的情况下可以作为行政诉讼的对象。

（二）处分权行使的原则

高等学校处分权作为一种行政公权力，它在根本上不同于私人权力。"一个人可以订立遗嘱按照自己的意愿处理自己的财产，只要保证了被赡养和被抚养的人的权利就行。它的遗嘱可以出于恶意或报复心理，但在法律上，这并不影响它行使权力。同样，个人有绝对的权利允许他喜欢的人使用其土地，赦免债务人，或在法律允许时驱逐房客，不考虑其动机。这是无拘束的自由裁量权。但是一个公共权力机关就不能做其中的任何事情，它只能合理地、诚实地行事，只能为了公共利益的合法目的行事。无拘束的自由裁量权的整个概念是不适宜于为公共利益而使用权力和拥有权力的公共权力机关的。"②

高等学校退学权是学校处分权中比较特殊的一种权力。"所谓退学权应当是指学校根据法定事由和法定程序使学生丧失学习权（或受教育权利）的权力，是学校对学生受教育权利的一种强制性处分。从表现形式看，它不仅包括学籍管理中的退学处理，还应当包括学生处分中的勒令退学和开除学籍。现行规定之所以把学籍管理中的退学处理和学生处分中的勒令退学和开除学籍区分开来规定是因为二者在起因和后果上有所不同。前者是由于学业或身体的原因，对退学学生发给退学证明并根据学习年限发给肄业证书。后者是由于品德或操行的原因，对勒令退学的学生发给学历证明，对开除学籍的学生不发给学历证明。"③ 实际上，退学处分可以分为"惩戒处分"的退学和"淘汰处分"的退学。所谓惩戒处分是指依

---

① 吴庚. 行政法之理论与实用（增订八版）[M]. 北京：中国人民大学出版社，2005：152.
② 威廉·韦德. 行政法 [M]. 徐炳，等译. 北京：中国大百科全书出版社，1997：69.
③ 程雁雷. 高校退学权若干问题的法理探讨 [J]. 法学，2000（4）：58.

据法律规定, 对学生课处具有法律效果而会影响学生地位, 具有惩戒性质的不利处分。此种惩戒处分也包括: 警告、记小过、记大过、留校察看、勒令退学、开除学籍、转学等。此种惩戒处分, 通常会形成文字记录, 因此也有人称为"文字记录惩戒"①, 与作为一种事实行为而不直接发生法律效果, 通常亦不会留下记录的"事实上的惩戒"有所不同。惩戒处分又可依其惩戒目的分为"纪律上的惩戒"与"学业上的惩戒"。纪律上的惩戒是指学校为了维持校内实施正常教育所必要的纪律或秩序, 对违反学校规定的义务或破坏学校秩序或纪律的学生所施以的惩戒。一般学校学生奖惩办法中所涉及的主要是此种惩戒。所谓"学业上的惩戒"是指基于学生学业上的成绩表现, 而施予的惩戒。至于"淘汰处分"是指学生因不符合学校学术上与教学上的要求, 足以认为已经不能达成其教育目的而终止其在学法律关系、剥夺其学生身份的处分。目前我国台湾地区各级学校学籍规则或大学学则上所规定因操行成绩不及格或学生学期学业成绩不及格科目的学分数, 达到该学期修习学分总数的一定比例(例如二分之一)者, 应予退学(即所谓的二一退学)处分, 虽说使用与惩戒处分相同的手段——退学, 但实际是一种"淘汰处分"。② 因此, 基于高等学校退学权的公权力性质, 高等学校在行使学生处分权时必须遵循一定的原则, 不能自行其是。

1. 合法性原则

合法性原则, 是指高等学校实施学生处分权时必须遵守法律, 即法律规定了对学生身份处分权活动的权限、行为方式和法律责任, 高等学校必须严格遵守, 在现有法律缺乏规定时, 则应当遵守法律的基本原则和精神。在这个"走向权利的时代", 合法性原则是学生管理过程中最基本的原则, 是学校进行学生管理时最低的行为要求。③ 这一原则主要包括④:

---

① 颜厥安等. 教育法令的整理与检讨 [M]. 台北: "行政院"教育改革审议委员会, 1997: 171.

② 周志宏. 学术自由与高等教育法制 [M]. 台北: 高等教育文化事业有限公司, 2002: 193 – 194.

③ 劳凯声, 郑新蓉等. 规矩方圆——教育管理与法律 [M]. 北京: 中国铁道出版社, 1997: 324.

④ 董立山. 高等学校学生身份处分权问题研究 [D]. 湘潭: 湘潭大学法学院, 2006: 23.

（1）处分依据合法

高等学校实施学生处分权行为必须基于法律的规定，或者说，只有在法律有明文规定的情况下，学校才能实施相应的处分行为，没有法定依据的处分一概无效。具体包括三层意思：其一，判断学生行为是非的标准是法定的，对学生来说，"法不禁止则自由"，如果学生实施的是法律没有明确禁止的行为，学校则不能追究其法律责任。其二，学生的行为是否应当给予其身份的处分，标准是法定的，即对于学生实施的违法、违纪行为，哪些应当给予身份处分，哪些只能给予非身份处分或批评教育，得按法律规定进行。其三，对学生给予何种处分的依据是法定的。按照新《规定》，对学生身份的处分包括"应予退学"和"开除学籍"两种形式，对学生具体适用哪种形式的处分，必须根据法律的规定，学校不得随意为之，更不能另行规定身份处分权的形式。

（2）处分行为合法

高等学校身份处分权的行使是建立在对学生违法、违纪事实认定的基础上，具体适用法律，并最终作出决定的活动。这一活动的每个环节、每个过程都必须符合法律的规定。它要求，一是高等学校对学生违法、违纪事实的认定要准确无误，并符合法律规定的基本要素；二是证据的收集要客观、真实，并不得有违证据采集的一般规定；三是不得超越职权或滥用职权。

（3）处分主体合法

高等学校学生身份处分权必须由具有法定处分权的主体行使，没有法定处分权的单位、组织或个人，无权实施对学生身份的处分。我国《教育法》第二十八条第四款规定：学校及其他教育机构享有"对受教育者进行学籍管理，实施奖励或者处分"的权利；《高等教育法》第四十一条第四款规定：高等学校校长行使"对学生进行学籍管理并实施奖励或者处分"的权利，据此，我们认为，高等学校学生身份处分权的法定主体只能是高等学校，而不能是学校有关职能部门或者院系。

2. 比例原则

比例原则，又称"最小侵害原则"，其基本含义是指行政主体实施行政行为应兼顾行政目标的实现和保护相对人的权益，在作出行政处罚决定可能对相对人的权益造成某种不利影响时，应将这种不利影响限制在尽可能小的范围内，使"目的"和"手段"之间处于适度的比例。该原则在大陆法系国家的行政法中具有极为重要的地位。陈新民教授认为，比例原则是拘束行政权力违法的最有效的原则，其在行政法中扮演的角色可比拟为民法中的"诚实信用原则"，是行政法中的"帝王条款"。①

马某、林某诉重庆邮电学院案，学校的规范性文件不仅违背了法律保留原则，也违背了行政法上的比例原则。行政法上的比例原则是指，行政机关实施行政行为应兼顾行政目标的实现与保护相对人的权益，如为实现行政目标可能对相对人权益造成不利影响时，应使尽可能限制这种不利影响，保持二者处于适度的比例。学理认为，比例原则包括三个子原则：其一，妥当性原则，指行政行为对于实现行政目的是适当的，有用的；其二，必要性原则，指行政行为对于达到行政目的是必要的，给相对人权益造成的不利影响是难以避免的，即行政权行使只能限于必要的度，以尽可能使相对人权益遭受最小的损害；其三，比例性原则，指行政行为在任何时候均不应难于相对人权益超过行政目的本身的价值的损害。② 比例原则要求高等学校行使学生身份处分权时要做到：

（1）高等学校学生处分权的行使要符合高等学校的培养目标。高等学校的办学目的是为社会培养具有创新精神和实践能力的高级专门人才，高等学校的一切管理工作，包括对学生处分权的行使，都必须服从、服务于这一总体目标。正如有学者所言：高等学校对学生的处分应充分体现教育功能而不是行使警察权力，对学生的惩戒与处罚是为了教育学生，处分的措施应当与教育目的相适应，不能因小过而重罚，罚过不相当，责过失衡。③

（2）高等学校实施身份处分权具有"必要性"。即高等学校对违法、违纪学生的处理，当有多种措施可以达到相同的效果时，应选择对学生权益限制或剥夺最小的一种，只有在采用其他任何措施仍不能达成教育的效果时，才实施身份处分权。

（3）高等学校在作出处分权决定前，要对实施处分权可能带来的教

---

① 陈新民. 行政法学总论（修订八版）［M］. 台北：三民书局，2006：92.
② 陈新民. 行政法学总论（修订八版）［M］. 台北：三民书局，2006：90 – 91.
③ 程雁雷. 高校退学权若干问题的法理探讨［J］. 法学，2000（4）.

育管理价值和因此给处分当事人带来的不利后果进行比较，只有在前者大于后者时，才可实施身份处分权。

当然，在身份处分权实践中，准确运用比例原则并非一件易事。但有一点是高等学校管理者们始终需要把握的，即处分永远是手段，教育才是真正的目的，从社会效益来看，学校是能够给予公民最好的正面教育的场所，对于学习不努力，品行有缺陷的学生，对其学生身份的剥夺不应当是唯一的教育办法，只要没有达到无可救药的地步，学校就有继续履行教育学生的义务。

另外，在对学生的处分中还应遵循不当联结禁止原则。如前文所述，不当联结禁止是指权力机关（教育行政机关、学校等行使公权力的机关）在其权力作用上，应只考虑到合乎事物本质的要素，不可将与法律目的不相干的法律上及事实上的要素纳入考虑，[①] 此为行政作用上最低限度理性的要求。纵使这些要素本身具有独立的目的，且有极为坚强的正当性，但行政作用的目的若与该要素间没有正当关联性，仍不得将之联结在一起，此为权力实质正当性的要求，具有"宪法原则"的位阶，亦属"合宪秩序"的一环。[②] 其实质是，实施处分不应当将与学生的违规行为无关的因素纳入考虑范围，或者将该违规行为扩大为其他少数人甚至全体学生的行为。如，"孝顺"虽属人伦之正当要求，但在学校教育中，却无法以学生"在家不孝顺父母"为由，而将其予以退学。也就是说，也许两件事在因果关系上有一定的关联，但如果这种关联不是必然的、正当的就不能纳入学校处分的考量范围。

法律保留也应当成为高等学校行使处分权的基本原则，笔者在论述高等学校规章制定权时详细讨论了该原则，因而此处不再赘述。

---

① 李惠宗. 教育行政法要义 [M]. 台北：元照出版公司，2004：70.
② 李惠宗. 教育行政法要义 [M]. 台北：元照出版公司，2004：70.

结　语

　　"大学不是一个温度计，对社会每一流行风尚都做出反应。大学必须经常给予社会一些东西，这些东西并不是社会所想要的（wants），而是社会所需要的（needs）。"①

　　无论是英美法系国家还是大陆法系国家，在法律制度上都出现了行政民主化和契约化的趋势，其间关涉到保护行政相对方权利的制度设计，并在价值追求上体现了对人的尊严的尊重，对人权的认真对待，把人作为目的而不是作为手段等取向。我国传统行政法巨大的理论惯性仍然阻滞着行政相对方地位的凸显和现代行政法理念的确立。"在行政法的研究中，常常将行政权、行政组织以及相关的行政规则作为研究的起点。但是，这样的研究，此种视角下的行政法学，实际上是以第二性或者第三性的东西为起点的，而不是从第一性的东西出发的。"② 这里所指的第一性的东西即是行政相对方及行政相对方的权利。因此，从行政法法理的角度系统地论证行政相对方及其权利的法律机理，并将其作为行政法研究的一个新的维

① Abraham Flexner. Universities：*American*，*English*，*German* ［M］. Oxford ：Oxford University Press，1968：13.
② 关保英. 行政法的私权文化与潜能 ［M］. 济南：山东人民出版社，2003：275 – 276.

度是十分必要而有意义的。笔者在高等学校领域分析行政契约关系的主要目的正是为了保障作为行政相对方——学生的权利和主体地位。

金生鈜认为："我们的教育特别强调个体对社会的归属和对集体的服从，强调以社会为本位的'集体人'教育，从而忽视了独立个体在教育中的主体地位和个人独特性的生活价值的自我实现，忽视了对个体权利、人性与生命价值的尊重。"① 也就是说，包括高等学校教育在内的教育并没有把培养个体的独立人格、主体性以及自我价值实现作为教育的内在利益和价值追求，并没有把个人的自由、自主、自我实现作为根本的教育前提，反而不敢承认或不完全承认受教育者作为个体是自由、自主和有尊严的。因此，我们的高等教育在相当长的时间内是否认受教育者的选择自由与选择能力的，这不但压制了个人的自由及自主性，同时也贬抑了个体价值实现的权利，进而把个体当做工具而加以职能化训练。由此可见，我国高等教育的价值取向忽视了学生的需要和学生的价值实现，即学生的主体地位。正如陈学飞所指出的那样："长期以来，我们的大学教育的价值目标取向一直是为政党或政府的政治、经济等目标服务，是为在此基础上确定的培养目标服务的，而往往忽视、排斥、甚至完全不顾及学生个体成长和未来发展的需求。长此以往的这种状况，已经给我国的大学教育及人才培养造成了相当不良的后果。"② 教育关系中学生主体和个性的缺失直接导致了学生在和学校形成法律关系中权利主体地位的缺失，学校一直把学生作为管理的对象，甚至法律也没有对学生的地位作出明确规定。

随着高等教育收费制度的改革，高等学校学生要缴纳学费才能享受高等教育服务，"于是他们就自然而然地追求所获得的教育服务质量，这就好比在商场购买商品一样，肯定要考虑性价比。其实，学生对高等教育质量的抱怨在收费前就已经存在，但由于当时没有缴纳学费，所以并没有太认真计较，反正是免费的"。③ 现在不再享受"免费的午餐"了，而是"谁付费谁点唱"，学生通过缴费为自己进行教育投资，为此付出了大量

---

① 金生鈜. 教育的多元价值取向与公民的培养 [J]. 教育理论与实践，2000（8）：2 - 8.

② 陈学飞. 应确立为大学生未来发展服务的价值目标 [J]. 中国高等教育，2001（22）：23 - 24.

③ 韩映雄. 高等教育质量研究——基于利益关系人的分析 [M]. 上海：上海科技教育出版社，2003：12.

的金钱、时间和精力, 自然要表达自己的需要和利益诉求。在国家全包高
等教育经费的时期里, 国家是单一的利益主体, 它以庞然大物的姿态取代
了各个利益主体的需要: 国家政府代替企事业单位对人才需要进行计划安
排, 用人单位不能表达自己真实的人才需要; 高等学校被视为政府的事业
单位听命于其行政指令, 缺乏办学自主权; 受教育者由国家全包学费和毕
业分配, 没有选择学习方式和工作单位的权利。所有的利益主体均被虚拟
化, 无法发出自己的声音。而 "市场经济是一个通过市场配置社会资源
的经济体系, 因而市场经济的第一前提就是造就出无数利益相对独立的经
济行为主体"。① 市场经济倡导利益主体多元, 它催生了高等学校收费制
度的诞生。同时, 收费制度的确立也为各利益主体参与高等教育的投资和
管理决策创造了条件。

　　实行高等学校收费制度后, 学生成为高等教育的主要投资人。高等学
校服务的对象不仅是原有的国家政府, 还应重视和面对受教育者个人, 它
不仅向国家和用人单位提供社会服务, 还向受教育者提供适应其个体需求
的教育服务。而且, 付费额度的上升, 未来个人回报的不确定性, 使得受
教育者购买教育服务的风险加大。高等学校必须更加关注学生的利益和需
要, 否则就无法吸引个人进行教育投资, 影响学校自身的生存和发展。因
而改变过去高等学校和学生之间特别权力关系, 而代之以行政契约关系显
得尤其必要。

　　契约论是我们向往的事业,② 尽管不同时代的人们对契约论有各种各
样的争议, 但数百年来, 契约论无疑是最具吸引力的政治和道德理论, 其
思维方式常常被不同时代的人们所诉求。分析高等学校与学生的行政契约
关系, 绝不是追求理想中的绝对平等, 而是着眼于逐步减少现存的不平
等, 凸显学生的权利主体地位。在具体的管理实践中, 既注重效率和秩
序, 也力求体现现代社会的法治精神对于学生的尊重与关怀, 切实维护和
保障学生的合法权益。高等学校和学生之间的行政法律关系可以分为四
层: 第一层, 学生有义务服从学校符合法律的管理, 而不具有服从不符合

---

① 高兆明. 社会失范论 [M]. 南京: 江苏人民出版社, 2000: 33.

② David Gauthier, Robert Sugden. *Rationality. Justice and the Social Contract: Themes from Morals by Agreement* [M]. Harvester Wheatsheaf, 1993: 1.

法律的管理的义务；第二层，在自由领域，学生对学校的管理具有排拒能力，学校公共权力要介入学生自由领域，学生具有排斥和拒绝的权利，像学生私生活、人身自由、通信自由等都属于学生的自由领域；第三层，学生对学校的中心工作具有参与权，这不是一种形式上的摆设，而是学生自觉自愿的参与和学校参与渠道畅通的结合；第四层，学生对学校形成请求关系，请求应该在法律允许之内给予满足，比如说他有权请求奖学金、助学岗位、称号、学位证书、毕业证书等一系列权利，这种关系学校不能漠视，要尽一切努力予以满足。① 高等学校和学生的行政契约关系一般只能在第三、第四层才可能存在。

我国高等学校是履行公共权力的场所，为了实现教育目的，应该保留其教育性必需的权力或特别权力。在合理的限度内，即不改变学生仍然作为学生身份、维系学校和学生关系继续存在的前提下，一般避免司法介入。另一方面，虽然行政契约关系承认高等学校在一定程度一定范围内享有行政优益权，但是这决不意味着学校可以滥用管理权力。行政契约的落实需要对学校的特权进行限制，而且涉及学生处分、一般的学籍管理等都需要引入正当法律程序和听证程序，完善校内救济程序和申诉制度。在这个限度内出现的学生权利纠纷，可以通过申诉加以解决，即给予处于不利地位的学生申辩、申诉的权利，使学生受损的权利得到及时的补偿和救济。如果学校在行使权力的过程中损害了学生的合法权益，则需要对其进行行政赔偿。

第一节　行政契约制度的落实需要
对学校特权进行限制

高等学校领域的行政管理权作为一项法律授予的权力，其目的在于推进科教兴国的战略方针，促使国民素质以及创新能力的提高。虽然教育和学校管理有其特殊性，但却不能成为学校管理置于法治社会之外的理由。法治精神要求学校管理尊重和保护人权，就必须对学校管理行为进行必要的限制。行政契约下高等学校权力的行使原则，必须放在依法行政的视野

---

① 徐显明. 大学理念与依法治校 [J]. 中国大学教学，2005（8）：8.

结
语

下考虑。依法行政的功能在于通过约束行政权的随意性来保障人权，以确保在自由和文明的社会中国家和个人之间的权力和权利保持着适度的平衡。①

虽然行政契约强调高等学校和学生之间的协商与合意，但行政契约是在服务公共利益的基础上签订的，其所追求的目的是维护和增进公共利益。在行政契约履行过程中，行政主体享有一些行政特权。如在法国，行政主体享有如下契约特权：要求对方当事人本人履行义务权；对契约履行的指挥权；单方面变更契约标的权、单方面解除契约权；制裁权。同时，依照行政法院的判例，上述特权无须反映在行政契约的条款之中，行政主体不得以契约内容放弃上述权力的行使。② 我国高等学校在管理过程中的特权一般表现在制定相关规章制度时忽略高等学校学生的意愿和利益，带有强烈的单方面意志性。管理者受传统观念的影响，认为管理就是要学生服从，忽视甚至否认学生在管理行为中的主体地位及权益，因此不愿或认为根本不必要征求学生的意见。另外，在执行相关校规校纪时或对学生做出处分决定时未按照严格的法定程序，侵犯学生的知情权和参与权，且由于学校未明确申诉机构及程序而剥夺了学生的陈述权和申诉权，造成对学生抗辩权等合法权益的损害。目前我国的学生管理制度"如学生行为规范、学生奖励与处分、学生综合评价等，往往比较注重它的有序性和有效性，而对其合法性及对学生合法权益的保护有所忽视，甚至与我国现行的法律法规、教育政策存在冲突或背离"。③ 突出了学校在学生管理中的高权地位，体现了官本位意识的根深蒂固和法制民主意识的匮乏。从本质上讲，"无论对于国家抑或行政相对方自身，其行政上的权力均属于目的而不是手段。行政权只能以行政相对方的权利利益，乃至整个社会、国家利益的维护保障为目的，将行政权行使之本身视为实现这一宗旨之手段"。④ 因此，为了避免高等学校借着维护教育公共利益的目的的名义，行使行政优益权而侵犯学生的权利，必须对其进行必要的限制。

---

① 余凌云．行政契约论［M］．北京：中国人民大学出版社，2000：86 – 87．
② 王名扬．法国行政法［M］．北京：中国政法大学出版社，1988：196 – 198．
③ 邵国平．论大学生权益与法律保留［J］．宁波大学学报（教育科学版），2003（2）：53．
④ 罗豪才，崔卓兰．论行政权、行政相对方权利及相互关系［M］//罗豪才．现代行政法的平衡理论（第一辑）．北京：北京大学出版社，2003：129．

首先，对权力行为的控制方面，法律力所能及的方法有两种：一种是着眼于行政行为结果，通过详细的实体规则来实现对权力控制；另一种是着眼于权力行为的过程，确定程序来控制权力。从过去的只注重行政行为结果的合法性与正当性转向对产生这种结果的过程和程序的合法性和正当性的关注，是现代行政法发展历程中一个具有革命性意义的观念突破。这是因为在长期的行政执法实践中，人们发现良好的法律规范并不一定能够产生良好的效果，而抑制性的司法审查对这种产生过程有时又往往无济于事，由此，将原来对行政行为控制的注意点从事后的审查救济转移到事中的程序规范上，则是解决问题的较佳选择。从程序上规范和控制行政契约中优益权行使，既体现效率又保障契约相对方的权益，从而实现行政契约应有的目的。① 在分析高等学校和学生行政契约关系的过程中，笔者详细论述了高等学校权力行使的正当法律程序和听证程序的适用，其目的正是为了实现对学校行政权力的限制。

其次，还须对行政优益权进行实体规制，包括行政契约缔结主体、缔结内容、行使原则等。也就是说，行政优益权的行使主体必须是行政主体。行政契约是执行公务的契约，它的订立显然不能像民事契约订立那样随意。民事契约只要不违反法律的强制性规定，在双方合意的基础上可任意订立，这主要是因为民事契约的订立只影响当事人的私益，法律作为国家意志的体现没有必要去干涉对自己私益的处分。而行政契约关系到公共利益的实现，不能实现公共利益的行政契约是没有必要存在的。同时，针对行政主体为了获取自身的不正当利益，滥用行政优益权订立契约的情形，法律必须为行政契约订立设定必要的条件，比如在内容上要求必须符合公共利益的若干条件等。另外，要求行政主体行使行政优益权时须考虑比例原则，顾及相对人的权益，力求将给相对人权益造成的损害降低到最低程度。

最后，还应该强化对行政优益权行使的司法监督。将行政契约纳入司法审查范围的主要依据是：第一，行政契约是行政机关行使行政权的一种形式，其实质是一种行政行为。行政契约的首要特征是"行政性"，它通过行政契约这种特殊形式间接行使行政权，并基于行政法律关系，产生、

① 李晗．行政契约中的行政优益权研究［D］．武汉：华中师范大学管理学院，2005：22.

变更或消灭涉及国家和社会公共利益的合意。第二，行政契约的目标是实现行政目的，相对人所追求的民事或经济利益的实现是以行政管理目标为前提的，这种目的与民事契约有着本质区别。第三，行政主体在行政契约中的优益权是行政契约受司法审查的主要原因。这些优益权体现在契约订立阶段、契约履行阶段与契约执行阶段全过程。将高等学校和学生所有行政法律关系的纠纷都纳入司法救济范围是很不现实的。因为高等学校的存在有其特殊的目的和功能，应该允许其享有一定的不受司法干预的自治权限，但这种自治权限又必须受到合理的限制。若是涉及学生基本权利的侵害行为则必须接受司法审查。

第二节　行政契约关系中学生权利的保障需要实行行政赔偿制度

目前，高等学校与学生建立的教育秩序本质上即为一种教育权与受教育权利相互平衡作用所产生的结果。学生受教育权利的实现依赖于学校的一切条件的创造，而学校能否保证治学自由也依赖于学生的配合和响应，双方基于各自的目的和需求形成一种相对稳定的秩序，当任何一方的行为发生偏差、秩序失衡的时候，教育纠纷产生，为消除高等学校的自主管理行为和学生受教育权利的保护两个内容引起的冲突，则可以启动司法程序，利用行政诉讼的平衡机制促使高等学校与学生之间的秩序重新回到正常的秩序中。在行政契约关系中，高等学校对学生的权利损害实行行政赔偿主要是基于平衡论的思想。

从行政诉讼目的出发，为保护受教育者的受教育权利，当某一法律规定不够明确，可这样那样理解时，法律的天平必须向更易受到伤害的弱势一方倾斜。正如加里克利斯（Callicles）所言："自然的正义和法律的正义不同。自然的正义是强者比弱者应得到更多的利益，而法律的正义是一种约定，维护弱者的利益。"[①] 一方面，为了消除行政诉讼法对受教育者诉权授予的模糊性，必须充分考虑受教育权利作为宪法权利的意义和受教育者的被管理的劣势地位，作出有利于弱者的解释，赋予其抗御侵害的充

---

① 周辅成. 西方伦理学名著选辑（上）[M]. 北京：商务印书馆，1987：30.

足手段，将受教育权利纳入司法保护范围也就成为必要。另一方面，为了更好地保护受教育权利，监督制约教育行政管理权，也需要将受教育权利纳入司法审查范围。"不受制约的权力必将导致滥用和腐败"，只有司法权的监督与制约才能保证行政权运行的正当性。将受教育权利保护纳入行政诉讼受案范围，毫无疑问将引发"高校管理工作者的'危机感'，使他们切实地感受到了中国法治的进程，真实地看到了他们正在面临的挑战"，① 从而改传统的人治思想为法治思想，对旧有的管理手段予以扬弃，推进教育行政管理的法治化进程。由于目前对学生权利保护的行政复议、行政诉讼制度已有较多的研究，笔者在此不再赘述。鉴于行政契约制度的特殊性，事实上我们也应当注意到学生违反约定可能对学校和教育体制所造成的损失，目前的行政复议、行政诉讼只侧重于对相对方的权利救济的制度设计，忽略了对行政主体的权利救济，当然，这不在本论文的研究范围之内。

（一） 受教育权利的公法属性是实行行政赔偿制度的原因

行政法在约束行政主体权力行使的同时也保障着公法法律所赋予公民的相关权益。公民因此而受到的保护性权利即"公法权利"，受教育权利作为一种受宪法和行政法律保护的权利亦应该归于公法权利的范畴。一直以来，我国的受教育权利只被视为一种"反射性权利"，被认为是行政相对人的一种纯利益的获得，其利益的未取得不是一种真正法律意义的损失，行政相对人有容忍之义务，故不具有司法救济的可能。其实，公民所拥有受教育权利是一种受宪法保护的基本权利，而不是基于行政机关行为所例外获得的反射性权利。受教育权利的宪法属性，本身就意味着公民可以针对权利的相对人——行政主体主张其权利，故在行政法领域，公民由行政法律获得的公法权利，可以要求行政主体为某种作为、忍受或不作为。公法权利又必须以"可诉性"为前提，并可适用行政法原则，以行政诉讼的方式来确保其权利，而受教育权利也不能缺失这一关键特征；否则，就不是一种完整的公法权利。陈新民教授认为，作为基本权利的受教育权利应当视为公民的公法权利，应该如同

---

① 秦惠民. 高等学校法律纠纷若干问题的思考 [J]. 法学家，2001 (5)：105.

其他的宪法自由权利一样，具有直接、强制的效力，可以请求人民法院予以救济。①

　　行政契约签订和履行过程中的行政特权虽有助于实现公益，但会给相对人造成损失。在强调保护公民基本权利的现代社会，不能单纯强调公益而忽视对公民私益的保护。为此，基于平衡理论、诚信原则公平合理的要求，在认可契约特权正当性的前提下，对于相对人由此遭受的损失，需要国家给予相应的补偿。法国行政法学理论认为，行政主体虽可以基于公益需要单方面变更或解除行政契约，但出于维持对方当事人利益平衡的需要，也为了保障将来行政契约顺利缔结的公益需要，对相对人由此增加的全部负担，可以请求行政主体予以补偿。② 德国行政法学者认为，行政机关虽然可以根据《联邦行政程序法》第六十条第一款规定，为避免或消除公共福利遭受严重不利而解除行政契约，应当按照该法第四十九条的规定对对方当事人给予补偿。③ 我国台湾地区《行政程序法》第一百四十六条的规定也体现了该种公平要求。④

　　发生在公法领域的权利损害应当适用国家赔偿的程序和标准。然而，目前我国将所有形式的学校教育赔偿行为都纳入民事赔偿程序来解决，这在法律逻辑上是讲不通的。当学校的教育行政行为致使公民的受教育权利受损时，适用行政赔偿这一国家赔偿程序处理案件，不仅有利于与行政救济程序的互相衔接，更加有效地保护了公民的受损害赔偿权，⑤ 还使学校免除了精神损害和间接损害赔偿责任，避免学校因巨额赔偿而背负过重的经济压力。根据现行《中华人民共和国国家赔偿法》（以下简称《国家赔偿法》）、《高等教育法》的规定，高等学校作为法律、法规授权组织和独立的法人，应当由学校自己作为直接赔偿的义务机关。但由于公立高等学

---

① 文正邦. 公民受教育权的行政法保护问题研究［J］. 政法论丛，2005（6）：20.

② 王名扬. 法国行政法［M］. 北京：中国政法大学出版社，1988：200 - 201.

③ 哈特穆特·毛雷尔. 行政法学总论［M］. 高家伟，译. 北京：法律出版社，2001：381.

④ 该条前二款规定：行政契约当事人之一方为人民者，行政机关为防止或除去对公益之重大危害，得于必要范围内调整契约内容或终止契约。前项之调整或终止，非补偿相对人因此所受之财产上损失，不得为之。

⑤ 现有的教育行政诉讼案例中，即使学校败诉，也只是人民法院对其管理行为进行撤销或宣布违法，对受教育者的人身权、财产权损害从未判决学校承担金钱赔偿。

校是由国家财政举办，其最终的赔偿责任如同其他国家机关一样，也应由国家作为真正意义的赔偿主体来承担。同样，追偿制度也适用于教育行政赔偿案件，在学校承担了全部赔偿责任后，学校可以对故意或有重大过错的直接责任者，追偿全额或部分赔偿金。①

（二）国家赔偿：一种可能的选择

在行政活动中，存在相对人信赖行政行为不变动而产生的利益。一旦行政主体变更或撤回行政行为，相对人不但丧失了部分既得利益，而且也会丧失从行政行为中获得的期待利益。笔者认为，行政信赖利益是指行政相对人在行政行为中，因对行政行为的合理信赖而享有的，与正在实施的行政行为存在直接联系的现有利益不受侵害和对未来可得利益善意期待的权利。行政信赖利益损害是在社会成员的信赖对象发生变动时，给社会成员造成的损失。它不但包括行政行为不发生变动时，行政相对人或第三人应获得的期待利益损害，还包括行政相对人或第三人为获得这种期待利益而付出的代价（既得利益的损失）。高等学校的行政行为也同样存在这种造成行政信赖损害的可能，因而学生基于对学校行为的信赖而遭受的损失，应当得到一定的赔偿或补偿。

国家赔偿包括司法赔偿和行政赔偿两种。所谓行政赔偿，是指行政机关及其工作人员违法行使职权侵犯自然人、法人和其他组织的合法权益造成损失的，由国家给予受害人的赔偿。② 行政赔偿的构成要件是：必须是行政机关及工作人员与职权有关的行为；必须是行政机关的违法行为；违法行为与受害人的损失存在法律上的因果关系；受害人的损害事实已经发生。行政主体违反行政契约义务的行为从广义上讲也是一种行政违法行为。行政契约一经签订，对行政主体就有拘束力，不履行合同义务，其行为就构成违法。当然行政违约行为与行政侵权行为之间存在一些区别：前者是以行政契约关系存在为基础，后者则是以行使职权存在违法性为基础；前者侵害的对象是行政契约产生的债权；后者侵害的对象是物权、人身权等绝对权；前者对违约赔偿范围可以事先约定，后者则是事后确定赔

---

① 文正邦. 公民受教育权的行政法保护问题研究［J］. 政法论丛，2005（6）：25.

② 姜明安. 行政法与行政诉讼法［M］. 北京：北京大学出版社、高等教育出版社，1999：401.

偿范围等。但不论是行政侵权行为，还是行政违约行为，在赔偿损害的范围上，均应以受害人实际经济损失为限。这一点是不同于民事违约赔偿责任的。[①] 行政赔偿与行政补偿是两个既有联系又有区别的概念。行政补偿是指国家对公民、法人和其他组织因行政机关及其工作人员合法行使职权行为或因公共利益需要致其合法权益受到损害而给予补偿的法律救济制度。[②] 本文的国家赔偿方式主要指的是行政赔偿。

《国家赔偿法》第七条第三款规定："法律、法规授权的组织在行使授予的行政权力时侵犯公民、法人和其他组织的合法权益造成损害的，被授权的组织为赔偿义务机关"。第九条第二款规定："赔偿请求人要求赔偿应当先向赔偿义务机关提出，也可以在申请行政复议和提起行政诉讼时一并提出。"根据这一规定，赔偿请求人单独提出行政赔偿请求的，应当首先向行政赔偿义务机关提出，在赔偿义务机关不予赔偿或者赔偿请求人对赔偿数额有异议时，赔偿请求人才可以依法向人民法院提起行政赔偿诉讼。先行程序要求赔偿请求人在单独提出行政赔偿时必须首先向赔偿义务机关提出，这种情形通常适用于争议双方对行政侵权行为的违法性没有争议，以及该行政侵权行为已被确认违法或者已被撤销、变更的情形。

高等学校学生在受到勒令退学、开除学籍、不颁发毕业证、不授予学位等严重影响受教育权利、财产权的处分时，完全可以提出行政赔偿。考虑到单独提出行政赔偿的具体操作比较困难，笔者认为赔偿请求人应在申请行政复议或提起诉讼时一并提出赔偿要求，赔偿两项或多项请求一并提出，其特点是将确认高等学校行使职权的违法与要求行政合并处理。在这种情形下教育行政机关或者人民法院通常先对高等学校处分学生的违法性予以确认，然后才能以此确认结果为依据决定是否给予行政赔偿。[③] 因此，为了更好地保障学生的救济权利，应修订我国《国家赔偿法》，扩大赔偿的范围，设立专门的国家赔偿基金，将学生的合法权益由于受学校行

---

① 叶伟平. 行政合同纠纷几个法律问题探讨 [J]. 行政法学研究，2005（3）：114.

② 方世荣. 行政法与行政诉讼法学 [M]. 北京：人民法院出版社、中国人民公安大学出版社，2003：486.

③ 刘元芹. 高等学校学生管理的法律分析 [D]. 苏州：苏州大学教育学院，2004：26.

政行为的侵权或不当行使招致的损失包含进去。

行政契约相对于行政权力而言，是进行权力控制的一种有效方式；而对于相对人而言，则意味着权利与自由的扩大。只有权力成为目的、权力成为手段的地方，才谈得上法治。①　无论是对高等学校权力的限制还是对学生权利损害的赔偿，其最终目的都在于促进学生权利的保障，实现高等学校管理的法治化。

---

①　周永坤. 社会优位理念与法治国家［J］. 法学研究, 1997（1）：101.

参 考 文 献

一、外文类

[1] Gerald F. McGuigan. *Student Protest* [M]. Methuen Publications, 1968.

[2] Kern Alexander & Erwin S. Solomon. *College and University Law* [M]. The Michie Co, 1972.

[3] Bernard Schwartz & H. W. R. Wade. *Legal Control of Government* [M]. Oxford: Oxford University Press, 1972.

[4] Clifford P. Hooker. *The Courts and Education* [C]. Chicago: the University of Chicago Press, 1978.

[5] Robert C. O'Reilly and Edward T. Green. *School Law for the Practitioner* [M]. Connecticut: Greenwood Press, 1983.

[6] Kern Alexander & M. David Alexander. *American Public School Law* [M]. New York: West Publishing Company, 1985.

[7] Dennis Farrington & Frank Mattison. *Universities and the Law* [C]. Conference of University Administrators & Conference of Registrars and Secretaries Legal Group, 1990.

[8] William D. Valente & Christina M. Valente. *Law in the schools* [M]. Merrill, 1998.

[9] H. W. R. Wade. *Administrative law (sixth edition)* [M]. Oxford: Oxford University Press, 1988.

[10] Neil Hawke. *An Introduction to Administrative Law* (second edition) [M]. Oxford: ESC Publishing Limited, 1989.

[11] Michael W. La Morte. *School law: Cases and Concepts* [M]. Allyn and Bacon, 1993.

[12] Michael Imber & Tyll van Geel. *Education Law* [M]. McGraw-Hill, 1993.

[13] L. Neville Brown & John S. Bell. *French Administrative Law* [M]. Oxford: Oxford University Press, 1993.

［14］ D J Farrington. *The Law of Higher Education* ［M］. London：Butterworths，1994.

［15］ William A. Kaplin & Barbara A. Lee. *The Law of Higher Education：A comprehensive Guide to Legal Implications of Administrative Decision Making（third edition）* ［M］. San Francisco：Jossey-Bass Publishers，1995.

［16］ Oliver Hyams. *Law of Education* ［M］. London：Sweet & Maxwell，1998.

［17］ G R Evans & Jaswinder Gill. *Universities & Students：a guide to rights，responsibilities & practical remedies* ［M］. London：Kogan Page Lt，2001.

［18］ Anne Ruff. *Education Law：Text，Cases and Materials* ［M］. London：Butterworths Lexis Nexis，2002.

［19］ David Palfreyman & David Warner. *Higher Education Law（second edition）* ［M］. Jordans，2002.

［20］ Peter Cane. *Administrative Law（fourth edition）* ［M］. Oxford：Oxford University Press，2004.

［21］ Laura Ray. Toward Contractual Rights for College Students ［J］. *Journal of Law & Education*，1981，（10）.

［22］ Seavey. Dismissal of Students："Due Process" ［J］. *Harvard Law Review*，1957，（1407）.

［23］ Goldman. The University and the Liberty of Its Students-A Fiduciary Theory ［J］. 1966，（54）.

［24］ Gerard A. Fowler. The Legal Relationship between the American College Student and College：An Historical Perspective and the Renewal of a Proposal ［J］. *Journal of Law & Education*. 1984，（13）.

［25］ Paul E. Rosenthal. Speak Now：the Accused Student's Right to Remain Silent in Public University Disciplinary Proceedings ［J］. *Columbia Law Review*，1997，（97）.

［26］ Tim Birtwistle. University Student Admissions - A Simple Matter of Contract? ［J］. *Education Law Journal*，2003，（4）.

［27］ ［日］兼子仁. 教育法（新版）［M］. 日本：有斐閣，1978.

［28］ ［日］室井力. 特別權力關係論 ［M］. 日本：勁草書房，1968.

［29］ ［日］室井力. 現代行政法的原理 ［M］. 日本：勁草書房，1981.

二、中文著作类

［1］ 王名扬. 英国行政法 ［M］. 北京：中国政法大学出版社，1987.

［2］ 王名扬. 法国行政法 ［M］. 北京：中国政法大学出版社，1988.

［3］ 王名扬. 美国行政法 ［M］. 北京：中国法制出版社，1995.

［4］胡建淼. 十国行政法［M］. 北京：中国政法大学出版社，1992.

［5］杨海坤. 中国行政法基本理论［M］. 南京：南京大学出版社，1992.

［6］应松年. 行政行为法［M］. 北京：人民出版社，1993.

［7］张文显. 法学基本范畴研究［M］. 北京：中国政法大学出版社，1993.

［8］张树义. 行政合同［M］. 北京：中国政法大学出版社，1994.

［9］夏勇. 走向权利的时代［M］. 北京：中国政法大学出版社，1995.

［10］张正钊. 国家赔偿制度研究［M］. 北京：中国人民大学出版社，1996.

［11］罗豪才. 行政法学［M］. 北京：北京大学出版社，1996.

［12］罗豪才. 现代行政法的平衡理论［M］. 北京：北京大学出版社，1997.

［13］杨建顺. 日本行政法通论［M］. 北京：中国法制出版社，1998.

［14］于安. 德国行政法［M］. 北京：清华大学出版社，1999.

［15］孙笑侠. 法律对行政的控制——现代行政法的法理解释［M］. 济南：山东人民
出版社，1999.

［16］姜明安. 行政法与行政诉讼法［M］. 北京：北京大学出版社、高等教育出版
社，1999.

［17］袁曙宏. 行政法律关系研究［M］. 北京：中国法制出版社，1999.

［18］叶必丰. 行政法人文精神［M］. 武汉：湖北人民出版社，1999.

［19］沈岿. 平衡论：一种行政法的认知模式［M］. 北京：北京大学出版社，1999.

［20］谢鹏程. 公民的基本权利［M］. 北京：中国社会科学出版社，1999.

［21］王万华. 行政程序法研究［M］. 北京：中国法制出版社，2000.

［22］余凌云. 行政契约论［M］. 北京：中国人民大学出版社，2000.

［23］罗豪才. 行政法论丛：3 卷［M］. 北京：法律出版社，2000.

［24］沈宗灵. 法理学［M］. 北京：北京大学出版社，2000.

［25］马怀德. 行政法制度建构与判例研究［M］. 北京：中国政法大学出版
社，2000.

［26］董炯. 国家、公民与行政法［M］. 北京：北京大学出版社，2001.

［27］袁曙宏. 社会变革中的行政法治［M］. 北京：法律出版社，2001.

［28］郑国安. 非营利组织与中国事业单位体制改革［M］. 北京：机械工业出版
社，2002.

［29］关保英. 行政法的私权文化与潜能［M］. 济南：山东人民出版社，2003.

［30］方世荣. 行政法与行政诉讼法学［M］. 人民法院出版社、中国人民公安大学出
版社，2003.

［31］湛中乐. 高等教育与行政诉讼［M］. 北京：北京大学出版社，2003.

［32］沈岿. 谁还在行使权力——准政府组织个案研究［M］. 北京：清华大学出版

社，2003.

[33] 高家伟．国家赔偿法［M］．北京：商务印书馆，2004.

[34] 湛中乐．大学自治、自律与他律［M］．北京：北京大学出版社，2006.

[35] 劳凯声．教育法论［M］．南京：江苏教育出版社，1993.

[36] 劳凯声，郑新蓉．规矩方圆——教育管理与法律［M］．北京：中国铁道出版社，1997.

[37] 郝维谦，李连宁．各国教育法制的比较研究［M］．北京：人民教育出版社，1997.

[38] 秦惠民．走入教育法制的深处——论教育权的演变［M］．北京：中国人民公安大学出版社，1998.

[39] 劳凯声．中国教育法制评论（第1辑）［M］．北京：教育科学出版社，2002.

[40] 劳凯声．中国教育法制评论（第2辑）［M］．北京：教育科学出版社，2003.

[41] 劳凯声．变革社会中的教育权与受教育权——教育法学基本问题研究［M］．北京：教育科学出版社，2003.

[42] 温辉．受教育权入宪研究［M］．北京：北京大学出版社，2003.

[43] 劳凯声．中国教育法制评论（第3辑）［M］．北京：教育科学出版社，2004.

[44] 张静．学生权利及其司法保护［M］．北京：中国检察出版社，2004.

[45] 张弛，韩强．学校法律治理研究［M］．上海：上海交通大学出版社，2005.

[46] 周光礼．教育与法律——中国教育关系的变革［M］．北京：社会科学文献出版社，2005.

[47] 赵庆典．学校管理中的法律问题［M］．北京：北京邮电大学出版社，2005.

[48] 周光礼．法律制度与高等教育［M］．武汉：华中科技大学出版社，2005.

[49] 劳凯声．中国教育法制评论（第4辑）［M］．北京：教育科学出版社，2006.

[50] 陈鹏．公立高等学校法律关系研究［M］．北京：高等教育出版社，2006.

[51] 周志宏．学术自由与大学法［M］．台北：蔚理法律事务所，1989.

[52] 翁岳生．行政法与现代法治国家［M］．台北：台湾大学法学丛书编辑委员会，1990.

[53] 翁岳生．法治国家之行政与司法［M］．台北：月旦出版社，1997.

[54] 董保城．教育法与学术自由［M］．台北：元照出版公司，1997.

[55] 翁岳生．行政法［M］．北京：中国法制出版社，2002.

[56] 李惠宗．教育行政法要义［M］．台北：元照出版公司，2004.

[57] 陈新民．行政法学总论［M］．台北：三民书局，2005.

[58] 吴庚．行政法之理论与实用（增订八版）［M］．北京：中国人民大学出版社，2005.

[59] 亨利·梅因. 古代法 [M]. 沈景一, 译. 北京: 商务印书馆, 1959.

[60] 孟德斯鸠. 论法的精神 [M]. 张雁深, 译. 北京: 商务印书馆, 1961.

[61] 亨利·范·马尔赛文, 格尔·范·德·唐. 成文宪法的比较研究 [M]. 陈云生, 译. 北京: 华夏出版社, 1987.

[62] 威廉·韦德. 行政法 [M]. 徐炳, 等译. 北京: 中国大百科全书出版社, 1997.

[63] 和田英夫. 现代行政法 [M]. 倪健民, 等译. 北京: 中国广播电视出版社, 1993.

[64] 室井力. 日本现代行政法学 [M]. 吴徽, 译. 北京: 中国政法大学出版社, 1995.

[65] 盐野宏. 行政法 [M]. 杨建顺, 译. 北京: 法律出版社, 1999.

[66] 康德. 法的形而上学原理——权利的科学 [M]. 沈叔平, 译. 北京: 商务印书馆, 1991.

[67] 平特纳. 德国普通行政法 [M]. 朱林, 译. 北京: 中国政法大学出版社, 1999.

[68] 哈特穆特·毛雷尔. 行政法学总论 [M]. 高家伟, 译. 北京: 法律出版社, 2000.

[69] 汉斯·沃尔夫. 行政法 [M]. 高家伟, 译. 北京: 商务印书馆, 2002.

[70] 约翰·S. 布鲁贝克. 高等教育哲学 [M]. 王承绪, 等译. 杭州: 浙江教育出版社, 1987.

[71] 约翰·罗尔斯. 正义论 [M]. 何怀宏, 等译. 北京: 中国社会科学出版社, 1988.

[72] 伯顿·R. 克拉克. 高等教育系统——学术组织的跨国研究 [M]. 王承绪, 等译. 杭州大学出版社, 1994.

[73] 罗纳德·德沃金. 认真对待权利 [M]. 信春鹰, 等译. 北京: 中国大百科全书出版社, 1998.

[74] E. 博登海默著. 法理学、法律哲学与法律方法 [M]. 邓正来, 译. 北京: 中国政法大学出版社, 1999.

[75] 克拉克·克尔. 高等教育不能回避历史——21 世纪的问题 [M]. 王承绪, 等译. 杭州: 浙江教育出版社, 2001.

[76] 麦克尼尔. 新社会契约论 [M]. 雷喜宁, 等译. 北京: 中国政法大学出版社, 2004.

[77] 莫里斯·奥里乌. 行政法与公法精要 [M]. 龚觅, 等译. 沈阳: 辽海出版社、春风文艺出版社, 1999.

[78] 弗兰斯·F. 范富格特. 国际高等教育政策比较研究 [M]. 王承绪, 等译. 杭州: 浙江教育出版社, 2001.

[79] 约翰·范德格拉夫. 学术权力——七国高等教育管理体制比较 [M]. 王承绪, 等译. 杭州: 浙江教育出版社, 2001.

三、中文期刊论文类

[1] 董保城. 我国大学现今运作困境与未来公法人化之整备 [J]. 教育研究资讯, 2000 (7).

[2] 陈爱娥. 退学处分、大学自治与法律保留 [J]. 台湾本土法学, 2001 (10).

[3] 吕慧芳. "大学" 在行政法上的性质与定位之初析 [J]. 立法院院闻, 1998 (2).

[4] 张嘉尹. 大学 "在学关系" 的法律定位与其宪法基础的反省 [J]. 台湾本土法学, 2003 (9).

[5] 程明修. 制度的终结? ——国立大学行政法人化之选择 [J]. 法学论著——行政法, 2004 (1).

[6] 杨思伟. 日本国立大学法人化政策之研究 [J]. 教育研究集刊, 2005, 51 (2).

[7] 曾建元, 陈锡锋. 从政府改造论大学行政法人化之问题 [J]. 教育研究集刊, 2005 (1).

[8] 李建良. 公立大学公法人化之问题探析 [J]. 台大法学论丛, 2000 (4).

[9] 李建良. 大学自治与法治国家——再探 "二一退学制度的相关法律问题" [J]. 月旦法学杂志, 2003 (10).

[10] 孙笑侠. 契约下的行政——从行政合同本质到现代行政法功能的再解释 [J]. 比较法研究, 1997 (3).

[11] 余凌云. 论行政法领域中存在契约关系的可能性 [J]. 法学家, 1998 (2).

[12] 薛刚凌. 我国行政主体理论之探讨——兼论全面研究行政组织法的必要性 [J]. 政法论坛, 1998 (6).

[13] 蒋少荣. 略论我国学校的法律地位 [J]. 高等师范教育研究, 1999 (3).

[14] 苏万寿. 学校对受教育者实施处分的性质与法律救济 [J]. 华北水利水电学院学报 (社会科学版), 1999 (3).

[15] 李招忠. 教育与人权 [J]. 暨南学报, 2000 (2).

[16] 褚宏启. 论学校在行政法律关系中的地位 [J]. 教育理论与实践, 2000 (3).

[17] 马怀德. 公务法人问题研究 [J]. 中国法学, 2000 (4).

[18] 程雁雷. 高等学校退学权若干问题的法理探讨 [J]. 法学, 2000 (4).

[19] 庞本. 论高等学校学生工作中的法律问题 [J]. 中央政法管理干部学院学报,

2000 (6).

[20] 金生鈜. 教育的多元价值取向与公民的培养 [J]. 教育理论与实践, 2000 (8).

[21] 徐贵一, 李岚红. 高等学校的权利与义务 [J]. 政法论丛, 2001 (1).

[22] 杨勇萍, 李继征. 从命令行政到契约行政——现代行政法功能新趋势 [J]. 行政法学研究, 2001 (1).

[23] 刘艺. 高等学校被诉引起的行政法思考 [J]. 现代法学, 2001 (2).

[24] 秦惠民. 当前我国法治进程中高等学校管理面临的挑战 [J]. 清华大学教育研究, 2001 (2).

[25] 卢祖元, 陆岸. 论高等学校与学生的双重法律关系 [J]. 苏州大学学报 (哲学社会科学版), 2001 (4).

[26] 于亨利. 高等学校学生管理中的法律关系探析 [J]. 西安电子科技大学学报 (社会科学版), 2001 (4).

[27] 杜文勇. 试论学校与学生的法律关系 [J]. 内蒙古师范大学学报, 2001 (5).

[28] 梁京华, 赵平. 浅议高等学校与学生的法律关系 [J]. 中国高教研究, 2001 (9).

[29] 周彬. 直论学校与学生之间的法律关系 [J]. 教学与管理, 2001 (10).

[30] 陈学飞. 应确立为大学生未来发展服务的价值目标 [J]. 中国高等教育, 2001 (22).

[31] 秦惠民. 高等学校管理法治化趋向中的观念碰撞和权利冲突——当前讼案引发的思考 [J]. 现代大学教育, 2002 (1).

[32] 石红心. 从"基于强制"到"基于同意"——论当代行政对公民意志的表达 [J]. 行政法学研究, 2002 (1).

[33] 杨解君. 论契约在行政法中的引入 [J]. 中国法学, 2002 (2).

[34] 尹力. 试论学校与学生的法律关系 [J]. 北京师范大学学报 (人文社会科学版), 2002 (2).

[35] 申素平. 论公立高等学校的公法人化趋势 [J]. 清华大学教育研究, 2002 (3).

[36] 程雁雷. 对划分正式听证和非正式听证标准的思考 [J]. 行政法学研究, 2002 (4).

[37] 李静蓉, 雷五明. 论学校与学生的行政法律关系 [J]. 湖北大学学报 (哲社版), 2002 (4).

[38] 高崇慧. 高等学校行政主体地位初探 [J]. 思想战线, 2002 (5).

[39] 杨寅. 行政诉讼原告资格新说 [J]. 法学, 2002 (5).

[40] 黄凤兰．论高等学校管理应引入听证制度［J］．中国高教研究，2002（5）．

[41] 李颖，赵西巨．从法律视角看高等学校与学生权利义务关系［J］．山东省青年管理干部学院学报，2002（6）．

[42] 朱孟强等．高校与大学生法律关系研究综述［J］．清华大学教育研究，2002（6）．

[43] 申素平．论我国公立高等学校与教师的法律关系［J］．高等教育研究，2003（1）．

[44] 杨解君．论行政法理念的塑造——契约理念与权力理念的整合［J］．法学评论，2003（1）．

[45] 杨解君．从多维视角看契约理念在行政法中确立的正当性［J］．江海学刊，2003（2）．

[46] 张静．论高等学校对学生的管理权与学生受教育权的冲突与平衡［J］．河北法学，2003（2）．

[47] 于亨利，周方．高等学校管理中学校与学生法律关系认定研究［J］．西北师大学报（社会科学版），2003（3）．

[48] 刘稳丰．高等学校校规的法律审视［J］．辽宁教育研究，2003（4）．

[49] 陈敏，陈易新．学校双重主体身份研究［J］．行政与法，2003（6）．

[50] 白呈明．高等学校与学生合同关系探讨［J］．复旦教育论坛，2003（6）．

[51] 陈禹九，石正义．高等学校在行政法律关系中的地位［J］．湖北社会科学，2003（7）．

[52] 卢毓清．关于校规的应然价值的重新诠释［J］．教学与管理，2003（11）．

[53] 申素平．尽快理顺高等学校与学生的法律关系［J］．中国高等教育，2003（17）．

[54] 刘冬梅．学生法律地位论析［J］．教育评论，2004（1）．

[55] 田鹏慧，张杏钗．高等学校校规的法律性质及效力判定［J］．高教探索，2004（1）．

[56] 夏雪芬，刘稳丰．论法定原则在高等学校处分违纪学生的适用［J］．行政与法，2004（2）．

[57] 汪利兵，谢峰．论 UNESCO 与 WTO 在高等教育国际化进程中的不同倾向［J］．比较教育研究，2004（2）．

[58] 刘龙洲．论大学生权利意识与契约管理模式的建构［J］．辽宁教育研究，2004（3）．

[59] 杨建生．高等学校行政法律关系主体地位分析［J］．高教论坛，2004（3）．

[60] 季卫东．法律专业教育质量的评价机制——学生消费者时代的功利与公正

[J/OL]. 中国公法网, 2004 - 4 - 26.

[61] 刘标. 高等学校规章制度的行政法学分析 [J]. 苏州大学学报（哲学社会科学版），2004（4）.

[62] 侯书栋，吴克禄. 高等学校学生管理中的正当程序 [J]. 高等教育研究，2004（5）.

[63] 程雁雷. 高等学校学生管理纠纷与司法介入之范围 [J]. 法学，2004（12）.

[64] 朱玉苗，赵伯祥. 高校与学生：两种法律关系的法理分析 [J]. 学术界，2005（1）.

[65] 尹晓敏. 高等学校处分权行使的程序规范要论 [J]. 高等工程教育研究，2005（1）.

[66] 叶伟平. 行政合同纠纷几个法律问题探讨 [J]. 行政法学研究，2005（3）.

[67] 李牧. 对公立高等学校行政行为判断标准问题的探讨 [J]. 学术交流，2005（3）.

[68] 李牧. 高等学校行政行为之厘定 [J]. 江海学刊，2005（3）.

[69] 张军. 高等学校的权力与权利的界限——校园"禁吻令"之法律醒思 [J]. 学术论坛，2005（3）.

[70] 徐显明. 大学理念与依法治校 [J]. 中国大学教学，2005（8）.

[71] 郑贤君. 公立高等学校的惩戒权有多大——浅析大学自治与学习自由的冲突 [J]. 美中法律评论，2005（10）.

[72] 李静蓉. 从刘燕文案管窥高等教育法德价值冲突 [J]. 江苏高教，2006（1）.

[73] 程化琴. 试论政府在高等教育中的责任：公共物品理论的视角 [J]. 江苏高教，2006（3）.

[74] 尹力，黄传慧. 高校学生申诉制度存在的问题与解决对策 [J]. 高教探索，2006（3）.

[75] 崔浩. 论我国高校与学生之间的行政法律关系及其规范管理 [J]. 高教探索，2006（4）.

[76] 范履冰，阮李全. 论学生申诉权 [J]. 高等教育研究，2006（4）.

[77] 朱孟强，佘斌. 我国高校与大学生法律关系探讨 [J]. 高等教育研究，2006（8）.

[78] 劳凯声. 教育体制改革中的高等学校法律地位变迁 [J]. 北京师范大学学报（社会科学版），2007（2）.

[79] 余雅风. 契约行政：促进高等学校学生管理的法治化 [J]. 北京师范大学学报（社会科学版），2007（2）.

[80] 罗爽. 从高等学校权力为本到学生权利为本 [J]. 北京师范大学学报（社会科

学版），2007（2）.

［81］申素平. 中国公立高等学校法律地位研究［D］. 北京：北京师范大学教育学院博士学位论文，2001.

［82］郭为禄. 教育消费权益与我国教育法治建设的若干问题［D］. 上海：华东政法学院法学院硕士学位论文，2003.

［83］王亚利. 公立高等学校在行政法上的法律地位——从学校与学生关系的维度［D］. 太原：山西大学法学院硕士学位论文，2004.

［84］林悠. 论我国公立高等学校的行政诉讼被告资格［D］. 合肥：安徽大学法学院硕士学位论文，2004.

［85］张朝毅. 我国高等学校法治实施研究［D］. 重庆：西南师范大学政法学院硕士学位论文，2004.

［86］王欢. 论我国公立高等学校的性质与地位［D］. 长春：吉林大学法学院硕士学位论文，2005.

［87］杨解君. 论行政法的契约理念［D］. 武汉：武汉大学法学院硕士学位论文，2002.

［88］姚金菊. 转型期的大学法治［D］. 北京：中国政法大学法学院博士学位论文，2005.

［89］王敬波. 高等学校与学生的行政法律关系研究［D］. 北京：中国政法大学法学院博士学位论文，2005.

［90］于立深. 公法哲学意义上的契约论［D］. 长春：吉林大学法学院博士学位论文，2005.

后　记

任何一份学术作品，无论什么时候当你重新审视的时候，总有需修改、补充或完善的地方，博士论文更是如此。它仅代表那个时间段自己的学识水平以及所思所想，其中不免有遗漏、主观甚至偏激的地方。虽然对学生权利和主体地位的关注一直是我学术努力的方向，但博士论文毕竟是我一个重要人生阶段的见证和总结，因此，我还是尽量保持了它的原貌。无论结果如何，我都想借用泰戈尔的一句话：天空也许没有痕迹，但我已经飞过。

回想在师大生活的十年，有七年是在老师的指导下度过的。因此我要把心底最深的这份感激献给我敬爱的导师——劳凯声先生，老师对我人生的关怀和帮助是我难以用言语表达的！无论是遇到学业上的困惑，还是生活上的烦恼，每次和老师交流之后，我都相信经历风雨一定会见彩虹！我很庆幸当初在本科毕业面临就业还是读研的时候选择了继续学习，当然这更应该归功于老师的引导和启发，使我有缘师从先生，学习如何做人，如何做事，如何做学问。老师说，阅读的边界就是人生的边界，我会继续努力来拓展我的人生边界！

我还要感谢郑新蓉教授、刘复兴教授、马健生教授、阎光才教授、高益民副教授为我的开题报告和论文写作提供了很多中肯、宝贵的意见。他们的真知灼见和敏锐的洞察力，使我在论文写作过程中获益匪浅，也使我的论文日益完善。

我要特别感谢北京大学法学院的湛中乐教授、安徽大学法学院的程雁雷教授、华东师范大学的范国睿教授，他们在百忙之中解答我的困惑，使我茅塞顿开。他们的指点为我的论文添色不少。

我很感激来到老师的门下，劳门众弟子给予了我学业和生活上的各种帮助。温辉教授、申素平教授、余雅风副教授等给我的论文初稿提了很多很好的建议。尹力教授、钱志亮副教授、覃壮才教授、田国秀教授、鱼霞教授、康丽颖教授、段素菊教授、李登贵副教授、郭凯副教授、李晓强副研究员、胡莉芳副教授、蔡海龙博士……他们在我的学习、生活和论文写作过程中给予了我各种不同形式的帮助和支持。这些友情我会永远珍惜！也会将此作为我继续前行的动力！

感谢同届学友佟月华博士、张婧博士……融洽的宿舍生活和同学关系，给我的博士生活带来了很多的乐趣，留下了难忘的回忆。

我还要感谢教育科学出版社的孙袁华女士和庄严女士，感谢她们为本书的出版付出的辛勤劳动。

在本书后续修改、补充调查研究的基础上，得到了 2009 年度教育部人文社会科学研究青年专项课题的资助，在此一并表示感谢！

最后，我要感谢生我养我的父母，没有他们对我的宠爱，没有他们对我的信任和鼓励，我不能做到这些！

我会满怀感激，努力前行的！

苏林琴
2010 年 12 月

出 版 人　所广一
责任编辑　孙袁华
版式设计　杨玲玲
责任校对　曲凤玲
责任印制　曲凤玲

图书在版编目（CIP）数据

行政契约：中国高校与学生新型法律关系研究／苏林琴
著．—北京：教育科学出版社，2011.9
　（教育博士文库）
　ISBN 978-7-5041-5990-8

　Ⅰ.①行…　Ⅱ.①苏…　Ⅲ.①高等学校-行政管理-
教育法令规程-研究-中国　Ⅳ.①D922.164

中国版本图书馆 CIP 数据核字（2011）第 158183 号

教育博士文库
行政契约：中国高校与学生新型法律关系研究
XINGZHENG QIYUE：ZHONGGUO GAOXIAO YU XUESHENG XINXING FALÜ GUANXI YANJIU

出版发行	教育科学出版社		
社　　址	北京·朝阳区安慧北里安园甲9号	市场部电话	010-64989009
邮　　编	100101	编辑部电话	010-64989235
传　　真	010-64891796	网　　址	http://www.esph.com.cn
经　　销	各地新华书店		
制　　作	国民灰色图文中心		
印　　刷	保定市中画美凯印刷有限公司	版　次	2011年9月第1版
开　　本	169毫米×239毫米　16开	印　次	2011年9月第1次印刷
印　　张	17.75	印　数	1—3 000册
字　　数	267千	定　价	36.00元

如有印装质量问题，请到所购图书销售部门联系调换。